KB045027

증류주의 자연사

증류주의 역사·문화·과학 탐방

* 일러두기
-본문의 모든 각주는 옮긴이의 것입니다.

증류주의 자연사

증류주의 역사·문화·과학 탐방

롭 드살레, 이안 태터샐 지음
패트리샤 J. 윈 그림
최영은 옮김

시그마북스
Sigma Books

증류주의 자연사

발행일 2023년 9월 25일 초판 1쇄 발행
지은이 롭 드살레, 이안 태터샐
그린이 패트리샤 J. 윈
옮긴이 최영은
발행인 강학경
발행처 시그마북스
마케팅 정제용
에디터 최윤정, 최연정, 양수진
디자인 김은경, 강경희, 김문배

등록번호 제10-965호
주소 서울특별시 영등포구 양평로 22길 21 선유도코오롱디지털타워 A402호
전자우편 sigmabooks@spress.co.kr
홈페이지 http://www.sigmabooks.co.kr
전화 (02) 2062-5288~9
팩시밀리 (02) 323-4197
ISBN 979-11-6862-171-8 (03590)

서문

우리는 앞서 『A Natural History of Wine(와인의 자연사)』와 『A Natural History of Beer(맥주의 자연사)』란 책을 냈고 증류주에 관련된 책도 필요하다는 생각이 들자 바로 작업에 착수했다. 와인이나 맥주 같은 발효 음료는 이미 천년의 역사를 지녔고 이들보다는 늦지만, 창의적인 누군가가 발효된 술을 이용해 도수가 높은 증류주를 만들었다. 그러나 증류가 시작되면서 나타난 이 놀라운 기술적 진보는 단순히 알코올 도수만 높인 게 아니라 사실상 술을 즐기는 사람들에게 확장된 미각적 경험을 안겨주었다. 그 이유는 일반적인 믿음과 달리 에탄올은 무맛의 물질이 아니기 때문이다. 부피 대비 알코올 함량이 20% 이상–일반적인 맥주나 와인의 도수 이상– 올라가게 되면 이 술은 미세하게 달콤쌉싸름한 맛과 독특한 마우스필을 만들어낸다. 그리고 현재까지 이런 맛을 똑같이 내는 물질은 발견되지 않았다. 증류업자는 때로는 정확한 표현이지만 때로는 그렇지 않은 '타는 듯한' 감각을 만들어내어, 소비자가 무한한 맛을 경험하도록 한다. 이런 특징은 발효된 포도나 곡물에서는 절대 찾아볼 수 없다.

우리가 앞서 썼던 책처럼 이번에도 자연사의 렌즈를 통해 증류주를 살펴보고 싶었다. 진화, 생태학, 역사, 영장류학, 분자 생물학, 생리학, 신경생물학, 화학, 그리고 천체물리학까지 다양한 학문과 연결해서 독자들이 자신의 앞에 놓여 있는 한 잔의 증류주에 대해 더 잘 알고 깊이 공감할 수 있도록 만들고 싶었다. 하지만 증류주는 맥주나 와인보다 분석하기 더 까다로운 면이 있어서 앞선 두 권의 책과 완전히 같은 형식을 쓸 수는 없었다. 특히 다양한 물질이 합쳐지며 만들어진 증류주는 숙성을 거치면서 시간이 지나 하나로 수렴된다. 이 과정에서 독특한 특징이 생겨 같은 범주에 있는 증류주라도 숙성 기간에 따라 달라지게 된다. 시중에 나온 증류주는 대표적인 종류도 있지만, 지역적으로 변형된 제품까지 다양하게 있기에 우리는 일부 챕터를 채워줄 몇몇 식견 있는 동료들을 불렀다. 그래서 가장 먼저 이들에게 감사를 표하고 싶다. 이들의 전문성과 열정 덕분에 훨씬 재미있으면서도 권위 있는 책이 완성되었다.

이 책은 우리의 '알코올 자연사' 시리즈의 마지막을 장식하는 책이며 그동안 많은 도움을 주신 다정한 동료이자 고대 알코올음료 분야의 권위자이신 패트릭 에드워드 맥거번 씨께도 정말 고마움을 표현하고 싶다. 알코올음료의 고대 역사에 관련된 글을 쓰거나 공부를 해본 사람이라면 '패트릭 박사'님께 정말 감사해야 할 것이다. 물론 우리는 더 감사한 마음을 표해야 할 것 같다. 박사님이 우리가 쓴 이 세 권의 책을 진지하게 살펴보고 조언을 해주었기에 수준 높은 책이 나올 수 있었다. 그러니 이렇게 짧게나마 감사할 기회를 얻게 되어 정말 기쁘다. 그런데도 이 책에 부족한 부분이 남아 있다면 이는 모두 우리의 책임이다.

또한 우리는 편집자이신 장 톰슨 블랙 씨에게 고맙다는 말을 전하고 싶다.

첫 번째 책부터 정말 열정적으로 지원을 아끼지 않으셨던 분이다. 장의 적극적인 개입이 없었다면 우리는 이런 좋은 결과를 얻지 못했을 것이며 그 과정 역시 즐겁지 않았을 것이다. 또한 일러스트레이터 패트리샤 윈 씨께도 고마움을 전하고 싶다. 이분이 없었다면 이처럼 멋진 책이 완성되지 않았을지도 모른다. 또한 예일대학교 출판사에 근무하시는 마가렛 오드젤 씨, 엘리자베스 실비아 씨, 아만다 거센펠드 씨는 밝은 분위기를 유지하며 이 프로젝트가 잘 진행되도록 도와주셨다. 줄리 칼슨 씨가 교열을 맡아주셔서 모든 작업이 순조롭게 진행되었고 메리 발렌시아 씨는 책을 고급스럽게 디자인해주셨다.

증류주의 세계는 너무 넓고 깊어서 사실 수많은 동료 증류주 애호가 겸 멘토들의 조언과 격려가 없었다면 절대 이 책을 쓸 엄두조차 내지 못했을 것이다. 또한 이 책의 작가로서 참여해 준 분들(특히 알렉스 드 보흐트 씨에게 감사를 전한다), 그리고 윌 피치 씨, 로빈 길모어 씨, 마티 곰버그 씨, 잔느 켈리 씨, 제이콥 콜호퍼 씨, 크리스 크로스 씨, 브라이언 르빈 씨, 마우리 로젠탈 씨, 낸시 토벤슬라그 씨, 사라 위버 씨 같은 증류주 애호가분들, 모두에게 진심으로 감사의 마음을 표현하고 싶다. 그리고 마지막으로 우리가 3부작을 내는 동안 항상 관대함과 유쾌함을 보여준 우리의 부인들, 에린과 잔느에게 감사와 애정을 담아 보낸다.

차례

제3부

마켓 리더들 '빅 6'

제4부

국경을 넘어
기타 증류주, 혼합주, 그리고 미래

제1부

역사와 사회 속 증류주

1

우리가 증류주를 마시는 이유

원숭이도 발효된 식품을 즐기는데 우리라고 그러지 못할 이유가 있을까? 그런데 우리 앞에 놓인 이 술병에 원숭이들이 장식되어 있기는 하지만, 그 내용물은 영장목과 전혀 연관성이 없다. 다소 실망스러울지 몰라도 사실이 그렇다. '몽키 숄더'는 스코틀랜드 몰트[1] 건조 작업자가 수작업으로 일일이 곡물을 뒤집어 말리

1 맥아라고도 함.

는 고된 과정을 거쳐서 나온 결과물이다. 이렇게 만들기 힘든데도 우리는 이 술을 맛보고 싶어 하고, 이런 긍정적인 마음은 곧 보상을 받는다. 맥아 담당 작업자의 노력 덕분에 이 스카치 위스키는 만족스러울 정도의 부드러운 질감과 조화로운 맛을 자랑한다. 옅은 짚 색의 위스키에서 은은하게 풍기던 이탄 향은 말린 살구와 생잔디의 향이 훅 들어오면서 더 진해진다. 부드러움이 혀를 유혹하듯 휘감고 짭짤한 캐러멜과 옅은 바닐라 향은 강하게 존재감을 나타낸다. 끝맛의 여운이 길고 풍미의 조화가 훌륭한 클래식한 혼합주다. 그저 이 힘든 생산과정에서 다친 사람이 없길 바랄 뿐이다.

사람들이 왜 증류주를 좋아하는지 모르는 이는 거의 없을 것이다. 만약 당신이 이 술을 그렇게 좋아한다면 그 이유는 증류주가 시중에서 구할 수 있는 종류 중 가장 독하고 공격적이며, 알코올의 정도와 맛의 감각 또한 가장 극단적이기 때문이리라. 증류주에서 느껴지는 복잡한 감각과 순수한 맛의 다양성을 인정하는 사람들은 대부분 변치 않는 열렬한 지지자들이다. 이런 사람들(우리 역시)에게 '증류주와 함께하는 삶'이 없다는 것은 불완전하게 존재하는 상태와 비슷할 것이다.

인간은 감각적인 면에서는 평범한 창조물이기에 뛰어난 시력도, 민감한 후각도 가지고 있지 않다. 하지만 이런 감각으로도 인지 체계의 일반적이지 않은 반응을 보조하는 놀라운 능력을 발휘하기도 한다. 즉, 감각적으로 받아들인 데이터를 자기 나름의 독특하고 만족스러운 방식으로 분석하는 것이다. 인간은 감각과 뇌의 경험을 얻을 수 있는 복잡한 합성 물질에 열광한다. 그중에서도 감각과 지성 모두가 열정적으로 반응하도록 유도하는 증류주는 특히 높은 평가를 받는다.

또한 증류주는 가장 빨리 취하게 되는 술이기도 하다. 물론 알코올에 취하는 존재는 인간만이 아니다. 코끼리들이 발효된 마룰라 과일을 먹고 비틀대는 우스꽝스러운 영상을 유튜브에서 한 번쯤은 봤을 것이다. 그러나 현재까지 알려진 바로는 인간만이 삶의 고유한 불확실성과 유한성을 명백히 인지하며 살아가는 존재다. 다른 종에게는 없는 인간만의 무게라고 할 수 있다. 또한 현재 자신에게 벌어진 일과 미래에 벌어질지도 모르는 일 등을 걱정하는 독특한 습성도 있다. 우리의 삶은 불확실하고 위험으로 가득 차 있어서 이런 유쾌하지 않은 현실에서 벗어나는 데 일조하는 존재라면 환영하게 된다. 알코올은 마음을 안정시키고 신경을 다른 곳에 쏟게 하는 능력이 있으며, 그중에서 증류주는 효과도 좋고 친목 도모에도 도움을 주면서 이런 행복한 기분까지 만들어준다. 불안이라는 짐을 덜어주는 것 말고 더 일반적인 경우에도 증류주는, 자기 억제를 완화시키고 다른 사람과의 벽을 허물도록 돕는 알코올의 역할을 톡톡히 해낸다. 과도한 양만 마시지 않는다면 이 놀라운 술 분자들은 매우 긍정적인 영향을 줄 것이다.

고대 알코올음료 부문 권위자인 패트릭 맥거번은 선사시대에 알코올음료가 했던 역할에 대해 이렇게 지적한 바 있다. "합성 약이 개발되기 전, 유아기와 아동기를 무사히 보낸 인간의 평균 수명이 20~30년 정도였던 시절에 발효음료가 건강에 어떤 영향을 미쳤는지는 분명하다. 음료 속에 든 알코올은 통증을 완화하고 감염을 막으며 질병을 고치기도 했다. 또한 알코올은 필요할 때 마시거나 상처 부위에 바르기만 하면 되어 사용이 편리했다. 현대의 위생 관념이 정립되기 전에는 발효 음료를 마시는 사람들(자주 오염되는 물을 마시는 사람들보다는)이 '더 오래 살았고 결과적으로 더 많은 후손을 남길 수 있었다'.

그리고 '약 성분이 있는 허브나 나무의 송진은 물보다 알코올에 더 잘 용해'되었다. '알코올이 정신에 영향을 주어서 쾌락을 느끼게 되는 부분을 제외해도, 발효 자체에 영양소를 늘리고 감각을 깨우며 발효 전보다 음식의 보관기간 역시 연장'해주는 장점도 있었다. 게다가 알코올은 예나 지금이나 사람 간의 경직된 분위기를 풀어주는 '사회적인 윤활유'의 역할을 했다. 발효 음료에는 발효 자체가 지닌 신비로움이 있지만, 인간의 마음을 변화시키는 알코올 성분이야말로 이런 음료들이 세계의 많은 종교에 빠르게 스며들게 된 원인이라 할 수 있다." 또한 "알코올이 없는 삶은 지금과 매우 다를 것이며, 대부분의 사람에게 그렇게 매력적이지 않은 세상일 것임은 의심할 여지가 없다"라고 덧붙이기도 했다.

이렇듯 알코올에는 긍정적인 면이 많지만 어쩌면 호모 사피엔스는 모든 훌륭한 아이디어를 극한까지 끌고 가서 변질시키는 종족일지도 모른다. 잘 와닿지 않는다면 알코올음료 중에서 가장 남용되는 술이 증류주라는 사실을 한번 떠올려보자. 증류주는 적당히 절제만 한다면 필요할 때 가장 효과적으로 안정감을 주고 더 행복한 환경을 만들어주며 오직 증류주만이 만들어내는 감각적인 즐거움을 안겨준다. 하지만 이를 남용함으로써 심각한 문제가 발생했으며 사회적인 차원에서 이를 해결해야 하는 과제가 남아 있다.

'왜' 우리가 증류주를 마시는가에 대한 또 다른 이유는 바로 우리가 증류주를 **'마실 수'** 있기 때문이다. 우리는 알코올에 대한 (한정된) 허용성을 당연하게 받아들이는 경향이 있지만, 사실 에탄올–음용이 가능한 증류주에 들어 있는 알코올의 일종–은 대부분의 생물체에는 독으로 작용한다. 일부 과학자들은 효모(증류주 속 알코올을 생성하는 미생물)의 고대 조상이 에탄올을 만들어 낸 것은 생존 공간을 둘러싼 싸움에서 다른 미생물에게 독으로 쓸 목적이었다고 주장한다. 아이러니하게도 와인 제조자나 양조업자가 알코올의 함량을 15% 이상 올리면 가장 강한 효모조차도 자신을 해친다. 만약 다른 유기체가 알코올을 먹으며 생존하고 싶다면 우선 해독할 방법부터 찾아야 할 것이다.

인간의 경우 알코올탈수소효소(ADHs)라고 알려진 특정한 효소가 해독 역할을 담당한다. 효소의 분자에는 ADH1A, ADH1B(또는 ADH2), ADH1C(또는 ADH3), ADH4, ADH5, ADH6, ADH7이 있다. ADH1 분자는 모든 동물에 존재하며, 인간의 경우 간에 있는 전체 효소의 10%를 차지한다. ADH4 분자는 혀 조직, 식도, 위에 있으므로 우리가 마시는 알코올과 가장 먼저 접촉하는 효소라 할 수 있다. 알코올탈수소효소는 알코올 분해뿐만 아니라, 에너지 생성에 사용되는 작은 분자인 NAD(니코틴아마이드 아데닌 다이뉴클레오타이드)가 안정적으로 세포 내에서 흘러 다닐 수 있도록 돕는 역할도 한다.

2015년 과학자들은 다양한 포유류 중에서 인간을 포함한 수십 종의 영장목을 비교 분석했다. 에탄올 해독에 관여하는 ADH4의 분비를 비교하기 위해 아프리카의 갈라고원숭이, 마다가스카르의 아이아이원숭이, 구대륙과 신대륙에서 온 원숭이처럼 다소 먼 친척 종에서부터 인간과 가까운 침팬지와 **호모 사피엔스**까지 다양한 비교군을 택했다. 그리고 그 결과 약 천만년 전 인간의 혈통에 엄청난 변화가 일어났다는 사실을 알게 되었다. 조상의 ADH4가 '에탄올 비활성' 형태(거의 모든 영장류에서 동일한 분자가 발견되었다)에서 '에탄올 활성화' 형태로 변했던 것이다. 하나의 유전자 변형으로 시작되었지만 결과적으로 인체의 에탄올 대사 능력이 무려 40배가량 올라가게 된 엄청난 사건이다. 이후 인간의 신체는 에탄올을 중화할 수 있게 된다. 흥미로운 것은 이런 변화가 현대의 아프리카 유인원(고릴라와 침팬지)과 인간으로 혈통이 나뉘기 **전**에 일어났다는 사실이다. 즉, 우리는 이런 강력하고 새로운 효소를 유인원과 함께 공유하고 있다는 말이다(그림 1.1).

그래서 무슨 일이 벌어졌을까? 사실 진화에 반드시 이유가 있어야 하는 건 아니다. 유전 암호를 구성하는 유전자의 변이는 항상 일어나고 있기 때문이다. 이런 변이는 자연적이며, 세포가 분열될 때 유전 암호의 오류가 그대로 복

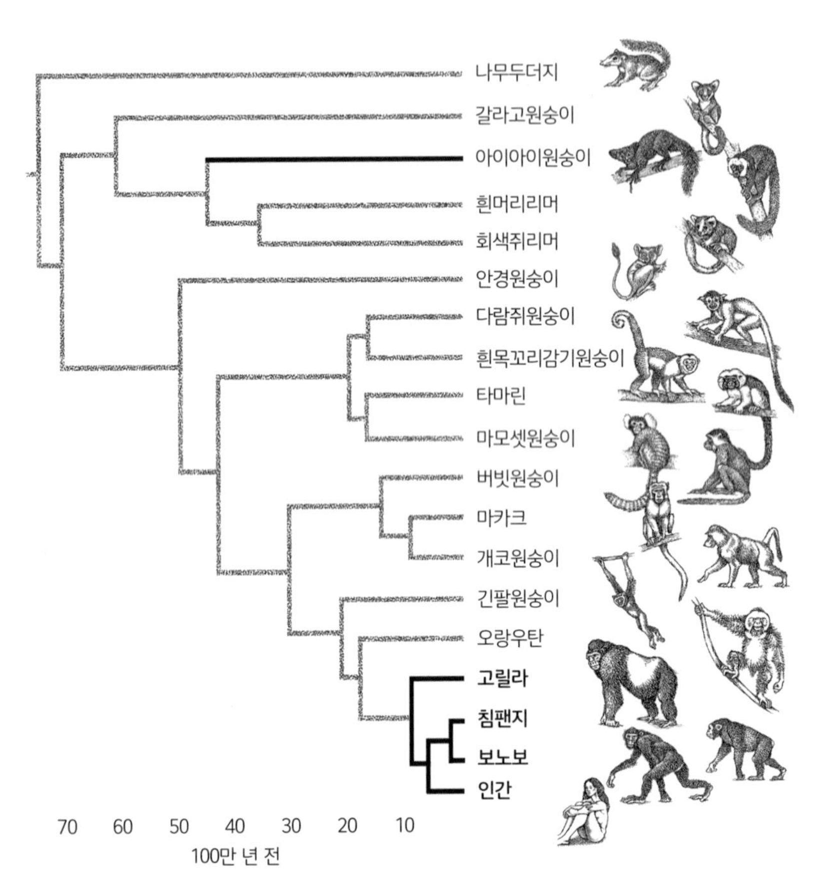

그림 1.1 ADH4를 검사한 영장목 사이에서의 관계도를 보여준다. 짙은 색 선은 에탄올 활성화 형태를 가진 혈통을 나타낸다. 출처: Carrigan et al.(2015)

사되어 일어나기도 한다. 그리고 어떠한 영향도 받지 않고 무작위로 일어난다. 유익한 방향이든 아니든 말이다. 변이가 일어난 이후 대부분은 자연적인 선택으로 빠르게 사라지지만 변이된 유전자 중에 크게 방해되지 않는 종류는 그대로 남아 있다가 우연히 이들 사회로 퍼지기도 한다. 특히 크기가 작다면 남을 가능성은 더욱 커진다. 다시 말해 유전자가 반드시 생존에 필수적이어야 하거나 표준이 되어야 할 필요는 없다는 말이다. 차후에 아프리카 유인원과 인간으로 나뉘는 종 안에서 ADH4라는 새로운 형태가 생겨난 것은 단지 우연이었을 것이다. 그리고 ADH4가 문제를 일으켰다거나 일으킬 만한 여지는 전혀 없어 보이므로 결과적으로 소수의 부모 종 사이에 무작위로 퍼졌으리라는 추측이 신빙성 있어 보인다.

그리고 어쩌면 이 새로운 효소를 가진 종이 실제로 어떤 긍정적인 결과를 얻게 되었고, 그 이후부터 조상 대대로 이 효소를 지닌 채 이어져 왔을지도 모른다. 인류학자 킴벌리 호킹스와 로빈 던바가 공동으로 펴낸 『Alcohol and Humans: A Long and Social Affair(알코올과 인간: 오랜 친목의 역사)』란 책의 서문을 보면, 자연에 존재하는 알코올을 처리하는 새로운 능력 덕분에 우리의 조상이 멸종에서 살아남을 수 있었다는 내용이 나온다. 약 1000만년 전 유인원(이전부터 숲에 살며 다양한 개체를 성공적으로 유지했던 그룹이었으나 이때를 기점으로 수가 감소함)들은 긴꼬리원숭이들의 개체 수 증가로 점점 생존에 위협을 받았다. 즉, 이 두 그룹 사이에서 주식이었던 잘 익은 과일을 차지하기 위한 쟁탈전이 벌어진 것이다. 호킹스와 던바 박사에 따르면 원숭이들은 과일의 숙성 단계에 상관없이 모두 소화할 수 있는 능력으로 이 경쟁에서 우위를 점하고 있었다고 한다. 그러나 단 하나, 이들의 경쟁력이 떨어지는 부분이 있었으니, 바로 과숙되어 바닥으로 떨어진 과일이었다. 나무에서 떨어진 과일에는 야생 효모가 들어가게 되고 과일은 썩어가면서 발효가 일어난다. 이때 알코올이 생성되는데 원숭이들은 먹을 수 없는 특정한 성분이었다. 다시 말해 이 성분을 처리하는 데 필요한 마법의 효소가 부족했던 것이다. 대신 새롭게 알코올을 받아들일 수 있게 변한 인간-침팬지의 조상들은 원하는 만큼 이 발효된 과일을 즐길 수 있었다.

정말 멋진 이야기며 사실이기를 바라지만, 과일을 주식으로 삼는 거대한 몸집을 지닌 동물조차 발효된 과일이 전체 먹이에서 차지하는 비율은 높지 않다. 게다가 현재의 침팬지(인간 역시)를 보면 잡식을 즐긴다. 그래서 이런 새 효소와 조상의 식단을 단순히 연결 짓는 가설에는 큰 믿음이 가지 않는 것도 사실이다. 또한 현재까지 이어져 내려오는 잡식성 동물의 특징을 가진 선조 이전에도 과일을 주식으로 한 인간의 조상이 아주 오랫동안 살아왔을 테니, 현재든 지금이든 인간의 행동과 새 에탄올-활성화 ADH 효소에는 별다른 연관성이 없다는 사실을 알 수 있다. 다시 말해 새롭게 진화된 알코올탈수소효소는 어쩌면 한 세대의 유인원들에게 힘든 시기를 이겨내도록 도와주었을지는 모르지만, 앞서 나온 가설처럼 생겨나지는 않았을 것이다.

그러나 이런 뚜렷한 생리학적 혁신이 실제로 어떤 환경에서 일어났든 간에 우리가 자신 있게 결론지을 수 있는 부분도 있다. 효소가 생기면서 인간의 신체에는 에틸알코올을 처리하기 위한 '선적응'이 일어나기 시작했다는 것이다. 그리고 수백만 년 뒤, 발효 기술을 처음 알게 되었을 때 인간은 이미 이를 최대한 이용할 수 있는 위치에 서 있었다.

발효에는 당이 필요하다. 그리고 식물이 씨앗을 퍼트리기 위해 다른 생물

을 유혹하는 수단이 달콤한 과일이므로, 자연에서 당을 찾기란 그다지 어려운 일이 아니다. 이런 당을 이용해 인간이 의도적으로 발효를 시작했던 정확한 시기는 알 수 없다. 물론 신석기 시대가 시작되기 전인 약 9000년 전, 다시 말해 도기가 발명되기 전에도 발효가 잘되는 재료로 용기를 만들었으리라 추측은 하지만, 현재 남아 있는 증거가 없기 때문이다. 그러나 가능성을 열어주는 예외가 하나 있다. 고고학자인 올리버 디트리치와 그의 동료는 튀르키예(터키)의 괴베클리 테페에서 발견된 선토기 신석기 시대(약 1만 1000년 전)의 석회석 그릇이 맥주를 양조할 때 사용되었다고 주장한 적이 있다. 그러나 최근에 '맥주 양조'란 표현을 '곡물 요리'라는 다소 애매한 단어로 정정했다. 이 그릇의 용도에 대한 정확한 사실은 알 수 없더라도 어쨌든 내구성 있는 도기가 생긴 이후부터 많은 이들이 각자 생각해낸 다양한 방식으로 가능한 모든 음식을 발효해보느라 분주해졌을 것이다.

의도한 발효에 관련된 최초의 증거는 중국 북부의 지아후에서 발견되었다. 초기 신석기 시대의 도기를 조사한 결과 발효에서 볼 수 있는 화학적 잔여물이 스며들어 있었던 것이다. 약 9000년 전 또는 바로 그 이후, 이곳 거주민은 발효된 '술' 또는 혼합 음료를 만들었으며, 꿀, 산사나무 과일, 또는 포도, 쌀(맥주와 미드[2]와 와인의 재료)을 함께 넣었다. 최근에는 이런 자연 제품을 재구성해 9% ABV(술에 포함된 알코올의 양)라는 꽤 높은 도수(그리고 의도적으로 목표한 수치인)의 발효 음료(맥주로 홍보함)가 새롭게 출시되고 있다. 초기 발효 음료에 대한 기록(도기에 남겨진 잔여물의 형태로)은 서쪽에 있는 나라에서도 찾을 수 있다. 그 주인공은 포도주며 약 8000년 전 조지아에서 발견되었다. 이번엔 남쪽

2 mead: 벌꿀 술.

으로 내려가보자. 5000년 전 메소포타미아의 초기 수메르인은 맥주를 곧잘 마셨고 통치자인 엘리트 그룹은 포도주를 권위 과시용으로 이용했다.

분명한 것은, 국가를 불문하고 많은 이들이 발효 기술력을 갖자마자 효소를 다루는 기량을 빠르게 선보이기 시작했다는 점이다. 인간이 얼마나 알코올에 매력을 느끼는지를 잘 보여주는 부분이다. 과음 후의 상태에 종종 혐오감을 느끼면서도 말이다. 인류의 역사에서 술을 정기적으로 마시기 시작한 시기는 꽤 늦은 편이지만, 이는 단지 알코올을 대량 생산하고 저장할 만한 기술이 충분하지 않았기 때문이었다. 알코올에 대한 인간의 애정은 항상 존재했고 겉으로 표현할 정도로 알맞은 환경이 조성되기까지 어딘가에 숨겨놓았을 뿐이다. 이렇게 술을 즐기는 현상은 인간 문화의 특징이라 할 수 있지만, 그 주체가 인간에만 국한된 것은 아니었다.

과학자 사이에서 가장 유명한 녀석은 말레이시아의 붓꼬리나무두더지다. 이 조그만(약 57g) 포유동물은 몇 시간 동안 천연 발효된 베르탐 야자나무의 과즙을 먹어대는 것으로 유명한데, 순수한 영양적 가치보다는 과즙을 먹은 후의 기분을 즐기는 것이 더 큰 이유로 보고 있다. 발효된 과즙의 도수—전통 영국 맥주와 비슷한 수준인 약 4%—와 먹는 시간을 대강 추론해본 결과 이 동물은 한 번에 와인 세 병에 달하는 양을 쉽게 섭취할 수 있다는 사실을 알 수 있었다. 이렇게 먹고도 만취하지 않는 점은 참 다행이란 생각이 든다. 위험한 포식자가 있는 곳에서 경계가 느슨해지면 치명적일 테니 말이다. 붓꼬리나무두더지가 어떻게 알코올의 마술을 훌륭히 풀어냈는지는 정확히 알 수 없다. 다만 친척 종을 연구해본 결과 정확한 ADH의 종류까지는 모르더라도 모두 같은 ADH 형태를 가지고 있는 사실을 알게 되었다.

천연 발효로 생긴 알코올을 즐기는 또 다른 생물은 인간과 친숙한 영장목인 파나마의 고함원숭이다. 사실… 이 녀석들은 만취를 즐긴다. 25년 전 과학자들은 아스트로카리움 야자의 열매를 먹고 평소와 다르게 흥분해 있는 고함원숭이들을 발견했다. 얼마나 광란에 빠져 있던지 이 원숭이들이 술에 취했다는 의심을 하고 그전에 먹던 과일의 잔해를 가져다 분석해본 후 확신했다. 먹은 양을 따로 계산해본 결과, 무게가 약 90kg 정도 나가는 원숭이가 취할 때까지 먹는 양은 술집에서 나오는 잔을 기준으로 10잔 정도였다.

생물학자 로버트 더들리는 고함원숭이들이 알코올을 좋아하는 이유에 대해 흥미로워하며 이런 결론을 내렸다. 답은 알코올 자체가 아닌, 자연 발효로 인해 생성되는 영양가 높은 당에 있을 가능성이 크다. 고함원숭이는 본래 과일을 주식으로 하며, 이런 본성은 (인간처럼) 과일을 먹는 조상에게서 내려왔다. 그러니 잘 익은 과일은 이들에게 중요한 존재였으며, 소량의 알코올(사실 영장목, 그리고 멀게는 초파리도 이른바 만취 유전자를 가지고 있다) 정도는 충분히 처리할 수 있었을 것이다. 게다가 발효되지 않은 잘 익은 과일은 간접적으로 색을 통해 좋은 당이 함유되었다는 사실을 나타내지만, 발효된 과일은 후각이 뛰어난 동물들이 멀리서도 알아챌 수 있을 만큼 강력한 향을 풍긴다. 과일을 주식으로 하는 동물은 이 냄새에 이끌려 잘 익은, 게다가 부수적으로는 (그러나 그만한 가치가 있는) 알코올까지 있는 과일을 먹었고, 식사의 질 역시 자동으로 올라갔을 것이다. 분명 개인으로서도 이익이지만 넓게 보면 하나의 종에게도 이익이 되는 현상이다. 결국 더들리의 '술 취한 원숭이 가설'은 인간이 보여주는 알코올 사랑이 결국 '진화된 숙취'[3]의 산물이라는 것을 나타내는지도 모른다. 그러나 ADH4가 실제로 이 과정에 관여했든 아니든 왜 과일을 먹는 종

3 알코올 섭취 후 이어지는 취기가 진화하면서 이런 느낌을 즐기고 더 찾게 되는 현상.

그림 1.2 마다가스카르에 서식하는 매우 독특한 종인 이 아이아이원숭이는 인간과 아프리카 유인원을 제외하고 에탄올 활성화 버전인 ADH4를 가진 유일한 영장목이다.

에서 새로운 종류의 효소가 더 생기지 않았는지에 대한 궁금증은 여전히 남아 있다. 변이 자체는 그렇게 복잡하지 않으며 영장목에서 적어도 한 번 이상 일어난다는 사실을 우리는 알고 있기 때문이다. 독특한 아름다움을 지닌 마다가스카르의 아이아이원숭이 또한 변이된 효소(그림 1.2 참고하기)를 가지고 있다.

인간과 매우 가까운 종인 침팬지도 인간처럼 진화된 ADH4를 가지고 있기 때문에 만약 이런 능력을 제대로 활용하지 않는다면 꽤 놀라울지도 모르겠다. 사실 침팬지 역시 가끔씩 술을 탐닉한다고 한다. 서아프리카 기니의 보소우에 있는 연구원들은 산림개발이 진행 중인 곳에 서식하는 침팬지들이 근처 라피아야자 농장으로 떼지어 가는 모습을 자주 목격했다. 그게 별일인가 싶다고? 실상은 그렇지 않았다. 그곳에서 농장 일꾼들은 나무에 플라스틱 용기를 달아서 수액을 얻고 있었다. 용기에 담긴 수액은 빠르게 발효되어 알코올이 생성되었고, 시간에 따라 다르지만 약 3~7% 도수의 술을 얻을 수 있었다. 침팬지들은 일꾼들이 작업장으로 돌아간 사이에 나무 밑으로 내려가 용기 속 알코올 액체를 퍼냈는데 이때 영리하게도 구긴 나뭇잎을 용기 안에 담가서 '스펀지'처럼 흡수시킨 후 빨아먹었다. 야자 술은 처음에 달고 맛있지만, 침팬지들이 먹을 때의 도수 정도가 되면 톡 쏘는 맛이 너무 강해 인간은 역겨운 맛을 느낀다고 한다. 그러나 맛이 어떻게 바뀌었든 간에 침팬지들이 이 맛을 정말 좋아했던 것은 틀림없다. 이 녀석들은 평균 몇 초에 한 번씩 스펀지를 담갔다가 빨아먹는 행동을 몇 분간 지속했다. 침팬지들이 내용물의 맛을 즐겼던 건지, 아니면 그 이후에 분명히 나타났을 알딸딸한 느낌을 좋아했던 건지는 확실히 알 수 없지만, 과하게 발효된 야자 술을 생각해보면 술에 취한 느낌이 큰 역할을 했을 것으로 생각된다.

그러나 인류학자 루스 톰슨과 안야 즈쇼크케는 여기에서 만족하지 않았다. 술 취한 원숭이, ADH4, 보소우의 침팬지에 관한 내용을 들은 후 실험 하나를 진행했다. 10일간 동물원에 있는 침팬지들에게 매일 간식과 함께 사과 퓌레를 주었는데 하나는 럼 맛이 나는 것, 다른 하나는 없는 것을 내놓았다. 침팬지들은 처음에 럼 맛의 퓌레에 관심을 두는 듯하다가 흥미를 느끼지 않았고, 이를 본 두 인류학자는 '알코올이 함유된 과일이라고 특별히 좋아하지는 않았다'라고 결론 내리며 이내 술 취한 원숭이 가설을 부정해버렸다. 그러나 조금만 더 자세히 살펴보면 사과 퓌레에 진짜 럼이 들어 있지 않다는 사실을 알 수 있다. 이유는 정책상 그 안에는 실제 럼이 아닌 럼 맛이 나는 물질만 사용해야 했기 때문이다. 그래서 그 퓌레의 알코올 함량은 고작 0.5% 정도였다. 결국 이 실험에서 우리가 내릴 수 있는 결론은 침팬지가 진짜 럼이 아닌 무알코올 럼에는 관심이 없다는 사실이다. 사과 퓌레에 80프루프[4]의 럼이 들어 있었다면 결과가 달라졌을지 확신할 수 없지만 적어도 보소우의 침팬지였

---

4 미국에서 사용되는 알코올 도수의 표시 방법. 여기서는 약 40도.

다면 충분히 즐겼으리라 생각한다.

침팬지들이 정말 알코올을 좋아하든 아니든, 알코올음료에 끌리는 종은 비단 인간만이 아니라는 사실을 잘 알 수 있다. 그러나 인간만이 알코올음료를 마음껏 만들어내고 상대적으로 많은 양을 마실 수 있다. 가장 초기에 알코올음료를 제조한 사람들은 시작부터 재능과 노력을 쏟아부었을 것이라 확신한다. 어쩌면 구할 수 있는 모든 재료를 가져다 발효해보았을지도 모른다. 이들의 목표에는 알코올 그 자체뿐만 아니라 풍미도 포함되어 있었다. 그래서 제조 경험이 쌓이고 구할 수 있는 재료가 늘어나면서 다양한 풍미가 더해진 술은 맥주, 와인, 미드 등으로 세분되었다. 술의 역사에서 증류가 꽤 늦게 나타난 이유는 꽤 고급 기술이 필요했기 때문이다. 그러나 일단 새로운 접근법이 생기기 시작하자 사람들은 부지런히, 그리고 열정적으로 많은 가능성을 시도해보았고, 그 결과 현재 거의 모든 술집에서는 손님들을 위한 다양한 증류주가 구비되어 있다.

알코올음료의 세계는 가히 종교적이라 할 수 있다. 특정 주류만 취급하는 전문 술집을 제외한 대부분의 술집 한쪽 공간에는 맥주, 와인, 증류주(그리고 요즘에는 심지어 미드까지)가 가득 차 있으며, 이는 알코올의 모든 면을 다 즐기고 싶어 하는 인간의 심리를 잘 보여주는 사례라고 할 수 있다. 또한 술꾼들은 이런 다양한 종류의 술을 마실 수 있는 장소가 있다는 사실을 잘 알기 때문에 술을 얻기 위해 경쟁하기보다는 상호 보완적으로 마시는 편이다. 그리고 이런 장소 덕분에 우리는 더운 날 그라파로 갈증을 해소하지도, 티라미수에 사워 에일을 곁들이지 않아도 된다. 상황에 맞게 술을 선택할 수 있다는 의미다. 알코올음료가 지닌 멋진 재능은 풍부한 질감과 맛과 향으로, 미각적 다양성을 열망하는 인간의 순수한 욕망을 충족시켜주는 것이며, 우리는 이를 온전히 즐기기만 하면 된다.

2

증류의 역사 간단히 살펴보기

증류의 역사를 소개하기 전에 먼저 유럽에서 가장 오래되었고 아직도 운영 중인 곳의 제품을 먼저 맛봐야 하지 않을까? 부쉬밀 증류소는 아일랜드 서북쪽의 바위가 많고 강한 바람이 부는 해안가 근처에 있다. 이곳은 1784년 부쉬밀 증류 회사가 공식적으로 설립되기도 전인, 1608년에 처음으로 공식 허가를 받고 증류를 시작했다. 그리고 현재까지 아이리시 위스키 생산업체라는 간판을 꾸준히 지켜오고 있다. 이곳의 위스키는 나란히 놓인 전통적인 긴 목 형태의 구리증류 장치로 세 번 증류해서 탄생한다. 우리 앞에 놓인 이 술은 16년이 되었으며, 100% 보리로 만든 몰트를 사용했다. 그리고 올로로소 셰리나 미국 버번을 담았던 배럴에서 15년 동안 넣어둔 후 커다란 '파이프'에 넣고 섞어서 9개월간 마무리 과정을 거친다. 이런 식으로 복합적인 역사를 반영한 위스키가 완성된 것이다. 잔에 따르면 황금빛 액체에서는 붉은 기가 살짝 돌며 특유의 과일 향이 코를 간지럽힌다. 한 모금 마시면 토피[1]와 다크 프루트[2], 약간 셰리 맛이 난다. 오래되었지만, 여전히 빛나는 증류통과 전통 매싱[3] 공법을 통해 만들어진 몰트의 풍부한 맛과 풍미가 잘 어우러진다. 이 위스키를 마시면 매싱 단계부터 완성품이 되기까지의 여정을 모두 느낄 수 있을 것이다.

다음에 짭짤한 수프나 스튜를 만들 일이 있다면 투명한 뚜껑을 위에 덮고 끓여보자. 몇 분이 지나면 뚜껑 안쪽 면에 약간의 응축액이 생긴 것을 볼 수 있을 것이다. 그러면 조심스럽게 뚜껑을 열어 살짝 기울여서 이 응축액을 모으자. 몇 방울 맛을 본 후 스튜와 비교해보자. 분명 큰 차이를 느낄 수 있을 것이다. 응축액에서는 짠맛의 스튜보다 더 중성적인 맛이 난다.

방금 했던 방식은 아주 기본적인 증류 기법이라 할 수 있다. 열을 가해서 기화를 유도하고 액체 속에 녹아 있던 혼합된 성분은 온도 차로 인해 분리되는 식이다. 예를 들어, 알코올 중에서 많이 쓰이는 에탄올은 끓는점이 약

---

1 toffee: 설탕 과자의 일종.

2 검은색을 띠는 과일을 지칭.

3 녹말 등을 분해해 당을 생성하는 과정.

78.4°C고, 물은 끓는점이 100°C다. 그래서 물과 알코올이 모두 들어 있는 와인에 적당히 열을 가하면 알코올이 먼저 끓기 때문에 그 기체만 따로 모아서 분리시킬 수 있고, 이때 물은 냄비에 그대로 남아 있다. 하지만 주의할 점이 있다. 독성이 있는 메탄올은 음용이 가능한 에탄올보다 끓는점이 낮아 먼저 기화된다는 점이다. 그러니 증류업자는 처음에 나오는 '헤드'[4] 부분을 반드시 버려야 한다[그리고 끝에 나오는 '테일(또는 후류)' 역시 버리자. 맛에 가장 중요한 부분은 중간에 나온다]. 증류 작업 시작 단계에서 쓸 이 알코올성의 '워시(wash)'에는 메탄올, 그리고 최종 산물에 필요하거나 필요치 않은 에탄올 외에도 수많은 성분이 들어 있다. 각각의 끓는점도 달라서 현대의 증류업자들은 분별 증류라는 기술을 이용해 목표한 온도를 조절해서 원하는 결과물을 얻는다. 이 기술의 기본 원리가 정확히 언제, 그리고 어디에서 발견되어 실제로 사용되었는지는 밝혀진 바가 없지만 그렇다고 역사학자들의 추측까지 막지는 못했다.

1906년 4월 27일 영국양조증류협회 연례 회의 연설에서 식품 과학자 토마스 페얼리는 증류의 초기 역사에 대한 아주 흥미로운 논쟁거리를 제시했다. 그의 이야기는 당시 영국 리즈의 퀸즈 호텔 회의장에 있던 관객들의 관심을 끌었고 곧 활발한 논의가 오갔다. 페얼리는 특히 토양학자인 오스왈드 슈라이너가 1901년에 쓴 소논문 『Journal of the Institute of Brewing』의 내용에 초점을 맞추었다. 다행스럽게도 당시 페얼리의 연설은 양조 협회 저널에 기재되어 있고 슈라이너의 소논문 역시 아직 찾아볼 수 있다. 두 자료는 모두 삽화가 가득하고 19세기 교양 있는 과학자들이 쓰던 색다른 언어로 적혀 있으며, 증류의 초기 역사에 대한 몇 가지 중요한 이야기를 담고 있다. 또한 증

---

4 또는 초류.

류 장치가 처음 발명된 장소에 대한 추측, 초기 증류기의 형태를 관찰한 결과, 알코올음료의 기원에 관한 추측 등도 포함되어 있다. 그중에서도 페얼리가 '증류 기술은 여러 나라에서 독자적으로 발명되었을 것이다'라고 언급한 부분에서 가장 통찰력이 엿보인다. 페얼리는 고대부터 여러 문화권에서 사람들이 음식이나 다른 물질을 일상적으로 가열해왔기 때문에 증기가 나오는 현상을 보고 뭔가 중요한 일이 일어난다고 느끼는 일 자체는 엄청난 혁신까지는 아니라 생각했다. 그런 점에서 그는 증류기나 증류의 발명이 단지 깨달음을 얻게 된 작은 발전일 뿐이라 여겼다. 그리고 이런 깨달음은 다양한 시간대와 장소에서 일어났을 것이다.

페얼리는 자신의 주장을 뒷받침하기 위해 과거부터 현재까지 세계 각국에서 사용 중인 다양한 증류 장치를 근거로 삼았다. 고대 그리스와 로마에서부터 이집트, 아랍, 유럽, 인도, 실론 섬, 일본, 중국, 티베트, 부탄, 캅카스, 타히티섬, 페루에 이르는 여러 나라를 예로 들고, 그리스의 아리스토텔레스, 로마의 소 플리니우스, 알렉산드리아의 조시모스, 아랍의 지베르(자비르 이븐 하이얀) 등, 많은 권위자를 언급하며 관련 삽화를 첨부했다. 또한 아득한 옛날부터 선원들은 바닷물을 끓여서 얻은 응축액으로 식수를 대신했다고 덧붙였다. 아리스토텔레스 역시 자신의 논문집인 『Meteorology(기상학)』에서 '바닷물을 끓이면 식수로 만들 수 있으며, 다른 액체도 같은 방식을 쓰면 된다'라고 언급한 것을 보면 이미 이 사실을 잘 알고 있음이 분명했다.

증류(distillation)라는 용어에 대해서라면, 그리스인과 로마인 모두 현재의 정확한 의미를 담은 단어는 쓰지 않았다고 한다. 비록 현대의 과학 용어와 기술 용어 대부분이 이 두 민족에게서 유래했지만 말이다. 라틴어로 된 증류에 관련된 묘사 역시 한 구절밖에 없으며, 그마저도 '*rei succum subjectis ignibus exprimare*(열을 가해 어떤 물질의 즙을 짜낸다는 의미)'라고 우회적으로 표현했을 뿐이다. 그런데도 대부분의 과학 용어가 그렇듯, 'distillation'라는 영어 단어는 라틴어 'stilla'(방울방울 떨어지다)에 그 뿌리가 있다. 'stilla'에서 'de-stillo'로, 그리고 간단히 'distillo'로, 마지막에는 현대 영어식으로 고정되었다. 이런 기원을 생각해보면 증류라는 개념은 이때가 지금보다 훨씬 일반적인 의미로 쓰였던 것 같다. 증류란 단어는 물방울이 떨어지는 과정을 통해 더 무거운 물질에서 가벼운 물질을 분리한다는 의미 정도만 담고 있기 때문이다. 14세기가 되면서 이 용어는 명백하게 알코올을 생성한다는 의미를 띠기 시작한다.

물론 그 당시 사람들은 알코올이 정확히 무엇인지 몰랐다. 증류해서 얻은 투명한 액체를 마시면 독특한 영향을 받는다고만 막연하게 느꼈을 뿐이다. 18세기의 증류액은 단순한 물 대용품 정도였는데, 당시 사람들의 지식 상태를 생각해볼 때는 그럴 수밖에 없었다. 가열과 응축 작용을 통해 얻은 맑은 액체는 외관상 물과 완전히 같았기 때문에 화학을 전공한 사람이 아니고서야 정확하게 그 원리를 알 수 없었던 것이다. 소 플리니우스가 쓴 증류주 관련 찬가를 살펴보면, 그는 '오! 이건 정말 요물이구나! 어떤 형태로든 물 자체가 사람을 취하게 할 수 있다니'라고 노래한 적이 있다. 그래서 처음에는 알코올을 물의 한 형태라 여겨 'aqua vitae(아쿠아 비테)'(라틴어), 'eau-de-vie(오-드-비)'(프랑스어), 'uisge-beatha(이시가-바하)'(셀틱어)라 불렀으며, 이들 모두는 '생명의 물'이라는 뜻이다.

페얼리에 따르면 'alcohol(알코올)'이라는 단어 자체는 셈족의 언어인 'kuhl(쿠을)'[또는 'kohol(코홀)', 'koh'l(코올)']이란 말에서 그 기원을 찾을 수 있

그림 2.1 증류기의 이름은 동물에서 따왔다. 왼쪽에서 오른쪽으로, 윗줄: 타조, 거북이, 곰, 펠리컨, 아랫줄: 히드라, 뱀, 황새. 페얼리(1907)

으며 특히 셈어의 하위언어인 아랍어와 히브리어에서 많이 쓰였다고 한다. 'kohol'이란 단어는 광석을 제련해서 나온 아주 고운 입자를 뜻했지만, 나중에는 미세하거나 순수한 화합물 또는 물질을 모두 가리키는 말이 되었다. 그리고 아랍어의 관사인 'al(알)'이 붙어서(al-kuhl) alcohol이라는 단어가 탄생하게 된 것이다. 나중에 자세히 살펴보겠지만, 화학자 노버트 코크만에 따르면 유럽에서는 '증류'라는 단어가 '여과, 결정화, 추출, 승화[5], 기계에서 압착한 기름'을 포함한 각각의 작업을 모두 뜻했다고 한다. 이 경우에는 범위가 꽤 넓은 편이다. 페얼리의 연설 중에서 가장 흥미로운 부분은 당시 만들어졌던 증류 기구의 다양한 모양에 붙은 이름일 것이다. 그는 외양이 동물과 비슷한 이 증류 플라스크를 보고 진정한 동물원(그림 2.1)이라고 말했다. 가령 타조, 거북이라 부르거나, 머리가 여러 개인 기구는 그리스 신화 속 괴물 이름을 딴 히드라로 불렀다.

---

5 고체가 기체로 변함.

첫 번째 증류기가 언제 발명되었는지 정확한 시기는 알 수 없다. 이런 종류의 기구는 여러 문화권에서 발견되기 때문이다. 그리고 서유럽에서 발견된 것을 제외하고 현재까지 이어지는 증류 공정에 관련된 기록은 거의 남아 있지 않다. 그러나 증류를 할 때 낮은 도수의 알코올을 베이스로 쓰는 것으로 보아, 적어도 맥주와 와인 이후에 증류가 나타났다는 사실은 확실히 알 수 있다. 이런 부분을 고려하면 증류의 기원을 대략 기원전 6000년경 이후로 범위를 조금 좁혀볼 수 있다. 그러나 실제로 증류를 했다는 정확한 기록이 있는 시기와는 여전히 시간적 공백이 꽤 긴 편이다. 기원후 296년 로마 황제 디오클레티아누스는 당시 황금 제조에 심혈을 기울이던 연금술사의 성공이 두려워 화폐가치를 떨어트렸으며, 기록으로는 최초의 증류자로 추측되는 연금술사와의 전쟁을 선포해 관련 자료들을 모두 불태웠다. 이렇게 중요한 기록이 사라진 것이다. 그래서 초기 증류에 관련해서 우리는 기원후 1500년과 1600년 사이, 대항해시대 때의 지식이 대부분이며 당시 탐험가들의 기록은 이보다 더 앞선 고고학 지표로 어느 정도 보강되었다.

남아 있는 역사적 증거를 바탕으로 일부 학자들은 장미수와 장미 오일을 추출하는 선진 기술을 근거로 페르시아가 증류의 발생지라 주장하기도 한다. 그러나 인도나 이집트라고 주장하는 역사학자들도 있었다. 이들보다 조금 더 눈에 띄는 증거는 고고학자들에게서 나왔다. 메소포타미아의 수메르인 거주지였던 근동[6]의 비옥한 초승달 지대[7]에서 증발기로 썼던 것으로 추정되는

---

6 Near East: 유럽과 가까운 서아시아 지역. 일반적으로 북동 아프리카, 서남 아시아, 발칸 반도를 포함하는 지중해 동쪽 연안 지역을 가리키는 말이다. 제2차 세계대전 이후 근동이라는 지명은 중동으로 바뀌었지만 때로는 혼용되기도 한다.

7 Fertile Crescent: 레반트 지역에서부터 고대 근동의 메소포타미아까지 이어지는 일대를 지칭.

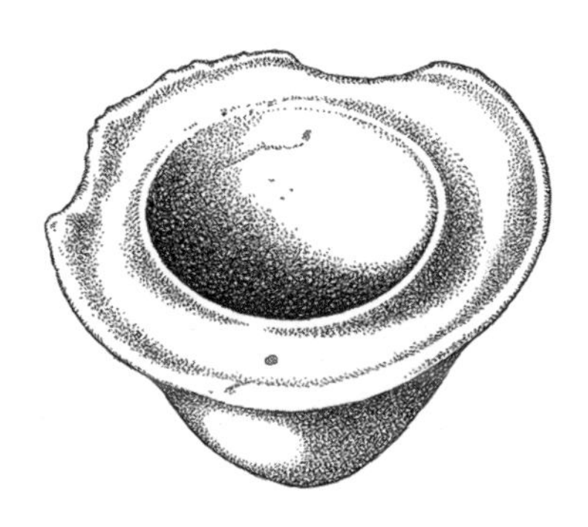

그림 2.2 이라크 모술의 고대 유적에서 응축 도기로 추정되는 유물이 나왔으며, 도기 위에 올리는 냉각 덮개는 아직 발견하지 못했다. 이 도기는 입구의 오목하게 들어간 가장자리가 증기를 수집하는 통 역할을 했다. 용기 아래에 열을 가하면 수증기가 올라가다 둥근 모양의 뚜껑에 닿아 응축되고 그 물방울이 뚜껑을 타고 가장자리로 흘러가서 오목하게 들어간 입구로 모였을 것이다. 이 도기의 지름은 약 50cm이다. 코크만(2014)

5500년 된 유물이 일부 발견된 것이다. 학자들은 이 장치를 에센셜 오일, 장미수, 테레빈유[8](그림 2.2) 같은 물질을 얻는 데 사용했을 것으로 추측하고 있다. 이런 기초적인 증류기가 효율적이라고 말할 수는 없지만, 일단 기본 응축 기술이 갖추어지면 발전의 속도는 가속화되니 중요한 시초가 되었던 것은 사실이다. 이 용기에서 가장 눈에 띄는 부분은, 인출관이 증기를 모으는 홈에서부터 용기 외부에 있는 수집통까지 연결되어 있어서 식힐 때는 홈 위에 냉각 덮개를 덮거나, 수집통에 젖은 모래나 냉각수 통로(워터 재킷)을 대고 직접적으로 식힐 수 있다는 것이다. 그리고 이런 형태가 가족 대대로 이어지면서 현재의 '포트 스틸(pot stills)'(단식 증류기)이라 알려진 증류기의 혁신에 부분적으로 기여했으리라 보고 있다.

8 나무에서 얻은 기름.

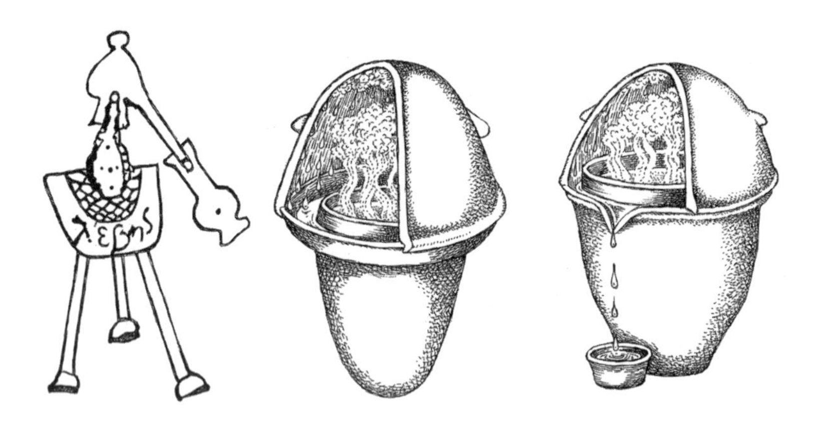

그림 2.3 왼쪽: 기원후 1000년이 되기 전까지 데모크리토스의 증류기(슈네시오스의 알렘빅) 모습. 알렘빅의 형태와 가열통에 적힌 글(λεβης)–그리스어로 '주전자'를 의미–을 보라. 중앙과 오른쪽: 이란 증류기의 절단면. 코크만(2014)

코크만의 설명을 바탕으로 우리는 서 유라시아 지역 증류의 역사와 증류기의 발전을 대략 다섯 시기로 나누었다. 바로 전고전주의 시대~고전주의 시대(기원전 6000년~기원후 700년), 아랍-알렘빅(옛날 증류기) 시대(700~1450년), 르네상스-과학 시대(1450~1800년), 산업화 시대(1800~1950년), 그리고 현대다. 우리는 이미 신석기부터 고전주의 시대까지 남겨진 자료가 별로 없다는 사실을 잘 알고 있다. 그러니 이번에는 남은 네 시대의 역사를 알아보도록 하자.

아랍-알렘빅 시대로의 변화는 알렘빅식 포트 스틸을 널리 도입하면서 시작되었다. 4세기 파노폴리스의 연금술사 조시모스에 따르면 이 기구는 1~2세기 전 이집트 알렉산드리아에 살던 정체불명의 유대인 마리아[9]가 고안했다고 한다. 마리아는 연금술[alchemy(연금술)이란 단어는 아랍어로 'al-Kemet(알-케멧)', 즉 'Egypt'에서 유래했다]의 어머니라 불린다. 조시모스는 증류기를 그림 2.3처럼

---

9 Maria the Jewess: 라틴어로는 Maria Hebraea라고 한다.

묘사했다. 이 양식은 기원후 1000년이 되기 전 그리스에서 왔고 '데모크리토스[10]의 증류기' 또는 슈네시오스[11]의 알렘빅이라 불린다. 이 기본적인 형태의 기구는 연금술에 필요한 증류를 목적으로 네 부분으로 구성되어 있으며, 기원후 1000년이 되기 전까지 사용된 모델이다. 알렘빅 상단(헬멧)은 아래의 수용기(받는 용기)와 파이프로 연결되어 있고 가열기구(모양이 박과 비슷해서 '박' 또는 영어로 '쿠쿠르비타'라고 부름)에는 그리스어가 적혀 있으며, 삼각대로 지지한다.

8세기에는 많은 아랍 연금술사들이 이런 일반적인 종류의 간단한 증류기 형태를 받아들였고 르네상스 시대까지 흔하게 사용했다. 현재는 튜브로 연결된 독립된 증류 용기 2개를 의미하는 '알렘빅(alembic)'이란 단어는, 원래 그리스어로 컵을 의미하는 '암빅(ambix)'에서 유래했다. 단어만 보면 언뜻 후기-헬레니즘 시대의 이집트에서 생겨난 단어로 생각할 수 있지만 사실 '알렘빅'이란 말 자체는 이집트에서 시작해서 아랍어의 영향(al-inbiq)을 한차례 받은 후 우리에게 전해진 것이다. 그러니 이 이름은 현대의 유럽 언어로 정착되게 된 경로를 함께 내포하고 있다. 초기 포트 스틸은 헬멧 스틸이라 부르기도 했으며 연금술사가 발명했을 가능성이 크다.

아랍-알렘빅 시대 때 보여준 아랍인들의 영향력은 8세기부터 문서로 잘 기록되어 있다. 당시 아랍의 과학이 부흥했고 근동지역의 많은 사람이 화학과 연금술에 능통했다. 앞에서 언급한 지베르[자비르 이븐 하이얀: 대수학(아랍어로는 '알-자브르')을 발명한 사람] 또한 당시에 뛰어난 화학자였다. 그는 증류기가 불이 잘 붙는 성질이 있어 불가연성인 유리 용기를 함께 사용하기를 권장했

---

10 Democritus: 그리스의 철학자.

11 Synesios: 그리스의 철학자.

다. 지베르의 것으로 추정되는 연금술 관련 문서의 일부는 라틴어로 번역되어 유럽의 문화로 잘 전달되었다(3장 참고). 아랍인들은 에센셜 오일과 다른 비알코올성 에센스를 만들 목적으로 증류에 관심이 깊었던 반면, 알코올을 사랑하던 유럽인들은 증류 기술을 배우자마자 와인과 다른 발효 음료를 더 높은 도수의 증류수로 바꾸는 데 사용했다. '단순한 것이 더 아름답다'라는 태도를 견지한 것이다.

유럽의 초기 증류는 보통 연금술사가 진행했고 당시 증류된 제품은 대부분 약(1347~1350년 흑사병이 창궐했을 당시 분명 도움이 되었다. 알코올음료가 병을 완치하지는 못했지만, 일시적인 효과는 가장 좋았다고 한다)으로 사용되었다. 그리고 증류의 기술이 더 정교한 단계로 접어드는 때가 있었으니, 14세기 초 연금술사들이 오름과 내림이라는 독특한 접근법을 생각해낸 이후였다. 이 접근법은 증류기의 모양이 아주 중요했다. 오름 접근법은 상승하는 증기를 가두어 증류액을 모으는 방식, 내림 접근법은 하강하는 증기를 이용하는 방식이지만, 후자의 경우 나중에 거의 사용하지 않게 된다. 그 외 종류에는 초기 르네상스-과학 시대에 발명된 디플레그메이터(분축기)가 있으며, 냉각 덮개와 수집통 사이에 있는 파이프가 작은 그릇과도 연결되어 있다. 이 독창적인 장치는 증기의 성분을 잡아서 분리하도록 디자인되었으며, 그 뒤는 전통적인 방식대로 진행된다. 증류 과정은 응축액이 가열통을 나가면서 냉각 덮개를 지나고 알코올처럼 휘발성이 강한 물질보다 휘발성이 약한 물질이 먼저 응결되어 빠져나가는 식이다. 연금술사들이 이런 우회적인 방식을 만들었던 이유는 연금술에 쓰이는 휘발성이 약한 물질에 관심이 많았기 때문이다. 어쨌든 술에서 이 성분만 따로 얻고 싶었던 술꾼들은 환호할 정도로 기뻐했다. 디플레그메이터는 그런 점에서 모두를 만족시키는 물건이었다.

현재의 증류 방식은 대부분 아랍-유럽 전통에서 내려왔지만, 그렇다고 알코올을 모으는 방식이 다른 나라에서 시도되지 않았다는 의미는 아니다. 정확한 시기는 모르지만, 스페인 식민지 시절 이전에 필리핀 사람들이 현재 람바녹이라 알려진 증류주를 이미 만들었을 것으로 추측하고 있다. 코코넛 또는 니파야자 수액으로 만든 이 술은 다른 열대지방(그리고 보소우의 침팬지도 사랑하는 술)에서 흔한 야자 술(투바)과 거의 같은 방식으로 제조되었다. 역사적으로 람바녹은 화덕 위에 있는 증류기에 수액을 넣고 이틀간 발효시킨 후 증류를 두 번 거쳐서 만들어진다. 이 증류기는 냄비 2개 또는 나무통으로 되어 있고 속이 빈 통나무가 둘을 잇고 있다. 이런 이중 증류 시스템은 스페인의 증류 기술과 더 오래된 지역 방식이 융합된 결과며, 적어도 1574년에는 실용적으로 사용되었을 것이 분명하다. 외형은 단순한 형태를 띠며, 1차 증류 후에는 질감이 부드럽고 40~50%에 달하는 매우 도수가 높은 액체가 나온다. 그리고 2차 증류를 하면 도수가 80% 이상 형성된다. 술을 좋아하는 사람들은 순수한 람바녹의 순도 높은 맛을 찬양하지만, 최신 증류기에서 나온 람바녹은 시나몬에서 풍선껌에 이르기까지 다양한 풍미를 내보인다.

중국의 증류 역사는 더 잘 기록되어 있다. 증류주는 13세기 마르코 폴로가 고대 중국을 여행했을 당시에 이미 존재했는데, 중국 동북쪽 하북성에 있는 칭룽에서 12세기의 유물이 발견되면서 확실시되었다. 증류가 중국의 독자적이고 독창적인 발명이었는지, 아니면 실크로드를 통해 서양에서 들어온 것인지는 확실치 않지만, 전문가들은 대부분 실크로드와 관련되어 있음에 더 무게를 두고 있다. 어쨌든 중국의 루저우, 남부의 사천 지역에 있는 증류소들이 세계에서 가장 오래되었다는 사실은 확실해 보인다. 이 훌륭한 증류소에서는 17장에서 소개하는 기술을 이용해 16세기 중반부터 백주를 생산했다.

또 다른 동양의 증류 역사는 몽골에서 시작되었다. 러시아의 영향으로 현재 몽골에는 수백 가지의 보드카 증류주가 있지만, 전통 몽골 증류주는 보드카와 많은 차이를 보인다. 말의 젖을 발효한 음료, 아이락(튀르크에서 온 쿰미스)은 가장 악명 높은 몽골 술이다. 증류주는 아니며, 다른 몽골 술과 비교해 도수도 2~3%라 독하지 않다. 그러나 초기의 러시아 보드카를 생산할 때 썼을 것으로 여겨지는 동결 증류법을 거치면 더 독하게 만들 수 있다(10장 참고). 또한 몽골의 가정집에서 흔히 만드는 전통 증류주인 '아르히'로도 만들 수 있다. 그러나 아르히는 보통 소의 젖을 발효해서 요거트처럼 만든 '케피르'로 만든다. 아르히를 만들려면 먼저 스토브 위에 있는 오목한 웍에 케피르(또는 아이락)를 담는다. 그리고 위아래가 뚫린 큰 원통을 그 위에 올리고 동그란 그릇을 원통 중간에 떠 있도록 고정해 그릇이 케피르에 닿지 않게 한다. 그리고 원통 위에는 찬물이 담긴 오목한 뚜껑을 올려놓는다. 이제 불을 지피면 된다. 케피르에서는 알코올이 증발해 공중으로 올라가다가 찬 뚜껑에 붙어서 응결되고 무거워지면서 물방울이 중앙에 달린 동그란 그릇으로 떨어지게 된다. 이렇게 얻은 액체는 약 10% 도수의 맑은 술이 된다. 이 단계에서 아르히를 마셔보면 처음 맛보는 사람은 냄새가 너무 고약하다고 느낄 것이다. 그러나 몇 번을 더 증류하면 알코올 도수가 더 올라가게 되어 강한 알코올 맛만 남게 된다.

다시 유럽으로 돌아가 보자. 코크만에 따르면 책의 발명이 아랍-알렘빅 시대부터 르네상스-과학 시대에 일어났던 거대한 변화에 큰 역할을 했다고 한다. 책이라는 이동이 가능해진 인쇄물은 르네상스 시대의 과학과 문화를 움직이는 주요 요소 중 하나가 되었고 그 덕분에 증류의 레시피와 공정 과정 또한 널리 전파될 수 있었다. 적어도 1450년 유럽에서 시작되었던 수도원, 약학대, 약제사의 증류 제한 조치가 시행되기 전까지는 말이다. 15세기 후반에서 16세기 중반까지 일부 작가들은 이 새로운 의사소통 기술을 이용해 증류 지식을 다른 곳으로 널리 알리기도 했다.

이 시기의 증류 전문가들 역시 개발 단계에 있던 중요한 양조 개념에 관련된 글을 남겼다. 우리가 눈여겨봐야 할 중요한 부분은, 이들이 알렘빅과 수집통을 기존의 재료가 아닌, 유리, 점토, 세라믹 같은 다른 재료로 만들어보면서 최적의 용기를 만들기 위해 연구했다는 것이다. 구리와 납은 내용물과 반응하는 성질 때문에 연금술사들이 처음부터 꺼렸던 재료다. 예를 들어, 납 용기로 알코올을 증류하면 내용물이 우유처럼 하얗게 변해버렸다. 그래서 결과적으로는 다행스럽게도 독성이 있는 이 금속 재료는 사용되지 않았다. 반대로 구리는 여러 증류액에서 생성되는 황 성분을 제거하는 물질로 곧 판명되었다. 증류업자에게 황이란 풀과 '썩은 달걀' 향을 내는 저주와 같은 물질이었으므로, 구리의 성질이 밝혀진 이후부터 이 금속은 알코올 증류업자가 선호하는 재료로 떠 올랐다.

15세기 말에 약 성분만 따로 추출할 목적으로 로즌헛(rosenhut)이라는 '후디드 스틸(hooded still)'이 개발되었다. 이 기계는 내용물을 가열하는 가열구, 원뿔 모양의 가열통, 연결된 냉각 덮개, 알렘빅 암이 모두 한곳에 들어 있는 일체형 구조로 되어 있어 독창성이 돋보이는 발명품이다(그림 2.4).

가열통을 직접 가열하는 대신 증기를 이용하는 방식은 초기 르네상스 시대의 또 다른 혁신이었다. 코크만에 따르면, 증기 증류기를 사용한 첫 번째 유

그림 2.4 로즌헛 스틸. 출처: Wikipedia Commons. https://de.wikipedia.org/wiki/Datei:Rosenhut.png

럽인은 16세기 프랑스 점성술사 클라우드 대리엇이었다고 한다. 이런 가열 방식의 변화는 연금술사가 증류를 할 때 내용물의 온도를 정확하게 조절할 수 있어서 아주 중요한 성과라 할 수 있다. 증기 방식을 이용하면 증류할 물질이 들어 있는 용기의 온도를 서서히 올릴 수 있다(보통 박 모양을 하고 있음, 그림 2.3). 그 외에는 여타 증류기와 동일하게 작동한다. 이처럼 증류기 개발의 황금기에는 증기식 외에도 여러 가지 온도 조절 방법들이 발명되었으며, 대부분 열전달에서 개선된 부분이 많았다.

증기 방식에서 알 수 있듯이, 가열하거나 식히는 단계에서의 온도 조절은 매우 중요하다. 이전에는 많은 연금술사가 단순히 증류기 주변의 공기를 이용해 증류액을 식혔으며, 일부 증류 기계는 여전히 이런 오래된 냉각 방식을 유지하고 있다. 초기의 다른 냉각 방식 중에는 워터 재킷을 쓰는 방법도 있는데, 과열되었을 때 출구와 연결된 파이프를 찬물이 들어 있는 욕조에 통과시키는 방식이다. 더 발전된 형태는 증류액이 빠져나오는 쪽에 워터 재킷을 연결해 찬물이 계속 흐르도록 한 것이다. 이 두 가지 방식 모두 식히는 과정에서 워터 재킷을 사용했기에 온도 조절이 더 쉬웠고, 과도한 열로 인해 가열통과 출구관에 금이 가는 확률 역시 줄일 수 있었다. 이 방식 외에도 '웜즈'[12]라고 부르는 회오리 모양의 냉각 파이프를 이용하기도 했다. 이 파이프는 증기가 지나가는 길을 늘려 효율적으로 온도를 낮추기 위한 목적으로 만들었으며, 특히 워터 재킷을 이런 형태로 만들면서 효율성이 더 늘어났다.

르네상스 시대에 활발하게 진행된 발명을 기반 삼아 연금술사들은 잘 조율된 기계를 쓰면서 작업의 능률성을 높여나갔다. 그러나 아이러니한 일은 산업화 시대로 접어들고 과학이 주도권을 잡게 되자 연금술이 쇠퇴의 길로 접어들었다는 것이다. 이런 변화의 결과로 다음 세 가지 종류의 증류기가 나왔다. 1) 철저하게 과학적 탐구의 목적으로 개발된 연구실용 증류기. 2) 상업에 필요한 물건을 대량 생산하기 위해 나온 산업 증류기, 예를 들면 산업혁명 시대에 유행했던 리넨과 면을 염색할 때 필요한 유황산 추출용. 3) 약과 유흥용 알코올 제조를 위한 증류기. 이들은 중세 후기부터 이미 인기 있는 사업 품목이었다.

증류주 이야기는 1500년에 히에로니무스 브런슈위그가 쓴 『Liber de arte distillandi(증류 기술에 관한 책)』이 처음 출간되었던 때부터 시작하면 좋을 것 같다. 이 책은 증류주에 관한 내용을 담은 초기 작품이며, 책과 관련된 흥미

12 worm: 나선관이란 의미.

로운 에피소드가 있다. 1527년, '증류 기술에 관한 책'이라는 간단했던 제목이 영어로 번역되면서 '고결한 증류에 관한 책'으로 바뀐 채 출간되었다. 굳이 고결하다는 의미를 덧붙인 이유는 무엇일까? 아마도 브런슈위그조차도 증류주를 대부분의 질병을 치료하는 마법의 약으로 찬양했던 것만큼, 당시 사람들이 증류주를 마치 신의 선물처럼 바라보았던 믿음과 관련이 있을 것으로 추측하고 있다. 이 책을 번역한 로렌스 앤드류는 서문에 이런 주장을 하기도 한다. '악마가 만든 사악한 말이나 인공적인 효험을 내면서 유혹하는 것들이 아닌, 신께서 만들어 자연의 효험이 담긴 약을 사용한 후의 결과가 얼마나 놀라운지 보라!' 다시 말해 16세기에 접어들면서 증류로 얻은 물질('효험이 있는 천연 약')은 당시 성행하던 많은 질병을 치료하는 신의 선물로 여겨졌다는 말이다.

그리고 한 세기가 지난 후의 증류주에 대한 인식 차이를 느껴보자! 앤드류의 진지한 믿음이 담긴 말과는 반대로 1618년에 존 테일러는 『Pennyless Pilgrimage(무일푼의 순례)』에서 신성함에서 벗어나 상당히 다른 어조로 증류주를 서술하고 있다. 테일러의 유쾌한 부제에서 이런 부분을 찾아볼 수 있다. '그는 영국 런던에서 스코틀랜드 에든버러까지 여행하면서 돈을 일절 가져가지 않았다. 여행 중에 구걸도, 차용도 하지 않았으며, 음식이나 음료, 숙박을 구하지도 않았다.' 그리고 이 부제는 다음의 유명한 구절과 연결된다.

> 나는 당신이 내 말을 거짓으로 받아들이지 않기를 바란다.
>
> 나는 이미 훌륭한 생명의 물을 가지고 있었으니 로사의 말은 거짓이야.
>
> 달콤한 암브로시아(신들이 마시는 음료)도 있지.
>
> 불멸의 삶을 살도록 해주는 최고의 도구라고 생각해.

자신을 '물-시인의 왕'(당시에 물이 포함된 지칭은 악명 높은 술고래란 의미다)이라 칭하던 테일러는, 런던에서 에든버러까지 여행하는 동안 아주 독한 술을 즐겼고 엄청난 양의 에일을 마셨다. 그러니 분명 그가 건강한 신체와 건강한 정신을 추구하는 성격은 아니리라 추측한다. 증류주는 한 세기가 가기도 전에 유럽인들 사이에서 연금술이나 약이 목적이 아닌, 현대의 화학과 화학공학의 발전을 돕는 도구로 변했다. 그리고 이때 유흥을 위한 술이 개발되기도 한다. 그러니 유럽인들이 술을 만들기 위해 신세계[13]에서 가져온 사탕수수를 증류에 사용하는 시기가 이때와 맞물리는 것은 완전한 우연이 아니었다(14장 참고).

무일푼의 존 테일러가 에든버러로 향하면서 마신 증류주는 연금술사 조시모스가 언급했던 알렘빅으로 만든 제품이다. 당시는 증류주가 본격적으로 대량 생산되기 전이라 기술적 혁신이 그렇게 많이 이루어지지 않은 때였다. 전통 포트 스틸은 대략 알코올 한 통 분량을 만들어냈다. 준비한 워시(베이스 액체)가 모두 증발해서 응축되면 사용한 증류통은 완전히 비우고 세척해야만 다시 사용할 수 있었다. 현대식 포트 스틸(테일러의 시대보다 훨씬 효율적임)은 효율성이 매우 뛰어난 장치일지라도 약 12%의 첫 도수에서 30~35%까지 끌어올리는 것이 한계다. 그래서 더 독한 술을 만들려면 증류기에 여러 번 통과시켜야 한다. 그러면 원하는 알코올 도수를 얻을 수 있고 첫 워시에 있던 여러 가지 성분(원하든 아니든)도 제거된다. 포트 스틸에는 아주 큰 형태(19세기 초에 14만 3000L를 담을 수 있는 거대한 포트 스틸이 만들어짐)도 있지만 이런 거대한 기구를 쓰는 것은 시간 낭비에 노동집약적이었으며, 최종 증류주의 순도를 높이는 데도 한계가 있었다. 결국 증류주를 산업용으로 생산하는 데 필요한 것은

13 특히 과거에 남북 아메리카를 가리키던 말.

효율성이었다. 그렇다면 이제 칼럼 스틸로 넘어가 보도록 하자.

아일랜드인과 스코틀랜드인은 칼럼 스틸 발명으로 유명하다. 그러나 18세기 말에서 19세기 초에 프랑스의 일부 화학자와 증류업자가 증류 공정에 창의력이 넘치는 혁신을 더한 이후에야 이런 획기적인 사건이 일어날 수 있었다. 이 시기에 발명된 기기 중에는 칼럼 스틸과 매우 흡사한 것도 있었지만, 특허 체계의 변덕으로 인해 현재까지 사용되는 칼럼 스틸에 관련해서는 스코틀랜드인인 로버트 스테인과 아일랜드인인 이니어스 코페이가 발명인의 타이틀을 따냈다. 먼저 스테인이 칼럼 스틸에 대해 구상을 했고 1828년에 특허를 받았다. 그의 디자인은 특허 이전인 몇십 년간 꾸준히 개선되고 그동안 사용되었던 여러 버전의 포트 스틸을 통틀어서 가장 혁신적이었다. 그러나 스테인의 증류기는 자주 청소를 해야 했고, 증류주의 순도를 높이는 데도 역시 한계가 있었다. 코페이는 스테인의 콘셉트를 따서 연구를 이어갔고 1830년 개선된 형태로 특허를 받았다(그림 2.5). 현재는 그의 이름을 따서 '코페이' 또는 '연속식' 증류기라 부른다.

연속식 증류기는 분류식 증류를 기본으로 한다. 포트 스틸은 에탄올 외에도 여러 종류의 분자('향미 성분')가 포함된 증류액을 만들어내지만, 코페이 스틸(연속식 증류기)은 증류한 성분만을 가지고 있어서 알코올의 도수가 95~96%(그 이상으로 높아지면 물과 에탄올은 공비혼합물이 됨, 다시 말해 두 성분의 끓는점이 같아져서 분리가 어려워지는 상태) 정도 되는 높은 순도의 증류액을 만들어낸다. 이 증류기로 얻은 최종 산물은 보통 희석해서 도수를 40% 정도로 만든 후 병입한다.

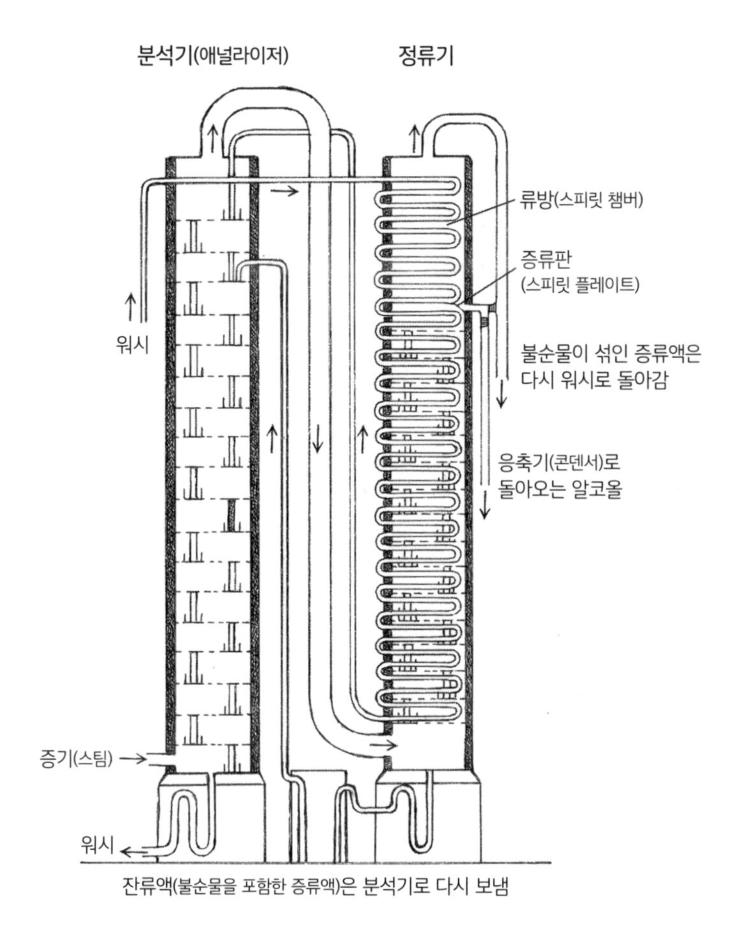

그림 2.5 초기의 투(2)-칼럼 스틸 도식

포트 스틸과 코페이 스틸은 외형에서도 가장 큰 차이를 보인다. 코페이 스틸은 기둥 모양의 긴 증류 장치가 2개 있고, 포트 스틸은 둥글납작한 증류 용기가 하나 있다. 코페이 스틸에 있는 세로로 긴 장치 2개 중 첫 번째는 '분석기(애널라이저)', 그리고 두 번째는 '정류기'라 부르며 둘 다 증기를 가해서 온도를 높인다(그림 2.6 참고). 분석기에서는 증기가 위로 올라가는 동시에 정류기에 있는 워시는 미세한 구멍이 난 여러 층의 증류판을 통과하면서 아래로 내

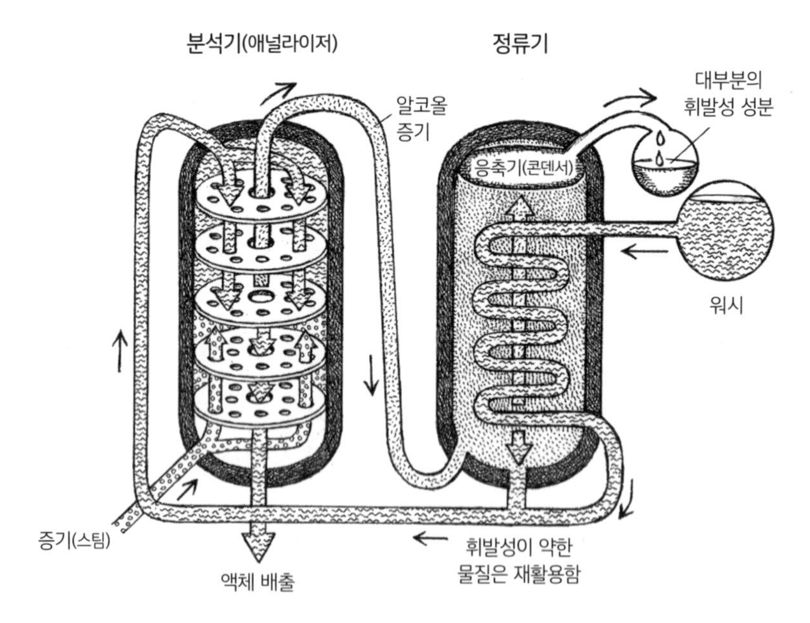

그림 2.6 이상적인 코페이 투(2)-칼럼 스틸의 도식. 둘 다 증기로 예열한다. Wikipedia Commons

려간다. 워시에서 나온 알코올은 정류기 안에서 순환하며 응축된 후 따로 수집된다. 이 증류기에서 가장 돋보이는 부분은, 증류할 물질을 일단 기계에 넣으면 두 장치 내에서 끊임없이 순환하기 때문에 생산과정에서 어떠한 방해도 받지 않는다는 점이다.

코페이 스틸은 증류업자 사이에서 곧바로 인기를 끌었고 거의 모든 증류소에서 이 장치를 도입했다. 아이러니하게도 코페이의 조국이자 당시 세계에서 가장 큰 위스키 제조국이었던 아일랜드만 빼고 말이다. 대부분의 아일랜드 증류업자는 이 장치로 높은 도수의 증류주를 얻을 수는 있겠지만, 증류액의 맛은 기존의 장치에 비해 부족하다고 여겼다. 충분히 일리가 있는 말이다. 효율성을 위해 지속적으로 증류를 하면 대부분의 오염 물질과 워시에서 나오는 물질이 제거된다. 문제는 전 세계의 애주가가 사랑해 마지않는 아이리시 위스키의 풍미와 짜릿한 맛을 내는 향미 성분까지 사라질 수 있다는 것이다.

코페이의 조국인 아일랜드에서는 이 발명품에 대해 코페이 만큼의 열정을 보여주지 않았지만, 스테인의 조국인 스코틀랜드는 코페이의 발명품을 기쁘게 받아들여 스카치 위스키 중에서도 주로 블렌디드 위스키를 만들 때 사용했다. 이런 지역적 분위기는 궁극적으로 'whisky'[14]와 'whiskey'[15]를 마시는 사람들로 분리하는 결과를 초래했다. 자세한 내용은 3장에서 살펴보도록 하자. 나중에는 일부 미국과 아일랜드의 위스키 제조업자도 코페이 스틸을 받아들였고 현재는 여러 곳에서 포트 스틸과 코페이 스틸이 사용되고 있다. 세계적으로 보면 포트 스틸보다는 코페이 스틸로 더 많은 증류주를 생산하고 있다. 일반화하기는 그렇지만 '수제' 증류주는 알렘빅으로, 대량 생산은 코페이 스틸로 하는 듯하다. 그러나 항상 그런 건 아니다. 가장 큰 코냑 증류소에서는 법에 따라 구리 포트 스틸을 사용해야 하며, 많은 수제 증류업자가 특히 진과 보드카를 만들 때는 거대한 코페이 스틸에서 나온 '뉴트럴(순도 높은)' 스피릿을 쓴다. 오늘날 시중에 나와 있는 증류주 대부분은 이 두 가지 증류기 중 하나에서 만들어진다고 보면 된다. 그리고 이제는 '하이브리드' 증류기까지 나와서 증류기에 대한 본 정의와 방식이 다소 복잡해졌다.

알렘빅 포트 스틸은 상대적으로 비효율적이다. 증류는 적어도 한 번 이상 해야 하고 코냑(아르마냑은 한 번만 하지만)의 경우 반드시 두 번은 해야 하기 때문이다. 때로는 열 번 이상 했다고 주장하는 증류주도 있다. 그러나 코페이 스틸로 여러 번 증류(많은 보드카가 그렇듯)했다고 광고하는 증류주는 좀 더 주의

---

14 스코틀랜드산 위스키.

15 아일랜드산 위스키.

해야 한다. 이런 주장은 사실 별 의미가 없는 과장광고일 뿐이기 때문이다. 코페이 스틸에는 이미 여러 개의 증류판이 들어 있다. 그렇다면 그 안에서 '증류'는 몇 번 일어났을까?

3

증류주, 역사, 그리고 문화

오래전부터 사람들은 증류주를 만들었지만, 현재는 이런 초기의 맛을 맛볼 수 있는 제품은 남아 있지 않다. 그렇다면 유럽에서 가장 오랫동안 살아남은 증류 회사의 술은 어떨까? 200년 된 레시피로 만든 술 말이다. 길고 날렵한 병에 들어 있는 이 게네베르는 호밀, 옥수수, 밀을 재료로 한 전통 네덜란드 몰트로 만들고 숙성은 하지 않는다. 19세기 초 미국으로 처음 수출된 증류주의 직속 후손이라 할 수 있으며, 칵테일 혁명에 일조한 전적이 있다. 게네베르는 구리 포트 스틸에서 3차 증류를 거친 후 다른 식물 증류액을 넣고 혼합한다. 이 술을 잔에 따르면 투명한 액체가 가득 찬다. 주니퍼 베리의 강렬한 향이 코를 찌르며 진한 몰트 위에 신선하게 으깬 민트가 얹어져 있는 듯하다. 이런 지배적인 풍미는 높은 도수로 인한 따뜻한 느낌이 더해지며 입안에 오랫동안 남아 있고 아삭한 셀러리 맛이 살짝 나면서 마무리된다. 이런 유쾌하고 다양한 맛을 지닌 증류주를 온전히 즐길 수 있어 정말 기쁘다는 생각이 드는 찰나에, 레몬 제스트가 느껴지면서 이 모든 풍미를 더 밝고 확장된 경험으로 바꾸어버린다. 그때서야 우리는 19세기 미국 바텐더들이 고전적인 칵테일을 만들 때마다 강렬함과 자신의 특징을 남기기 위해 이 술에 집착했던 이유를 깨달았다.

증류의 원리에 대해 더 알고 싶다면 서양은 그리스·로마 시대로, 동아시아는 한(漢) 왕조 시대로 거슬러 올라가면 된다. 그러나 증류주를 즐기는 사람의 입장에서 더 중요한 것은, 술이 유흥 목적으로 대량 생산하는 과정에서 증류의 원리가 사용된 때가 언제였냐이다. 그 시기는 아마도 14세기였으리라 추측하며, 유럽에서 시작되었다. 꽤 최근이라는 생각이 드는가? 증류주를 마시는 문화는 와인이나 맥주에 비해 그 역사의 뿌리가 꽤 얕다. 그리고 500년이 지난 후 이 뿌리는 지역민들의 증류주에 대한 사랑 덕분에 깊고 넓게 자리 잡았다. 맥주와 와인, 증류주에는 모두 알코올이 들어 있지만, 그동안 보여온 인간들의 행태를 보면 각각의 술은 상호 보완적이 아닌 경쟁적인 구도를 형성하고 있다.

증류가 발전하던 시기에 이미 세계인들은 맥주와 와인, 다른 발효 음료를 마시고 있었다. 16세기 스페인의 정복자는 멕시코에서 칠레에 이르는 신대륙의 남부지방에서 이미 알코올이 소비되고 있고, 지역마다 놀랄 정도로 다양하면서 적절한 음주 문화가 있다는 사실을 보았다. 예를 들어, 페루의 잉카 제국은 고산지대에서 노동하는 소작농들을 다루기 위해 약한 마약 성분이 들어 있는 코카 잎과 씹거나 싹을 틔운 옥수수로 발효한 알코올음료인 치차(Chicha)를 제공했다. 당시 치차는 수확을 축하하고 신에게 감사를 드리는 의식에서 중심적인 역할을 주로 했으며, 때로는 인간 제물의 고통을 완화하기 위해 억지로 먹이기도 했다. 심지어 침착한 스페인 정복자조차도 의식 후에 원주민들이 마시는 어마어마한 양의 술을 보며 소름이 돋을 정도였다고 한다. 몇 년 뒤, 더 북쪽으로 진출한 다른 정복자들은 상대적으로 절제된 메소아메리카[1]의 아스테카 문명에서 풀케(아가베의 수액을 발효한 것) 소비를 통제하는 아주 다양한 법에 놀라움을 금치 못했다. 그러나 대개 그렇듯, 이런 법은 알코올에 대한 모순된 태도를 보인다. 귀족 계급은 해당 없음, 52세 이상 성인은 풀케를 마음대로 마실 수 있음, 일반 주민은 '5잔' 이상의 풀케가 얼마나 위험한지 잊지 말 것-단, 의례 같은 특정 행사 기간은 제외. 기이하게도 '투래빗'이라 정해진 날에 태어난 사람은 평생 풀케를 만취할 정도로 계속 마시며 살아야 한다고 한다.

만약 유럽인들이 몇 세기 전에 근동 지방을 여행했다면 이곳 사람들이 코란의 말씀에 따라 술에 대해 매우 부정적인 태도를 보이는 모습에 매우 놀랐을 것이다. 유럽인들은 알코올 소비에 대해서는 꽤 관대하기 때문이다. 8~12세기, 바그다드에 기반을 둔 아바스 왕조 시대는 이슬람의 과학, 약학, 철학이 꽃을 피우던 황금기였지만, 유럽은 암흑시대가 이어지고 있었다. 당시 이슬람

---

1 Mesoamerica: 멕시코와 중앙아메리카 북서부를 포함한 공통적인 문화를 가진 아메리카의 구역.

문학작품을 보면 다른 분야만큼 알코올에 대한 자유로운 생각이 펼쳐졌음을 알 수 있다. 와인 전문가로도 유명한 로마인들이 현재는 이슬람 땅인 동쪽 지중해 지역을 제국으로 흡수하기 훨씬 전부터 이곳 지역민들은 이미 전통적으로 와인을 마셔왔다. 7세기 선지자 마호메트도 와인으로 된 강을 묘사한 낙원을 이야기한 적이 있다.

비록 마호메트는 인간이 지상의 모든 알코올을 신뢰해서는 안 된다고 결론지었지만, 이를 인정하지 않은 사람들도 곧 나타났다. 8세기 후반 유명한 페르시아 시인 아부 누와스는 이슬람교 이전의 전통을 예로 들어 와인을 찬양했으며, 신은 와인을 금하셨지만 설사 마시더라도 죄지은 자를 자비롭게 용서하시는 엄청난 융통성을 지닌 분이라 강조하기도 했다. 3세기가 지난 후, 페르시아의 시인 오마르 하이얌 역시 강한 어조로 와인을 찬양하는 시를 많이 남겼다. '나는 종종 와인 제조업자가 구매하는 물품에 궁금증이 일 때가 있다. 재료가 그렇게 좋은데 왜 판매되는 와인의 품질은 반 토막이 되어 있는가?' 이처럼 알코올에 대해 깊은 고찰을 하던 시대는 13세기 중반 몽골의 침략으로 끝나게 된다. 그 후 엄격하고 따분한 신학이 이슬람 세계의 중심에서 다시 제 목소리를 내기 시작한다.

이번에는 조금 더 동쪽으로 가서 13세기 후반의 분위기를 살펴보도록 하자. 베네치아 여행가 마르코 폴로는 중앙아시아의 실크로드를 따라 포도 재배가 성행한다는 사실을 알게 되었다. 또한 쿠빌라이 칸이 통치하던 당시 중국에서 만난 '맑고 빛나며 기분 좋은' 알코올음료에 관한 이야기도 기록했다. 그는 사케처럼 쌀로 만든 '맥주'라고 소개했지만, 일부 역사학자들은 이 술이 곡식을 기반으로 한, 오늘날의 증류된 백주의 시초라고 주장하기도 한다. '한 잔만으로도 다른 와인보다 빠르게 취했다'라고 마르코 폴로가 언급한 부분을 보면 꽤 신빙성이 있어 보인다. 정확한 답은 알 수 없지만, 고고학자들은 알코올 증류가 마르코 폴로가 방문한 시기 훨씬 이전부터 중국에서 흔하게 이루어졌을 것으로 추측하고 있다. 현재의 백주 형태는 1~2세기 후인 명나라 왕조 시대 때 나왔다(17장 참고).

16세기 초 포르투갈인들은 일본을 방문하면서 일본인들이 사케를 정말 좋아한다는 것과, 상류계층이 매우 형식적이면서 양식화된 술 문화를 가지고 있다는 사실을 알게 되었다. 예를 들어, 사케(중국에서 파생됨)는 다양한 일본의 모임에 중심이 되는 술이지만, 여러 법칙에 따라 마셔야 했다. 특히 형식적인 자리에서는 괴로울 정도로 천천히 마셔야 하며, 이는 대접하는 이나 받는 이에게 모두 해당한다. 그리고 사케 잔을 서로 주고받을 때도 술을 너무 즐기는 것처럼 마셔서는 안 된다. 그러나 모임이 끝나갈 때쯤에는 모든 사람이 엄청난 양을 마셔댄다. 사실 이때는 그렇게 하지 않으면 매우 무례한 행동으로 여긴다. 또한 포르투갈인은 중세의 일본에서 거래를 성사시키는 과정에서 엄청난 양의 사케를 마신다는 관례에 놀라움을 금치 못했다. 사실 이런 관습은 아주 합리적으로 보인다. 알코올은 자기 억제력을 낮추고 진실을 말하며 간계를 꾸밀 확률을 줄인다.

알코올음료는 세계 곳곳에서 소비되고 인기도 많았지만, 중세 유럽만큼 일상의 중요한 일부를 차지할 정도로 흠뻑 빠져 있는 곳도 없을 것이다. 11세기 후반 예루살렘의 이슬람 신도들은 십자군의 알코올 사랑과 만취 후 벌이는 만행에 치를 떨었다. 심지어 십자군은 그리스도의 피를 상징하는 성찬식 포도주에 대한 사랑을 기준으로 높은 도덕적 우월성을 표출하기도 했다.

로마인들이 유럽을 발전시키기 위해 지속적으로 기울였던 노력 중 하나는, 포도가 자라는 곳이면 어디든 와인 제조기술을 도입했다는 것이다. 그리고 이들이 떠난 이후에도 남부 유럽 지방에서는 와인의 생산과 소비가 꾸준히 이어졌다. 실제로 중세시대 말에는 가톨릭에서 포도를 재배하고 와인을 생산해 상업적인 이익을 크게 누리기도 했다. 북쪽 지방은 와인을 수입해야 하는 처지라 가격이 비쌌고 이는 귀족의 상징으로 여겨지는 경향이 있었다. 그래서 귀족들은 맥주를 마시는 대중과 차별을 두면서 자신의 부유함을 뽐내기 위해 와인을 즐겼다.

로마군이 완전히 철수한 후 북유럽의 프롤레타리아 계급은 고대 전통 술과 맥주(지역 보리로 만든)를 다시 마셨다. 이렇게 분리된 남부와 북부의 술 문화는 소빙기가 시작되는 14세기 중반이 되자 훨씬 심해졌다. 평균 기온이 내려가고 겨울이 길어지는 시기가 500년간 지속되면서 북유럽에서는 포도 재배가 어려워졌다. 그러나 이곳은 보리가 자라기 좋은 기후였고, 그전부터 미드, 사과주나 다른 다양한 과일 와인은 꾸준히 생산되고 많이 소비되어 왔다.

당시 사람들은 술 종류에 대한 선호도와 상관없이, 일반적인 물보다는 끓이거나 발효해서 살균된 알코올음료로 갈증을 달래고자 했다. 아마도 형편없는 수질이 큰 이유였을 것이다. 과거 로마인이 지었던 수로와 하수 시스템이 낡기 시작하면서 도시의 식수(나중에는 우물과 시냇물로 대체됨)가 줄어들었고 외곽지역도 사정이 다를 바 없는 상태였다. 가축과 비위생적인 사람들이 함께 거주하는 곳의 물은 대개 마시기에 적절치 않았다.

사람들이 마시는 알코올음료의 양은 선호도에 상관없이 엄청났다. 봉건제도가 여전히 존재했던 초기 중세시대 당시, 지역 영지나 수도원에서 허용하는 일반적인 영국 소작농이 마시는 맥주량은 하루에 약 3.8L였다. 엄청난 양이라고 생각하겠지만 이 맥주는 매싱 과정을 두 번에서 많이는 세 번까지 거치면서 농도가 옅어진 '스몰 비어'였다. 당연하겠지만 왕족과 귀족들은 자신에게 아주 관대했다. 1308년, 영국의 에드워드 2세는 자신의 결혼식을 준비하면서 행사에 활력을 주기 위해 1000t의 적포도주를 보르도에서 주문했다. 그 양은 와인 병으로 따지자면 100만 개를 훌쩍 넘는 수준이었다. 그 당시 에드워드 2세가 다스리던 국가의 전체 국민이 300만 명을 넘지 않았고 수도인 런던 주민은 기껏해야 8만 명 정도인 점을 감안할 때 얼마나 많은 양을 주문했는지 짐작할 수 있을 것이다.

마침내 맥주와 와인을 증류하기 시작했을 때 증류주의 생산과 소비가 당시의 포도주, 양조, 음주 문화에 미치는 영향은 크지 않았다. 즉, 증류주는 지역민의 선호도를 바꾸지 못한 것이다. 단지 술의 종류가 더 많아진 정도였고 와인과 맥주는 계속해서 지역 먹을 거리의 중심에 있었다. 그러나 이런 분위기에도 예외인 곳이 있었는데, 바로 북아메리카였다. 당시 초기 영국 식민지 개척자들은 상대적으로 깨끗한 그곳의 물과 대부분의 원주민이 알코올음료를 전혀 마셔보지 못했다는 사실을 알고 깜짝 놀랐다. 사실 이들은 개척지의 물도 고국처럼 더러울 것이라 예상했기 때문이다. 1620년, 메이플라워호(이전에는 보르도에서 영국으로 적포도주를 수송하기 위해 썼던 오래된 포도주 운반 보트였다)에 오른 순례자들은 긴 항해 끝에 플리머스 바위 근처에 상륙했다. 이들은 새로운 환경을 견디기 위해 많은 양의 맥주, 와인, '독한 물'을 함께 가져왔다. 그러나 대륙에 도착하자마자 인간의 본성이 그렇듯 남은 술을 누가 마시느냐에 대한 분쟁이 일어났다. 선원들은 당연하게도 에일이나 증류주 없이 그 길고 위험한 여정을 겪으며 돌아가고 싶지 않았다.

증류수의 종류가 무엇인지는 모르지만, 순례자들이 가져온 독한 물은 그 지역에 살던 왐파노아그족과의 관계 형성에 도움이 되었고, 곧 자신들의 방식으로 이 물을 개발하기에 몰두했다. 1640년 네덜란드의 식민지 뉴 암스테르담에서 기록된 자료에는 이미 호밀(라이) 위스키 제조에 대한 언급이 있다. 그리고 럼은 1664년 카리브해 국가에서 수입한 당밀로 스태튼 아일랜드에서 생산되었으며, 영국이 지금의 뉴욕이 있는 지역을 점령했던 때였다. 이 당시 역시 활발하게 거래되는 품목에는 증류주도 있었다. 그리고 이런 상황은 원주민에게 좋지 않은 결과를 만들었다. 알코올을 전혀 섭취하지 않던 원주민들은 술에 대한 면역력이 약했다. 그래서 증류주나 다른 알코올음료를 먹을 거리의 연장선상으로 여겼던 유럽인들과는 달리, 이들은 만취의 효과만을 얻기 위해서 마셨다. 여러 종류의 술 중에서 가장 빠르고 효과적으로 취할 수 있는 증류주에 끌리는 일은 당연한 결과였다. 결국 17세기 후반, 식민지 통치자들은 원주민에 대한 알코올 판매 금지를 적극적으로 장려했고 마침내 완전히 금지되기까지 했지만, 통치자 본인이 이런 명령을 위반하는 경우가 더러 있었다. 예를 들어, 영국으로 비버 가죽을 수입할 때 럼은 필수 교역품이 되었다. 이후 이곳에서 럼은 더 쉽게 접할 수 있게 되었지만, 통치자들은 이 점을 묵인해버렸다. 프랑스의 영향력 아래에 있던 북쪽 지방에서는 브랜디가 이런 역할을 하면서 다량 풀렸다.

이와 반대로 더 남쪽에 있는 메소아메리카에서는 알코올음료가 오랫동안 친숙한 음식이었다. 스페인의 증류 기술이 도입되면서 용설란(아가베)을 기반으로 만든 메스칼이 만들어지기도 했다. 그러나 스페인이 알코올의 생산과 분배를 엄격하게 관리한 덕분에 이곳 사람들은 술에 지나치게 빠지지 않았다. 메스칼은 마시자마자 취하기보다도 미각을 만족시키기 때문에 인기를 끌기 시작했고, 곧 이 지역의 대표적인 술로 자리매김했다. 이렇게 증류주에 관련된 지역적 차이를 보면 약한 도수라도 이미 술에 친숙한 문화에서 증류주는 더 자연스럽게 사회로 스며들 수 있었다는 사실을 알 수 있다. 그러나 유럽의 사례로 이미 알고 있겠지만 어느 지역도 이런 독한 술이 가져오는 부정적인 영향을 피할 수는 없었다.

증류주는 아메리카 대륙에서는 알코올음료로서 상륙했지만 처음 유럽에 소개될 때는 완전히 다른 용도로 사용되었다. 근동지역의 아바스 왕조 시대에는 끓는점의 차이로 물과 에탄올을 분리한다는 개념이 연금술에서 쓰였다. 그리고 이런 내용은 12세기에 살레르노대학교를 통해 유럽으로 건너간다. 이탈리아 남부에 있는 이 훌륭한 의학대학교에서는 그리스, 라틴, 아랍, 유대인의 전통 의학도 함께 가르쳤다. 1150년에는 대학의 후원을 받아 의학 기술에 관련된 짧은 글이 발간되기도 했다. '마파이 클라비큘라(Mappae clavicula)'라 불렸던 이 간행물은 중세 기술을 다룬 모음집이며 그 지역에서 광범위하게 유포되었다. 글을 쓴 이는 '살레르누스의 마스터'로 더 유명했던 '마이클 살레르노'라고 알려진다. 이 글에는 '불에 닿으면 타오르는' 알코올이란 물질을 효율적으로 물과 분리하는 방법이 담겨 있으며, 최초의 유럽식 증류법이라 의미가 깊었다. 책에서 증류에 관련된 간단한 그림과 함께 부분적으로 암호가 표기된 것을 미루어 생각해보면, 증류 방식은 완전히 공개된 것이 아니라 대학에서 독점한 것으로 짐작된다. 증류 기계는 살레르노대학교의 명성이 사라지기 전까지 몇십 년 동안 의학적인 용도로 사용되었다. 이렇게 이탈리아 의학 혁신의 중심은 서서히 북부 볼로냐로 옮겨갔다.

다음에 나온 증류주 역시 의학적인 차원에서 기술되었다. 13세기 후반 프랑스-카탈로니아인이자 의사(그리고 아마도 연금술사)인 아르날드가 빌라노바에서 쓴 글을 보면 알 수 있다. 그는 증류주를 '생명의 물(aqua vitae)'라고 언급한 유럽 최초의 작가며, '와인의 정수'라고 말하기도 했다. 그러면서 처음으로 증류에 관해 아주 세세한 방식까지 기술했다. 또한 그는 알코올을 살균제로 사용한 최초의 의사이기도 했다. 동시대의 카탈로니아 태생이며 종교에 심취한 몽상가이자 아르날드의 친구인 라몬 유이('라이문두스 룰루스'라고 알려진)는 아랍어인 'al-kohl(알-코홀)에서 착안해 'alcohol(알코올)'이란 단어를 최초로 만든 사람으로 칭송받는다. 아르날드는 알코올을 '불멸의 물'이라 말하며 이 물질의 의약적 효능을 열정적으로 옹호했는데, 유이는 친구의 말에 동의하며 알코올, 특히 증류주에 대해 유창하고 영향력 있는 발언을 이어갔다. 그는 '신성이 발산된다…, 그리고 현재의 노쇠한 신체에서는 에너지가 다시 샘솟는다'라고 말하며, 알코올이 전투에 참여하는 군인들의 신체를 강화하는 데 도움이 된다고 주장하기도 했다.

이때부터 증류에 관한 지식은 빠르게 독일로, 결국은 유럽 전역으로 퍼졌다. 15세기 독일인들은 라인와인(백포도주)을 이용해 엄청난 양의 브랜디(불 위에 올려 증류하기 때문에 '태운 와인'이란 뜻을 지님)를 생산하기 시작했다. 당시 브랜디를 강장제로 광고했기 때문에 기운을 차리게 해주는 약으로 불티나게 팔렸다. 마시면 빠르게 취하게 만드는 특징은 금세 사람들의 기억 속에서 사라지고, 이 새로운 음료는 예상대로 여러 가지 명성을 얻게 된다. 16세기에 접어들자 스트라스부르의 외과 의사인 히에로니무스 브런슈위그는 자신의 저서 『Book of the Art of Distilling(증류 기술에 관한 책)』(1500년에 처음 발간)을 통해 증류주가 상상할 수 있는 모든 질환에서 실용적으로 사용되는 만병통치약이 라고 자랑스럽게 알렸다. 치통에서부터 황달, 방광염까지 말이다. 당시 브런슈위그는 총상으로 인한 상처에서 생기는 새로운 문제를 해결하는 데 엄청난 명성을 쌓고 있었기 때문에 그의 책은 베스트셀러가 되었다. 많은 독자가 자신의 질병에 증류주를 시험해보고자 하는 열망으로 가득 찼다(그림 3.1 참고).

사람들이 이렇게 증류에 대해 열정적으로 나오는 모습을 보면 브런슈위그

그림 3.1 1500년에 발행된 히에로니무스 브런슈위그의 『증류 기술에 관한 책』 속표지

가 증류 서적을 쓴 시기 이전에도 다른 증류 관련 책이 이미 존재했다는 사실을 알 수 있다. 그 주인공은 22년 전 빈 태생의 의사 마이클 퍼프 폰 슈릭이 아우크스부르크에서 쓴 『A Very Useful Little Book on Distillations(증류에 관한 아주 유용한 소책자)』였다. 허브로 증류액 만드는 방법이 82가지 이상 서술된 이 책은 제목처럼 내용이 알찼으며, 처음으로 많은 대중에게 증류주를 만드는 기술을 직접 전해주었다. 곧 이 책은 베스트셀러가 되었고 이와 관련된 작가의 새 책이 다시 시장을 휩쓸기 전까지 38번이나 재간행되었다. 폰 슈릭의 핸드북이 얼마나 인기가 있었던지 1496년 뉘른베르크 당국에서는 증류주로 인해 이미 나타나기 시작한 사회적인 문제를 줄이고자 집에서 증류주를 만드는 것을 금할 정도였다.

예거마이스터[2] 같은 현대의 제품은 원기 보강이 목적이었던 증류주의 역사적인 기원을 우리에게 지속적으로 상기시켜주지만, 증류주는 명백히 의사와 약사의 영토 안에만 머물러 있기에는 너무 효과가 좋았다. 1495년 스코틀랜드의 린도스 애비의 수도사들은 이미 '생명의 물'을 증류하고 있었고 이는 왕족들의 관심을 끌기에 충분했다. 그해 스코틀랜드의 제임스 4세는 '몰트를 여덟 번 구워' 지역 허브와 말린 과일, 심지어 향신료의 풍미까지 만들어내라는 명령을 내렸다. 당시 궁정 서기는 이 생명의 물을 '나무늘보 물', 그리고 마시는 사람들을 '침울하게 늘어진 인간'이라고 기록했다. 그러나 최근에 이 술을 재해석해서 나온 제품에서 우리는 미각적인 특징을 새로이 발견할 수 있었다. 허브의 향이 미묘하게 풍겨오고 기저에는 몰트의 풍미가 뚜렷하게 나타나 고전적인 게네베르를 떠올리게 했다. 현재 우리가 아는 배럴 숙성 스카치

2 허브 리큐어 상품 중 하나의 브랜드.

위스키는 이후에 발명되었다(12장 참고).

1495년의 네덜란드에서 첫 번째 진/게네베르 레시피의 기록을 찾아볼 수 있다. 당시 네덜란드에서는 '브란더베인'[3]의 증류 방식이 더 많이 알려져 있었다. –프랑스 가스코뉴 지역의 포도주로 만든 브랜디가 결국에는 아르마냑으로 불렸던 것처럼 브란더베인도 진으로 불리게 되었다.– 이 시기에 네덜란드 상인들은 샤랑트 지방 근처에서 코냑 사업을 시작했는데, 무거운 세금 때문에 보르도 와인에는 손대지 않았던 사람들이었다(9장 참고). 당시 이 상인들은 샤랑트 지역에서 전통적으로 생산되던 가볍고 신맛이 나는 와인보다 수송이 더 용이하고 밀폐가 되는 상품을 찾던 중이었다. 이들의 적극적인 움직임 덕분에 와인 생산에서 증류 쪽으로 방향을 튼 생산자가 많아졌고, 증류주 팬들은 아직도 당시의 상인들에게 감사하고 있다. 바야흐로 증류의 시대가 도래한 것이다. 놀랄 만큼 짧은 시간에 유럽의 거의 모든 지역에서 지역적인 특징을 보이는 화주[4]를 갖게 되었다. 이들은 독특한 재료로 인해 특유의 풍미를 자랑한다. 북쪽에서는 대부분 곡물로 베이스를 만들고 남쪽은 포도나 다른 과일을 썼다.

수송이 편리한 증류주가 여기저기에 수출되면서 장기적으로 경제와 사회에도 큰 영향을 미쳤다. 영국의 '진 열풍'이 가져온 알코올 남용의 부정적인 영향은 아직 먼 미래의 이야기며, 증류주가 알코올음료의 종류를 늘리는 데

---

3 태운 와인이란 뜻.

4 위스키 같은 독한 술.

큰 역할을 한 긍정적인 영향이 먼저 나타났다. 특히 와인과 맥주에서는 하지 못했던 혼합 방식을 채택하면서 종류는 훨씬 다양해졌다.

증류주는 운송하기 쉬워서 포도로 만든 브랜디는 유럽이 세계로 무역의 범위를 넓히는 데 엄청난 역할을 한 상품이 되었다. 그러나 역사적·경제적·문화적인 영향을 생각하면 럼만 한 증류주도 없을 것이다. 사탕수수로 만드는 럼은 기후가 온난한 유럽에서 만들 수 없었다. 대항해시대에 막 접어들던 시기에 유럽인들은 향신료 무역에서 아랍인들의 독점을 막기 위해 남쪽으로는 아프리카 연안 지역으로, 서쪽으로는 대서양을 넘어서까지 무역 항로를 넓히기 시작했다. 포르투갈이 선두에 서서 길고 긴 항해를 나서게 된다. 14세기에서 15세기까지 유럽인들은 동쪽 대서양에 있는 카나리아 제도, 아소르스 제도, 마데이라 제도 같은 여러 섬을 점령했고, 이곳은 럼의 베이스 재료가 되는 사탕수수 재배에 적당했다. 작은 사이즈와 손쉬운 수송 덕분에 증류주는 아프리카 대륙 서쪽 해안 지방에서 아주 귀중한 무역품이 되었으며, 결국 당시 1위였던 섬유를 바짝 쫓아 2위 자리까지 올라갔다.

십자군 원정 시대에 유럽인들은 아랍인이 어떤 식으로 사탕수수를 재배하는지 배웠다. 그러나 동남아시아가 원산지인 이 열대식물은 키우기도 어려운 데다가 노동집약적이기까지 했다. 그래서 경제적으로 부유하고 대서양 섬들을 점령한 포르투갈과 스페인 정복자들은 자국의 노동력을 이런 곳에 쏟아붓고 싶지 않아 했다. 15세기 중반부터 포르투갈은 아프리카 연안국에서 노예들을 데려오기 시작했고, 이들을 배에 태워 서쪽 섬에 있는 농장으로 보내 일을 시켰다. 초기에는 거의 납치하다시피 데려갔지만 멀리는 아프리카 내륙 지방까지 노예를 구하게 되면서 금세 일반적인 거래형태를 띠었다. 섬으로 간 노예의 수는 점차 늘어났고 16세기에 접어들자 마데이라는 세계 최대 설탕 생산지가 되었다.

그러나 이도 잠시 1492년 제노바의 탐험가 크리스토퍼 콜럼버스가 카리브해에 있는 히스파니올라 섬에 도착했고, 이후 사탕수수 재배와 노예 거래의 영역은 신세계로 넓혀졌다. 콜럼버스는 다시 이 섬에 방문할 때 카나리아 제도에서 잘라 온 사탕수수 일부를 함께 가져갔다. 스페인이 카리브해 섬 여러 곳에서 사탕수수를 재배하는 몇 년간 포르투갈은 이 식물을 브라질에서 키웠다. 당시 원주민들은 유럽인이 옮긴 질병으로 엄청난 피해를 보던 시기였기 때문에 신세계에서 재배를 하는 이들은 아프리카 노예들이었다. 몇 세기 동안 1100만 명이나 되는 노예들이 대서양을 건넜고 항해 도중 많은 이들이 목숨을 잃었다.

전통적으로 서아프리카인들은 야자 술 또는 수수와 기장을 넣어 만든 다양한 종류의 맥주를 의식을 치를 때나 유흥을 목적으로 마셨다. 술에 대해 이미 친숙했기 때문에 처음부터 아프리카 연안국의 무역업자는 포르투갈의 독한 강화 와인을 구매하는 데 적극적이었다. 그중에서 프랑스 브랜디는 무역 거래에서 분위기 전환에 필요한 존재로 등극했다. 현재도 서아프리카에서는 대싱(dashing: '팁' 또는 정중한 표현은 아니지만 '뇌물')이란 관습이 있다. '대시'란 단어에서 유래했으며, 유럽 구매자와 협상을 시작하기도 전에 지역의 노예 판매상에게서 먼저 받고 싶어 하는 선물을 의미한다.

그리고 누군가—아마도 바베이도스 노예—가 사탕수수액(귀한 설탕을 만들 수 있는 재료) 말고도, 정제과정에서 나오는 불필요한 부산물인 발효 당밀로 '사탕수수 브랜디'를 만들 수 있다는 사실을 알게 된 이후 이 브랜디는 노예 거래에서 아주 특별한 위치에 오르게 되었다. 적어도 처음에는 이 당밀 럼의 맛이 그렇게 훌륭하지 않았을 것이다. 바베이도스에서는 이 술을 '킬 데빌'이라

부를 정도였고 초기 이 술을 맛본 사람은 '뜨겁고 끔찍한 술'이라고 표현했다. 그러나 맛은 곧 빠르게 개선되어 서아프리카에서 브랜디와 경쟁을 하는 수준이 되었다. 럼은 17세기부터 아프리카 노예 시장에서 주요 물물교환 제품으로 브랜디를 제쳤고, 점차 노예의 노동력으로 얻은 결실로 더 많은 노예를 사들이는 구조가 되었다. 신세계에서 섬유, 담배, 럼이 유럽으로 건너갔고, 럼과 공산품은 다시 아프리카로 건너가는 '삼각 무역'의 일부에는, 신세계로 팔려 가는 아프리카 노예들도 포함되어 있었다. 후에 미국에서도 수입한 당밀로 제조한 증류주가 인기를 끌었다.

럼은 역사적으로 강력한 해군력을 자랑하는 영국에서 큰 역할을 했다. 영국 역시 카리브해에 눈독을 들이며 제국의 영토를 확장하려고 했기 때문이다. 17세기가 되자 영국 해군들이 배급받던 맥주의 비율은 점차 줄어들고 크기가 더 작고 잘 상하지 않는 럼의 비율이 올라갔다. 그리고 당연하게도 이 독한 럼에 물을 타서 마셨고, 지금의 '그로그주'[5]가 된다. 18세기 말에는 여기에 레몬이나 라임 주스를 넣어 마시기도 했는데, 이렇게 선원의 식단에 비타민 C가 첨가되면서 괴혈병을 예방할 수 있었고, 궁극적으로 영국인은 라이벌인 프랑스 해군보다 전반적인 건강 상태가 좋아졌다. (프랑스 선원들도 전통적으로 비타민 C가 첨가된 음료를 마셨지만, 안타깝게도 18세기 후반부터 이 음료 대신 브랜디를 선택했다. 브랜디는 수송이 쉽지만 비타민이 부족했다.) 어떤 이들은 영국 해군들이 상대적으로 괴혈병에서 자유로울 수 있었기 때문에, 1805년 해상 지배력을 차지하기 위해 벌인 트라팔가르 해전에서 우위를 점할 수 있었다고 말하기도 한다.

---

5 물 탄 럼을 뜻한다.

나폴레옹 전쟁이 일어나던 당시 영국에서는 '진 열풍'이 일어났다가 사그라들었다. 신생국이었던 미국에서는 많은 이들이 서부로 떠났고 애팔래치아 산맥을 넘기도 했다. 이들이 새롭게 정착한 곳은 증류주를 교환의 매개체로 사용하기 쉬웠고, 그로 인해 개발이 촉진되었다. 스코틀랜드와 아일랜드에서 온 많은 이주민은 위스키를 마시던 습관과 증류 기술을 함께 가지고 있었기 때문에, 곧 그 지역에서 흔히 볼 수 있는 옥수수로 싹을 틔우고 발효시킨 후 증류해서 바로 휴대할 수 있는 위스키를 만들어냈다. 18세기 말이 되자 위스키는 미국인이 선호하는 증류주가 되어 럼을 밀어냈고, 개척지와 비개척지 경계에서는 말 그대로 화폐가 되었다.

동시에 위스키는 이 경계 지역에서 볼 수 있는 자유의 상징이 되었다. 처음에는 자유의 개념이 단지 지역을 뜻했다면, 미국이 독립운동을 벌이기 시작할 당시에는 정부에 가장 필요한 세금으로부터의 자유를 의미하게 되었다. 조지 워싱턴은 국회에서 소비세법 1791–위스키 법이라고 부르기도 함–을 통과시킬 당시 대통령직을 수행하고 있었다. 이 법은 독립전쟁 후 얻게 된 엄청난 부채를 갚기 위해 증류주에 세금을 매긴다는 내용이었으며, 에일을 마시던 북쪽의 지지를 받아 진행되었다. 당연하게도 럼을 마시는 남부와 위스키를 마시는 서부에서는 반발했다. 세금 징수원들이 서쪽 펜실베이니아주와 주변 도시로 가면서 위스키 반란이라 부르는 폭동이 시작되었다. 1794년 수많은 병력이 투입되어 반란을 진압했고, 이때를 기점으로 연방정부의 통치권과 세금 징수의 권리가 명확히 정립되었다. 그러나 이런 연방정부의 시선과는 반대로 이번 사건을 통해 정부가 국민의 반응 역시 살펴야 한다는 원칙을 확고히 하는 계기가 되었다고 보는 관점이 더 많다. 또한 당시 군인들이 일부 폭도를 더 멀리 있는 산맥으로 쫓아내는 과정에서 연방정부와 주 정부의 관계, 연방정부가 짊어진 시민에 대한 책임이 더 명확해지기도 했다. 그리고 결과적으로 이때를 기점으로 미국의 전설적인 불법 증류와 문샤인이 싹을 틔웠다(20장 참고).

지금까지 우리가 언급한 위스키는 'whiskey'가 아닌, 현재 스코틀랜드산 위스키를 의미하는 단어 'whisky'를 썼다. 19세기 후반이 되기 전까지는 모든 위스키를 이 스펠링으로 적었기 때문이다. 1860년, 영국 의회는 싱글 몰트로 만드는 전통식 외에도 스코틀랜드 증류업자에게 더 저렴한 혼합 위스키를 생산할 수 있는 권한을 부여하는 증류법을 통과시켰다. 이에 아일랜드 증류업자가 불만을 제기하면서 이 혼합 위스키를 'whisky'라고 똑같이 표기하면 안 된다고 주장했다. 그러나 결국 의회는 스코틀랜드 쪽에 손을 들어주었고, 많은 아일랜드 증류업자는 치열한 시장에서 차별화를 위해 자신들의 술에는 'whiskey'라고 표기하기 시작했다. 그리고 현재는 혼용되어 쓰는 경우도 있지만, 대개 스코틀랜드, 캐나다, 일본 외 많은 국가의 곡물 증류업자가 전통적인 스펠링을 사용하고, 대부분(전부는 아님)의 미국인과 아일랜드 증류업자는 'whiskey'라는 이름을 쓴다. 다행히 라벨에 적혀 있는 단어는 내용물의 품질과 관련이 없으니 걱정하지 않아도 된다.

18세기 말 위스키는 미국 서부 국경지대에서 통화 역할을 했고, 서쪽 해안가 지방이 점차 발전하자 반세기 후에는 서쪽까지 이런 분위기가 이어졌다. 1848년 후반 새크라멘토 근처에서 금이 발견되자 일확천금을 노리는 사람들이 새로운 땅인 캘리포니아로 물밀듯이 몰려들었고, 이들은 두 부류 중 하나에 속하게 되었다. 황금을 발견한 사람들, 또는 발견한 사람을 속여 황금을 뺏는 사람들. 이곳으로 이주해온 사람들은 많은 양의 위스키를 가져왔고, 개발이 전혀 되지 않았던 산지 캠프에서는 이만큼 매력적인 식품도 없었다. 금광을 채굴하는 사람들은 오랜 시간 일을 한 후 대개 빈손으로 돌아왔고 그러면서 더 술에 의존했다. 결국 이 캠프에 있는 사람들은 항상 취해 있는 상태로 지내게 되었다. 골드러시[6]로 향하는 관문인 샌프란시스코에서는 힘들게 금을 얻은 사람에게서 최대한 빠르고 효율적으로 금을 뺏기 위해, 술집과 사창가 등이 생겨나면서 고객들에게 엄청난 양의 위스키를 제공했다. 한 언론인은 1850년대의 샌프란시스코 거리를 두고 '만취와 셀 수 없는 범죄의 온상지'라고 언급하기도 했다. 스페인과 멕시코 관할 지역의 캘리포니아는 상대적으로 조용했지만 무정부 상태의 캘리포니아 지역은 황금과 술로 기반이 세워졌다고 해도 과언이 아니었다.

골드러시가 한창이던 당시 육로를 통해 캘리포니아에 건너 온 사람들은 그렇게 많지 않았다. 그러나 캘리포니아가 서부로 이동하는 이주자들의 종착지가 된 이후 10년간 애팔래치아산맥과 펜실베이니아주에서 출발한 사람들의 수는 기하급수적으로 늘어났다. 이주민들은 휴대가 편한 고농축 알코올인 위스키와 고된 여정을 함께했지만, 가는 길이 생각보다 더 길고 험해서 위스키는 금세 바닥을 보였다. 그 결과 미주리 주와 남서부 지역에서는 이주민들의 증가하는 수요를 맞추기 위해 증류 산업이 발달했고, 여기에서 생산되는 증류주는 고된 여행을 어느 정도 편하게 해주었을 뿐 아니라, 이들로 인해 삶의 터전이 훼손되거나 침략받던 원주민들을 달래거나 이들과 거래하기에 충분했다. 하지만 이런 불법적인 거래에서 가장 피해를 보는 사람은 언제나 인디

6 19세기 미국에서 금광이 발견된 지역으로 사람들이 몰려든 현상.

언들이었다. 여전히 인디언에게 알코올을 제공하는 행위는 불법으로 간주되었지만, 인디언들의 이익을 보호해야 하는 군인들은 이를 모른 척했고, 결국 인디언 사회는 하나둘씩 파멸의 길로 내몰렸다. 19세기의 중반, 노예를 소유하고 있던 남부인들은 여전히 자신들의 거대한 저택에서 술을 흥청망청 마셔댔고, 노예에게는 싸구려 술을 대주며 이들을 통제했다. 이 행태를 들은 노예 해방론자인 프레더릭 더글러스는 '노예들에게 자유의 남용을 가르쳐 역겨운 존재로 만들어 버렸구나'라고 비판하기도 했다. 남부의 뉴올리언스 역시 증류주에 빠진 다문화적 향락주의가 만연했고 곧 미시시피 주까지 퍼졌다. 마침내 남북전쟁이 발발하자 양 진영에서는 군인들의 사기를 위해 증류주에 더 의존하게 되었다.

19세기 중반의 미국은 세계에서 가장 알코올에 취한 사회라는 타이틀을 두고 러시아와 경쟁을 하던 국가였다. 그러니 이에 대한 반발 역시 컸다. 도시마다 지역 금주 협회가 생겨나면서 힘을 모으기 시작했다. 주로 복음 교회와 협력한 이 협회들–일부는 절제를, 일부는 완전한 금주를 외쳤다–은 자신들의 목표를 이루는 경우도 간혹 있었지만, 여전히 성과가 크지 않았다. 그러나 1873~1874년 술판매 반대를 외치는 여성 십자군 운동이 미국 전역에서 일어났다. 여기에는 당시 늘어나던 술집에 대해 분노한 여성들도 포함되어 있었다. 이 불결한 장소들은 대개 여성들의 출입을 금지했고, 남자 단골들은 가족을 부양해야 하는 돈을 술에 바치고 있었기 때문이다. 기독교부인 교풍회(WCTU: 목적은 달라졌지만, 여전히 활동 중인 단체다)가 이 대대적인 운동을 앞에서 지휘하며 빠르게 정치적인 영향력을 키워나갔다. 이 단체는 '알코올에 댄 입술이 절대 내게 닿지 않도록 하라!'라는 유명한 슬로건을 남기기도 했다.

이 협회의 대표적인 계획 중 하나는 알코올 반대 선전을 학교 커리큘럼에 포함하는 것이었다. 현재도 천지창조설이 일부 미국 학교에서 수업 내용으로 다루어지듯이, 당시 선전 내용도 하나의 수업으로 가장해 아이들을 교육했다. 결국 각 지부는 애리조나 주를 제외한 모든 주에 있는 학교에 성공적으로 진입했고 금주에 관련된 내용의 수업을 진행할 수 있었다. WCTU에서도 가장 눈에 띄는 인물은 경외할 만한 수준의 활동가 캐리 네이션이다. 막 20세기로 접어들 무렵 공식적인 기도 집회를 열어 술집에 대한 비판을 가하던 전통적인 방식을 내던지고, 도끼를 들고 직접 술집 안을 때려 부수기 시작했다(그림 3.2 참고).

1893년 주류 판매 반대 연맹(ASL)이 오하이오 주에서 설립되었고 지역 활

"거짓을 말할 순 없지…. 그래, 내가 이 작은 손도끼로 직접 한 거야!"

그림 3.2 캐리 네이션을 그린 당시의 풍자화

동보다는 워싱턴 의회의 로비 활동에 더 관심을 보였다. 또한 그다지 관련이 없어 보였던 케이케이케이단, 여성참정권론자, 세계산업노동자동맹, 석유왕 존 데이비슨 록펠러의 지지를 받으며 강력한 금주 협회로 자리 잡았다. 또한 19세기 후반 독일의 양조업자들이 미국의 맥주 기업을 대대적으로 인수했던 사건 또한 이 협회에는 호재로 작용했다. 당시 독일 양조업체는 앞다투어 위스키 무역에 뛰어들었는데, 독일이 카이저 전쟁을 일으키자 이를 빌미로 독일 이민자에게 불만의 화살을 돌리기도 했다. 미국이 전쟁에 참여하면서 여기에 정신이 팔린 입법부는 주류 판매 반대 연맹과 연합인에게 쉬운 먹잇감이 되었다. 1917년 말 미국 수정헌법 제18조, 미국에서 '음료용 알코올' 생산과 판매를 금지한다는 내용의 법안이 대통령 거부권의 행사에도 결국 상원과 하원의 찬성으로 통과되었고, 1920년 초에 비준되었으며, 다음 날 바로 효력을 발휘했다.

인간의 역사에서 절대 변하지 않는 법칙은 어떤 사건이든 의도하지 않은 결과가 나오기 마련이라는 것이다. 그리고 이 법률로 나타난 의도하지 않은 결과는 '광란의 20년대'였다. 광란의 20년대란 1920년대에 실시된 이 새로운 법이 사람들을 더 차분하고 절제 있는 상태로 만들기는커녕, 갱스터의 배만 불려주었고 일반 시민과 경찰조차 법을 어겼던 혼돈의 시기를 말한다. 당시 상황이 어찌나 심각했던지 청교도적인 미국의 이미지에 깊은 상처를 내었고, 1933년 말에 이 법안이 폐지되기까지 13년간 이런 상황은 이어졌다. 그러나 이 긴 기간 동안 미국인의 음주 습관에는 큰 변화가 생겼다. 예를 들어, 전쟁 전 미국인들의 애정을 한 몸에 받았던 부피가 큰 맥주들은 자신의 자리를 내놓아야 했다. 미국에서 맥주가 다시 합법화되었을 때 몰트와 홉을 공급하는 유통망이 거의 말라 있어서, 상품의 품질이 많이 떨어졌기 때문이다. 그리고 미국인들은 더는 맥주에만 기대지 않았기에 품질은 거의 달라지지 않았다. 그러나 1978년에 홈 브루잉이 합법화되고 수제 맥주 열풍의 불씨가 서서히 살아나기 시작하자 맥주의 맛도 개선되었다. 양이 아닌 질로만 보자면 미국 와인은 맥주보다 더 빠르게 회복되었지만, 주로 상류층에서 소비되는 틈새시장의 상품이었다. 이런 맥주와 와인의 공백은 증류주가 채워갔다.

금주법이 시행되었던 시기에 돈이 많은 이들은 불법적으로 고급 코냑과 위스키를 구할 수 있었지만, 미국에서 팔리던 증류주의 일반적인 품질('베스터브 진'[7]을 떠올려보자)은 그다지 좋지 못했다. 그 결과 주류 밀매점에는 혼합주가 더 많았고 미국인들의 혼합주(22장 혼합주의 역사 참고하기)를 향한 오랜 애정은 더 깊어졌다. 당시 부유한 미국인들이 문화와 술을 경험하고자 유럽으로 여행을 가면서, 미국인의 칵테일 사랑은 유럽까지 소문이 났다. 칵테일의 원조국인 유럽에서 이를 열렬히 환영한 일은 말할 것도 없었다.

금주법은 또한 음주 문화에서 소외되었던 여성을 밖으로 이끄는 계기가 되었다. 여성들은 낡은 술집을 꺼리는 경향이 있기 때문에 주인들은 새로운 고객인 신여성들을 위해 가게를 고급스럽게 바꾸어갔다. 또한 어느 정도 노출된 의상을 입은 가수들이 영업에 큰 도움을 준다는 사실을 알게 되면서, 1920년대의 술집에서는 가수가 음악에 맞추어 노래를 부르는 장면이 연출되기 시작했다. 그러니 많은 재즈 마니아가 재즈의 가장 위대한 시기가 금주법 때라고 회상하는 일은 그다지 놀랍지 않다.

7 bathtub gin: 가정에서 제조된 밀주.

후기-금주법 시대는 미국인들에게 뭔가 용두사미로 끝나버린 그런 시대처럼 보였다. 큰 이유는 세계 대공황이 사회에 미친 영향 때문이다. 그러나 또 다른 이유도 있었다. 바로 환영받지 못한 -그러나 오래 지속된- 수정헌법 제21조였다. 알코올 제품의 미국 내 거래를 규제하는 이 법률은 주마다 자체 법을 만들어서 시행하도록 했던, 가히 혼돈이라고 할 만한 시스템이었다. 그래서 알코올음료를 유통하는 방식이 복잡해졌고 통제도 어려웠으며 비용까지 올라가 생산자와 소비자 모두에게 불만을 안겨주었다. 여기에서 이익을 누린 이는 중개인-대부분 과거 주류 밀수업자-밖에 없었다. 금주법이 남긴 또 다른 문제는 연방법에서 정한 음주 연령이 21세로 너무 높았다는 것이다. 제2차 세계대전이 벌어졌던 당시에는 군 당국이 거의 무시했지만, 1984년부터는 모든 주에서 엄격하게 관리되었다.

모든 장애물에도 불구하고 지속되었던 하나의 전통은 칵테일이었는데, 다양한 술병이 구비된 나이트클럽은 1930년대 후반에서 1940년대 초반까지 미국 술 문화에서 흔하게 볼 수 있었던 장면이다. 적어도 제2차 세계대전이 발발하기 전까지는 말이다. 이 기간에 군인들은 과거처럼 격렬하진 않더라도 지속적으로 술을 대량으로 가져갔다. 1960년대부터 1980년대까지는 칵테일 제조기술이 쇠퇴하고 사전 제작된 혼합주가 선두로 나서기 시작했다. 그러나 유럽과 미국의 경제 상황이 좋아지자 술꾼들은 다시 칵테일이 만들어내던 맛을 탐구하는 자세로 돌아왔다. 이런 분위기는 칵테일 제조에 창의성을 더해주었고, 20세기 말에 접어들면서 증류주를 바라보는 시각에 대한 변화를 일으켰다. 더 부유한 사람들과 다양한 분야에서 영향력이 있는 사람들은 싱글몰트[9] 스카치, XO 코냑, 싱글 캐스크 버번, 배럴 에이지드[10] 그라파의 매력에 빠져들었다. 또한 클래식한 칵테일을 향한 향수에 젖어 드는 동시에, 21세기가 되면서 고급 증류주에 관한 관심 역시 가속화되었다. 그 결과 좋은 술집에 가면 다양한 종류의 증류주를 맛볼 수 있게 되었다. 사실 지금만큼 다양하고 흥미로운 종류가 갖추어진 적은 없다고 봐도 과언이 아니다. 그러니 현재 우리는 증류주가 열반에 오른 시대에 산다고 해도 과언이 아닐 것이다.

8 단일 증류소에서 만든 몰트만 사용.

9 통에서 숙성.

제2부

재료에서부터 효과까지

4

재료

만약 땅에서 나는 재료라면 어디선가 이를 증류주로 만드는 사람이 있을 것이다. 그리고 지금 우리가 들고 있는 보드카는 주로 스펠트밀로 증류한 것이다. 약간 생소한 곡물인 스펠트밀은 양조업자도 드물게 사용하고, 증류업자는 거의 사용하지 않는 재료다. 그러나 빵으로 만들면 견과 같은 맛을 내기 때문에 제빵사 사이에서는 유명하다. 지금 우리 앞에 놓여 있는 이 스노우 레오파드는 폴란드에서 소량 생산되며 샘물로 만든다. 또한 증류 과정을 여섯 번 거치고 숯에 두 번 걸러지기 때문에 최종 산물에서는 얼마나 풍부한 견과의 맛이 느껴질지 궁금해졌다. 그리고 실제로 우리는 이 견과의 특성을 발견했지만, 이상하게도 크리미하면서 강렬한 향으로만 느껴질 뿐이다. 이 보드카는 예상치 못한 젖은 건초 맛으로 마무리되는 부분만 제외하면, 우리가 기대한 그런 깔끔하고 고전적이며 부드러운 뉴트럴 스피릿[1]이다.

증류주에서 강렬한 맛을 내는 분자인 에탄올은 자연에서 발견할 수 있는 물질이다. 여기저기 분포하고 있으나 그 양이 매우 적다. 때로는 자연적으로 알코올이 함유된 액체가 생성되기도 하지만, 그중에서도 합성이 어려운 에탄올은 자연에서 소수의 경우에서만 이런 위업이 달성되기 때문에 양이 상대적으로 적다. 사실상 지구상에 존재하는 에탄올 대부분은 식물과 효모라 알려진 작은 미생물이 협업한 결과물이다. 식물 속 당에는 에탄올 분자를 이룰 수 있는 화학적 원천인 원자가 들어 있고, 효모에는 식물의 당을 에탄올로 전환하는 효소가 들어 있다. 그러나 이런 현상은 지구에서만 국한되어 일어난다. 우주에는 효모와 식물 없이도 다양한 종류의 알코올이 존재한다. 물론 이 '종류'란 단어를 쓰기에는 약간의 융통성이 필요하다.

아, 물론 우주 끝에 있는 술집에 연락을 해본 건 아니다(아직은). 그러나 천문학자들은 광대한 우주에 알코올이 떠다닌다는 사실을 이미 알고 있다.

1 neutral spirit: 95°C 이상의 순수 알코올로서 보통 다른 술과 섞어서 마심.

1970년대 후반 C. A. 고틀리브와 그의 연구팀은 우주에서 메탄올 일부를 발견했고 다음과 같이 유려하게 표현했다. 전파망원경을 96.7GHz에서 $J=12 \rightarrow 1$ 회전 전이시켜 살펴본 결과 우리는 14개의 은하원에서 메탄올(CH_3OH)을 발견했다. 또한 834MHz(빔폭 ~40°)의 주파수에서 운용해본 은하 중심 지역은 메탄올 배출이 더 확장되어 있다는 사실을 알 수 있었다. 그러나 메탄올 분자의 밀도는 궁수자리 A(Sgr A)와 궁수자리 B2(Sgr B2) 사이에서 절정에 이른다.

간단히 말해 고틀리브 팀이 전파망원경으로 은하 중심의 14군데에서 메탄올(CH_3OH, 에탄올 분자와 구조가 비슷함)을 발견했다는 말이다. 독성이 있는 메탄올을 먹는 것은 그다지 추천하고 싶지 않지만, 우주의 큰 물질 덩어리 사이에서 메탄올을 감지한 사실은 엄청난 과학적 발견이다. 1995년 S. B. 찬리와 그의 연구팀은 '인터스텔라 알코올'이라는 제목의 논문을 발표했는데, 엄청난 양의 농축된 알코올이 관측 가능한 우주의 전반에 퍼져 있다는 내용이다. 몇 년 후에는 지름이 약 4635억km에 달하는 메탄올 구름이 별 양성소를 둘러싸고 있는 것이 감지되었다. 우리가 주의 깊게 봐야 할 부분은 원시별에 알코올 성분이 가득하다는 사실이 아니다. 핵심은 별의 생성 방식을 이해하는 데 또 하나의 단서를 얻게 되었다는 것인데, 바로 질량이 큰 별이 쪼개지며 다시 원시별로 탄생하는 과정에서 메탄올이 아주 중요한 역할을 한다는 사실이다.

이는 또한 관측 가능한 범위의 우주 공간이 알코올로 가득하다는 사실을 뒷받침해주는 여러 가지 발견의 발단이 되었다. 인터스텔라 알코올 중에서도 눈에 띄는 종류는 비닐알코올(C_2H_4O)이다. 이 알코올은 수많은 이성질체(같은 분자식-C_2H_4O-을 가지고 있지만, 원자의 배열방식이 달라 모양이 달라짐)를 형성한다. 우주에는 125가지 작은 분자들이 떠다니며, 대부분은 6개 이하의 원자로 구성된다. 작은 분자들 또는 원자들이 부딪치면서 이런 형태가 생기는데,

분자의 크기가 작을수록 더 쉽게 생성된다. 원자 4개로 구성된 포름알데히드(H_2CO)가 이 공식에 적합한 예시라 할 수 있다. 메탄올도 원자 6개로 되어 있어 쉽게 만들어진다. 그러나 비닐알코올은 최소 원자가 6개 이상 붙어야 하기 때문에 단순한 가스 구조물의 환경에서는 형성되기 힘들다. 에탄올 역시 무려 원자 9개(C_2H_5OH)가 붙어야 만들어진다. 이런 많은 수의 분자는 추가적인 개입이 있어야 결합한다. 더 복잡한 분자 구조의 형성을 알고 싶다면 이런 현상을 만드는 촉발 요인을 이해해야 한다.

연구원들은 성간 먼지가 여기에 관여했을 것으로 추측하고 있다. 합성 과정에서 작은 분자들이 이 먼지에 붙으면서 더 쉽게 결합한다는 의견이다. 이는 분명 좋은 소식이지만, 나쁜 소식은 주목할 만한 예외가 있다는 것이다. 알코올 분자는 우주에 드문드문 분포하고 있어서 샷 글라스 한 잔을 가득 채울 정도의 순수한 에탄올을 모으려면, 우주선 화물실 밖에 잔을 내밀고 50만 광년 이상을 가야 한다. 우리 은하의 전체 너비에 맞먹는 거리다. 다른 방법이라면? 러브조이란 혜성이 있다. 니콜라스 비버와 그의 연구팀은 이렇게 설명했다. "이 혜성이 가장 활발하게 활동할 때는 매초에 적어도 와인 500병 정도의 알코올을 방출해 낼 것이다." 물론 이 혜성을 쫓는 방식은 술 한 잔을 얻기에 그다지 효율적이지 않으며, 증류주를 즐기는 인간에게 다행스럽게도 지구의 환경에서는 다른 방식으로 에탄올을 얻을 수 있다.

증류주를 만들 때 가장 먼저 쓰는 재료는 꽤 기본적인 것들이다. 그중에서도 물이 가장 단순한 재료며, 대부분 마지막 단계에서 제거하는 물질이기도 하다. 물은 다음 세 단계에서 사용된다. 1) 증류용 매시[2]를 만들 때, 2) 재증류를 할 때(곡물 중성 알코올을 희석할 때 사용), 3) 최종 산물을 희석하거나 '도수를 낮출' 때다. 증류에 많이 쓰이는 물은 어디서든 쉽게 구할 수 있다. 정말 단순한 형태면서 쉽게 볼 수 있는 물의 특성 때문에 이를 도외시하기도 한다. 그러나 모든 물이 같지는 않다. 물은 사실 순수한 형태가 아니기 때문이다. 어디서 물을 얻든, 그 안에는 다른 물질이 녹아 있거나 떠다닌다. 그리고 우리는 이 물질을 기준으로 '연수(단물)'와 '경수(센물)'로 나누어서 부른다. 경수는 물에 미네랄이 많이 함유된 것이고 연수는 적게 함유된 것을 뜻한다. 증류주는 이런 물의 종류에 따라 맛이 달라지는데, 그 이유는 미네랄 농도에 따라 물속의 수소가 다른 원자와 만나 반응할 가능성이 달라지기 때문이다. 이런 수소의 활동 가능성('힘'이라고 부르기도 함)을 줄여서 pH라 부른다. pH가 낮은 용액은 수소의 활동 가능성이 작다는 의미며, 산성을 띤다는 말이다. 반대로 pH가 높은 용액은 '알칼리성'을 띠며 수소가 활동할 가능성이 크다. 물의 경도와 pH는 상관관계가 있어서 경수의 경우 안에 미네랄이 더 많아서 pH를 높이고 이 상태를 유지한다.

2015 런던 수제 증류 엑스포에 참가한 사람들은 매우 흥미로운 실험에 동참했다. 진에 들어가는 물의 영향을 알아보는 실험이었다. 공정 방식, 식물 첨가물, 증류 기구(포트 스틸)는 모두 동일하게 맞춘 후 물의 종류만 달리해서 진 여섯 통을 만들어 맛을 보기로 했다(표 4.1 참고). 악명 높을 정도로 주관적인 평가를 내리는 인간 심사단이 맛본 결과 각각의 진에는 뚜렷하게 구분될 정도로 다른 특징과 맛이 나타난다는 결론이 났다. pH가 5.5인 프랑스의 광천수로 만든 진은 '부드럽고 깔끔하며 밝은 꽃의 향이 은은하게 풍겨왔다. 그리

2 mash: 곡물, 물, 효모를 섞은 위스키의 재료.

지역	상세 사항	pH
		연수
프랑스	광천수	5.5
영국	염분을 제거한 생활용수	7.0
독일	광천수	7.1
영국	재처리된 생활용수	7.2
피지	자연발생 화산 광천수(전통적으로, 또는 기계를 쓰지 않고 만들어진)	7.7
아이슬란드	화산 기반암의 빙하수	8.4
		경수

그림 4.1 런던 수제 증류 엑스포에서 진행한 실험에 사용된 물. 세계 여러 국가에서 가져온 물로 진을 증류해본 결과, 물의 pH 농도와 물속 미네랄 함량(경수, 연수)이 결과물의 전체적인 맛에 놀라운 차이를 만들어낸다는 사실이 드러났다.

고 안젤리카[3]와 소나무의 깔끔하고 산뜻함 역시 느껴졌다…. 모든 풍미가 부드럽게 연결되고 마지막은 드라이한 마무리가 여운을 남겼다. 한 모금 머금으면 실크처럼 부드럽고 라이트한 질감을 느낄 수 있었다'는 평이 나왔다. 반대로 pH가 8.4인 아이슬란드 물로 만든 진은 '과일 향이 풍겨오지만…, 입안에서 느껴지는 맛은 제대로 느끼기도 전에 금세 사라졌다. 주니퍼(노간주나무)의 향이 아주 약간 났다가 사라졌다. 또한 질감은 형편없었고 끝맛은 뜨거운 느낌을 받았다. 전반적으로 불쾌한 느낌을 주는 진이었다'는 평이 나왔다. pH가 7.0에서 7.7 사이에 있는 물로 만든 진 역시 맛과 특징이 달랐지만, pH 농도가 극과 극인 아이슬란드와 프랑스 물처럼 차이가 극단적이지는 않았다. 물에는 pH 외에도 진마다 차이를 내는 성분이 있으며, 이때는 맛이 아닌 질감과 마우스필[4]에 주로 영향을 주었다. 테스트 초반에 증류업자들은 물이 입안에서

3 달콤한 향이 나는 식물의 줄기.

4 입안에 머물렀을 때의 느낌.

의 느낌에 미치는 영향은 미미할 것이라고 성급한 결론을 내렸지만, 사실 누구보다 결과가 궁금했을 것이다. 특히 여섯 가지 진 모두 숙성을 할 수 있는 제품이기에 숙성 후의 맛은 더 궁금증을 자아냈고, 결과적으로 이 맛의 차이는 꽤 뚜렷하게 나타났다. 이 실험으로 물이 증류주를 만들 때 꽤 중요한 역할을 한다는 의견이 맞는 듯하다. 알코올 도수를 맞추는 단계에서 사용하는 물만 해도 최종품의 50%가량을 차지하니 당연한 결과일지도 모른다.

다음에 알아볼 재료는 당이다. 당은 알코올 분자를 이루는 원자가 되어주기 때문에 증류업자가 얻고 싶어 하는 물질이다. 증류에 넣는 당은 여러 재료에서 구할 수 있으며, 그중에서 곡물(식용 풀) 또는 과일이 열리는 나무 같은 식물을 많이 쓴다. 식물은 동물과 비교했을 때 다소 독특한 방식으로 살아간다. 먼저 햇빛으로 광합성을 해서 생존할 에너지를 얻는다. 이 과정을 다음 방정식으로 간편하게 나타낼 수 있다.

$$6CO_2 + 12H_2O + \text{빛 에너지} \rightarrow C_6H_{12}O_6 + 6O_2 + 6H_2O$$

또는

이산화탄소 + 물 + 햇빛 → 당 + 산소 + 약간의 물

식물은 엽록체라는 작은 세포기관에서 당을 합성한다. 이 기관은 주로 잎의 세포에 있으며 식물이 녹색을 띠게 하는 역할도 한다. 이렇게 만들어진 당

은 관다발계를 통해 다른 부분으로 이동하며, 식물이 자라고 번식하는 데 필요한 영양분으로 사용된다. 또한 많은 식물이 당 물질로 배아를 둘러싸기도 한다.

화초는 외떡잎식물과 쌍떡잎식물, 이렇게 두 가지 그룹으로 나뉜다. 외떡잎식물은 이름 그대로 뭔가를 하나만 가지고 있고, 쌍떡잎식물은 둘을 가지고 있다. 이것은 배아의 싹이 트면서 생기는 떡잎으로, 작은 잎사귀 모양을 하고 있다. 또한 식물이 자라는 데 필요한 영양분을 공급해주는 '유모' 역할을 하기도 한다. 대부분의 식물은 훌륭한 부모라서 씨앗과 그 옆에 있는 과도한 당을 분리시켜 놓는다(그림 4.2 참고). 포도는 배아 주변에 당분이 풍부한 다육층을 지닌 것으로 유명하다. 아가베처럼 증류업자들이 쓰는 다른 쌍떡잎식물도 성장하는 배아 주변에 당이 많이 있다. 외떡잎식물인 옥수수, 보리, 밀, 쌀 같은 '기본 곡류' 역시 배아 주변에 당분층이 있다. 반대로 사탕수수는 마디 사

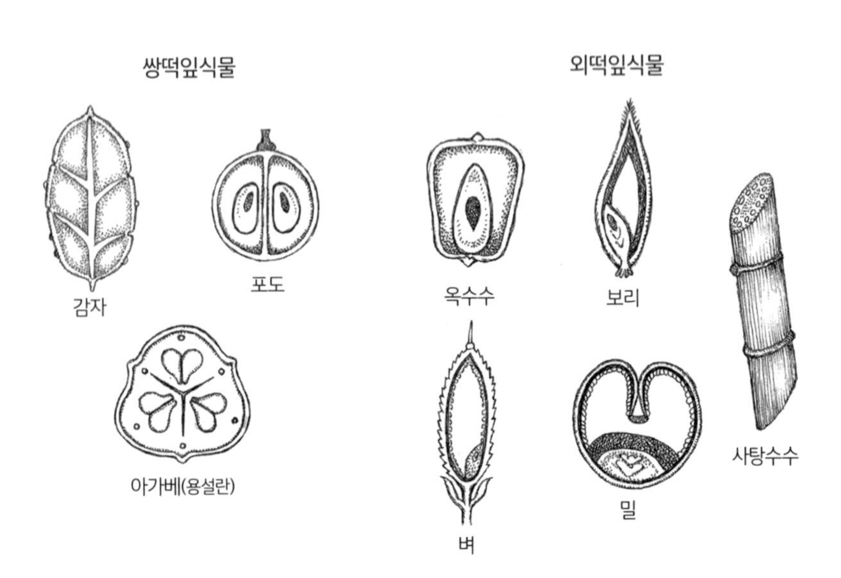

그림 4.2 당 공급원. 왼쪽은 쌍떡잎식물이고 오른쪽은 외떡잎식물이다.

이사이에 당을 저장한다.

그러나 식물이 당을 생성하는 이유에는 배아 성장에 영양을 공급하는 데만 있는 것은 아니다. 일부 식물은 씨앗을 퍼트리기 위해 당을 생성한다. 달콤한 과일일수록 새 같은 동물이 먹을 확률이 높아지고 멀리 날아가 배설을 하면 함께 나온 씨앗이 그곳에서 싹을 틔울 수 있는 것이다. 그러니 모두에게 이익이 아닐 수 없다.

포도는 짜기만 하면 되니 당을 얻기 매우 쉬운 과일이다. 반대로 대부분의 곡물은 당이 내부에서 소비되기 전에 속임수를 써서 얻어야 한다. 예를 들면, 보리는 발아할 때만 당/녹말이 나오며, 배아가 자랄 때 이 당을 먹는 체계로 진화해왔다. 그래서 양조업자는 보리가 당을 너무 많이 쓰기 전에 얻을 방법을 찾아야 했다. 그러니 양조의 오랜 역사에서 완벽한 방법을 찾기까지 얼마나 많은 어려움을 겪었을지 짐작이 갈 것이다. 먼저 몰트 제조인(몰트 판매인)은 보리를 물에 푹 담가 인공적으로 발아시킨다. 그러고는 뜨거운 공기로 빠르게 말려 배아가 더 자라지 못하게 한다. 그러면 몰트 안에는 사용 가능한 녹말이 많이 남게 될 것이다. 또한 몰트에서 아밀라아제라는 효소가 나오는 것도 매우 중요한 부분이다. 이 효소는 녹말을 당–포도당 같은–으로 분해하는데, 이 성분은 다음에 이어질 발효에서 핵심적인 분자가 된다. 곡물 중에서도 보리가 가장 효율성이 높아 다른 곡류를 주로 넣는 증류주에도 보리를 어느 정도 넣는다. 참고로 증류주에 쓰이는 곡물은 대개 생산지를 크게 따지지 않는 경우가 대부분이다. 반대로 와인에는 생산지를 철저하게 추적할 수 있는 포도를 쓴다.

당이 섞인 혼합물에 효모라는 단세포 미생물이 들어가 상호작용이 일어나면 에탄올이 자연 발생한다. 효모는 균류며 버섯과도 밀접한 관계가 있다. 그리고 흥미롭게도 식물보다 동물과 더 연관성이 높다. 많은 효모 종이 당을 처리해서 에너지를 얻는 방식으로 진화했고 당을 먹은 후 알코올을 생성했다. 자세한 과정은 다음과 같은 화학 공식으로 나타낼 수 있다.

$$C_6H_{12}O_6 \rightarrow 2C_2H_5OH + 2CO_2$$

또는 더 간단히

포도당 → 2에탄올 + 2이산화탄소

이 반응은 특정 효소를 가진 단세포 효모 안에서 일어나며, 당(포도당)은 효모의 먹이가 되는 필수 성분이다. 효모는 당을 에너지로 바꾸면서 생성된 알코올을 세포막 바깥(경쟁자에 대적하기 위해)으로 밀어내고 생명을 유지한다. 그러나 앞에서도 설명했듯이 에탄올은 독소라서 농도가 너무 짙어지면 효모 자체에도 독으로 작용할 수 있다.

자연 생성되는 에탄올의 경우 그 한계치는 부피를 기준으로 15%다. 물론 최대 25%까지 견디는 강한 효모도 있지만, 이런 '헐크 효모'는 매우 드물기도 하고 보통 인간의 개입으로 나온 종이다. 양조업자는 에탄올의 양을 더 늘리려고 일부러 이런 효모를 키우기도 한다.

양조업자는 와인 제조업자보다 효모 사용에서 조금 더 적극적인 경향이 있다. 그래서 현존하는 수많은 종류의 맥주를 만들기 위해 수백 종의 효모를 사용해 왔다. 그러나 이런 분위기는 루이 파스퇴르가 발효과정에 참여한 효모의 역할을 발견한 이후 한 세기 반 정도 이어졌으니, 그렇게 역사가 오래된 건 아니다. 1516년 바이에른 당국은 공식적으로 맥주에 대한 정의를 내린 독일맥주순수령이란 법을 통과시켰고, 이후 맥주의 재료는 보리, 물, 홉, 이 세 가지로만 규정되었다. 여기에 효모는 왜 포함되지 않았을까? 1516년은 파스퇴르 이전의 시대였기 때문에 효모의 존재는 나중에 추가되어야 했을 것이다. 양조업자들이 효모-특히 맥주효모균-의 존재를 알게 되자마자 효모는 양조에서 매우 중요한 존재가 되었다. 이들은 적당한 효모를 찾기 시작했고 자신의 목적에 맞는 종류를 번식시켰다.

지난 5년간 학자들은 수백만 종에 이르는 미생물의 유전자 청사진 또는 게놈 지도를 얻을 수 있었고 덕분에 우리도 효모에 대한 지식을 더 많이 쌓을 수 있었다. 와인 제조업자와 양조업자의 경우에는 이런 새로운 정보로 더 나은 상품을 만들 수도 있을 것이다. 그리고 유전학자의 발견이 창의적인 증류업자의 관심을 끌 수도 있다. 모든 와인 효모는 비슷비슷하지만 맥주 효모는 종마다 특징이 매우 다르다. 사실 이런 현상은 충분히 예상할 수 있는 부분이다. 와인과 맥주 효모의 가축성과 야생성의 정도에 차이가 있기 때문이다. 와인 효모처럼 가축화를 통해 이종 교배하면 게놈들은 더 비슷해지는 반면, 게놈끼리 이종 교배(맥주 효모처럼)하도록 두면 효모의 종류는 더 늘어난다. 그래서 맥주가 완성되었을 때 효모로 인한 풍미는 와인보다 더 다양하다. 만약 증류업자가 현재의 맛을 더 확장시키고 싶다면 바로 이 부분을 눈여겨봐야 할 것이다.

효모 덕분에 지구에는 어디든 알코올이 존재하지만, 증류업자의 시선에서 볼 때 쓸 만한 천연 에탄올의 양은 그리 많지 않다. 그 외에 발효 과정 후에 불순물이 너무 많이 생긴다는 문제도 있다. 그래서 증류주를 만들 때는 워시를 처음 발효하는 단계가 불순물을 제거하는 다음 단계만큼 중요하다.

앞에서 이야기했듯이 인간뿐만 아니라 일부 동물 역시 꾸준하게 자연 발효된 물질을 '찾아'다닌다. 심지어 초파리도 발효된 과일을 찾아다닌다. 그러나 인간이 이들과 다른 점은 발효를 이용해 와인, 맥주, 그리고 낮은 도수의 여러 가지 음료를 만들어냈다는 것이다. 우리는 이미 다른 책에서 와인과 맥주를 만드는 내용에 관해 설명했지만, 이 과정을 여기에서도 간단히 살피고 넘어가는 게 좋다고 판단했다. 그 이유는 대부분의 증류주는 비교적 도수가 낮은 알코올, 그중에서도 양조된 매시나 발효된 와인 같은 액체로 제조를 시작하기 때문이다. 결국 증류는 알코올 생성이라기보다는 농도를 높이는 과정이라 할 수 있다. 그러니 훌륭한 증류업자라면 아마도 와인 생산과 맥주 양조에 대해서도 자세히 알고 있을 것이다. 베이스로 쓰는 액체의 본질이 결국 완성된 증류주에 깊이 영향을 주기 때문이다. 비록 양조업자와 와인 제조업자가 만들어낸 완성품과, 증류할 때 쓰는 맥주나 와인이 매우 다르더라도 말이다.

특히 맥주 양조에 있어서, 멸균 기술을 잘 모르는 초보자는 어려움을 겪기도 한다. 그 이유는 당 혼합물이 박테리아에 감염될 경우 기분 나쁠 정도로 시큼한 맛이 나기 때문이다. 박테리아는 당을 분해해 아세트산으로 바꾸는데, 맥주를 버려야 할 정도다. 그래서 대부분의 양조업자는 자신의 제품을 무균상태로 만들려고 최선을 다한다. 사실 현대의 양조업자들은 단일 효모 종을 배양해서 작업을 진행하려는 경향이 강하다. (그러나 여기에도 예외가 있다. 모든 람빅과 사워 비어는 여러 종의 미생물로 가득하다.) 위스키 증류업자는 이와 반대로 발효 과정에서 여러 종의 미생물을 첨가하려고 노력한다. 박테리아가 당을 분해해서 나오는 신맛이 바로 증류업자가 원하는 특징과 풍미에 잘 부합하기 때문이다. 현재 맥주 양조의 경우, 대개 홉으로 신맛을 제한하고, 유쾌할 정도의 쓴맛을 주며, 박테리아의 번식을 막는다. 또한 보일링 과정을 통해 워트[5], 더 구체적으로 '설탕물'을 만드는데, 이렇게 끓이는 행동에는 두 가지 중요한 이유가 있다. 1) 워트를 살균하기 위해서, 2) 곡식에서 나온 당을 더 작은 크기의 포도당 분자로 쪼개서 발효를 돕기 위해서다. 그러나 보일링은 양조업자가 원하는 좋은 향까지 날려버릴 수 있다는 단점이 있다.

이와 반대로 위스키 증류업자는 매싱 과정에서 홉을 넣지 않으며, 대부분은 보일링 단계를 생략하기도 한다. 그러면 초기 매시에 들어 있는 미생물의 종류가 더 늘어나서 증류업자가 최종적으로 얻고자 하는 그런 요소가 첨가되기도 한다. 곡류가 기반인 증류에서는 발효 시간이 매시 내 생태계 균형 유지에 매우 중요한 요소가 된다. 대부분의 증류업자는 효모를 미리 정해서 발효 초기 단계부터 이 효모가 먼저 활동할 수 있게 한다. 그러나 알코올 농도가 올라갈수록 효모들은 점점 지쳐서 발효의 속도가 느려지고 농도가 너무 높으면 죽기도 한다. 이때 매시에 남아 있는 다른 미생물이 남은 당을 차지하기 위해 경쟁하기 시작한다. 이 박테리아들은 대개 당을 먹고 신맛이 나는 아세트산을 만들지만, 이 역시도 증류업자가 원하는 맛일 가능성이 크다. 불필요한 성분은 다음에 이어지는 증류 단계에서 제거하고 발효 중에 생긴 신맛은 그대로 풍미의 일부가 된다.

---

5 wort: 맥아즙이라고도 함.

이제 당신은 에탄올이 효모의 발효로 자연스럽게 생기며 인간은 이 과정에 슬쩍 편승해 증류주를 만든다는 사실을 알게 되었다. 그러나 만약 중간 역할을 하는 효모 대신 기본적인 화학 공식으로 에탄올을 만들어낸다면 어떨까?

탄소 2개, 수소 6개, 산소 1개의 원자로 되어 있는 에탄올은 그렇게 복잡한 구조의 분자가 아니다. 그러나 이런 단순한 형태를 복잡하게 만드는 부분이 있으니, 그건 바로 분자 구조는 3차원이라는 것이다. 그래서 같은 조합의 원자들이라도 결합 방식이 완전히 달라질 수 있다. 그리고 최종적으로 만들어진 형태가 분자의 기능을 좌우한다. 예를 들어, 에탄올과 다이메틸에테르는 탄소, 수소, 산소 원자의 수-탄소 2개, 수소 6개, 산소 1개-가 같지만, 구조와 행동은 매우 다르다. 이들을 전문용어로 이성질체라고 하는데 만약 기능적인 역할에서도 차이가 있다면 작용기 이성질체라 부른다. 그림 4.3에 있는 에탄올과 다이메틸에테르의 3차원 '공·막대기' 모형[6]을 참고하자. 이 모형들은 두 가지 이성질체의 구조적 차이를 잘 나타내고 있다. 다이메틸에테르의 모양은 거의 대칭을 이루는 반면 에탄올은 한쪽으로 꽤 많이 기울어져 있다. 분자는 대개 자물쇠와 열쇠처럼 결합하기 때문에 전체적인 분자 모양을 보면 다른 분자와 어떤 식으로 결합할지 알 수 있으며, 이 그림에서 보이는 차이는 놀랄 만큼 크다. 다이메틸에테르는 상대적으로 물에 잘 녹지 않는 유기 화합 물질이고 에탄올은 '매우' 잘 녹는다. 다이메틸에테르는 보통 마취제로 쓰인다. 사람이 이 물질을 맡으면 빠르면서 효과적(아주 유쾌하진 않더라도)으로 잠에 빠진

6 공은 원자를, 막대는 원자 사이의 결합을 나타냄.

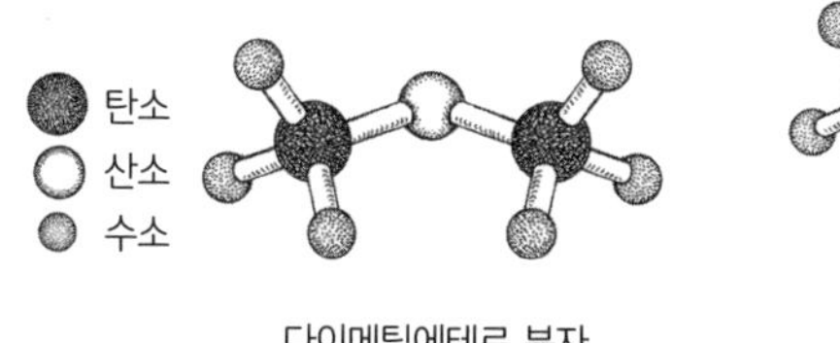

에탄올 분자

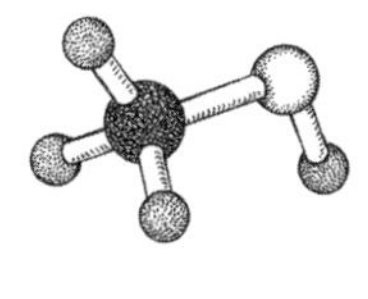

그림 4.3 다이메틸에테르, 에탄올, 메탄올 분자의 공·막대기 모형

다. 에탄올은 그 쓰임이 정말 다양하다. 이 두 분자는 동일한 원자의 수와 종류를 가지고 있지만, 이상하게도 에탄올은 알코올로 분류되고 다이메틸에테르는 아니다. 그 이유는 곧 알 수 있을 것이다.

우선 지금은 그림 4.3에 있는 에탄올 분자에서 수소 3개가 연결되어 있는 왼쪽 끝의 탄소를 제거해보자. 탄소가 제거되면 함께 붙어 있던 수소 2개도 함께 사라지는데, 이런 현상은 화학적 균형을 유지하려는 원자의 행동에서 기인한다. 이 '메틸기'[7]를 제거하면 CH_4OH 또는 메탄올을 얻게 된다. 메탄올은 마치 끝이 잘린 에탄올 같은 모양을 하고 있으며, 이런 모양의 차이만큼 분자의 기능 역시 에탄올과 매우 다르다. 인간은 적당한 양의 에탄올은 견딜 수 있으나, 메탄올은 아주 적은 양이라도 인간을 포함한 모든 동물에 해를 끼칠 수 있다. 이렇게 이 분자들-에탄올과 메탄올-은 기능적으로 너무 다르지만 모두 알코올이라 부른다. 그 이유는 이러하다. 이 두 분자의 공·막대기 모형을 자세히 들여다보면 에탄올과 메탄올 모두 오른쪽 끝에 수산기(OH)[8]를 가지고 있지만, 에테르는 아니다. 알코올은 화학적으로 수산기가 하나 이상

7 메테인의 수소 원자를 1개 제거하거나, 다른 치환기와 결합한 경우.

8 수소 원자 하나와 산소 원자 하나로 이루어진 일가의 원자단.

표 4.1 1차 알코올의 구조와 이름

공식	이름
CH_3OH	메탄올
CH_3CH_2OH	에탄올
$CH_3(CH_2)_3OH$	뷰탄올
$CH_3(CH_2)_3CH_2OH$	펜탄올(펜타놀)
$CH_3(CH_2)_4CH_2OH$	헥산올
$CH_3(CH_2)_6OH$	헵탄올
$CH_3(CH_2)_6\ CH_2OH$	옥탄올
$CH_3(CH_2)_9OH$	데칸올(데카놀)

탄소 원자에 결합된 작은 유기체 분자로 정의한다. 표 4.1에서 이런 특징을 잘 볼 수 있다. 여기에 있는 몇 가지 알코올 분자들을 보면 탄소와 수소의 수는 다르지만 모두 한쪽 끝에 수산기를 가지고 있다는 사실을 알 수 있을 것이다.

알코올은 다양한 방식으로 분류할 수 있으며, 그중에서 가장 간단한 방식은 세 가지 '맛'으로 나누는 것이다. 이소프로필알코올, 메틸알코올, 에틸알코올. 이 중에서 인간이 섭취할 수 있는 것은 에틸알코올뿐이며, 나머지 두 가지는 인간뿐만 아니라 동물에게도 독이 된다. 알코올을 분류하는 다른 방식도 있다. 수산기와 결합된 탄소에 탄소가 몇 개 더 붙어 있느냐에 따라 1차 알코올, 2차 알코올, 3차 알코올로 나누기도 한다. 그리고 탄소에는 다른 원자가 4개 더 붙을 수 있다. 1차 알코올은 에탄올처럼 수산기가 탄소와 결합되어 있고, 여기에 다른 탄소 원자 1개가 더 붙어 있다(표 4.1 참고하기). 2차 알코올은 수산기-탄소 결합에 다른 탄소 원자가 2개 붙어 있으며, 3차 알코올은 다른 탄소가 3개 더 붙어 있다(그림 4.4 참고하기).

어떻게 하면 이 작은 분자들로 에탄올을 합성할 수 있을까? 알코올은 종류

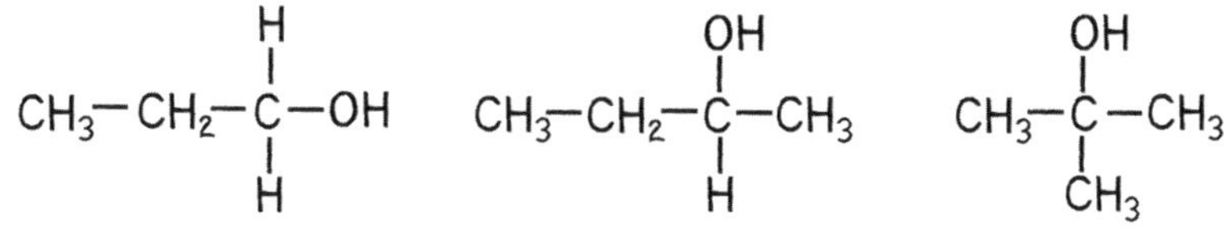

$CH_3-CH_2-C(H)(H)-OH$

1차 알코올

$CH_3-CH_2-C(OH)(H)-CH_3$

2차 알코올

$CH_3-C(OH)(CH_3)-CH_3$

3차 알코올

그림 4.4 1차, 2차, 3차 알코올 구조

와 관련 성분이 정말 많아서 만드는 과정도 어렵고 효율성마저 떨어진다. 인공적으로 만들어진 에탄올은 대부분 석유 제품을 만드는 데 쓰인다. 석유의 주성분 중 하나가 에틸렌(에텐) 또는 C_2H_4이기 때문이다. 단순한 형태의 탄화수소에 증기(가스 형태의 물 H_2O)를 가하면 에너지를 분출하는 발열 반응이 일어나면서 에탄올이 형성된다. 그러나 평균적으로 에틸렌에서 5%만 에탄올로 전환되기 때문에 이런 작업은 그렇게 효율적이지 않다. 그러나 에틸렌으로 만든 공업용 에탄올은 전 세계적으로 매년 약 200만 톤씩 생산되고 있으며, 주로 살균제, 용제, 연료로 쓰인다.

과학자들은 그동안 에탄올을 합성하기 위해 다양하고 창의적인 방법을 연구했다. 2018년 칭리 치안과 동료들은 이성질체인 다이메틸에테르를 이산화탄소와 수소와 반응시켜 가까스로 에탄올을 합성했다. 이 방식으로 효율성은 크게 올라갔으나 실제로 활용할 수 있느냐는 아직 더 두고 봐야 한다. 합성가스 역시 알코올을 만들 때 넣을 원료로 고려했다. 연료용으로 이용되는 이 가스는 수소, 일산화탄소, 약간의 이산화탄소로 구성되어 있다. 석탄이나 천연가스 같은 다양한 재료로 만드는 이 가스는, 이미 암모니아, 메탄올, 순수 수소 합성에 필요한 중요한 원료의 역할을 하고 있다. 과학자들은 합성가스로 에탄올을 만들어낼 때 로듐 촉매를 이용해보기도 했지만, 기대에 미치는 결과물을 얻지 못했다. 2020년, 청타오 왕과 그의 동료들은 합성가스로 에탄올을 바로 합성하는 데 성공했다. 이번에는 반응성이 매우 높은 제올라이트 결정을 촉매제로 이용하는 방식으로 진행했다. 옅은 빛이 아름다운 이 광물은 분화한 지 오래 지나지 않은 화산지대에서 발견되며 강도는 약하다. 결정을 가루로 잘게 부순 후 사용하면 이전 방식보다 훨씬 많은 인공 에탄올을 생산해 낼 수 있다. 이런 합성 방식은 에탄올을 만드는 데 드는 시간과 에너지 집약적인 생물학적 경로를 피할 수 있어서 알코올 생성에 관심 있는 연구원에게는 정말 매력적인 접근법이 아닐 수 없다. 결국, 이들은 에탄올 분자로만 구성된 '뉴트럴 스피릿'을 생산하기로 약속했다.

전통적으로 증류를 해서 알코올을 얻는 게 아닌, 합성을 통해 알코올을 제조한다는 개념을 이야기한 김에 합성 알코올 대용품에 대해서도 잠깐 언급해 보고자 한다. 먼저 '위험한 교수'라고 불리는 데이비드 너트를 만나보도록 하자. 그는 평생을 유희적인 '쾌감'에 대해 주장해온 인물이다. 그렇다고 알코올, 마리화나, 마약 중독자란 말은 아니다. 오히려 그는 현대 사회에서 이런 유희적인 물질 사용을 이해시키는 데 온 노력을 기울여왔다. 그를 두고 '합리적인 마약 정책을 옹호하는 깨어 있는 자'라고 묘사한 사람도 있었다. 2009년 너트 교수는 영국 약물 남용 자문 위원회 회장 자리에서 물러났는데, 그가 버락 오바마 대통령과 비슷한 말을 한 게 원인이었다. "마리화나는 알코올과 다른 모든 마약과 비교해서 가장 피해가 적은 물질이다." 후에 오바마가 비슷한 말을 한 사실을 전해 들은 그는 이런 유명한 말을 한다. "적어도 이 정치인은 사실을 말했다. 그러나 그에게 경고하고 싶은 점은…, 나는 그 말을 한 후 해고

당했다." 마리화나에 대한 그의 주장은 당시 영국 내무장관(미국에서는 내무부 장관급)이었던 앨런 존슨의 심기를 거슬렀으며, 곧 마리화나의 등급을 C에서 B(등급이 올라갈수록 약물의 위험성을 높게 본다는 의미)로 올려버렸다. 너트 교수는 미국의 많은 주에서도 인정하듯이 마리화나가 마약류 중에서 안전한 편에 속하기 때문에 이런 장관의 결정은 말이 안 된다고 주장했다.

너트 교수는 또한 알코올이 인체에 미치는 영향에 대해서 멋진 아이디어를 생각해내기도 했다. 과음을 하면 알코올은 몸에 독으로 작용한다. 그러니 만약 알코올이 주는 긍정적인 효과를 내면서도 부작용만 없는 합성 물질을 만들어낸다면, 알코올의 부정적인 부분은 모두 사라지게 된다는 주장이다. 8장에서 알코올이 뇌에 미치는 영향을 살펴볼 예정이지만 여기서 간단히 설명하자면 알코올은 정상적인 뇌 기능을 담당하는 특정 화학물질을 겨냥함으로써 술에 취한 기분을 느끼게 한다. 뇌 전체와 신경전달물질에 끼치는 알코올의 영향을 완벽하게 복제하는 것은 어렵겠지만, 너트 교수는 이런 취한 느낌을 주는 대체재로 특히 눈여겨보고 있는 화합물을 두 가지 제시했다. 또한 취했을 때를 대비한 해독제를 만들어 밤에 술을 마시고도 자신의 차로 안전하게 귀가할 수 있도록 할 계획을 밝혔다.

증류주를 사랑하는 사람들은 이런 제안에 조금 고민해볼 필요는 있을 것이다. 과연 이런 잘 알지도 모르는 화학적 대체재를 위해 평생을 사랑해온 알코올음료를 버릴 수 있을까? 그리고 여기에 법적인, 또는 윤리적인 문제는 없는 것일까? 당신이 좋아하는 증류주는 착향료가 맛에 크게 좌우한다. 증류업자는 이 무알코올의 착향료 분자들을 증류 과정에서 생존하도록 두거나 나무통에서 숙성할 때 첨가한다. 그렇다면 교수는 이런 부분을 어떻게 해결할까? 그러나 그는 이런 여러 가지 의문에도 전혀 굴하지 않았다. 그는 착향료로 과일주스를 택했다. 2019년에는 후보군에 오를 만한 놀라운 성분들을 몇 개 발견했고, 이들 중 일부를 넣어서 만든 제품을 직접 시음해보기도 했다. 그는 이 물질을 '알코신스(Alcosynth)'라 명명했다. 그가 만든 알카렐이란 제품은 2025년쯤이면 출시될 듯하다. 계속 주목하도록 하자. 아마도 시들립[9] 칵테일과 함께하면 기다림이 더 즐거워질지도 모른다.

---

9 영국 무알코올 음료 생산업체.

5

증류

미국 켄터키주 프랭크퍼트에서는 누구나 보드카를 만들 수 있다는 사실은 꽤 놀랍다. 그리고 버번으로 유명한 버팔로 트레이스 증류소가 내놓은 휘틀리 보드카는 '이것이 진정한 보드카의 맛'이라고 홍보하고 있다. 그렇다면 이런 궁금증이 생긴다. 이 제품의 제조업자에 따르면 밀을 베이스로 한 이 증류주를 얻기까지 이곳만의 '독특한 마이크로 스틸'에서 '일반적'으로 일곱 번, '보드카 포트 스틸'에서 세 번을 증류했고, 세 번 여과했다고 한다. 방금 우리가 '일반적'이라고 표현한 이유는 한때 믿기 어렵지만 159번을 증류기에 통과시켜서 보드카를 만들었다고 주장한 적이 있기 때문이다. 여전히 이 정도의 횟수가 실제 맛에 어느 정도의 영향을 주었는지는 확신할 수 없다. 지금 우리 앞에 놓인 휘틀리 보드카는 증류를 총 열 번 거쳤기 때문에 완전한 순도를 예상했지만, 이 술을 코에 가까이 가져가 보니 로즈메리와 라벤더 느낌의 향이 나서 살짝 놀랐다. 혀에 닿는 느낌은 기대한 만큼 매우 부드러우며 끝맛은 일반 보드카에서 나는 탄 맛이 느껴지지 않았다.

어떻게 하면 수많은 물질(말 그대로)이 들어 있는 혼합물을 꽤 순수한 알코올로 만들 수 있을까? 앞에서 설명한 대로 대부분의 증류 과정은 모든 종류의 조직, 분자, 원자 등이 섞여 있는 '매시'로 시작한다. 이런 다양한 성분들은 식물, 주변 미생물, 효모, 물, 여러 분자, 화학물질에서 오는 것들이다. 그래서 이런 엄청난 혼합물에서 높은 도수의, 그리고 상대적으로 순도 높은 증류주를 만들어내는 모습을 보면 찬탄이 나올 정도다.

증류를 이해하려면 화학이 도움이 될 것이다. 지구상의 생물은 탄소가 중심을 이루는데, 이는 지구에 엄청난 양의 탄소 원자가 존재한다는 사실이 이유 중 하나일 것이다. 탄소는 지구에서 볼 수 있는 118개의 원소 중 하나다. 이 중 27개는 연구실에서 화학자와 물리학자가 약간의 개입을 해서 얻은 원소며, 이 중에서 최초의 인공 원소라는 타이틀을 가진 '테크네튬'도 살짝 의심스럽긴 하지만 어쨌든 이 안에 속해 있다. 이들을 제외하고 주기율표에 나오는 1~92번의 원소는 모두 자연에서 발견할 수 있으며, 알코올 전문가 드미트리 멘델레예프가 표에 채워 넣었다. (멘델레예프에 관해서는 10장에서 더 자세히 알 수 있다.) 생물체 역시 원자들로 신체가 구성되어 있다. 동물은 대부분 원자

6개로만 이루어져 있고 그중에서 탄소가 두 번째로 많다. 양이 많은 순서대로 보자면, 산소(O), 탄소(C), 수소(H), 질소(N), 인(P), 황(S) 순이다. 고등학교에서는 쉽게 기억하기 위해 줄여서 OCHNPS라 외우도록 가르치기도 한다.

앞에서 알코올 생성에 중요한 역할을 하는 미생물이 효모라고 했던 것 기억하는가? 이 단세포 진핵생물(유전물질이 핵막으로 감싸진 세포로 이루어진 생물)은 조금 전에 언급했던 원자 6개와 염소를 아주 소량 가진 형태로 진화했다. 식물은 6개뿐만 아니라 다른 원자 4개가 더 있다. 마그네슘(Mg), 실리콘(Si), 칼슘(Ca), 칼륨(포타슘)(K)이다. 매시에는 이 원자들과 함께 가장 많은 양을 자랑하는 물이 들어 있다. 물론 물은 생물이 아니며 그렇게 복잡하게 구성되어 있지도 않다. 그러나 증류주 재료 중에서 가장 적은 원소(수소와 산소)를 가진 물 속에는 많은 종류의 미네랄이 용해되어 있다. 결국 이런 재료들이 합쳐진 매시 안에는 정말 다양한 원자들이 있으며 상호작용을 통해 분자를 구성해 나갈 것이다. 그러니 증류를 잘 이해하기 위해서는 원자도 어느 정도 알아야 하지 않을까?

원자에는 원자핵(또는 중핵)이 있고 그 안에 두 가지 입자가 있다. 바로 중성자와 양성자다. 그리고 원자핵 주변은 전자 회전(electrons circle, 더 적절한 용어는 아직 찾지 못했다)이라는 입자가 여러 형태의 '오비탈 레벨'로 알려진 궤도를 다양한 모양으로 돌고 있다. 원자를 이해하려면 '전하'라는 수수께끼 같은 성질을 알아야 한다. 여기에서는 전하가 없는 중성자는 제외하고 전하가 있는 양성자와 원자핵 주변을 회전하는 전자에 대해서만 배우도록 하자. 전하와 관련해 전자와 양성자의 수가 같은 물질을 중성이라 부른다. 그리고 양성자보다 전자의 수가 더 많은 물질은 음전하, 전자보다 양성자의 수가 더 많은 물질은 양전하라고 부른다. 완전히 음전하를 띠거나 완전한 양전하를 띠는 입자는 이온이라 한다. 원자는 숫자로 구분하기도 하는데, 중성을 이룰 때의 전자와 양성자의 수를 체크해서 정한다. 예를 들어, 소듐(Na, 또는 나트륨)의 원자 번호는 11번이다. 즉, 중성의 상태에서 전자 11개와 양성자 11개를 가지고 있다는 말이다. 만약 소듐 원자가 전자를 하나 잃으면 양전하인 이온이 되고 이때는 Na+라 표기한다. 원자의 전하는 자연이 우주의 균형을 지키기 위해 사용하는 통화 같은 존재며, 전하를 빌리고 빌려주는 작업은 매우 엄격하게 이루어진다.

원자나 이온의 구조는 여기에 전자가 몇 개 있느냐와 전자들이 다양한 오비탈 레벨 중 어디에 있느냐에 따라 달라진다. 예를 들어, 소듐은 원자핵 안에 양성자 11개가 있고 전자 11개가 핵 주변을 세 가지 모양의 궤도를 형성하며 돌고 있다. 그러다 안정적인 형태를 그대로 유지하면서 주변의 원자로 이동하는 경우도 있다. 그러면 전자가 사라진 원자의 전자 수는 줄어들고 전자를 얻은 원자의 전자 수는 늘어난다. 그리고 두 원자의 전하가 변하면서 둘 사이의 균형을 이룬다. 전자를 준 쪽은 양전하가, 받은 쪽은 음전하가 되며, 둘을 가리켜 이온화되었다고 말한다.

화학 공식에서 보듯이 물(H_2O)은 수소 원자 2개와 산소 원자 1개를 가지고 있으며, 놀랄 정도로 안정적이다. 그리고 물의 역사는 말 그대로 우주만큼 깊다. 수소 원자는 다른 원자와 반응을 잘하기 때문에 아득한 옛날부터 다른 수소 원자들을 만나 더 안정적인 형태의 수소(H_2) 분자로 결합했다. 산소 또한 반응성이 높아서 다른 산소와 즉각 결합해 O_2라는 더 안정적인 분자를 이루었다. 그렇다면 이런 성질의 H_2와 O_2가 만나 자연스레 물이 되었을 거라는

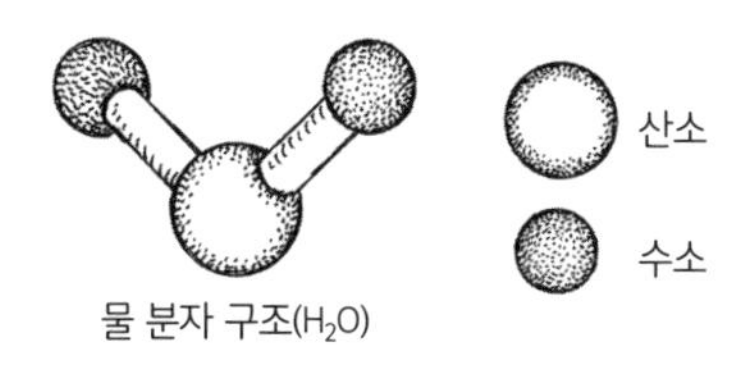

그림 5.1 공·막대기 모형으로 나타낸 물 분자(H_2O)의 구조

생각이 들기도 하겠지만, 사실 이게 그렇게 간단하지 않다. 원자들은 서로 반응할 때 에너지를 쓰게 되고 그러면서 중간 형태의 분자가 만들어진다. H_2O_2 또는 과산화수소처럼 말이다. 이 분자는 매우 불안정해서 물과 산소 분자로 분해되었다가 다시 산소와 수소 분자로 이루어진 안정적인 형태인 $2H_2 + O_2 \rightarrow H_2O$로 만들어졌을 것이다. 그러나 이것만으로 태초에 일어났던 복잡한 물의 형성과정 모두를 설명할 순 없다.

앞에서 말했듯이 화학자는 '공·막대기' 모형으로 원자(공, 크기와 색으로 구분)와 원자들 간의 결합(막대기)을 설명하기 좋아한다. 물 분자를 나타낸 공·막대기 모형(그림 5.1)처럼 말이다. 물의 구조를 나타낼 수 있는 다른 방식은 막대기 대신 선을, 공 대신 글자를 이용하는 것(그림 5.2)이다. 이 또한 화학자들이 원자가 어떤 식으로 연결되어 있는지를 설명할 때 쓰는 방식이며, 그림 5.2처럼 수소 2개에 사선(105도)을 그리는 식으로 해서 입체감을 나타낸다. 두 방식 모두 분자를 나타내고 있고 처음에는 표준 방정식을 먼저 사용했다. 화학

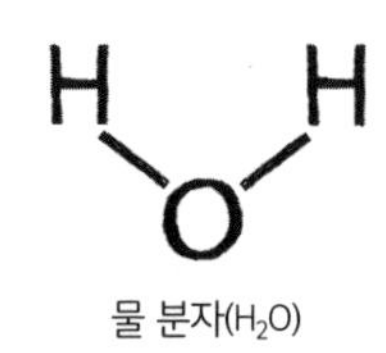

그림 5.2 선과 글자로 나타낸 물 분자(H_2O) 구조

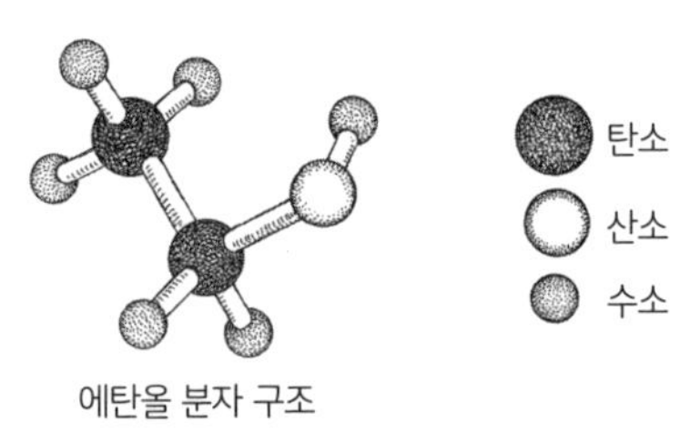

그림 5.3 에탄올 분자 구조(C_2H_5OH)를 나타낸 공·막대기 모형

자들은 이 방법을 이용해 자연에서 요구하는 균형이 이 분자 구조에 존재하는지 확인할 수 있었다. 그러나 우리는 또한 다른 부분에 대해서도 알아야 한다. 예를 들어, 수소(H)는 막대기가 하나 있어야 하고 산소(O)는 막대기가 둘 있어야 한다. 그리고 유기체 중에서 아주 흥미로운 원자인 탄소는 막대기가 넷 있어야 한다. 여기에 있는 두 그림(5.1과 5.2)을 보면 알 것이다. 뒤에서 설탕과 알코올 구조를 더 자세히 알아보고, 여기서는 우선 알코올 중 음용이 가능한 에탄올만 간단히 살펴보도록 하자. 에탄올 분자를 이루는 탄소는 검은색으로, 산소는 흰색으로, 수소는 회색(그림 5.3)으로 나타냈다.

탄소 2개에는 각각 막대기가 4개 있다. 4개 중 1개는 탄소 2개를 서로 연결하고 다른 1개는 탄소와 산소를, 나머지 2개는 수소와 결합되어 있다. 원자들을 이어주는 막대기(결합)에는 기본적으로 세 가지 종류가 있다. 이온 결합, 공유 결합, 금속성 결합이다. 금속성 결합은 금속 간에 일어나기 때문에 여기에서 다루지 않을 예정이다. 이온 결합은 웬만해서 깨지지 않는 결합력을 보인다. 그 이유는 원자끼리 서로 전자를 주고받으면서 결합되었기 때문이다. 염화소듐(NaCl), 또는 소금이 대표적인 예다. 소금은 염화물 원자가 소듐에 전자를 주면서 그림 5.4와 같은 '결정격자'를 구성한 화합물이다. 공유 결합은 상호작용을 하는 원자들이 전자를 공유할 때 결합력이 약해지며, 에탄올 분자의 결

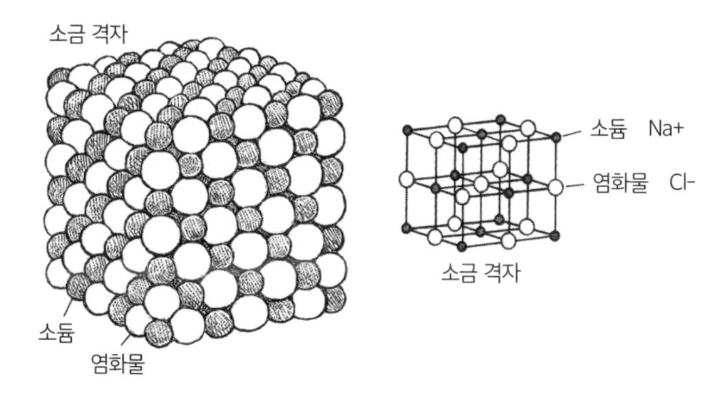

그림 5.4 NaCl 격자는 소듐과 염화물 간에 이온으로 연결되어 형성된다.

합은 모두 공유 결합이다.

에탄올 분자는 꽤 안정적이다. 즉, 상대적으로 광범위한 환경에서 다른 원자와 분자들과 함께 살아남는다는 의미다. 좋은 소식은 에탄올 분자가 용해성을 가지고 있다는 점이고, 나쁜 소식은 이런 성질 때문에 순도를 지키기가 어렵다는 점이다. 앞에서도 언급했듯이 에탄올은 물에 정말 잘 녹는다. 다시 말하면 비율에 상관없이 다른 용액과 잘 섞인다는 의미다. 그래서 에탄올과 물을 함께 섞으면 완전한 하나의 액체가 된다. 반대로 데카놀(탄소 원자 10개를 가진, 알코올의 다른 종류)과 물을 혼합하면 데카놀은 분리되고 물보다 밀도가 낮아서 물 위로 떠 오르게 된다.

분자들은 액체, 기체, 고체, 이 세 단계나 상태 중 하나에 머무를 수 있다. 온도와 압력이 이 분자들의 상태를 결정하는 데 중요한 역할을 한다. 일반적으로 이 세 상태에 대해 말할 때는 지구 해면 기압을 기준으로 1기압을 기본으로 한다. 증류 과정에서 물이 중심을 이루기 때문에 이 세 단계를 언급하지 않고 넘어갈 수 없다. 실온에서 1기압일 때 물은 액체 상태에 있다. 1기압에서 0°C면 물은 액체에서 고체로 변하면서 얼음이 되고, 1기압에 100°C면 액체인 물은 기체가 된다. 그러나 에베레스트산 정상이라면 물은 71°C에서 기체로 변할 것이다. 왜냐하면 이곳은 기압이 더 낮아(0.3기압) 끓는점 역시 낮아지기 때문이다. 그래파이트(흑연)는 항상 고체 상태로 있다. 이 물질은 3550°C에서 기체로 변하는데 그래파이트의 상태가 변할 정도의 온도와 기압 변화가 나타나는 곳이 지구상에 없기 때문이다.

고체는 분자로 가득 차 있는 반면 기체는 분자들이 여기저기 퍼져 있다. 즉, 고체가 액체보다 더 밀도가 높고 액체는 기체보다 밀도가 높다는 의미다. 밀도가 높은 분자들은 물에 넣으면 가라앉고 밀도가 낮으면 뜬다. 그러니 같은 분자로 된 액체와 고체를 함께 두면 고체가 보통 가라앉고, 기체 형태의 분자가 섞인 액체는 기체 아래로 가라앉는다. 소듐과 염화물이 이온 결합해서 만들어진 소금의 격자 형태를 생각해보자. 원자들은 아주 촘촘히 결합되어 있어 물보다 밀도가 훨씬 높다. 그래서 소금을 물에 조금 넣어보면 바닥으로 가라앉는 모습을 볼 수 있을 것이다. 결국에는 물에 녹겠지만 어쨌든 처음에 가라앉는다는 것이 핵심이다. 그림 5.5는 산소 분자가 세 단계에서 어떤 식으로 결합되어 있는지를 도식으로 나타낸 것이다.

그러나 잠깐만 기다려라! 당신이 마시는 칵테일을 보면 얼음이 떠 있지 않은가? 칵테일뿐만 아니라 실온에서 다른 것이 섞이지 않은 순수한 물에 넣어도 얼음은 뜬다. 고체인 얼음은 왜 액체인 물 위에 뜨는 걸까? 물을 얼음으로 얼리는 과정에서 온도가 내려가면 수소와 산소로 이루어진 물 분자 간의 결합이 강해져서 정육각형 모양을 형성하며 서로 붙게 된다. 거기서 온도가 더 떨어지면 물 분자는 그 상태에서 움직임을 멈추기 때문에 얼음은 정어리가

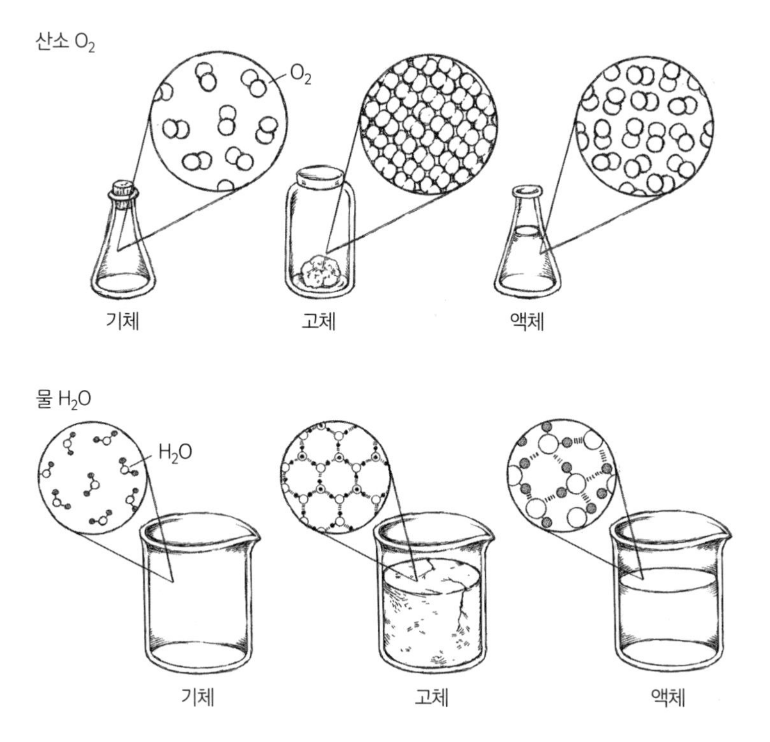

그림 5.5 기체, 고체, 액체(왼쪽에서 오른쪽) 상태에 들어 있는 산소 분자(O_2)

쌓이는 듯한 완벽한 격자를 이루지 못한 채 고체가 된다. 상온의 액체 상태와 달리 활동성이 떨어진 분자들은 비어버린 가운데 부분을 채우지 못해 전체적인 부피는 커졌지만 밀도는 물보다 작아진다. 액체 상태인 물이 100%라면 얼음의 밀도는 90% 정도가 되고 밀도가 작은 얼음은 칵테일 표면에 둥둥 뜨게 되는 것이다.

얼음이 물에 뜨는 현상은 지구에서 살아가는 생명체에게 매우 중요하다. 겨울에 호수가 얼더라도 항상 표면만 얼음으로 뒤덮인다. 만약 얼음이 가라앉는다면 호수는 점차 아래부터 위로 얼게 되어 이곳에 사는 생물이 대부분 생존하지 못할 것이다. 또한 기온이 올라가더라도 얼음이 완전히 녹기까지 많은 시간이 걸릴 것이다. 표면의 얼음은 많은 양의 햇빛을 반사하는데, 지구의 기온을 조절하는 중요한 과정이다. 이것은 극지방에서 특히 효율적으로 이루어지는데, 이것은 매우 훌륭한 일이다. 왜냐하면 만약 얼음이 바다에 가라앉는다면 북극에는 얼음 표면이 없을 것이고, 남극 주변의 얼음 표면은 심각하게 줄어들 것이고, 바다는 태양의 열을 더 많이 흡수할 것이기 때문이다.

액체에서 기체로 변하는 단계는 증류에서 매우 중요한 부분이다. 증류를 할 때 기화라고 하는 단계를 지나야 원하는 결과물을 얻을 수 있기 때문이다. 기화는 끓거나 증발하면서 일어난다. 그리고 이 둘의 차이를 이해하는 것이 핵심이다. 증발은 특정 기압에서 끓는점보다 낮은 온도에 기화가 일어나는 것을 말한다. 진행은 빠르지 않고 대부분 액체의 표면에서 일어난다. 이와 반대로 끓는 현상은 액체의 표면 아래에서 일어나며 훨씬 빠르게 진행된다(그림 5.6).

물처럼 액체 단계의 물질을 가열하면 보통 증기 압력[1]이 올라가게 된다. 증기 압력이 외부 압력보다 높아지거나 같아지면 액체는 끓기 시작한다. 물에서 올라오는 기포는 산소나 수소를 내포하지 않으며, 이 원자들은 오히려 물 안에 그대로 남아 있다. 액체의 온도가 올라가면서 수증기로 변하는 분자의 수가 늘어나기 때문이다. 물을 끓이면 그 안에서 기체가 형성되고 물은 직접적으로 이 기체를 표면으로 밀어 올린다. 그리고 기체는 서서히 밖으로 빠져나가게 된다. 이 과정에서는 어떠한 화학적 반응도 일어나지 않았으며, 단지

---

1 일정한 온도에서 액체 또는 고체와 평형 상태에 있는 증기가 가지는 압력.

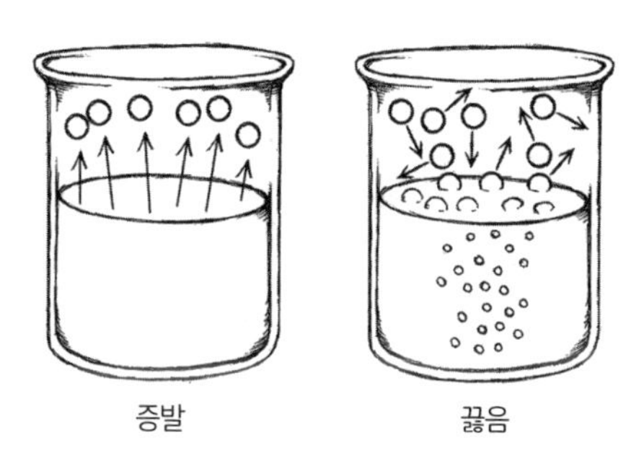

그림 5.6 증발 VS 끓음. 증발은 '계면 현상(표면 현상)', 끓는 것은 '부피 현상'이라 부른다.

표 5.1 일부 물질들의 천이 온도(˚C)

물질	고체 ↔ 녹는점	끓는점 ↔ 기체
산소	−218	−182
아르곤	−189	−186
헬륨	−272	−269
프로판(프로페인)	−189	7
메탄올	−98	65
에탄올	26	78
물	0	100
탄소	3550	3825

액체에서 기체로 단계만 변했을 뿐이다.

이렇게 액체에서 기체로 변하는 온도를 천이 온도라고도 하며, 물질마다 온도가 다르다.

표 5.1은 고체에서 액체(녹는점)로, 그리고 액체에서 기체(끓는점)로 변할 때의 천이 온도를 몇 가지 나타낸 것이다. 단계가 바뀌는 방식은 기화와 액화, 이렇게 두 가지기 때문에 온도를 재는 방식 또한 두 가지다. 물의 끓는점을 예로 들면 액체 상태의 물이 기체로 변할 때의 온도, 아니면 수증기가 액체 상

태의 물로 응축되는 온도 중 하나를 선택해서 측정한다.

우리가 이렇게 따로 지면을 할애해 물과 그 상태의 변화를 설명한 이유는 이런 특징을 모르고서는 증류를 이해하기 어렵기 때문이다. 또한 그 자체로 생명에 필수적인 존재인 이 놀라운 물질은 지구에서 가장 흥미로운 성분 중 하나라는 이유도 있다. 사실 자연적으로 고체(얼음), 액체(물), 기체(수증기) 상태로 모두 존재할 수 있는 화학물질은 그렇게 많지 않다. 한번 상상해보자. 늦겨울 아침에 밖을 나선 당신은 눈 덮인 거리를 보고 있다. 그리고 오후가 되면 세 단계의 물을 모두 볼 수 있을 것이다. 태양이 비치면서 기온이 올라가면 고체 상태의 눈은 녹아 액체가 된다. 그리고 기온이 더 올라가면 물이 된 눈은 증발하면서 기체가 된다. 그렇다면 당신이 샤워를 할 때 나타나는 연기의 정체는 무엇일까? 이것은 증기가 아니다. 잘 생각해보면 샤워할 때 나오는 물이 끓는 상태가 아님을 알 수 있다. 끓는 물이라면 당신이 화상을 입을 테니 말이다. 앞에서 말했듯, 분자는 끊임없이 움직이며 서로 부딪힌다. 실온에서 물의 분자들이 이런 상태일 때 운동에너지의 전환이 일어난다. 그러면 표면에 있는 일부 물 분자들은 에너지를 더 얻게 되어 옆에 있던 친구들에게서 빠져나와 공기로 올라간다. 여기에 열이 가해지면 분자들은 더 빠르게 움직이고 증발이 가속화되는 것이다. 물이 끓을 때 나오는 연기에 대해서는 이미 잘 알고 있을 것이다. 이때의 연기는 물에서 뿜어내는 증기가 맞다. 그러니 당신이 스팀(증기) 샤워를 한다고 해도 실질적으로 나오는 연기는 미세한 물방울(이 물은 단계의 전환이 일어나는 끓는점에 도달하지 않았기 때문에)이다. 그렇다면 여기에서 말하는 '스팀'이란 단어는 사실 샤워실에 수많은 물 분자들이 떠다니는 현상을 말한다. 너무 작고 넓게 퍼져 있어서 마치 증기처럼 보이는 것뿐이다.

증류에서 물의 끓는점(100°C)과 증류할 액체에 있는 화학물질을 아는 것은 매우 중요하다. 만약 증류의 목적이 물과 매시에 섞여 있는 불순물을 제거하고 에탄올을 얻는 것이라면, 에탄올과 물의 끓는점을 알아야 한다. 물은 에탄올(78.4°C)보다 높은 온도에서 끓는다. 그래서 증류를 할 때는 물의 끓는점보다 낮게 열을 가해서 증류액을 모으고 증발되지 않은 물질은 버려야 한다. 그러나 매시는 많은 물질이 혼합된 스튜와 같아서 증류업자가 얻으려는 에탄올과 일부 물질 외에도 불필요한 것들 역시 함께 섞여 있다. 위스키용 매시나 떫은 와인을 증류할 때 생기는 달갑지 않은 물질에는 아세트산, 뷰탄올, 프로판올이 있다. 이 물질의 끓는점은 각각 118, 117, 97°C며, 모두 에탄올보다 높다. 그러나 일부 불쾌한 물질, 특히 메탄올은 인간의 신경계에 치명적인 해를 끼치는 물질이며, 끓는점(64.7°C)이 다른 물질에 비해 매우 낮다. 메탄올은 구토부터 의식불명, 심지어 사망에 이르게 할 수 있다. 극소량만 섭취해도 실명할 수 있는데, 이는 특히 시신경에 독성으로 작용하기 때문이다. 순수한 메탄올은 10mL만으로도 실명시킬 수 있으며, 소주잔 한잔 정도의 양은 세계에서 증류주를 가장 많이 마시는 술꾼마저 죽일 수 있다. 그러니 매시에 남아 있을 메탄올을 완전히 제거하는 것이 정말 중요하다. 다행스럽게도 증류업자는 메탄올과 에탄올 간의 13°C라는 끓는점의 차이를 이용할 수 있다.

매시의 온도가 올라가면 증류업자는 에탄올 증기를 모으기 전에 '헤드(heads)' 부분, 즉 처음에 모았던 증기를 버린다. 보통 77~78°C 또는 에탄올이 끓기 전에 이 작업을 진행한다. 대략 38L 정도의 매시 한 통을 기준으로 0.35L를 버리며, 여기에 대부분의 메탄올이 들어 있고 소독용 알코올 냄새가 난다. 이와 비슷하게 증류업자는 메시의 온도가 에탄올 끓는점 이상(95°C)이 되면서 모이는 '테일(tails)' 부분의 증기도 버린다. 이때 나오는 증류액에는 퓨젤유가 가득해서 원하지 않는 '웻독' 냄새[2]를 풍긴다. (일부 스카치 위스키 증류업자는 소량을 남겨놓기도 하지만 절대 그 이상으로 늘리지 않는다.) 매시에 있는 물 성분이 끓기 시작하면 '하트(hearts)' 단계에 들어서는 것이며, 그 전부터 기화하는 에탄올과 함께 증류업자가 원하는 증류액을 얻을 수 있다. 만약 전통 증류기를 사용한다면 증류를 여러 번 해야 원하는 도수를 얻을 수 있다. 작업 과정에서 에탄올과 끓는점이 비슷한 다른 성분도 함께 모이기 때문에, 고순도의 증류주를 얻으려면 이 물질들을 제거할 창의적인 기술을 생각해내야 했다.

칼럼 스틸(column still)이 발명된 이후 거의 두 세기 동안 증류기의 디자인은 꾸준히 개선되었으며, 공업화학 역시 칼럼 스틸에 놀랄 만한 변화를 도와주었고 이에 증류업자도 몇 가지 좋은 방법을 배울 수 있었다. 이렇게 최고의 증류액을 얻는 노력 중에 얻어낸 혁신 중 하나가 바로 리플럭스 스틸(reflux still, 환류 증류기)이다.

기본적인 환류 기기의 형태는 꽤 간단한데, 칼럼 속 용기에서 용액이 끓으면 증기가 위로 올라가며 그중 일부는 응축되어 보일러로 되돌아가고, 나머지는 증류되어 최종 산물이 되는 식이다. 그러나 리플럭스 칼럼은 응축된 수증기가 반복적으로 되돌아가는 현상으로 인해 증류액의 알코올 도수가 올라가는 동시에 물에서도 분리 작용이 일어나 불순물이 제거되는 과정이 계속되는 특징이 있다. 여기에서 핵심은 증류기 속 증류탑[3]이 공중으로 올라가는 증

2 wet dog: 젖은 개나 젖은 천을 연상시키는 냄새.

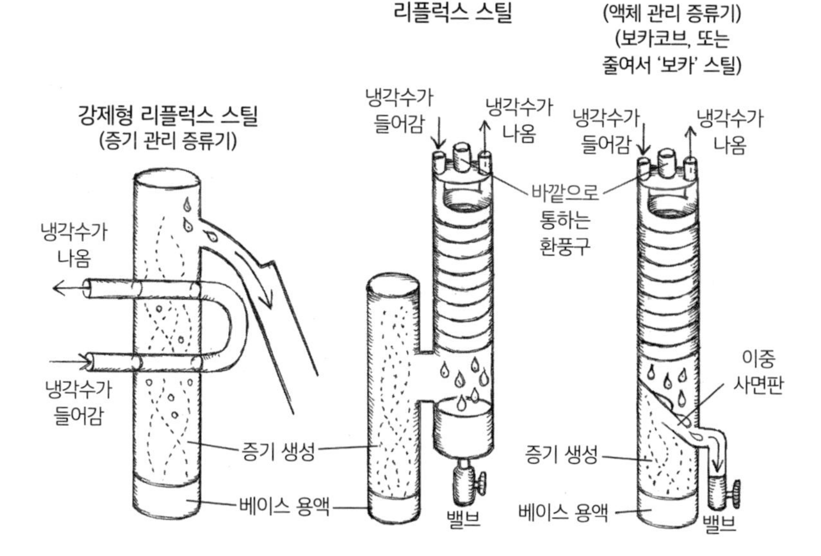

그림 5.7 리플럭스 스틸의 종류: 강제형, 외부 밸브형, 내부 밸브형

기를 응축하는 데 도움을 준다는 것이다. 보통 이런 기기가 매우 길쭉한 형태를 띠는 이유는, 칼럼이 길수록 공기가 되돌아가는 현상인 환류가 잘 일어나기 때문이다. 또한 구리로 된 공인 '보일링 볼' 덕분에 효율성도 높다. 보일링 볼은 증류된 증기가 지나가는 곳에 있으며 응축이 일어나는 표면적을 넓히는 효과가 있다. 그림 5.7을 보면 리플럭스 스틸의 대표적인 종류가 잘 나와 있다.

이 그림에서는 강제형 리플럭스 스틸, 외부 밸브형 리플럭스 스틸, 내부 밸브형 리플럭스 스틸, 세 가지 형태를 소개하고 있다. 강제형 리플럭스는 가장 유명한 칼럼 스틸이며, 효율성이 뛰어나고 냉각 튜브를 사용해 응축한다. 이 튜브(보통 물이 채워져 있음)는 칼럼 중앙을 통과하고 있어 증기가 바로 닿는 꽤

---

3 휘발성 혼합물을 성분별로 증류해 효율적으로 분리하는 장치.

간단 형식을 띤다. 용액에서 나온 증기가 위로 올라가며 냉각 코일에 닿으면서 응축된다. 코일에 닿지 않은 증기는 응축 방으로 들어가서 그곳에 모인다. 그리고 코일에 닿은 증기는 바로 응축되어 데워진 용액으로 다시 떨어진다. 그리고 이런 식으로 반복을 몇 번 한다. 증류기를 한 번 돌릴 때마다 냉각 코일이라는 방해물을 피해서 올라가려는 증기로 인해 이런 과정이 몇 번이고 되풀이되기도 한다. 이 작업의 수준과 능률성은 냉각 코일의 길이와 물의 온도에 따라 다르다.

외부 밸브형 리플럭스 스틸은 강제형 리플럭스 작업이 증기가 나오는 칼럼이 아닌 다른 칼럼에서 일어난다. 그림에서 보듯이 이 장치는 T자형 튜브가 증기 칼럼의 본체와 바로 연결되어 있는 것이 특징이다. 구성은 보통 구리로 된 냉각 코일, 칼럼 바닥에 있는 수집통, 바깥으로 통하는 환풍구로 되어 있으며, 이 기구에 있는 밸브 덕분에 증류업자는 어떤 부분에서 얼마만큼의 응축된 증기를 모을지를 조절할 수 있다. 그리고 이 과정을 되풀이하며 횟수가 거듭될수록 더 순도 높고 농축된 에탄올을 얻는다.

내부 밸브형 리플럭스 스틸의 구조 또한 그림에서 볼 수 있다. 이 기구는 강제형 리플럭스 작업이 메인 칼럼 안에서 진행되며, 수집통 역시 칼럼 안에 있다. 기구 아래쪽에 있는 이중 사면판[4]을 통해 응축액을 모은다. 외부 밸브형과 내부 밸브형 모두 집에서 직접 증류하는 이들에게 유명한 기계며 '액체 관리 증류기'라 부르기도 한다.

이런 훌륭한 기계가 시대에 따라 변화한 방식을 생각해보면 놀라울 따름이다.

4 경사가 진 판이라는 의미.

지금까지 증류에 관련된 화학을 어느 정도 배웠으니, 이제 현대 증류 과정에서 알아야 할 탄소 원자에 대해 알아보도록 하자. 이 원자는 수십 억 년 전부터 존재했으니, 우리 몸에 있는 대부분의 탄소 원자 역시 이 정도로 오래되었다. 대략 1조 개당 하나 정도만이 좀 더 최근에 탄생했거나 새로운 것이다. 인체의 탄소 원자는 대부분 원시 시대 때 핵융합으로 생성되었다. 거대한 성운이 분열한 이후 가스층이 형성되었고, 큰 덩어리로 뭉쳐져 지금의 태양계가 만들어진 이후에 말이다. 당시 생성된 탄소의 양은 태양계가 지금의 모습으로 유지할 수 있을 만큼 엄청나게 많다. 탄소 원자는 45억 년 전 지구가 형성되기 전까지 우주를 떠다니다 지구에 정착했다.

이후 이 독립된 원자는 여러 가지 생물체와 융합했을 것이다. 여기에는 식물도 포함되었겠지만 주로 박테리아와 혼합했을 가능성이 크다. 그리고 신진대사 작용을 통해 물체 속을 들어갔다 나왔다 반복하며 생존하고 사멸했을 것이다. 그 과정에서 이산화탄소 분자를 형성해 대기를 떠다녔고 아마도 '비티스 비니훼라(Vitis vinifera)'라는 포도나무에 정착했을 것이다. 정확히 말하자면 포도의 과육에 들어가 광합성을 통해 당으로 변환되었을 것이다. 참고로 광합성은 포도 속 엽록체에서 일어나는 작용이다.

과육에 자리 잡은 탄소 원자로 인해 당 분자에는 탄소 5개가 있다. 포도당이라 부르는 동그란 형태며, 이 안에 있는 탄소는 에탄올로도 바뀔 수 있다. 또한 이산화탄소로도 변환이 가능해 다시 공기로 빠져나가는 재순환 작용이 일어날 수도 있다. 포도 과육으로 들어온 탄소 원자는 포도당 안에 편안히 자리를 잡지만 갑자기 이탈리아 피에몬테 지역 포도 일꾼들이 와인 양조장으로 끌고 간다. 이곳에서는 당 분자가 나올 수 있도록 포도를 으깨고 이런 상태를 '머스트'(must: 막 으깬 포도를 말하며, '퍼미스'라 부르기도 함)라고 한다. 그리고 이때 효모 세포가 당 분자를 취한다. 이 단세포 진핵생물은 당을 음식으로 먹어 에너지를 얻고 에탄올을 생성하는 발효를 진행한다. 이 과정이 원활하게 이루어지기 위해서는 탄소 원자가 포도당 분자에 그대로 머물러 있어야 한다. 만약 엉뚱한 곳에 자리하고 있다면 이산화탄소로 결합해 밖으로 빠져나가 다시 대기를 떠돌게 될 것이다. 여기서 더 많은 화학에 관련된 이야기를 하고 싶지만 여기까지만 하려고 한다. 그냥 우리의 탄소 원자가 다행스럽게도 다른 곳으로 빠지지 않고 에탄올 분자를 이루게 된다는 내용만 기억해두길 바란다.

탄소 원자가 에탄올 분자와 결합하면 용액 속 남은 당 분자들 역시 모두 에탄올로 전환될 때까지 기다려야 한다. 이렇게 기다리다 보면 아세트산과 메탄올같이 더 작은 분자들과 머스트에 있던 더 큰 단백질 분자들이 주변을 함께 떠다니는 모습을 볼지도 모르겠다. 큰 분자 중에는 색소 분자(탄소 원자가 있던 포도는 보라색을 띤다)가 있고, 포도를 먹고 에너지와 당을 만드는 효소도 있다. 탄소 원자에게는 다행스럽게도, 이 머스트는 비료나 가축의 사료로 쓰지 않고 증류소로 가져가 그라파를 만드는 데 쓴다.

포도를 으깬 후 추출한 즙은 와인을 만들 때 쓴다. 남아 있는 퍼미스는 증류소로 보내지는데, 탄소가 결합된 에탄올 분자 역시 이 안에 들어 있다. 퍼미스 속에는 씨앗, 껍질, 줄기와 여기에 붙어 있던 과육들이 섞여 있어 들어 있는 탄소 수만 해도 수조 개에 이르고 이들이 결합해서 아세트산과 메탄올 같은 작은 분자를 이룬다. 이 중에서 4% 정도는 에탄올 분자들이다. 그라파 퍼미스는 법적으로 물을 넣지 않고 증류를 하도록 되어 있어 1차 증류를 할 때 아주 천천히 진행해야 한다. 이렇게 탄소 분자를 품은 결과물인 플레마(flemma)는 칼럼 스틸에 들어갈 때의 에탄올 함량은 15% 정도다. 온도가 올라가면 탄소 원자는 메탄올 분자와 다른 휘발성 물질들이 용액의 표면으로 먼저 올라가는 것을 목격한다. 그리고 기포가 터지면서 이들은 공중으로 떠오른다. 이 증기들은 '헤드'라 폐기해야 한다. 온도가 78℃ 정도 되면 탄소 원자가 있는 에탄올이 여기에 합류하며 표면으로 서서히 올라가고 물 분자, 색소 분자, 다른 덩치가 큰 효소와 단백질에 작별 인사를 한다. 처음에는 용액 표면을 표류하다 곧 증기가 되어 칼럼 상부로 올라간다. 그러나 이곳은 리플럭스 스틸 안이기 때문에 응축되어 다시 용액으로 떨어진다. 그러고는 비슷한 과정을 몇 번 되풀이하다 마침내 응축기를 지나 커다란 스틸 통 안으로 모인다. 이때 탄소들은 주변에 물과 다른 에탄올 분자밖에 없다는 사실을 깨닫는다. 왜냐하면 다른 물질들은 이미 제거되었거나 보일러 안(대부분의 물, 성가신 색소 분자, 그리고 포도와 효모에 있던 효소들을 말함)에 남아 있기 때문이다.

증류 여행이 끝난 후의 탄소 원자는 에탄올 분자에 있는 탄소 2개 중 한 자리를 차지하고 쉬는 게 꽤 마음에 든다. 에탄올의 농도가 약 80% 정도 되기 때문에 친구들도 정말 많다. 이들과 함께 최소 6개월간 강철 탱크에서 함께 지내다 희석(다량의 물을 넣어 에탄올 농도를 40% 정도까지 떨어트린다)된 후 병 안으로 들어간다. 그러나 그라파를 '인베키아타'(숙성)[5]하려면 병입 전에 오크통(참나무통)에 넣기도 한다. 시장에 나온 이 제품을 누군가 구매해 마시게 되면 탄소 원자는 다른 그라파 내용물과 함께 위로 들어가서 소화되어 다시 원자로 분해된다. 남겨진 탄소 원자는 다시 대기로 나가 떠다니며 새로운 여정이 시작되기를 기다린다.

5 그라파를 12개월 이상 숙성한 것을 일컬음.

6

숙성, 할까? 말까?

우리는 증류주를 나무 배럴에서 숙성하면 맛이 놀랄 정도로 달라진다는 사실을 이미 잘 알고 있다. 그렇다면 오랜 항해 속에서 심한 진동과 수시로 변하는 주변 온도를 겪으며, 자신을 담고 있는 오래된 나무통으로 인해 맛이 부드러워진 버번에 대해서는 어떻게 생각하는가? 이런 환경은 16세기에는 마데이라라는 강화 와인을, 18세기에는 영국의 인디아 페일 에일을 유명하게 만들었다. 그렇다면 아메리칸 위스키에는 어떤 영향을 주었을까? 우리 앞에 놓인 아메리칸 위스키의 일종인, 이 버번의 증류소는 한번 시험해보고 싶었다. 그리고 그 결과가 꽤 만족스러워 이렇게 '보야지 17'이 탄생했다. 그리고 지금도 이 녀석의 항해는 꽤 순조롭게 이루어지고 있는 듯하다. 만약 증류소에서 이런 실험을 하지 않았다면 보야지가 확실하게 차별화되지 못했을지도 모른다. 그러나 고된 항해를 겪지 않아서 그런지 강한 풍미는 없는 편이다. 옅지도 진하지도 않은 적당한 호박색과 젖은 나무껍질 향을 가진 이 술을 한 모금 마시면 은은한 캐러멜 맛 위에 잘 혼합된 오렌지 껍질과 바닐라의 풍미를 느낄 수 있으며, 입안 가득 기름처럼 매끄럽고 부드러운 질감 역시 느낄 수 있다. 전체적인 맛이 입술과 입안에 계속 머무르며 마치 바닷바람에 녹아 있는 소금기를 맛보았다는 착각이 잠시 들기도 한다. 항해의 시작은 어땠는지 알 길이 없지만 분명 기나긴 항해의 끝은 완벽했음이 틀림없다.

이 분야에서 일해 본 사람이라면 숙성에도 단점이 있다는 점을 잘 알 것이다. 물론 52년 맥켈란 한 병이 5만 달러에 이르는 세상에 살고 있는 인간들은 이런 불편한 진실을 인정하고 싶지도 마주하고 싶지도 않을 것이다. 시간의 흐름은 증류주에게 좋은 영향을 준다. 적어도 일부 증류주에게는 말이다. 사실 기본 재료(화이트 테킬라에 쓰는 아가베나 오드비에 쓰는 과일처럼)의 질이 가장 중요한 술의 경우, 숙성 자체가 최종품의 본질에 큰 영향을 주지는 않는다. 어쩌면 신선한 증류주를 오크 배럴에서 오랜 시간 두는 행위가 순수주의자에게는 끔찍해 보일지도 모른다. 증류기에서 바로 얻든, 식물을 살짝 첨가해서 정류하든 상관없이 뉴트럴 스피릿에게 숙성의 의미는 그다지 크지 않다. 물론 그렇다고 해서 현대의 증류업자가 '배럴-숙성' 또는 '배럴-휴지'한 진(사실 배럴은 대용량을 담아 보관할 수 있는 유일한 용기였던 시절부터 내려온 유물이다)을 제조하지 않는 일 따위는 없을 것이다.

그러나 당신이 그라파의 열성 팬이라면 배럴 숙성은 고려해볼 만한 선택지가 될 것이다. 숙성하지 않은 그라파 역시 훌륭한 맛이 나겠지만, 나무통에서 어느 정도 숙성한 상품을 더 높게 평가하는 것도 사실이다. 당신이 옥수수나 호밀로 만든 위스키를 선호한다면 분명 일정 기간 동안 배럴 숙성을 원할 것이다. 숙성되지 않은 위스키를 특별한 이유 없이 밀주라 조롱하는 사람도 있지만, 이런 거친 맛을 즐기는 마니아(20장 참고하기)도 있다. 당신이 만약 코냑 제조업자라면 법에 따라 제품을 프랑스 오크통에 담고 최소 2년간 숙성해야 한다. 스카치 위스키는 명성에 걸맞게 판매 전 최소 3년(하고 하루 더)간 배럴에서 숙성해야 한다. 이런 전설적인 증류주의 경우, 모두 최소한의 숙성 기간을 가지고 있으니 당신이 술집에서 볼 수 있는 비싼 증류주 대부분은 이미 나무통에서 일정 기간 숙성을 거친 제품들일 것이다. (12장에 나온 위스키 제조업자의 관점을 참고하자.)

증류주에 한해서 숙성은 매우 중요한 요소지만, 그렇다고 숙성 제품에 너무 많은 돈을 쏟아붓지는 말자. 2018년 말, BBC 스코틀랜드 보도에 따르면, 정밀한 방사성 탄소 연대 측정법을 이용해 숙성된 증류주의 나이를 재본 결과, '귀한' 스카치 위스키 55개 중 21개가 가짜거나 명시된 날짜와 상이하다는 놀라운 사실이 밝혀졌다고 한다. 또한 19세기에 싱글 몰트로 만들어졌다고 알려진 10개 제품은 가짜로 판명 났다. 조사에 사용된 제품군이 모두 무작위로 뽑은 경매물이었다는 사실에, 영국의 소매업자, 개인 셀러, 빈티지하고 비싼 위스키만 모으는 수집가들은 놀라움을 금치 못했다. 그러나 와인 수집 시장에서 벌어지는 사기 행각에 익숙한 사람들에게는 그다지 놀랄 만한 소식은 아닐 것이다. 이 조사를 허락한 기관은 현재 약 5500만 달러에 달하는 가짜 스카치 위스키가 일부 시장에서 유통되고 있으며, 2018년 영국 경매장에 나온 4800만 달러에 달하는 모든 위스키의 가치를 왜곡시키고 있다는 결론을 내렸다. 판매자 대부분이 자신의 제품이 위조품인지를 모른 채 판매하겠지만, 어쨌든 모든 희귀품, 특히 싱글 몰트의 경우 진품으로 판명 나기 전까지는 '가품일 가능성'을 항상 염두에 두고 구매하도록 기관장은 소비자들에게 당부했다. 카베아트 엠프토르[1]를 잊지 말자.

이런 위험에도 불구하고 당신이 숙성된 증류주를 선호한다면 핵심 요소를 숙성연도가 아닌 숙성을 담당한 나무의 종류와 특징에 두는 것도 좋을 것이다. 보통 증류가 끝나면 내용물은 꽤 안정적인 상태가 된다. 이후에는 화학반응이 일어나지 않기 때문에 밀폐 용기에 가득 담아서 보관한다면, 거의 무기한 그 상태를 유지할 것이다. 그러나 증류주를 나무통에 넣어둔다면 몇 가지 변화가 일어난다. 먼저 증류주는 나무에서 나는 맛을 분자 형태로 빨아들일 것이다. 통을 태우거나 구우면서 생긴 분자들(아래 참고)이다. 또한 이전에 와인이나 다른 증류주를 담았던 통이라면 그 성분 역시 남아 있을 것이다. 동시에 나무에는 미세한 구멍이 있기 때문에 소량의 산소가 외부에서 용기 안으로 들어가고 같은 양의 물질이 용기 안에서 증발하며 밖으로 나가게 된다. 이런 현상이 천천히 진행되면서 나무 속 분자들은 액체에 들어 있는 화학물질을 자극해 새로운 풍미를 만들어내고, 산소 유입으로 인해 산화가 조금씩 일어나면서 맛이 더 진해지며, 새로운 화합물도 다양하게 생성된다. 증발도 계

1 Caveat emptor: 매수자 위험 부담 원칙.

속 일어나기 때문에 전체적인 양은 조금 줄어들 것이다. 와인 생산업자는 대부분 내용물을 가득 채워 용기 내에 산소가 최대한 적게 들어가도록 하는 반면, 증류업자는 전체 양이 줄어들도록 안을 가득 채우지 않는다. 그러면 '천사의 몫'[2]은 공기 중으로 사라지고 산화는 가속화된다. 이런 처리 과정은 화학반응을 일으켜 시간이 갈수록 배럴 속 액체의 맛과 향, 색깔은 변한다. 셀러마스터(소믈리에)는 특정한 맛을 내기 위해 배럴의 종류, 크기, 나이, 길이, 상태를 조절하기도 한다. 그러나 증류주의 숙성은 과학과 기술이 동시에 필요한 작업이기에 항상 변수가 존재한다.

배럴을 만들 때 쓰는 나무의 종류는 다양하지만, 그중에서 단풍나무, 밤나무, 뽕나무, 히코리를 많이 쓴다. 그러나 대표적인 증류주를 대거 탄생시킨 유럽의 전통 재료인 오크는 예나 지금이나 가장 인기가 높다. 가장 큰 이유는 오크의 '방사 조직'[3]이 다른 나무에 비해 매우 넓어서 용기로 만들었을 때 형태를 가장 잘 유지하기 때문이다. 오크에도 많은 종류가 있지만, 증류주 숙성에 적합한 품종은 그리 많지 않다. 가장 많이 쓰는 종에는 유럽산 오크인 퀘르쿠스 로부르, 미국산 화이트 오크인 퀘르쿠스 알바가 있다. 이 두 가지 종은 배럴 용기가 되어도 아주 작은 통로로 '호흡'을 한다. 나무가 베이기 전에는 이 통로로 영양분이 이동했다. 또한 통로 속에는 '타일로스'라고 부르는 작은 물질이 있어 배럴 속 액체는 밖으로 새지 않는다(그림 6.1 참고). 퀘르쿠스 로부르는 퀘르쿠스 알바보다 타일로스의 수가 작아서, 통 제작업자는 일반적인 톱질이 아닌 나뭇결을 따라 쪼개야 한다. 그래서 유럽 배럴은 작업 소요 시간

2 angels' share: 위스키 숙성 과정에서 증발하게 되는 양.

3 나무를 단면으로 잘랐을 때 보이는 원 중심부에서 바깥쪽으로 발달된 나무의 세포.

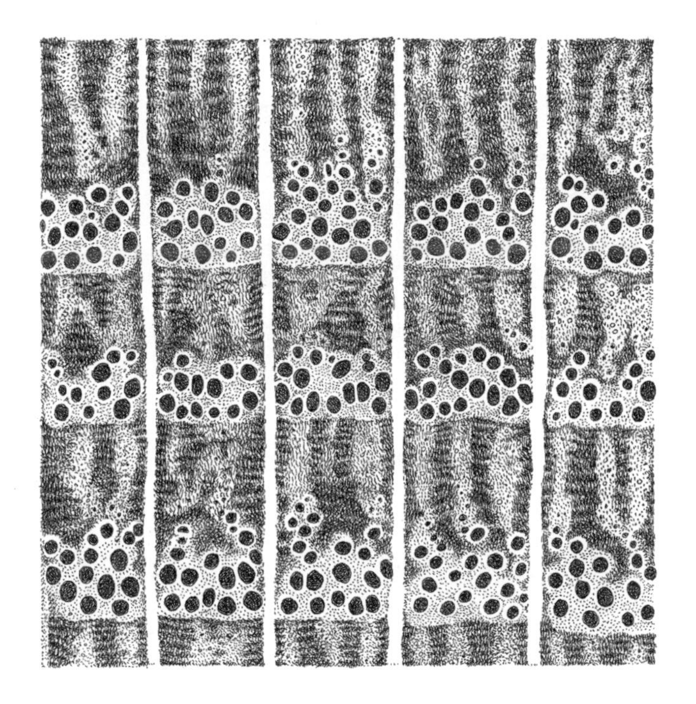

그림 6.1 미국 화이트 오크를 자른 단면을 확대한 모습이다. 옅은 색의 물관부 속 짙은 색 반점이 타일로스다.

이 더 길고 미국 용기보다 제작비가 비싸다.

증류업자는 대서양을 중심으로 양쪽 대륙에서 온 오크가 단순히 겉으로 보이는 특성을 훨씬 뛰어넘는 장점이 있다는 사실을 잘 알고 있다. 모든 나무에는 다양한 화학성분이 가득하다. 그중에서 오크는 소나무의 송진처럼 불필요한 성분이 없으면서 필요한 성분만 적절히 들어 있다. 오크의 분자에 있는 리그닌 성분은 바닐라 향과 매운 향신료 향을 내며, 타닌 성분은 떫은맛과 질감을 주고, 푸르푸랄 같은 알데하이드는 빵이나 캐러멜 맛을 내며, 락톤(지방질에 있는 성분이며, 특히 미국 오크에 풍부하게 들어 있음)은 나무 향을 내거나 때로는 코코넛이나 정향의 향을 살짝 내기도 한다. 그래서 와인 제조업자와 증류업자는 제품에 복잡함과 색을 추가하기 위해 오크를 사용한다.

전통적으로 버번 배럴 제작자는 판자를 불 위에 구워서 구부리고 통 내부도 불을 붙여서 까맣게 태운다. 이렇게 태우는 작업(저온으로 오랫동안 가열하는 와인 배럴의 '토스팅' 기법과는 살짝 다름)을 하면 리그닌을 활성화시켜 바닐라의 풍미가 짙어진다. 그리고 나무에 있는 천연 헤미셀루로오스 성분이 타면서 토피와 땅콩의 풍미도 생성된다. 맛의 정도는 어느 정도 태우느냐에 따라 달라진다. 이외에도 통을 태우면서 생긴 숯이 필터 역할을 해서 황화물(쇠 같은 불쾌한 맛을 냄) 같은 화합물을 막아 주기도 한다.

타일로스가 상대적으로 적은 프랑스 오크 배럴(코냑 숙성에 반드시 써야 하는 통)은 미국 오크 배럴(버번 숙성에 반드시 써야 하는 통)에 비해 침투성이 높고 나뭇결도 더 부드럽고 곱다. 이런 특징으로 유럽 배럴은 미국 배럴보다 산화 속도가 더 빨라서 숙성 기간이 더 짧다. 화학성분을 살펴보자면, 유럽 오크 배럴이 탄화 작업 이후 매운맛을 내는 폴리페놀의 함량이 더 높아진다. 폴리페놀에는 타닌이 들어 있어 떫은맛이 나기도 한다. 이와 반대로 미국 오크에는 폴리페놀이 적지만 바닐라 같은 향이 더 짙어, 숙성하는 동안 단맛과 고소한 맛이 더 진해진다. 또한 나무와 코코넛 맛의 락톤 성분이 매우 많이 들어 있다. 특정 향에 대해서라면 미국 배럴에서는 코코넛, 훈연, 커피, 코코아 향이, 유럽 배럴에서는 꿀, 바닐라, 말린 과일, 견과, 다양한 향신료 향이 난다는 말을 많이 들어봤을 것이다.

여기서 우리는 배럴을 만들 때 퀘르쿠스 로부르와 퀘르쿠스 알바만 사용하는 건 아니란 점을 강조하고 싶다. 특히 일본의 위스키 시장이 꽃을 피우는

현재로서는 미즈나라 오크(퀘르쿠스 몽골리카)를 더 자주 듣는 듯하다. 일본에서 자생하는 이 나무는 제2차 세계대전 이후 떨어진 배럴 제작용 물량을 대체하기 위해 처음 썼지만, 그 이후 이 나무로 숙성한 술을 사랑하는 추종자들이 생겼다. 이 통에서 숙성된 위스키는 진한 바닐라의 풍미와 샌들우드의 매운맛, 은은한 향냄새(인센스)가 특징이다. 이 나무 외에도 유럽산 졸참나무, 퀘르쿠스 페트라에아가 있는데, 유럽과 근동지역에서 자생하며 배럴보다는 목재용으로 더 광범위하게 쓰인다. 이 나무들은 프랑스 중부의 트롱세와 리무쟁 숲에서 주로 자라기 때문에 코냑을 숙성할 때 많이 사용한다. 코냑은 이 두 가지 종류의 나무로만 숙성하도록 법적으로 정해져 있다. 졸참나무로 와인과 증류주를 숙성하면 퀘르쿠스 로부르보다 다양한 맛을 내지는 못하지만, 향이 더 진한 제품이 나온다. 타닌의 정도는 나무가 자랐던 지역마다 다르며 그 외에 달고 매운 성분도 들어 있다. 이 품종은 최근 배럴 제작 산업이 놀랄 정도로 성장하고 있는 헝가리에서 특히 주목받고 있다.

사실 배럴에 쓰이는 나무의 품종은 언제든 바뀔 수 있기 때문에 품종만으로는 증류주의 숙성 대부분을 알았다고 보기 어렵다. 유럽산 배럴은 지역에 따라 나누며, 대표적인 생산 지역(프랑스에는 6곳이 있다)은 이미 지역적 특색과 오랜 단골들을 잘 갖추고 있다. 미국의 경우 갈색이 도는 증류주를 만드는 제조업자는 주로 오자크 지역에서 나는 화이트 오크를 선호하고, 다른 사람들은 애팔래치아산맥의 화이트 오크나 어퍼 미드웨스트 지역에서 자라는 나무를 더 선호한다. 어퍼 미드웨스트는 선선한 기후로 인해 나무의 성장 속도가 느려 나뭇결이 더 촘촘하다. 이렇듯 지역에 따른 품종의 차이는 매우 큰 영향을 주는데, 그 이유는 나무가 기후, 지형, 고도, 노출되는 방향처럼 주변 환경에 민감하게 반응하기 때문이다. 특정 종의 경우, 느린 성장 속도–대표적으로 유럽의 퀘르쿠스 로부르-로 인해 맛의 성분을 더 높은 수준으로 끌어 올리기도 한다. 또한 벌목 후 나무를 어떻게 다루느냐 역시 중요하다. 나무의 건조 방식과 시간에 따라 배럴의 특징이 달라진다.

이런 수많은 변동성 때문에 증류주 숙성용 배럴을 선택하는 일은 중요하면서도 매우 복잡하다. 그래서 이 분야를 대중적으로 공개하는 곳은 극소수며 대부분은 관련 지식을 독점하거나 완전히 비밀에 부친다. 그러나 약 20년 전 두 명의 프랑스 전문가, 파스칼 샤또네와 드니 뒤부르디유는 '유럽산 졸참나무와 미국산 화이트 오크는 고급 와인을 숙성하는 데 완벽하게 부합하는 재료다. [반면에] 퀘르쿠스 로부르는 향을 적게 내고 엘라지타닌 성분이 높아 증류주를 숙성하는 데 최적화되어 있다'라고 자신 있게 주장한 바 있다. 여기에 훌륭한 기술적·과학적인 증거가 있든 아니든 간에 이에 관련된 논쟁은 끝이 나지 않겠지만, 어쨌든 오랜 전통을 자랑하는 유럽과 미국은 절대 이 말을 귀담아듣지 않을 것임은 분명하다.

어떤 나무를 쓰든지 오크 배럴에 증류주를 넣어두면 설사 단기간이더라도 변화가 생긴다. 즉, 숙성하지 않은 제품보다는 숙성한 제품에 맛 성분이 더 많이 생긴다는 말이다. 물론 이렇게 달라진 맛을 더 좋아하는 것은 지극히 개인적인 부분이지만. 배럴에 숙성하면 색 또한 더 진하다. 아니면 첨가제, 보통 캐러멜 같은 착색제로 투명한 색을 진하게 만들 수도 있다. 반대로 배럴 숙성한 옅은 색 럼이나 일부 증류주는 여과를 통해 오크에서 생긴 색을 일부러 제거한 제품이다. 모든 배럴에는 각각의 특징이 있어서 술에 복잡한 성분이 더해진다. 또한 오크의 종류에 따라 풍미가 달라지듯 탄화 작업의 정도에 따라서도 풍미는 달라진다. 새로 만든 배럴은 보통 오래된 것보다 화합물의 농도가 더 짙은데, 그 이유는 사용감이 늘어날수록 분자들이 더 사라지기 때문이다. 배럴의 사용 한도는 특별히 법으로 정해놓지 않은 이상 사용자의 주관적인 결정에 따른다. 프랑스 부르고뉴에 있는 한 와인 제조업자의 경우 자신의 저렴한 와인을 숙성하기 위해 새로 구매한 배럴을 사용한다고 한다. 그는 분명 배럴을 처음 사용할 때 나오는 과도한 풍미를 잘 알고 있을 것이다. 그리고 몇 년 후 이 배럴은 조금 더 비싼 와인 숙성에 쓰인다. 이와 반대로 버번 제조업자는 탄화 작업을 한 새 화이트 오크 배럴만 사용하도록 법적으로 정해져 있다. 그리고 병입 후에는 배럴을 팔아버린다. 이렇게 한 번 쓴 통을 사는 구매자는 주로 스카치 위스키 제조업자들이며, 여기에서 완성될 최종 제품은 이전에 담겨 있던 술의 영향을 받게 된다. 스카치 위스키 제조업자는 이 방식을 이용하면 숙성을 하는 동안 제품에 새로운 풍미가 더해질 수 있다는 것을 잘 알고 있으며, 일부 업자들은 위스키를 여러 가지 배럴로 수시로 옮겨 담기도 한다. 예를 들어, 처음에는 버번 배럴에, 그리고 마지막에는 셰리 배럴에서 숙성을 마무리한다. 이들은 보통 새로운 통을 사용하지 않는데, 이유는 오래된 것이 더 저렴하기도 하고, 보리로 만드는 스카치 위스키는 옥수수로 만드는 다른 위스키보다 더 미묘한 맛을 지녀서 새 통을 쓰면 전체 맛이 적절히 혼합되지 않고 압도당하기 때문이다. 증류주를 만드는 업자들은 전통적으로 버번 배럴을 많이 쓰지만, 양조업자들은 맥주에 풍미를 더하기 위해 위스키, 마데이라, 럼 등 종류에 구애받지 않고 다양한 배럴을 쓴다. 연속으로 세 번 정도 사용하면, 일반적인 와인이나 증류주 배럴은 내부에 담긴 기본 성분들을 효과적으로 내보인다. 마지막에 성분이 다 사라지더라도 배럴은 여전히 호흡을 한다. 또한 내용물이 새거나 사용할 수 없는 상태가 되지 않는 한 사용된 배럴의 가치는 절대 떨어지지 않는다.

배럴의 크기 역시 숙성 과정에서 큰 변화를 주는 요인이다. 큰 통에 담긴 증류주는 작은 통에 비해 부피 대비 나무 표면적과 산소에 닿는 비율이 낮아서 빠져나오는 나무의 성분도 적고 산화 속도도 느리다. 와인 통의 크기(따뜻한 기후에서는 대개 큰 사이즈를 쓰며, 와인이 가득 차 있으면 내부 온도 변화가 일정하게 잘 유지된다)는 정말 다양하지만, 증류업자는 주변 환경에 크게 신경 쓰지 않아서 보통 작은 사이즈를 선호한다. 버번 배럴을 예로 들면 보통 200L 정도를 쓰지만, 허드슨 밸리의 한 위스키 제조업자는 10L로 정말 작은 배럴을 사용한다고 한다.

원칙적으로 증류주는 새 통일수록, 그리고 크기가 작을수록 숙성 속도가 빠르다. 사실 작은 배럴은 여전히 논쟁이 되고 있는 부분인데, 작은 배럴에서 짧게 숙성하는 것과 더 큰 배럴에서 오래 숙성한 결과물이 다르기 때문이다. 어쨌든 증류주의 숙성 속도가 그 지역 기후에 많이 의존한다는 사실 또한 알아두어야 할 부분이다. 그중에서도 습도와 온도에 민감하게 반응한다고 한다. 그러니 자메이카 창고에 있는 증류주는 더 기후가 시원한 스코틀랜드 증류주보다 빨리 숙성된다. 켄터키에 있는 증류주는 그 중간 정도의 속도로 숙성된다. 그 이유는 겨울에 온도가 뚝 떨어지는 북쪽에서는 숙성 속도가 느려지다가 거의 진행되지 않고, 반면에 온도 차가 별로 없는 카리브해 지역의 증류주는 연중 숙성이 진행되기 때문이다. 숙성의 수준은 또한 배럴 주변의 온도에도 부분적으로 영향을 받는다. 버번 숙성 창고('릭하우스')는 대부분 여름에 최대한 많은 열을 흡수할 수 있는 위치에 세워진다. 여기에서 서늘한 장소를 선호하는 스카치 위스키 제조업자와 버번 제조업자의 차이가 나타난다. 기온 차이는 배럴의 수축과 팽창에 영향을 주며, 내용물이 나무 속으로 스며들었다 빠져나오는 횟수나 정도에 따라 맛도 달라진다. 지역의 습도 또한 액체가 배럴 밖으로 날아가는 증발량과 산화작용에 영향을 준다. 이런 이유로 북쪽에서는 대개 따뜻한 지역보다 숙성 기간을 더 길게 잡는다. 요즘에는 12년 또는 18년 스카치 위스키를 흔하게 볼 수 있지만, 과거에 이 정도로 오래 숙성된 버번은 보기 힘들었다. 첫 번째 20년 버번은 1994년이 되어서야 시장에 나왔으며, 패피 반 윙클 23년 가격은 불법 시장에서 5000달러가 넘는다. 현재 오래 숙성된 미국 위스키의 수는 서서히 증가하고 있다. 멕시코에서는 법적으로 2개월에서 1년가량 배럴에서 숙성한 테킬라를 '레포사도'라 부르고 3년은 '엑스트라 아녜호'라 한다. 테킬라의 숙성 기간이 이렇게 짧은 이유는 아가베-베이스 증류주가 본질적으로 곡류 베이스보다 숙성이 빠르기 때문이다. 테킬라는 배럴에서 4~5년 이상을 두면 특유의 단맛이 사라지고 통에서 나온 나무의 풍미에 (엄청나게) 압도당한다.

증류업자는 또한 숙성 속도를 인위적으로 높이기 위해 커다란 속임수를 쓰기도 한다. 또는 마치 배럴에서 오래 숙성한 것처럼 보이는 방법을 쓰기도 하는데, 대표적인 방식이 캐러멜 색소를 넣어 색을 진하게 만드는 것이다. 세계에서 가장 인정받는 브랜디인 코냑 제조업자는 합법적으로 '브와제'라는 떫은 오크 추출물을 아주 소량 숙성 기간에 넣을 수 있다. 이렇게 하면 브와제 자체도 보통 안에서 함께 숙성된다. 이외에 배럴 내부에 벌집 모양 무늬를 넣어 내용물이 닿는 나무 표면의 효용성을 높이는 기술도 새로 나왔다. 또한 숙성 속도를 높이기 위해 배럴 삽입물을 내부에 넣기도 했는데, 한 제조업자는 이 삽입물을 이용해 배럴 내부의 압력을 바꾸어서 증류주가 나무에 들어갔다 나오는 작업을 하루 만에 이루어내기도 했다. 한 미국 기업은 전매특허 마이크로 산소화 기술을 제공해 위스키를 포함한 증류주 숙성 속도를 높이는 데 도움을 주었으며, 여기에는 놀랍지만 문샤인도 포함되어 있다. 또한 미국 엔들리스 웨스트 역시 빼놓을 수 없다. 이 회사는 '하루' 만에 '분자 증류주'를 만들어내며 '최고급 숙성 위스키'에 선전포고를 날렸다(23장 참고하기). 그러나 사실 이런 가품들은 결국 진품에 대한 진심 어린 아첨이나 다름없다. 또한 이런 속임수는 완벽하게 숙성된 증류주의 깊이와 복잡함의 차이를 느끼게 해 결국 전통 배럴 숙성이 최고라는 점만 부각할 뿐이다.

증류주에는 제품 라벨에 숙성 기간을 표기하도록 하는 법이 거의 없다(아래에 예외도 있다). 코냑을 생산하는 프랑스 서부의 샤랑트 지방에서는 증류업자가 이런 표시를 하는 것을 법적으로 금지하고 있다. 코냑에 사용되는 원액들은 생산연도가 제각각이라 연도 표기보다는 품질 등급을 매겨놓는다. 이 등급은 숙성 기간과 관련이 있다. 가장 적은 연수인 VS 등급은 배럴에서 적어도 2년간 숙성된 코냑, VSOP는 적어도 4년, 나폴레옹은 6년, XO는 최소 10년이다. 품질로 엄격하게 등급을 나눈 것은 '오다쥬'밖에 없으며, 제조업자가 가장 최상급 코냑에 붙이는 명칭이다. 물론 품질에 대해서는 지역 이름(그랑 상파뉴, 보르데리, 보이스 아 테루아 등)을 전혀 무시할 수는 없는 부분이며, 최고의 품질이 되고 싶어 하는 모든 코냑이 반드시 감수해야 하기도 하다. 그러나 이런 샤랑트의 법은 남쪽에 있는 가스코뉴 지방과는 완전히 대조를 보인다. 가스코뉴의 아르마냑 증류업자는 여러 연수가 혼합된 원액을 쓰지 않을 경우, 자랑스럽게 빈티지라고 표기해 두기도 한다. 그러나 대부분의 아르마냑 역시 VS(나무통에서 2년 숙성된 어린 제품), VSOP(4년), XO(10년) 등급을 블렌딩 제품에 사용한다.

미국에서는 최근 위스키 판매량이 급증해 오래 숙성된 제품의 수량이 크게 줄어들었다. 그래서 싱글 캐스크[4]의 높은 인기에도 불구하고, 연도가 표기된 병을 시중에서 찾아보기가 어려워졌다. 현재 미국에서 판매되는 증류주 대부분은 각각의 배럴에서 나온 원액을 커다란 통에 넣어 혼합하는 방식으로 나온 블렌딩 제품이다. 보통 블렌딩하는 사람의 의도나 블렌딩 회사의 기본 스타일에 따라 다르게 혼합된다. 이들의 목표가 완전히 새로운 제품을 만들어내는 것이든, 장기고객들의 기대에 부응하는 예상 가능한 상품을 만들어내는 것이든 상관없이, 이런 블렌딩 작업에는 숙성 과정에서 연속적으로 나타나는 여러 가지 특징을 조화롭게 혼합하는 뛰어난 기술이 필요하다. 그래서 보통 연수가 다양한 원액을 혼합하는 경우가 많다. 미국 증류주 제품에 연수를 표기하려면 프랑스처럼 가장 짧은 연수를 나타내야 한다. 연방 법규에는 '연수를 줄일 수는 있지만 늘려서는 안 된다'라고 나와 있다. 즉, 버번 라벨에 8년이라 적혀 있다면 내용물에는 12년 증류주가 포함되어 있을 수 있지만, 반대의 경우는 허용하지 않는다는 말이다.

그러나 자세히 살펴보면 좀 더 복잡하다. 라벨에 '스트레이트 위스키'라고 표기하려면 반드시 새 오크통에서 2년간 숙성해야 한다. 그리고 숙성 기간이 2~4년 사이라면 이 사실을 반드시 표기해 두어야 한다. '보틀드 인 본드'라고 표시된 제품은 배럴에서 최소 4년간 숙성한 원액을 블렌딩해야 하고 각 원액은 모두 숙성을 시작했던 연도가 같아야 한다. '싱글 캐스크'는 말 그대로 받

---

4 하나의 오크통에서 나온 원액만 사용.

아들이면 된다. 그러나 앞으로는 또 어떻게 바뀔지 모른다. 그러니 라벨을 확인할 때는 주의 깊게 살펴보고 눈에 띄는 숫자가 반드시 내용물의 나이라는 생각은 하지 않는 게 좋다. 이는 어쩌면 특정한 병을 표시하는 데 사용했던 숫자일지도 모른다.

그래서 숙성을 해야 할까, 하지 말까? 사실 원칙적으로는 증류주의 종류와 소비자의 입맛에 따라 다르다. 그러나 와인으로 만든 브랜디나, 위스키는 배럴 숙성으로 가장 최고의 맛을 품게 되지만, 럼이나 일부 테킬라는 잠깐이라면 몰라도 일반적인 숙성 기간을 지킨다면 이후의 맛은 반박할 여지도 없이 떨어진다는 데는 대부분 동의할 것이다. 게다가 이런 음료는 기본 재료의 정수를 잘 머금고 있는 것이 가장 중요하기 때문에, 증류기에서 바로 병입된 제품이 최고의 맛을 낼 것이다. 사실 증류주를 숙성하면 나무로 인해 맛에 변화가 생기는 것은 분명하지만, 반드시 그 맛이 훨씬 더 좋아진다고 장담할 수 없는 부분도 생각해봐야 한다. 그러니 숙성 여부는 순수하게 개인의 취향에 맡겨야 하는 영역이다. 그러나 적어도 우리는 모든 그라파나 테킬라를 숙성하거나, 어떤 증류주도 숙성하지 않는 그러한 세상에는 살고 싶지 않을 것이다. 증류주가 안겨주는 즐거운 면모 중 하나가 바로 오크의 마법으로 일어난 다양성의 확장이기 때문이다.

7

증류주 트리

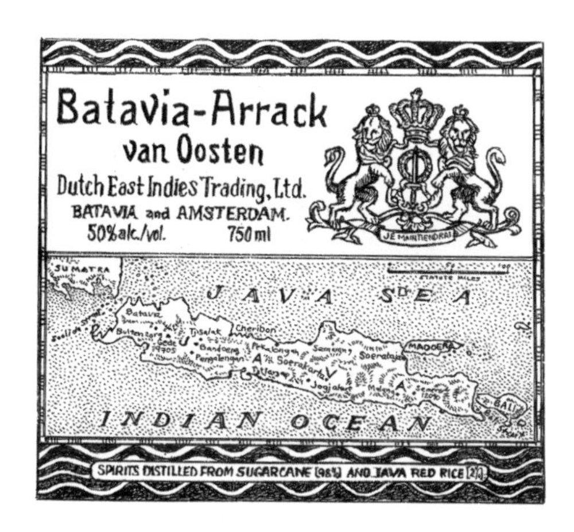

이번에 우리는 신세계의 증류주 중에서도 조상 격인 술을 시도해보고자 한다. 바로 아락이다. 이 술은 카나리아 제도의 포르투갈 플랜테이션이 운영되던 초기에 만들어진 것으로 추정되므로, 카샤사나 럼보다도 더 이전에 만들어졌을 것이다. 아쉽게도 야자 술로 증류된 제품을 구할 수 없었지만, 우리 앞에 놓인 이 녹색병은 카나리아 제도의 증류주를 그대로 이은 맛을 띠고 있었다. 자바 섬에서 제조되었으며, 사탕수수를 원료로 포트 스틸을 이용해 증류했다. 이 술을 마셔보면 약간의 붉은 쌀 맛도 느낄 수 있다. 사실 우리는 백주처럼 쌀로 만든 술에서 흔히 난다는 퀴퀴한 맛에 대해 잘 모른다. 그러나 다행히 이 술에서는 그런 맛이 나지 않고 은은한 향과 달달한 맛이 주를 이루었다. 비록 도수가 50%로 높고, 숙성하지 않았지만 옅은 빛을 띤 이 증류주는, 입안에서 매끄러운 기름기가 느껴졌고 이상하게도 과일 맛으로 마무리되었다. 이 술은 한 모금씩 마시며 즐기기에 적합한 종류지만, 사실 초기에는 트로피칼 펀치[1]의 기본 재료로 많이 쓰였다고 한다. 심지어 제조업자마저도 이 술을 혼합주로 생각했기 때문에 뒤쪽 라벨에 펀치와 칵테일 레시피를 따로 표기해 둘 정도였다.

우리가 펴낸 책 중 『맥주의 자연사』를 읽어본 독자라면 분류학자로서(직업적인 부분도 있지만 그런 성향도 타고났다), 우리가 관련 주제 간의 관계를 이해하려고 얼마나 노력하는지 잘 알 것이다. 그리고 이번 책에서는 특징을 기반으로 다양한 종류의 증류주가 어떤 식으로 서로 관계가 있는지를 밝혀보고자 한다. 물론 쉬운 일은 아니다. 고려해야 할 특징들도 너무 많고 이들의 중요성과 관계에 분류하는 사람의 의견이 많이 반영되기 때문이다. 생물 관련 분류학자는 이런 문제를 가지고 있지 않다. 그 이유는 생물의 진화가 혈통이 나뉘면서 이루어지기 때문이다. 생물학자들은 연구하는 생물이 그 조상과 어떠한 연관성이 있는지만 살피면 되는 것이다. 그래서 우리도 생물학자들이 생물 간 관계를 결정하는 식과 비슷한 방식을 증류주에 적용해볼 생각이다. 최대한 다양한 기준을 이용해서 말이다. 이런 노력이 생산적인지는 독자

1 과일즙에 설탕, 양주 따위를 섞은 음료.

의 판단에 맡기겠지만, 적어도 그 결과가 시사하는 바는 있을 것이다.

아리스토텔레스는 생물을 분류하는 시도가 왜 중요한지를 문자로 남긴 첫 번째 인물일 것이다. 심지어 그는 삶을 어떤 식으로 분류하는지에 관한 의견도 제시했다. 이를 '삶의 사다리' 또는 '자연의 사다리'라 부르며 완벽함의 정도를 기반으로 만들었다. 즉, 당신이 완벽할수록 더 높은 곳으로 올라갈 수 있다는 의미다. 아리스토텔레스는 먼저 인간을 사다리의 꼭대기에 두었다. 그리고 완벽한 정도에 따라 다른 생물들을 배치했다. 예를 들어, 새는 포유류 아래, 뱀은 더 아래, 벌레는 거의 바닥 근처에 두었다. 다른 종류도 이런 방식을 이용해서 분류를 할 수 있을 것이다. 그러나 증류주는 진화하는 생물이 아니기 때문에 같은 방식을 쓰기에는 무리가 있다. 그런데도 이런 무생물 역시 역사가 있고 이에 따라 자신만의 독특한 특징을 갖게 되기 마련이다. 이런 특징을 비교해 관계도를 형성하는 것도 좋은 방법이 될 것이다. 관계를 이용해 시각적으로 분류하는 방식은 다양하다. 예를 들어, 그림으로 유사점을 나타내어 관계를 바로 보여줄 수 있다. 그림 7.1은 이런 방식을 티셔츠에 나타낸 것이다. 일반적인 병의 크기와 모양을 바탕으로 한 자연의 사다리라 할 수 있다.

이런 분류법은 시각적인 재미를 주지만 각 종류의 연결성을 쉽게 알 수 없다는 단점이 있다. 예를 들어, 티셔츠에 그려진 플럼 브랜디는 왼쪽에서 네 번째에 있고 피치 브랜디는 훨씬 떨어져 있다. 좀 더 합리적으로 묶어두려면 이 두 브랜디를 가까이 그려서 가까운 관계라는 것을 보여주어야 한다. 자연의 사다리 방식이 보여주는 모호함을 생각해보면 어떻게 이런 식의 분류법이 찰스 다윈의 시대까지 사용되었는지 새삼 놀랍다. 사실 여기에는 이 방식을 종

그림 7.1 티셔츠에 나타낸 증류주용 자연의 사다리. 그림처럼 술병이 쭉 나열되었다고 생각해보자. 왼쪽부터: 진, 럼, 테킬라, 플럼 브랜디, 호밀 위스키, 스카치 위스키, 백주, 피치 브랜디, 슈냅스, 그라파

교적으로 해석(사람 위에는 천사가, 그 위에는 신이 존재한다)했던 중세 학자들의 노력 덕분이다. 그리고 이들은 여기에 더해 특별한 창조[2] 같은 자연사에 어긋난 개념을 하나 만든다. 당시 많은 사람이 자연계의 다양화가 오로지 하느님의 의도적인 창조라는 초기 개념에만 사로잡혀 있었다. 그래서 진화라는 개념이 새로 등장했을 때 그 시대까지 남아 있던 사다리의 개념이 엉뚱한 생각으로 이끌었다. 그중 하나가 바로 침팬지가 인간으로 진화한다는 것이다. 현재 우리는 침팬지와 인간의 공통된 조상이 약 700만 년 전에 존재했으며, 당시에는 침팬지도 인간도 아닌 상태였다는 사실을 알고 있다. 그러나 아직까지 발견된 화석이 없기 때문에 지금으로서는 인간과 침팬지의 모습을 비교해 추측만 할 뿐이다.

---

2 지구는 평평하다 또는 지구가 신의 뜻으로 만들어졌다는 믿음.

이 사다리 같은 사고방식이 어떤 식으로 반박되고 대체되었는지에 관한 내용은 너무 길어서 이 책에서는 다루지 않을 생각이다. 여기서는 그냥 18세기 중반에 스웨덴 학자 칼 폰 린네가 이명법(이중 이름)을 개발했고 아직 생물에 사용하고 있다고만 알아두도록 하자. (예를 들어, 인간은 속명의 '호모'와 종명의 '사피엔스'를 합쳐서 '호모 사피엔스'라고 부른다. 이 종명에는 다른 생물도 속해 있었지만, 현재는 멸종되었다.) 이 방식을 도입한 이후부터 우리는 생물을 하위 범주를 가진 계급으로 나눌 수 있었다. 한 세기 후 찰스 다윈은 여기에 '수정이 일어나며 계승됨'이라는 진화라는 아이디어를 추가했다.

린네가 남긴 흥미로운 업적 중 하나는 생물을 계층적으로 특정하고 분류했다는 것이다. 이것은 현재 '결정 트리(decision tree)'라 알려진 형태의 선조격이라 할 수 있으며, 그림 7.2와 매우 비슷한 방식으로 추론하고 있다. 그림 7.2는 자신이 가장 좋아할 만한 위스키 브랜드를 고르는 데 도움을 주기 위해 고안되었다.

다음의 몇 가지 단답형 질문만으로 사람들은 자신이 어떤 종류의 위스키를 선호하는지 쉽게 알 수 있다. 예를 들어, 당신이 다음 질문에 '예'라고 답한다면 당신은 부나하벤 18을 좋아할 가능성이 크다.

위스키를 마셔본 적이 있습니까?

맛있다고 느꼈습니까?

그 위스키는 이탄의 훈연 향이 났습니까?

반대로 다음 질문에 '아니요'라고 답한다면 야마자키 DR을 좋아할 가능성이 크다.

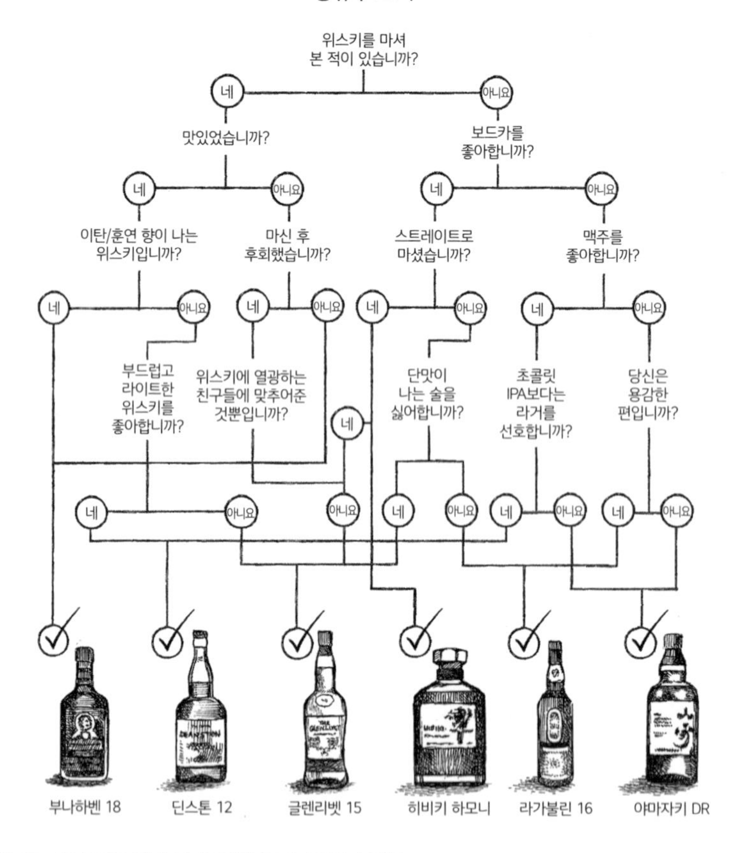

그림 7.2 위스키용 결정 트리. 부틀랙 브루에서 수정함.
'완벽한 위스키를 찾을 수 있는 부틀랙 가이드', 인스타그램, 부틀랙 브루, 2015년 11월 19일.
https://www.instagram.com/p/-QnVvdwkOF/?taken-by=bootlegbrew

위스키를 마셔본 적이 있습니까?

보드카를 좋아합니까?

맥주를 좋아합니까?

당신은 용감한 편입니까?

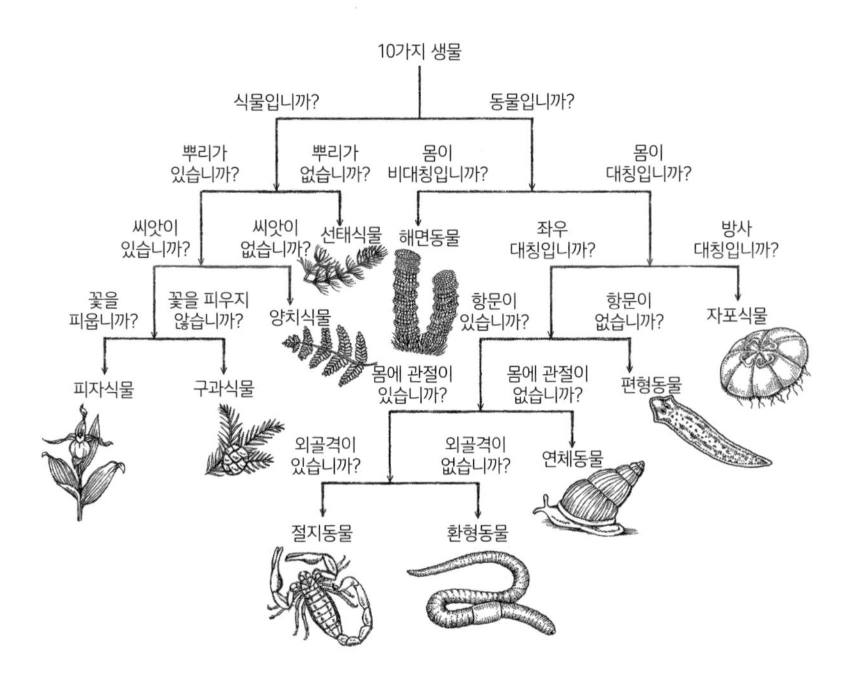

그림 7.3 식물과 동물 분류

다시 말하지만, 이 방식은 분류학에서 쓰는 것과 매우 흡사하다(그림 7.3 참고). 다음 질문에 '예'라고 답한다면 그 유기체는 피자식물(화초) 중 하나일 수 있다.

식물입니까?

뿌리가 있는 식물입니까?

씨앗이 있는 식물입니까?

꽃을 피우는 식물입니까?

다윈은 지상에 있는 다양한 생물을 커다란 나무의 가지로 나타낸 후 이를

'계통수'(생명의 나무)라 이름 붙였다. 모든 생물이 하나의 뿌리(공통의 조상)에서 점차 많은 가지로 나뉘어 뻗어나가는 모습이다. 이런 식의 사고방식은 20세기 초반 생물학을 지배했지만, 트리를 그렸던 과학자들의 권위와 전문성에 편중된 면이 많았다는 문제점은 있었다. 1960년대에 이르러서야 신뢰성 있는 과학적 기술이 개발되어 마침내 과학적 데이터를 기반으로 가계도를 재구성한 트리를 만들었고, 계층적으로 분류할 수 있게 되었다. 우리가 여기에서 보여줄 그림 또한 이 기법을 사용했다.

음료, 특히 증류주 간 관계에 대해서도 과거에 수많은 의견이 제기되었다. 그러나 이 중에서도 조금 전에 언급했던 계통수처럼 권위적인 해석법이 기초가 되었다. 하지만 아마도 증류주 트리를 보고도 진화 트리와 같은 방식으로 만든 관계도라는 사실을 아는 사람은 많지 않을 것이다. 증류주 트리 중에서는 위스키 트리가 특히 많은데, 이는 위스키 애호가들이 자신이 좋아하는 음료에 대한 가계도에 관심이 그만큼 많다는 방증이라 할 수 있다. 반면에 다른 증류주는 위스키만큼의 관심을 끌어내지 못했다.

그림 7.4는 우리가 찾은 가장 단순한 형태의 위스키 그림이다. 벤다이어그램 같은 종류는 데이터로 계급을 나눌 때 사용하는 방식이다. 그림을 보면 모든 호밀 위스키는 첫 번째 그룹에 완전히 속하고 버번은 모두 두 번째 그룹, 스카치는 세 번째 그룹에 들어간다. 더 중요한 부분은, 이 세 가지 종류가 하나의 단일한 그룹, 즉 위스키라고 부르는 그룹(바깥 원으로 표시했다)에 들어간다는 것이다. 이 다이어그램을 사용해서 원 하나에 진을, 다른 원에는 보드카를 집어넣는 식으로 해 모든 증류주를 분류할 수도 있다. 위스키 트리 중에서

그림 7.4 벤다이어그램으로 나타낸 위스키

는 그림 7.1에 봤듯이 티셔츠에 그려져 유명해진 것도 있다.

이런 관계도는 위스키를 중심으로 발전되고 파생된 계층을 훌륭하게 나타내고 있다. 때로는 다른 기하학적 모양을 이용해 계급을 나눌 때도 있다. 예를 들어, 위스키를 아메리칸, 아이리시, 스카치, 캐네디언으로 나눌 때는 주로 직사각형을 이용한다. 그다음에는 이 네 가지에서 더 자세히 분류한다. 예를 들면, 아메리칸 위스키는 옥수수, 밀, 버번, 싱글 몰트, 호밀, 혼합으로 나누고 이 하위그룹은 육각형으로 표시한다. 아메리칸 버번 같은 증류주는 심지어 테네시 버번과 켄터키 버번(점선으로 만든 육각형)으로도 나눌 수 있다. 계층 네트워크의 끝에는 증류소가 있으며 선으로 알맞은 그룹이 연결되어 있다. 예를 들어, 잭 다니엘은 점선 육각형의 테네시 버번에서, 이 점선 육각형은 육각형의 버번에서, 이 육각형은 직사각형의 아메리칸 위스키에서 나왔다. 이 아메리칸 위스키는 최종적으로 위스키라 부르는 일반적인 증류주에서 나온 것이다. 그러나 당신이 이 다이어그램을 아주 자세히 살펴본다면 직사각형에서 더 이상

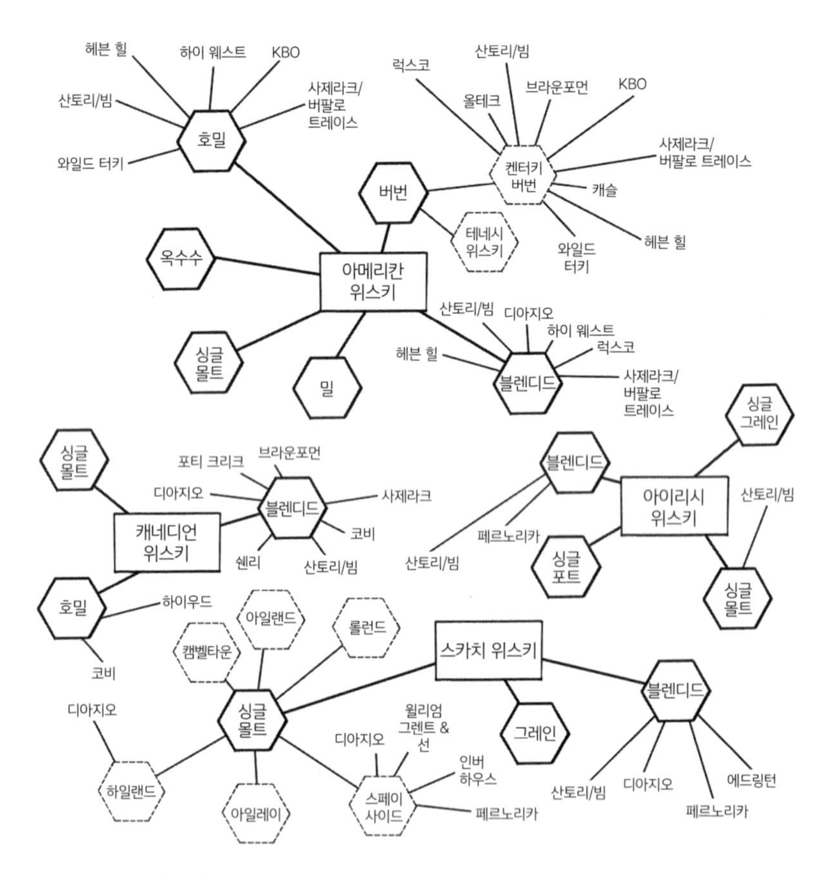

그림 7.5 위스키 관계도 다이어그램

연결된 부분이 없다는 사실을 알아챌 수 있을 것이다. 스카치 위스키 역시 다른 종류의 위스키와 연결되어 있지 않다. 이는 4개의 주요 위스키-아메리칸, 아이리시, 스카치, 캐네디언-가 각각 독립된 트리를 가지고 있다는 것을 의미한다.

그림 7.6은 제이슨 헤인즈가 만든 다이어그램이며 앞에서 본 것과 비슷한 형태다. 이 '트리'는 핀란드, 영국, 일본, 독일, 아프리카, 인도, 웨일스, 호주의 위스키를 추가한 버전이다. 그러나 이들은 계급적 나누었다기보다 종류마

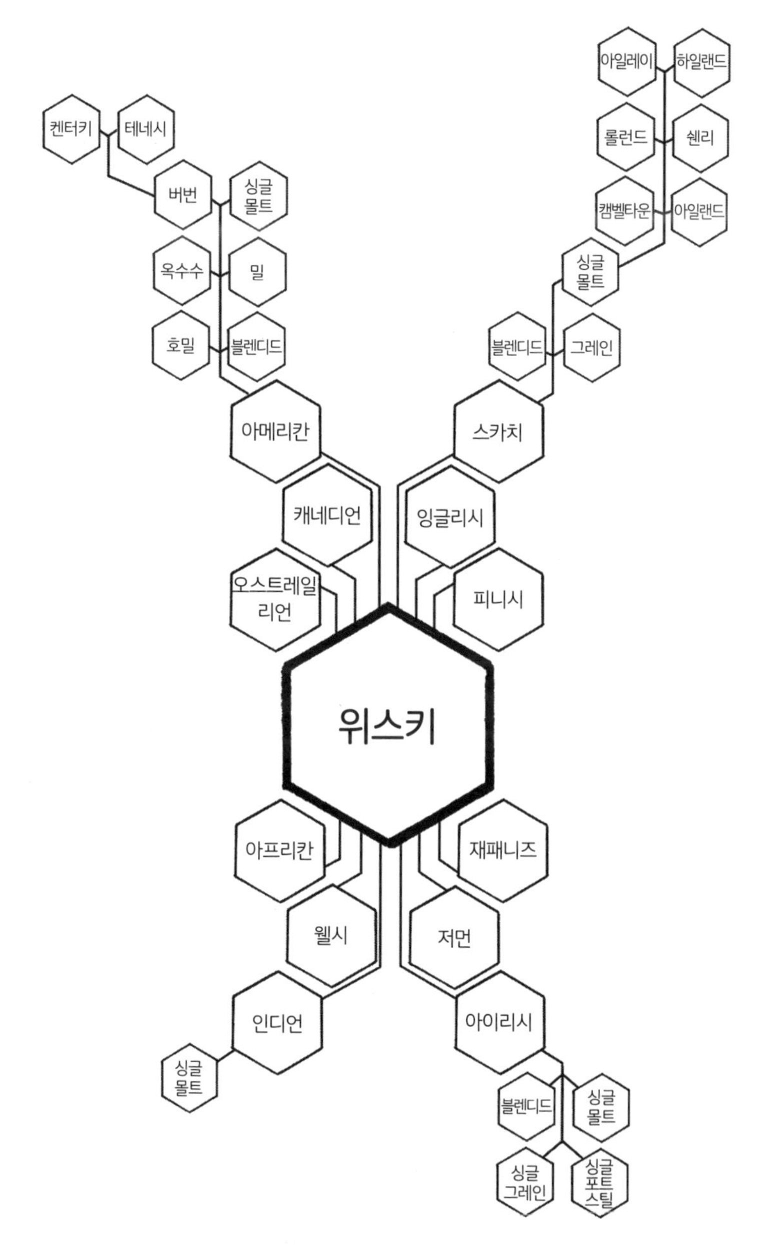

그림 7.6 제이슨 헤인즈의 위스키 다이어그램,
https://www.pinterest.com/pin/522065781780667251

다 어디로 이어지는지를 나타내고 있다. 생물학적 계통분류학에서는 이런 식의 배열을 방사형 계통발생이라 부른다. 모든 주요 위스키의 가지들은 독립적으로 뻗어 나오거나 아니면 너무 빠르게 갈라져 나와서 관계를 구분하기 어렵다는 단점이 있다. 가령 아이리시와 스카치와 잉글리시 위스키처럼 말이다.

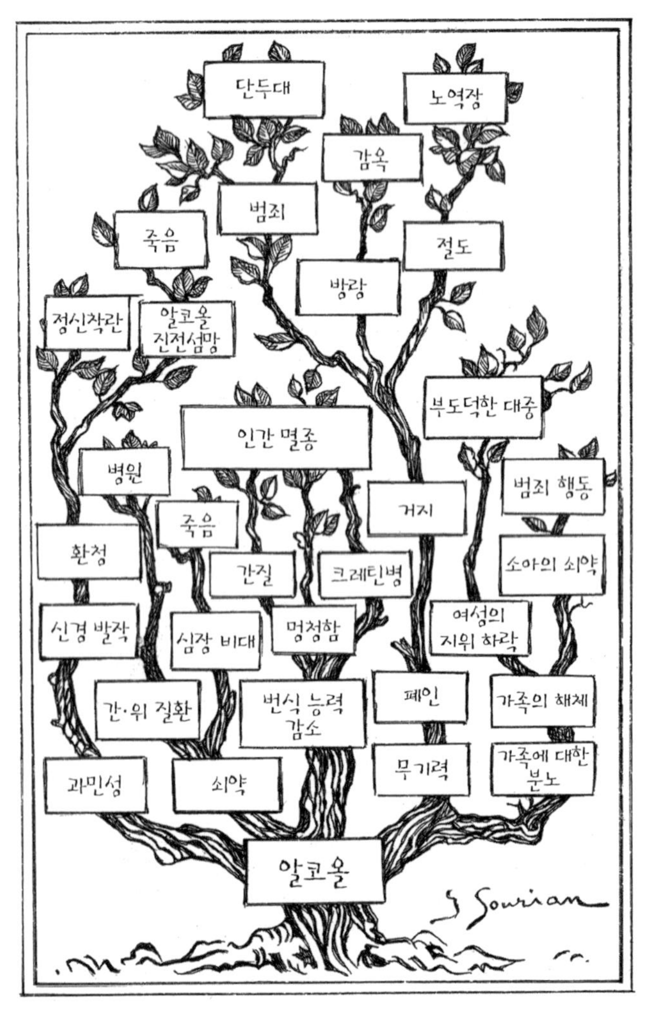

그림 7.7 음주로 인한 고통을 표현한 나무. 1900년대, 프랑스

하지만 스카치, 아메리칸, 아이리시, 인디언 위스키 '내'에서는 몇 가지 하위 가지가 이어진다.

일부 다이어그램은 좀 더 분명하게 나타내기도 했다. 크리스 라시챠가 만든 그림은 위스키 트리를 꽤 명확하게 보여주고 있다. 여기에서도 티셔츠 관계도처럼 아이리시, 캐네디언, 스카치, 아메리칸으로 큰 가지가 있다. 이 다이어그램은 공통의 조상에서 얼마나 다양한 가지들이 뻗어 나오는지를 더 분명하게 볼 수 있다. 기타 전형적인 생물학적 트리에서 변형된 것 중 매우 흥미로운 형태가 하나 있는데, 바로 그림 7.7에 나오는 금주 트리다. 1900년경에 만들어진 이 프랑스 엽서는 술, 특히 압생트의 위험성을 나타냈으며, 음주는 명백히 질병이나 사망 심지어 인류의 멸망으로 이끌 수 있다는 것을 함축하고 있다.

이제 우울한 감상에서 벗어나 다시 증류주 트리로 돌아가 보자. 그림 7.8의 위스키 가계도 역시 네 가지 종류의 위스키(나무의 줄기에서 나온 큰 가지 4개-아이리시, 스카치, 버번, 호밀)로 가지가 나뉘었다는 것을 잘 알 수 있다. 그러나 이 나무가 특별한 이유는 종류마다 관련된 데이터가 존재한다는 것이다. 예를 들면, 다음과 같은 식이다. 아이리시 위스키에는 '나무 배럴에서 최소 3년 이상 숙성한 것. 아일랜드에서 제조된 것'이란 내용이, 스카치 위스키에는 '몰팅한 보리를 함유한 것, 오크 배럴에서 최소 3년 이상 숙성한 것, 스코틀랜드에서 제조한 것'이란 내용이, 그리고 캐네디언 위스키에는 '호밀을 어느 정도 함유한 것, 적어도 3년 이상 숙성한 것'이란 내용이 들어 있다. 분류학자는 이런 식으로 간단한 정보가 포함된 부분을 보통 '캐릭터'라 부르며, 이번 경우(단어가 너무 어려워 미안하지만)에는 정확하게 하자면 '공유파생형질'이라 부른다. 예

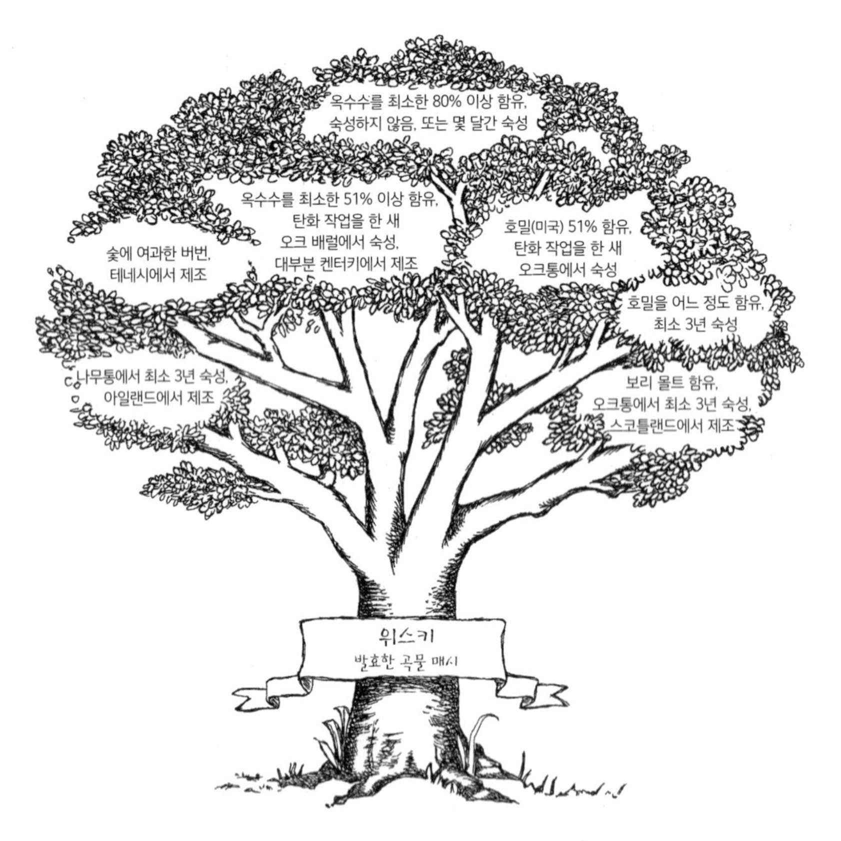

그림 7.8 베링스 가이드의 위스키 나무. www.seekpng.com에서 수정

를 들어, 몰팅한 보리 함유, 오크 배럴에서 최소 3년 이상 숙성, 스코틀랜드 제조는 모든 스카치 위스키가 지닌 캐릭터며, 다른 종류의 위스키는 가지지 않는다는 사실을 나타낸다. 또한 분류되는 방식이 앞의 그림 7.2와 7.3에서 본 질문/답변과 비슷하다.

트리를 만들 때 캐릭터를 어떤 식으로 활용하는지 잠깐 살펴보도록 하자. 예를 들어, 분석하기를 원하는 와인, 브랜디, 맥주, 위스키 네 가지 아이템이 있다고 가정해보자. 그리고 트리를 만들기 위해 우리가 필요한 캐릭터는 원료가 곡물인지 아닌지와, 이 음료를 증류했는지 안 했는지, 딱 두 가지다. 또한 우리는 여기에 맛이 나는 소다를 추가할 것이다. 이 음료가 두 가지 캐릭터 중 하나를 가지고 있어서가 아니라 '뿌리'에서 나올 다섯 번째 아이템이 필요하기 때문이다. 즉, 방향 제시용이라 생각하면 된다. 분류학자는 보통 이 다섯 번째 아이템을 '아웃 그룹'(나머지 아이템 4개는 '인 그룹')이라 부르며 이 다섯 가지를 통틀어 '텍사'[3]라 부른다. 자, 그러면 표에 있는 각 아이템과 캐릭터들이 나열된 아래 표를 보도록 하자.

	곡물	증류
소다	X	X
와인	X	X
브랜디	X	O
맥주	O	X
위스키	O	O

우리는 이 표의 내용을 부재-존재 형태로 옮길 수 있다. 0은 '부재', 1은 '존재'란 의미다. 다음 표를 보자.

	곡물	증류
소다	0	0
와인	0	0
브랜디	0	1
맥주	1	0
위스키	1	1

3 taxa: 분류학을 뜻하는 'taxonomy'라는 단어를 줄인 것이다.

가장 중요한 것은 캐릭터를 가장 잘 나타낸 나무를 찾는 것이며, 현재 와인, 브랜디, 맥주, 위스키(아웃 그룹에서는 소다)로 분류된 트리는 15개가 있다. 1960년대 이후로 많은 학자가 다양한 배열 방식을 만들었으며, 그중에서 가장 간단한 방식이 '오컴의 면도날 법칙' 또는 사고 절약의 원칙이다. 14세기 영국의 학자인 오컴의 윌리엄이 이 방법을 고안했으며, 그는 사람들이 종류를 불문하고 가장 단순한 설명을 좋아한다고 주장했다. 따라서 이 절약 접근법은 데이터를 입력할 때 변수가 가장 적은 트리를 최고로 친다. 좀 더 쉽게 이해하기 위해서 나무 15개 중 하나를 보도록 하자.

절약의 방식으로 만든 그림 7.9를 보면 맥주와 브랜디가 가장 가깝게 묶여 있고, 와인과 위스키가 함께 묶여 있다. 이런 식의 분류(이런 프로세스를 캐릭터 매핑이라 부른다)가 맞는다면, 이 두 가지 캐릭터로 인해 제품들이 어떤 식으로 진화했는지 알 수 있다. 그리고 캐릭터들이 진화의 시나리오에 딱 들어맞으려면 곡물 캐릭터에서 나타난 두 번의 이벤트와 증류 캐릭터에서 나타난 두 번의 이벤트를 합쳐 총 네 가지 이벤트를 밝혀야 한다. 그러나 15개 중 그림 7.10 같은 다른 트리를 살펴보면, 맥주와 위스키, 브랜디와 와인이 함께 연결되어 있다.

이 트리 토폴로지[4]에서는 맥주와 위스키의 공통된 조상에서 한 번의 이벤트가 나타나며, 여기에 캐릭터(곡물)가 참여한다. 다른 캐릭터(증류)의 경우, 두 번의 이벤트가 나타난다. 그래서 이 그림에서는 총 세 번의 이벤트가 있다. 이 트리는 이벤트가 네 번 있던 첫 번째 트리보다 확실히 더 절약적이다. 이 외에 더 다른 변경 사항이 없다면 그림 7.10이 가장 최고의 트리가 될 것이다. 이렇

---

4 topology: 나무가 가지를 뻗어나가는 것처럼 하나의 노드에서 여러 개의 네트워크가 뻗어나가는 형태.

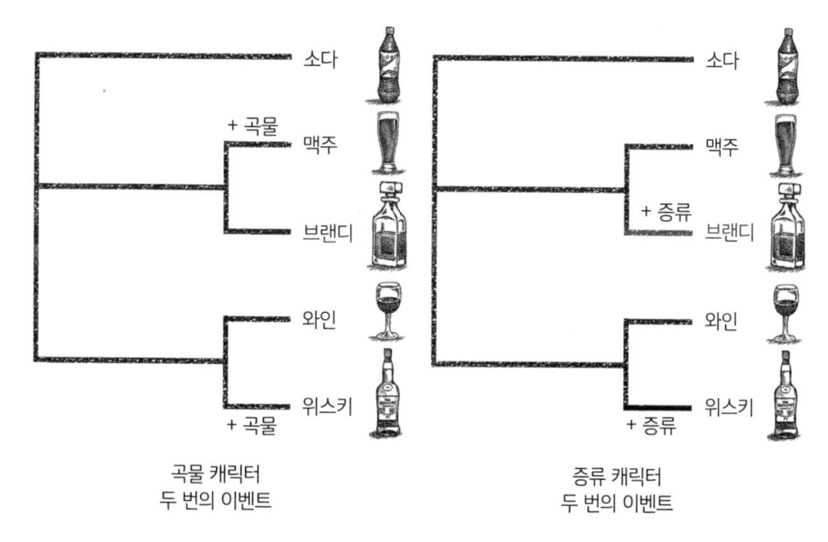

그림 7.9 와인-위스키로 연결된 음료 트리

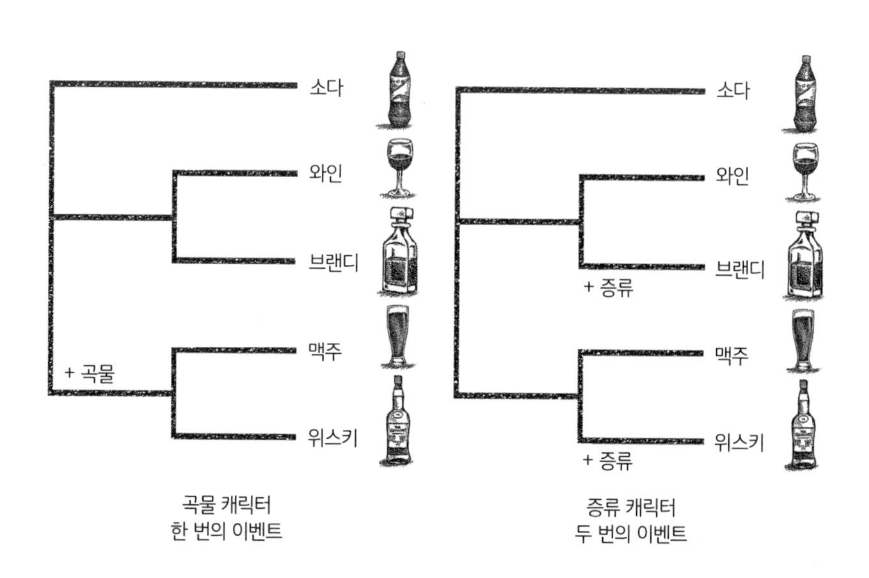

그림 7.10 맥주-위스키로 연결된 음료 트리

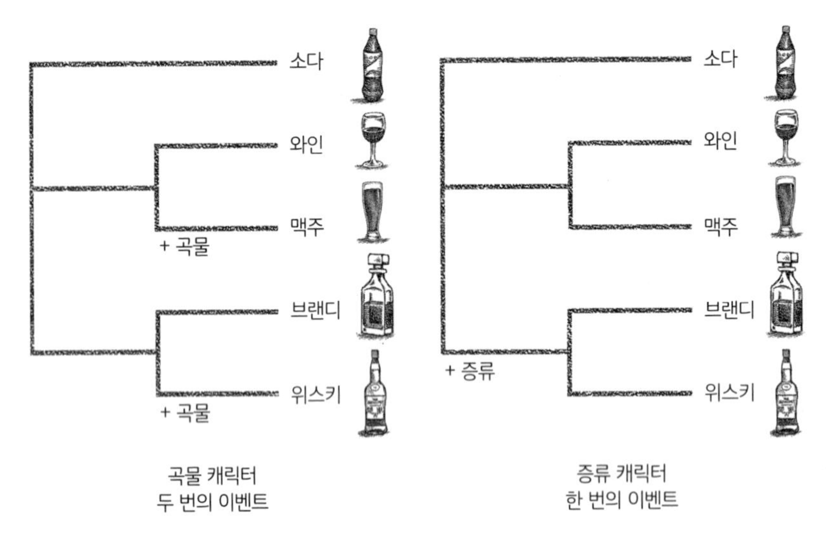

그림 7.11 브랜디-위스키로 연결된 음료 트리

게 단순할 수 있다면 얼마나 좋을까! 그러나 트리 15개 중에서 세 번의 이벤트만 나타나는 트리는 하나 더 있다. 그림 7.11을 보도록 하자.

그림 7.11의 트리 토폴로지 역시 그림 7.10 만큼 절약적이다. 음, 문제에 봉착했느냐고? 다행히 아니다. 만약 우리가 절약에만 초점을 두고 답을 얻으려 한다면 더 많은 특징을 추가해서 가장 절약적인 트리를 찾아야 할 것이다. 하지만 많은 분류학자가 절약의 방식만이 진화를 설명하는 데 효과적이라고 생각하지 않듯이 다른 방식을 이용해 지금 우리가 가지고 있는 데이터를 기반으로 증류주를 선택할 수 있다. 분류학자는 '모델'을 만들어 진화의 확률을 추론해 보는 방법을 생각해냈다. 여기에 증류주를 대입해본다면, 우리도 다른 트리보다 더 높은 선택 가능성을 지닌 트리를 찾기 위해 음료의 모델을 생각해 봐야 한다.

그래서 우리는 증류의 여부보다는 원재료인 식물을 모델로 삼아 더 높은 선택 가능성이 있는 트리를 찾아보기로 했다. 그러면 이쯤에서 '최대 공산'[5]이라 부르는 접근법을 사용할 수 있다. 이 방식은 15개의 모든 나무에서 가능성을 생각해본 후 기준에 가장 근접하다 생각되는 하나를 선택하는 것을 말한다. 최대 공산을 우리의 모델에 대입해서 나온 결과는 그림 7.10과 같은 토폴로지다. 그리고 이 가능성을 수치화한다면 -11.19034가 나오게 된다. 그림 7.10과 동일한 수의 이벤트를 가진 그림 7.11은 -11.86640이라 가능성이 더 낮다. 그리고 나머지 13개의 트리는 -11.86644에서 -12.54254 사이로 산출된다.

이런 식의 트리를 좋아하는 사람이라면 우리가 쓰는 다음 방식도 마음에 들 것이다. 바로 DNA 기반 모델이라는 건데, 일반화된 시간 역행(GTR) 모델과 감마 분포와 데이터에서 예측한 형상모수를 함께 적용해서 답을 추론하는 방식이다. GTR 모델은 DNA 염기의 네 종류-구아닌, 아데닌, 타이민, 사이토신(G, A, T, C)-를 4개의 가능성으로 바꾸어보는 작업이며, 감마 분포는 염기서열 변화율을 측정하는 모수[6]일 뿐이다. 이 방식을 쓰기 위해 우리는 앞에서 만들었던 부재-존재 표의 숫자를 살짝 수정해야 했다. 우선 곡물에 속했던 0은 A로, 1은 T로 바꾸었고, 증류에 속했던 0은 C로, 1은 G로 바꾸었다. 우리는 이 모델이 재료보다 증류에 더 높은 선택 가능성을 두었다고 생각했다. 그다음에는 동료인 데이비드 스워포드가 이름 붙인 PAUP라는 프로그램을 사용해 계산했다. 우리가 진행한 분석은 언뜻 보잘것없어 보일 수도 있겠지만 더 좋은 데이터만 갖춘다면 그 능력치는 훨씬 올라갈 것이다.

---

5 일어날 가능성이 가장 크다는 것을 나타내는 확률론의 개념.

6 통계적인 특성치.

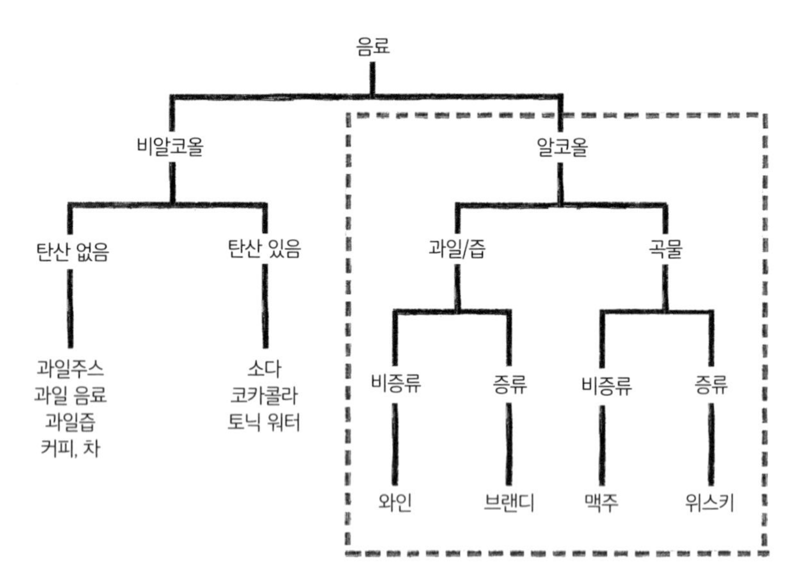

그림 7.12 일반적인 음료 트리. 이 트리는 계통을 기반으로 해 캐릭터들이 어떤 식으로 묶이고 분석되는지 설명할 때 사용한다.

피터 펠로는 그림 7.12에서 보듯이 일반적인 음료에 대한 다이어그램을 제시했다. 결정 트리와 비슷하지만 어쨌든 이를 이용해 우리의 결과와 비교해 볼 수 있을 것이다. 펠로는 여기에서 과일주스와 소다를 함께 넣어두었지만, 우리는 왼쪽에 있는 이 '텍사'를 무시하고 오른쪽 부분에만 집중할 것이다. 점선으로 표시된 네모난 박스를 보면 그림 7.10의 절약 토폴로지와 매우 비슷하다는 것을 알 수 있다. 여기서 잠깐 그림 7.11이 7.10만큼 절약적이었던 사실을 떠올려보자. 그리고 펠로의 트리를 더 자세히 보면 그는 첫 번째 결정 포크[7]에 '곡물 VS 과일'을 두고 두 번째에 '증류 VS 비증류'를 두기 때문에 이런 모양이 나왔다는 사실을 알 수 있다. 그러니 만약 이 순서를 바꾸면 그림 7.11(이

7 선택의 갈림길을 나타내는 선으로, 모양이 포크와 비슷하다.

트리는 그림 7.10보다 가능성이 더 낮다)과 같은 모양이 나올 것이다. 그러니 결국 펠로의 첫 번째 포크-재료의 선택-처럼 우리가 했던 분석도 재료에 가장 큰 가능성을 두었다는 사실을 알 수 있다.

앞에서 살펴본 절약 분석에서 산출되었던 두 트리(그림 7.10과 7.11)의 수치 차이는 사실 그렇게 크지 않다. 그러나 현대의 계통 분석에서는 이보다 훨씬 많은 캐릭터가 포함되니 적은 차이도 큰 결과를 가져올 것이다. 현재 이렇게 데이터를 기반으로 만든 증류 트리는 실제로 존재한다. 와인 제조나 맥주 양조를 할 때, 또는 증류용 매시를 발효할 때 쓰는 효모 종 대부분이 염기서열을 가지고 있기 때문이다. 실제로 과학자들은 이를 이용해 발효에 관여하는 효모 가계도를 만들기도 한다.

우리는 증류 트리에 관련된 흥미로운 예시를 일리노이대학교의 리 정과 케니스 서슬릭에게서 찾아볼 수 있었다. 이 연구원들은 증류주를 특징짓는 광전자 '노우즈(nose)'를 발명했고, 이를 이용해 증류주를 16종류로 나누었다. 프루프가 높은 증류주 4종류(116프루프의 윌렛 켄터키 싱글 배럴 포함), 중간 프루프 6종류(86프루프의 에반 윌리엄스 블랙 라벨 포함), 상대적으로 프루프가 낮은 4종류(80프루프 글렌피딕 포함)다. 그리고 이 데이터로 다이어그램(정확히는 다이어그램 방식을 이용한 계통수지만, 자세한 내용은 생략하겠다)을 만들었다. 아웃 그룹으로는 에탄올을 희석해서 50% 정도로 맞춘 증류주 몇 가지가 있다. 그림 7.13을 보면 알 수 있을 것이다. 인 그룹으로는 도수가 높은 증류주끼리, 도수가 중간인 증류주끼리, 도수가 낮은 증류주끼리 한데 묶었다. 이 다이어그램은 알코올 도수를 확인하기에 매우 객관적인 도구지만, 증류주가 도수로만 분류되었다는 점, 그리고 당시 각 샘플의 0.1mL만 사용해서 도출된 결과라는 점은 다소 아쉬웠다. 샘플의 나머지 양으로는 무엇을 했는지 밝혀지지 않았다.

우리는 다양한 자료를 이용해봤지만, 대표적인 증류주를 모두 포함한 트리는 아직 찾지 못했기에 우리만의 알코올 트리를 만들어야겠다고 생각했다. 또한 그 과정에서 트리가 만들어지는 방식까지 자세히 보여줄 수 있을 것이라 여겼다. 계통 연구에서 첫 번째 단계는 텍사(분류군)를 수집하는 것이다. 그래서 우리는 그동안 수집했던 증류주를 사용했고 필요하면 주변 가게를 돌았다. 그리고 '빅 6'(진, 보드카, 럼, 위스키, 브랜디, 테킬라)와 오드비 하나가 포함된 증류주 40종을 모았다. 필요한 모든 텍사를 갖춘 후 계통 분류에 필요한 캐릭터를 분석하기 시작했고 마침내 트리에 넣을 증류주를 30종 정도로 추릴 수 있었다.

처음에는 1) 주니퍼를 사용한다(네, 아니요), 2) 감자를 사용한다(네, 아니요), 3) 아가베를 사용한다(네, 아니요), 4) 포도를 사용한다(네, 아니요), 등 명확한 몇 가지 특징들로 증류주의 캐릭터를 정의했다. 그 외에 고려했던 캐릭터에는 증류주의 일반적인 프루프, 생산국의 기원, 증류주가 인퓨즈드[8] 방식인지와 감미료가 들어 있는지, 숙성을 하는 종류인지, 숙성을 한다면 어떤 배럴을 쓰는지가 있었다. 그다음에는 앞에서 우리가 했던 부재-존재 방식에 먼저 대입했고 그 결과물을 절약 방식으로 분석하기 위해 두 가지 프로그램을 이용했다. 하나는 파블로 골로보프와 동료가 만든 뉴테크놀로지(TNT), 다른 하나는 데

8 침출식.

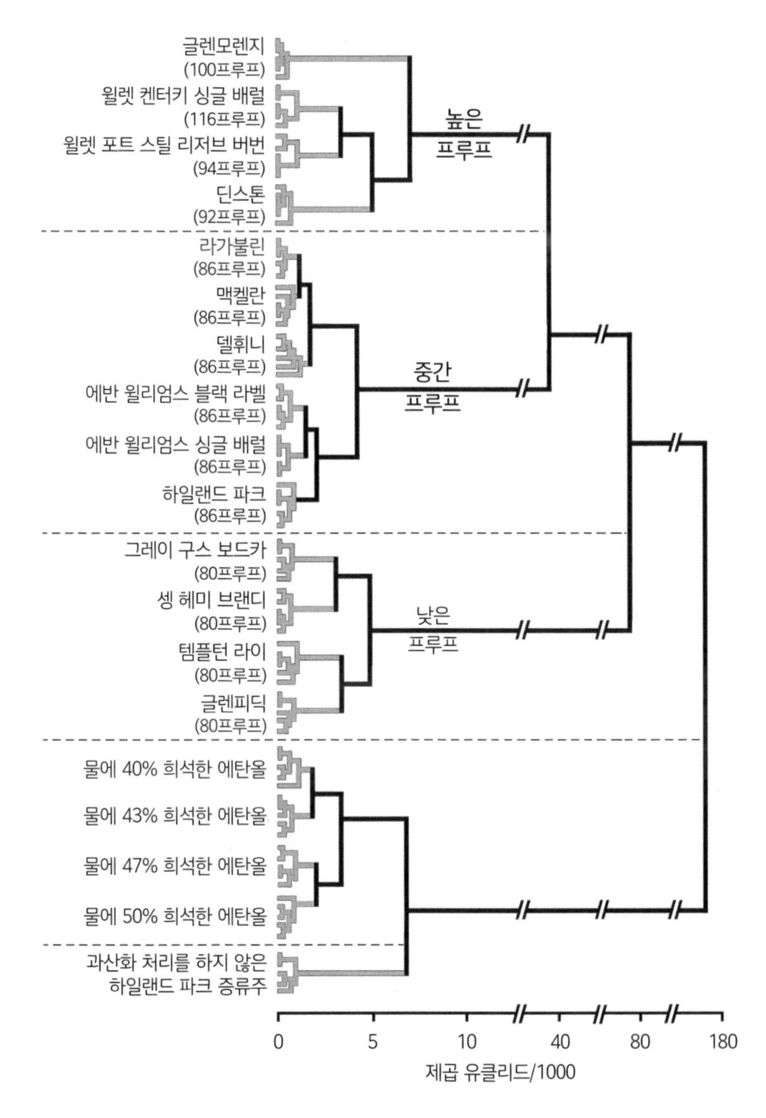

그림 7.13 낮은, 중간, 높은 프루프로 나눈 14개 알코올 샘플의 계통수, 물에 희석한 에탄올 4개, 다르게 처리해서 만든 증류주 1개

이비드 스워포드가 만든 절약을 이용한 계통발생학적 분석(PAUP)이었다. 처음에는 맥주나 와인 같은 아웃 그룹도 포함하려 했지만, 이 음료들은 증류주와 근본적으로 달라서인지 트리 모양이 불안정해졌다. 그래서 이들을 제외한 후 이용한 두 프로그램에서는 같은 답이 도출되었고, 이를 토대로 만든 다이어그램이 그림 7.14다. 분류학자인 우리가 보기에 이 트리는 목적에 충실한 답을 얻을 수 있어 매우 훌륭하다. 많은 데이터가 이것보다 훨씬 불친절하다는 점을 알아두길 바란다.

이 트리는 '단계통군'[9]을 기반으로 여섯 가지 주요 증류주를 분류하고 있다. 이 단계통군은 분류학에서 매우 중요한 용어인데, 그림에 있는 모든 종류가 공유파생형질을 공유한다는 의미다. 쉽게 말해 단일한 조상에서 내려온 특징을 공유하고 있다고 이해하면 된다. 그림 7.14의 연결선에 있는 점들은 '빅 6'이 어디에서 시작되는지를 나타내고 있다. 예를 들어, 점 1은 와인을 증류해 얻은 브랜디의 공통 조상이 시작되는 지점을 나타낸다. 점 2는 사탕수수로 만드는 럼의 공통된 조상이 시작되는 지점을 나타낸다. 다른 것들도 마찬가지다.

일부 놀라운 결과도 있는데, 위스키와 오드비가 그런 경우고, 진과 럼의 연결선이 그렇다. 이런 모양은 시작 위치가 원인일 수도 있다. 만약 이 트리가 오드비(나쁜 생각은 아니지만, 우리는 더 큰 트리를 만들고 싶었다)에서 시작했다면, 아마도 위스키는 여기에 포함되지 못했을 것이다. 이 관계도에는 흥미로운 부분이 또 있다. 예를 들어, 브랜디 내에서 프렌치 브랜디가 함께 모여 있고 스패니시 브랜디가 모여 있으면서 그 뿌리를 내려가면 하나로 묶여 있다. 즉, 이 두 그룹

---

9 공통 조상, 그 조상으로부터 진화한 모든 생물을 포함하는 분류군을 일컫는다.

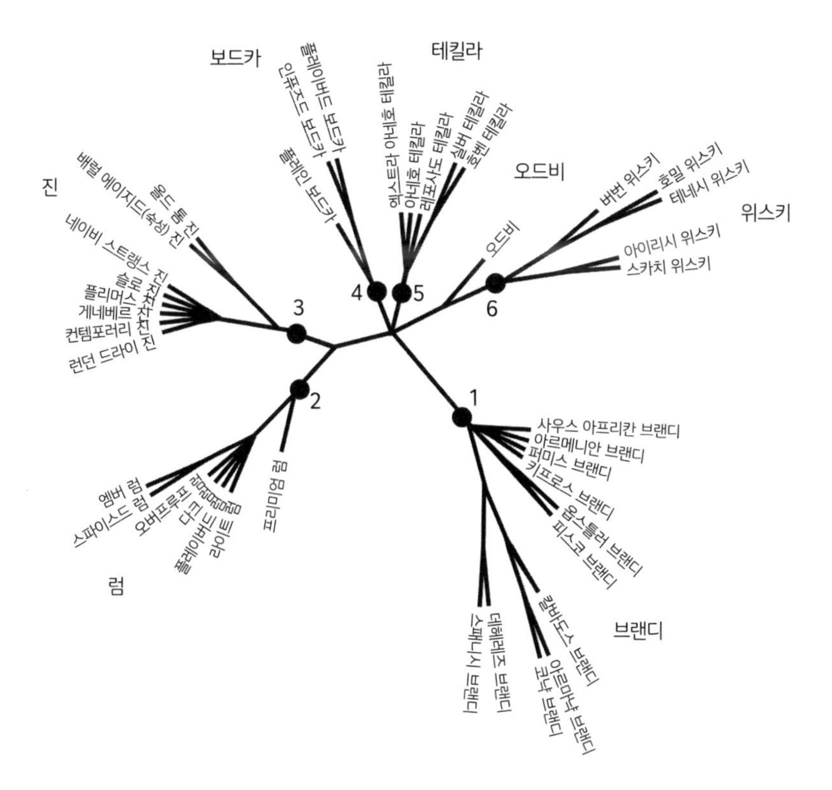

그림 7.14 대표 증류주들의 방사형 계통발생학적 분류. 이 트리는 절약의 방식을 사용했으며 각 증류주의 주요 캐릭터 28개를 기반으로 만들었다. 캐릭터에는 기원지, 식물 재료, 숙성, 침출 여부 등이 포함된다.

이 다른 브랜디들보다 밀접하다는 것을 의미한다. 피스코와 옵스틀러도 이상하긴 하지만 함께 묶여 있다. 반면에 나머지 프루트 브랜디들은 각자 뻗어 있다. 이 외에도 뻗어 나온 가지의 위치를 보면, 어떤 증류주가 각 그룹 내에서 가장 원시적(조상 격인 형태와 가장 근접)인지를 추론해볼 수 있다. 예를 들어, 럼에서는 프리미엄 럼이 가장 먼저 가지를 뻗어 나갔고, 보드카 그룹에서는 플레인 보드카가 첫 번째 가지다. 반면, 올드 톰은 배럴 에이지드 진과 짝을 이루어서 첫 번째 가지를 뻗었다. 그러나 이런 추론이 역사적인 부분과 같은 의미를 지닐지에 대해서는 논쟁의 여지가 있을 것이다.

사실 우리가 준비한 샘플이 그렇게 다양하지 않았기에 이 이상의 결과를 알기는 어려웠다. 하지만 적어도 증류주의 대표 그룹이 딱 맞게 분류가 된다는 점이 큰 성과라 할 수 있었다. 우리가 다른 책에서 다루었던 맥주보다 더 깔끔하게 분류할 수 있을 정도다. 증류의 후반부에 불필요한 성분을 대부분 제거해버리는 증류주의 본성이 하나의 중요한 요소였으리라 생각한다. 반대로 양조는 생산 초반에 선별해놓은 효모와 다른 재료들이 마지막 단계까지 영향을 준다. 증류업자는 또한 자신들이 원하는 증류주를 만들기 위해 순도와 전통을 지키는 쪽을 선택하고 이를 바탕으로 꾸준히 발전시켜왔다. 이 부분 또한 양조와 대비된다. 양조는 훨씬 역사가 오래되었지만, 최근에 수제 맥주가 인기를 끌면서 많은 양조업자가 더 실험적이면서 독자적인 효모 종을 확보하려는 시도가 많이 일어나고 있다. 앞에 나오는 별 모양의 다이어그램은 13세기 후반에서 14세기까지 유럽에서 증류주가 퍼진 속도를 반영하고 있을지도 모른다. 이들 증류주는 이미 초반에 지역적인 전통이 정립되었고 곧 빠르게 문화로 스며들었다. 그러면서 각 제품만의 특징을 보유하게 된 것이다. '빅 6' 중에서 새롭게 등장한 종류는 럼과 테킬라뿐이며, 이들은 유니크한 역사가 있고 다른 종류와 비교했을 때 당의 출처가 확연히 다르다.

주의: 우리의 데이터베이스는 양은 한정적이고 대표적인 예시로만 구성되어 있다. 증류주를 많이 마셔본 사람이라면 이런 대표적인 종류 내에서도 정확히 구별하기가 쉽지 않다는 사실을 잘 알 것이다. 예를 들어, 노련한 테스터조차도 곡물 베이스 증류주와 사탕수수 베이스 증류주가 헷갈려서 당황스러운 모습을 보일 수 있다는 말이다. 특히 배럴 숙성 기간이 매우 길다면 맛이 더 미묘해진다. 오히려 와인은 최상급 제품이라면 품종의 특성과 테루아[10]

를 모두 잘 지니고 있으므로 구분하기가 훨씬 쉽다. 증류주는 전체적인 품질과 재료의 출처가 매우 다양하지만, 증류업자는 제품의 기본 성분이나 정확한 재배 지역(일부 예외 제품: 일부 마르, 그라파, 오드비 같은 여러 가지 과일 기반 고급 상품들)을 잘 명시하지 않는 경향이 있다. 그러나 미래에는, 적어도 최고급 제품에서는 이런 분위기가 바뀌리라 생각한다. 이미 재료의 정확한 출처에 관심을 보이는 수제 증류업자가 조금씩 늘고 있는 것을 보면 말이다. 분류학자의 입장에서는 완벽하다고 느껴지지 않지만, 많은 증류주 애호가들은 모든 증류주가 선사하는 미스터리한 요소를 계속해서 즐길 것이다.

10 포도가 자라는 데 영향을 주는 요소를 모두 포괄하는 단어.

8

증류주와 당신의 감각

지금 우리 앞에 놓인 이 술은 병 속에서 청록빛을 뽐내고 있다. 뉴욕의 유명한 할렘 지역에서 제조되었지만, 19세기 유럽의 명사였던 빈센트 반 고흐와 폴 베를렌[1]의 시대가 저물면서 함께 몰락했던 압생트의 전통을 그대로 간직한 제품이다. 맛을 전혀 예측할 수 없었기에 우리는 먼저 술잔을 코에 가까이 대보았고 신선한

---

1 Paul Verlaine: 프랑스의 시인.

향신료가 자라는 정원에 있는 듯한 기분을 바로 느끼게 되었다. 아니스, 펜넬, 웜우드(쓴쑥) 향이 밀려 들어왔고 놀랍도록 강한 오이 향도 느껴졌다. 한 모금 마시자 이 모든 성분은 빈틈없이 엮여서 입안을 즐겁게 해주고 마무리까지 끊김 없이 이어졌다. 전통적으로 압생트를 마실 때는 물과 설탕, 하나의 의식[2]이 필요하다. 이 술 역시 도수가 66%로 매우 높아 이 관습을 그대로 따르는 게 좋을 듯싶었지만, 이런 추가물로 증류주의 활기까지 희석하고 싶지는 않았다. 물론 희석을 해도 이 술은 뿌옇게 변하지 않겠지만 말이다. 어쨌든 이 녀석은 베를렌이 전하고 싶었던 말을 들은 것 같은 착각이 들게 만드는 증류주다.

번 잔을 부딪치는 소리부터 스카치에서 흘러나오는 첫 이탄 향까지, 그리고 배럴에서 숙성된 럼의 반짝이는 빛깔에서부터 인퓨즈드 보드카의 질감과 맛까지, 증류주는 우리의 감각을 깨우기 위해 만들어졌다고 봐도 과언이 아닐 것이다. 그렇다면 이런 감각을 해석해주는 것은 무엇일까? 그 중심에는 뇌가 있다. 뇌는 감각뿐만 아니라 만취나 중독 같은 부분에도 관련되어 있다.

우리의 뇌는 정말 복잡한 구조로 되어 있다. 하지만 수백만 년 동안 수많은 진화를 거치면서도 아직 완벽하거나 정교하지 않다는 점은 좀 의아하다. 사실 뇌는 완벽한 기계라기보다는 오랫동안 놀라운 속성들이 축적된 기계며, 심

2 압생트 숟가락을 잔에 놓고 각설탕을 올린 후 물을 부어서 술을 희석하는 방식.

판원 역할을 한다고 보는 게 좋을 것이다. 그렇다면 이렇게 긴 시간을 진화하면서 뇌는 왜 여전히 완벽하게 정리되어 있지 않은 것일까? 흠, 사실 진화는 완벽함으로 향하는 고속도로가 아니다. 뇌의 특성 중 많은 부분이 완벽하지도 불변인 것도 아니다. 그보다는 환경에서 직면한 문제를 즉각적으로 해결하는 방식으로 운영된다. 또한 진화가 세대교체 때마다 일어나는 게 아니듯, 유기체들은 조상이 지닌 많은 부분을 그대로 가지고 있다. 다시 말해 한 계통이 환경적인 문제에 대해 특정한 해결법을 지니고 있다면, 다음 세대에서 이 정보를 그냥 버리고 처음부터 새로 시작하는 게 아니라는 의미다. 게다가 문제에 대한 새로운 해결법이 곧바로 떠오르는 경우도 많지 않다. 변화란 이미 존재하는 것을 기반으로 서서히 진행된다. 물론 내부에서 무작위적인 활동이 일어나기도 하는데, 그중 하나가 '부동'[3]이라는 현상이다. 특히 작은 개체(전형적으로는 인간 조상 같은) 안에서 매우 뚜렷하게 일어난다. 그래서 우리의 동료 게리 마커스는 뇌를 가리켜 '클루지'(서툴고 우아하지 않은 해결책)라고 부른다. 그러나 다행스럽게도 뇌는 증류주를 마실 때 느끼는 감각을 처리하고 합성하는 작업을 꽤 훌륭하게 해내는 것 같다.

당신이 이탄 향을 진하게 풍기는 스카치 위스키 라프로익 로어를 탁자 앞에 두었다면 먼저, 이 병이 반투명한 녹색을 띠고 있고 라벨은 다소 칙칙한 녹색이라는 사실을 눈을 통해 알 수 있을 것이다. 병의 색으로 인해 내부에 있는 스카치의 색을 정확히 알 수는 없겠지만, 잔에 따르면 이 색도 알 수 있을

3 유전자들이 이동하는 것을 말하며 이런 식으로 진화가 일어난다.

것이다. 또한 눈을 통해 이 병이 원통형이며 당신의 자리에서 약 60cm 정도 떨어져 있다는 사실을 알아챌 수 있다. 이 시점에서는 증류주의 냄새나 소리, 맛, 느낌(물론 병을 만져볼 수는 있겠지만 별다른 느낌이 없을 것이다)을 알 수 없다. 이렇게 색을 탐지하는 데 뇌를 많이 쓰지 않는 것 같겠지만 처음 병을 바라보는 일은 사실 매우 복잡한 수집 장치(눈)와 섬세한 처리 체계(뇌)가 함께 작업한 결과라 할 수 있다.

라프로익 병은 단단한 물체며 빛을 받아 반짝거리고 있다. 어떤 식으로 빛이 나는지는 알 수 없지만, 굳이 여기서 정확하게 알아볼 생각은 없다. 그러나 적어도 이 반짝임이 마치 입자와 파도의 움직임처럼 보인다는 것을 느낄 수는 있었다. 빛이 병을 통과해서 증류주 안으로 들어가면 일부의 빛을 액체가 받아들이고 일부는 반사한다. 그리고 우리의 눈은 병에서 반사되는 빛의 파장 대부분을 '보고' 있다. 이 파장은 전자기복사라는 에너지에서 나오는 것이며, 그 종류는 매우 짧은 파장의 감마선(세포핵의 지름보다 더 짧음)에서부터 엄청나게 긴 전자기파(뉴욕시에서 디트로이트까지의 거리와 맞먹음)까지 다양하다. 사물을 볼 수 있는 유기체는 대부분 '가시광선'을 인지할 수 있으며, 콤팩트디스크 구멍(400~700nm) 정도의 길이에 맞먹는 파장 범위를 가지고 있다. 물론 적외선(800~2500nm)과 자외선(100~400nm)의 영역까지 보도록 진화한 생물도 일부 있다. 빛의 입자는 사물과 충돌할 수 있으니 술병에도 이 빛이 부딪히면서 반사되고 흡수되는 것이다.

우리의 색 감지 시스템은 현재 보고 있는 물체에서 반사(또는 발산)된 빛이 눈에 들어올 때부터 가동된다. 인간의 눈에는 몇 개의 구조가 있지만, 스카치 애주가에게 가장 중요한 것은 눈 뒤쪽에 있는 망막이다. 이 망막은 수백만 개의 간상체와 추상체라는 특별한 세포로 이루어졌다. 이들은 마치 들판에 무작위로 자라난 옥수숫대처럼 퍼져 있는 것 같지만, 자세히 보면 간상체는 망막의 주변부에 대부분 모여 있고 나머지는 추상체가 채우며 그중에서도 망막 중앙, 중심와란 곳에 대거 모여 있다. 이 두 가지의 세포막에는 색소 단백질이 있는데 외부에서 오는 빛에 반응한다. 정확히 하자면 간상체 세포에는 로돕신, 추상체 세포에서는 옵신(포톱신)이라는 단백질이 막에 있다. 옵신에는 세 가지 종류–긴 파장, 중간, 짧은 파장 감지–가 있다. 대부분의 인간 망막에는 짧은 파장을 감지하는 옵신이 있고, 여기에는 또 두 가지 버전으로 나뉜다. 로돕신은 빛에 매우 민감하게 반응하기 때문에 밤에도 볼 수 있는 역할을, 옵신은 색을 감별하는 역할을 한다. 각 옵신에 있는 색소 단백질은 물체에서 반사된 빛의 특정 파동에 반응한다. 이 '반응'이라는 말은 빛의 파동이 실질적으로 추상체 세포에서 화학적 반응을 유발한다는 의미며, 이런 반응은 메시지 형태로 바뀌어 신경을 통해 뇌로 전해진다. 긴 파장을 감지하는 옵신은 빛 파동이 564nm로 반사될 때 시각적으로 최적의 반응을 하며, 최적까지는 아니지만 400~680nm 범위에 반응한다. 중간 파장을 감지하는 옵신은 534nm에서 최적으로 반응하며, 400~650nm에서 반응한다. 짧은 파장을 감지하는 옵신은 420nm에서 최적으로 반응하며, 360~540nm에서 반응한다. 겹치는 부분까지 감안했을 때 결국 망막은 360~680nm의 영역에서 정보를 감지하고, 이 정보는 시신경을 통해 뇌의 시각 피질로 전달된다는 사실을 알 수 있다.

우리 앞에 놓인 라프로익 병 속 분자는 적색과 청색 파장의 빛을 모두 흡수하고, 녹색은 일부만 흡수되고 일부는 반사되어 눈으로 들어간다. 그리고 망막 속 녹색을 인지하는 옵신 단백질이 뇌에 강력한 신호를 보내면서 우리는 이 병이 반투명한 녹색임을, 라벨은 칙칙한 녹색임을 알게 되는 것이다. 다시 말해 반사된 녹색 영역의 빛은 짧은 파장과 긴 파장을 감지하는 옵신을 자극하고, 여기서 얻은 정보를 뇌가 처리해 색(이 경우 진녹색)으로 바꾸어놓는 것이다. 그리고 이 모든 정보는 뇌의 시각 피질에서 취합되어 우리가 무엇을 보고 있는지 알 수 있게 된다. 색 이외에도 깊이, 조명, 그림자 같은 다양한 시각적 디테일을 알려주기 위해 다른 신경세포들이 함께 움직인다.

당신이 손을 뻗어 병을 잡게 되면 다른 정보가 뇌로 빠르게 들어간다. 손은 감각 피질과 놀라울 정도로 긴밀히 연결되어 있다. 만약 뇌의 감각 피질이 신체 부위 중 어디에 집중적으로 연결되어 있는지를 비율로 나타내 인체를 그린다면 손을 아주 거대하게 그려야 할지도 모른다. (손은 입술, 혀, 생식기 등 다른 부위보다 훨씬 더 크게 그려질 것이다.) 손에는 촉각 정보를 감지하는 전문 세포 무리가 분포되어 있다. 그리고 이런 세포들의 이름은 신경생물학 선구자들에게서 따왔다. 예를 들면, 메르켈, 파치니, 마이스너, 루피니, 랑비에 등이 있으며, 세포는 각기 다른 종류의 촉각을 맡고 있다. 당신이 병에 손가락을 대면 손가락과 손에 있는 메르켈-랑비에 세포가 병을 누르는 힘 때문에 살짝 옆으로 이동하게 된다. 이런 신체적 변화로 인해 메르켈-랑비에와 마이스너 세포에서 반응이 일어나면서 방금 손이 뭔가와 살짝 접촉했다는 메시지를 뇌에 전한다. 다음으로 당신이 병을 잡으면 피부가 늘어나며 병의 모양과 비슷하게 구부러진다. 이때 루피니 세포가 반응하며 당신이 병을 좀 더 강하게 쥐고 있다고 말해준다. 또한 손의 진피층에 있는 파시니 세포도 이런 메시지를 전한다. 특정 시점에서 병을 누르는 압력이 강해지면 뇌는 이 물체를 들어 올릴 수 있는지를 계산한다. 그리고 동시에 손에 있는 온도수용기는 이 병이 너무 차갑거나 뜨겁지 않다고 알려준다. 자기수용기는 팔, 손, 손가락 근육에 현재의 위치를 알려주어서 부드럽게 움직일 수 있도록 한다. 이와 같은 과정이 왼손에서도 일어나며 당신의 손은 뚜껑을 잡게 될 것이다. 과거에 병을 따본 경험이 있다면 뇌는 기억을 소환한 후 코르크를 제거한다.

라프로익에서는 아주 강한 이탄 향이 난다. 마개를 열면 냄새 분자들이 병목에서부터 밖으로 빠져나오게 된다. 일부는 코 주변을 돌다가 당신이 숨을 들이쉴 때 콧구멍으로 빨려 들어간다. 비강은 작은 후각기관인 '유모 세포'로 덮여 있으며, 두 가지 특성이 있다. 첫 번째는 이 세포가 뇌까지 이어져 있는 후각망울에 직접적으로 연결되어 있다는 것이고, 두 번째는 이 세포막에 자물쇠-열쇠의 체계를 띤 특별한 분자들이 있어 술병에서 나온 특정 냄새 분자를 잘 잡아낼 수 있다는 것이다. 이런 분자들을 후각 수용기라고 부르며 망막에 있는 옵신과 아주 비슷하게 행동한다. 후각을 자극하는 물질이 이 수용기와 접촉해 수용기에 있는 단백질에 붙게 되면 엄청난 반응이 일어나면서 뇌까지 신호가 전해진다. 그리고 이 신호를 뇌가 해석하면서 과거의 경험을 소환한다. 정리하자면 당신이 향을 맡을 때마다 수많은 냄새 분자는 비강의 후각 세포를 건드리면서 상호작용이 일어나고 뇌는 이를 해석한다. 그러니 당신이 잔에 담긴 스카치 향을 맡을 때면 뇌에서 기억을 담당하는 부분이 냄새에 대한 정보를 끄집어내려 노력할 것이다. 소설가 마르셀 프루스트는 오븐에서 막 꺼낸 마들렌 향이 불러일으키는 아름다운 기억에 대한 글을 쓴 적 있다. 단편소설이라고는 모르는 그는 장편소설 『잃어버린 시간을 찾아서』에서 2000단어가 넘는 분량을 할애해 마들렌에 관련된 이야기를 썼고 독자들은 여기에 매료되었다. 에탄올에 대해서라면 이 냄새 분자가 우리의 먼 조상과 관련된 부분을 유추할 수 있는 값진 실마리라는 점도 잊지 말자.

냄새 분자들은 정말 다양해서 이를 감지하는 후각 수용기 역시 꽤 종류가 많다. 인간에게는 유전자 암호가 있는 후각 수용기가 800개 정도 있고, 쥐는 그보다 많은 두 배 이상의 후각 수용기가 있다. 각 유전자에는 아미노산(단백질의 기본 구성단위)의 서열이 새겨져 있고 이렇게 서로 다른 서열은 후각 수용기의 3차원 구조에 영향을 주고 냄새를 인식하는 단백질의 위치도 바꾼다. 냄새 분자의 반응이 과연 신체 접촉과 관련되어서인지, 수용기 분자들의 진동에 변화가 생겨서인지에 대해서는 확실히 알 수 없지만, 어떤 체계가 발동하든 간에 수용기의 단백질 구조와 냄새를 받아들이는 행동에는 분명 밀접한 관계가 있을 것이다.

양조업자, 와인 제조업자, 증류업자는 증류주와 관련된 냄새 분자를 연구했고, 기체크로마토그래피-후각측정법(GC-O) 또는 E(전자)-노우즈 기술을 이용한 이후에는 연구가 더 수월하게 이루어졌다. 이 기술은 냄새를 이루는 분자 단위까지 쪼갤 수 있다. 그래서 이탄 향의 싱글 몰트 증류주에서 핵심적인 향을 내는 20개의 물질이 있다는 사실을 발견했고, 이 중 거의 절반이 페놀(탄소 원자 6개로 이루어진 벤젠 고리에 수산기 또는 OH가 붙어 있는 분자)이라는 사실을 알 수 있었다. 이런 향 성분의 구조는 이미 잘 알고 있는 것이 대부분이고 특징 역시 뚜렷해서, 우리의 후각 시스템은 거의 모든 성분을 감지한 후 이 정보를 뇌로 보낸다. 즉, 우리가 이탄 향을 인지하는 것은 뇌가 냄새 성분 20개를 통합적으로 계산한 후 나온 결과라고 할 수 있다. 베아타 플루토브스카와 월드마 와덴스키는 이러한 사실을 발견한 과학자들이며, 어떤 식으로 이탄 스카치 위스키가 다른 위스키와 비교되는지도 함께 살펴보았다. GC-O 기술을 이용해 싱글 몰트, 블렌디드 위스키와 아메리칸 위스키를 비교해보니 각각 다른 형태를 띤다는 사실을 알게 되었다. 그들의 마지막 실험에는 네 범주로 나눈 36종의 위스키 브랜드가 포함되었다. 그리고 60개의 휘발성 분자들만 있으면 네 타입을 확실히 나눌 수 있다는 결론을 내렸다.

당신은 이 이탄 향이 나는 위스키의 냄새만 맡아도 바로 잔(결국 인간은 알코올과 관련된 향에 특화된 조상의 후예들이 아닌가!)에 따르겠지만, 이 술의 모습 역시 당신을 매료시킬 수 있다. 당신의 망막에는 술과 유리잔에서 반사된 빛이 가득 들어온다. 그리고 이제 당신은 손에 있는 감각 세포를 사용해 잔을 단단히 쥔다. 멋지게 잔을 들어 올린 후 건배를 외칠 것이다. '짠!' 유리잔들끼리 부딪히는 소리는 얼마나 세게 부딪혔느냐에 따라 공기를 흩트리며 주변에 파동을 일으킬 것이다. 이 파동은 색을 만들어내는 방식과는 다르지만, 행위는 매우 비슷하다. 잔을 부딪쳐서 만들어낸 파동은 진동수(높낮이)와 세기(강도)가 합쳐진 것이다. 파동은 초당 반복 횟수를 말하는 헤르츠(Hz)로 측정된다. 매우 높은 음의 소리는 초당 파동 수가 매우 많다. 적당한 톤으로 말하는 정도는 약 500Hz이며, 가수 머라이어 캐리는 3100Hz까지 만들어낼 수 있다고 한다. 그리고 잔끼리 부딪히는 소리는 약 1000Hz(작은 종소리와 비슷한 수준)일 것으로 추측한다. 반대로 세기는 데시벨(dB)을 쓴다. 0dB은 감지할 수 없는 수준이며 120dB은 고통을 느낄 수 있는 정도다. 잔을 대는 소리는 아주 부드러워서 10dB 이하다.

귀가 소리에 반응하는 방식을 살펴보면 아마 감탄을 금치 못할 것이다. 청력 시스템은 정말 정교한 기계와 같이 움직이기 때문이다. 여기에 관여하는 부분이 몇 가지 있는데, 그중에서 달팽이관의 역할이 가장 눈에 띈다. 꼬인 관 안은 체액이 차 있으며, 내부 벽은 작은 '유모 세포'로 덮여 있다. 달팽이관은 독특한 형태의 타원형 막과 연결되어 있으며, 이 막은 3개의 독립된 작은 뼈와 연결되어 있다. 이 뼈의 이름은 각각 등자뼈(등골), 모루뼈(침골), 망치뼈(추골)며, 달팽이관에서 멀어지는 순서로 위치해 있다. 세 뼈는 물고기를 포함한 다른 척추동물에서도 찾아볼 수 있지만, 포유류의 경우 턱에서도 이 뼈들을 발견할 수 있다. 이런 현상은 인간의 청력계가 턱에서 시작해서 진화를 거치며 뼈가 변형된 결과임을 알 수 있다. 이 뼈들이 있는 타원형 막을 지나면 작은 외이도와 연결된 고막에 다다른다. 외부에서의 진동을 고막이 인식하면 뼈를 통해 달팽이관으로 진동이 전달된다. 그러면 유모 세포가 이 진동을 전기신호로 바꾼 뒤 뇌의 청각 센터로 보내 내용이 해석된다.

이 진화된 기관은 자신의 역할을 꽤 톡톡히 해내고 있다. 소리의 진동이 타원형 막을 지나 달팽이관 속 체액에 도달하면 유모 세포가 구부러지면서 수많은 전기신호를 뇌로 보낸다. 나선형 구조로 인해 일부는 진동의 시작 부분에, 일부는 뒷부분에 닿게 된다. 그리고 고음은 달팽이관 앞쪽에 있는 유모 세포에만 닿고 저음은 전체에 닿는다. 그래서 앞쪽에 있는 유모 세포가 장기적으로 훨씬 큰 충격을 받기 때문에 나이가 들면 고음을 듣는 능력이 점차 사라지는 것이다. 그러나 너무 걱정하지 마라. 잔끼리 부딪히는 소리는 고음이 아니며, 훌륭한 스카치 위스키를 나누는 소리 역시 나이를 먹어도 충분히 들을 수 있을 것이다.

건배한 후에 가장 중요한 감각은 맛이다. 맛은 미뢰라고 알려진 미각 기관

이 담당하고 있으며 안에는 작은 돌기가 가득 차 있다. 2000개에서 8000개에 달하는 돌기들은 혀, 입천장, 안쪽 뺨, 후두개, 심지어 식도 상부에도 있다. 미뢰는 입안에서 뇌로 정보를 전달하는 세 신경 중 하나와 연결된 세포 무리다. 맛을 느끼는 민감성은 사람마다 다른데, 얼마나 많은 돌기를 가지고 있느냐와 맛을 얼마나 잘 느끼는가는 직접적으로 연결된다. 입맛이 섬세한 사람들을 일컬어 슈퍼 테이스터라 부르고, 맛을 전혀 느끼지 못하는 사람을 히퍼 테이스터(또는 논테이스터)라 한다. 그러나 대부분은 미각이 정상적이라 할 수 있다. 원한다면 집에서 거울을 보고 혀에 있는 돌기를 세어보면서 당신의 미각 상태를 알아볼 수도 있다. 펀치기로 내는 구멍 하나의 크기만큼의 부위에 돌기가 30개 이상인 사람은 슈퍼 테이스터라고 할 수 있다. 더 정확하게 알 수 있는 방법은 6-n-프로필티오우라실(PROP)에 대한 반응으로 알 수 있다. 이 검사를 해보면 슈퍼 테이스터는 불쾌할 정도의 쓴맛을 느끼고, 논테이스터는 거의 느끼지 못하며, 일반인은 쓴맛을 느끼긴 하지만 그렇게 심하다고 생각하지 않는다.

슈퍼 테이스터가 훨씬 좋을 것 같은가? 물론 그렇게 생각하는 사람도 일부 있다. 그러나 대부분의 슈퍼 테이스터는 쓴맛에 불편할 정도로 민감하다. 그리고 전반적으로도 맛을 잘 느끼기 때문에 입맛이 까다롭다는 시선을 많이 받는 편이다. 같은 이유로 많은 이들이 술(잠시 후 살펴보겠지만, 알코올은 미뢰에 특정한 영향을 준다)을 마시지 않는다.

맛에는 기본적으로 다섯 가지–짠맛, 단맛, 신맛, 쓴맛, 감칠맛–가 있으며, 과학자들은 이 맛들의 작용방식을 발견해냈다. 냄새처럼 맛도 화학적 감각으로 느끼는데, 쉽게 말해 먹은 음식의 화학물질을 수용기가 감지한다는 의미다. 그리고 이 다섯 가지 맛을 감지하는 수용기는 각자 다르다. 가령 짠맛은 양전하를 가진 미세 분자들이 감지한다. 사실 짠맛은 염화소듐(NaCl)이나 염화포타슘(KCl)을 알아듣기 쉽게 쓴 표현이다. 짠맛 수용기는 ENaC(상피세포 소듐[Na+] 통로)라 흔히 알려졌지만, 최근에 두 번째 종류가 밝혀진 상태다.

체내 세포들은 세포막 외부와 내부의 이온이 적절하게 균형을 이루도록 하는 경향이 있어 세포막에는 이온들이 들락날락할 수 있는 분자 통로가 존재하며, 이를 이온 통로라 부른다. 짠맛에 관련된 이온 통로에는 염화소듐의 소듐 이온이 지나다니지만, 염소 이온(Cl^-)은 이곳을 통과하지 못한다. 짠맛의 경우 염분의 농도가 진해지면서 미뢰 세포가 자극을 받는다. 그러면 소듐 이온이 이 통로를 통해 세포 안으로 들어가게 된다. 이로 인해 일어난 반응은 신경을 자극해 뇌로 전달된다. 즉, 현재 염분의 존재를 경고하는 것이다. 신맛 또한 이온 통로를 지나면서 반응이 일어난다.

다른 세 가지 맛–단맛, 쓴맛, 감칠맛–은 후각과 비슷한 체계의 수용기를 가지고 있다. 미뢰 돌기에는 미각 수용기 세포막이 있는데 이 세포막 단백질이 맛들을 감지한다. 맛의 종류에 따라 담당하는 수용기 단백질이 다르며 이 내용은 유전자에 암호로 새겨져 있다. 단맛의 경우, 16개 정도 되는 수용기 단백질이 있고 쓴맛은 12개가 있다. 감칠맛은 3개의 단백질이 한데 묶여 있으며, 글루탐산 모노소듐 같은 작은 분자들을 감지한다. 우리가 라프로익을 한 모금 마시면 이 액체가 입안과 혀를 지나갈 것이고, 기본 다섯 가지 맛 중에서 단맛과 쓴맛을 가장 많이 감지할 것이다(그림 8.1 참고).

알코올을 대체할 만한 제품을 찾기 어려운 이유 중 하나는 알코올 분자가 맛을 인지하는 부분에 아주 큰 영향을 주기 때문이라는 사실이 증명되었다. 그러니 보드카처럼 독한 술이 무미라고 떠들어대는 말만을 믿고 알코올 자체는 맛이 부족할 거라고 섣불리 판단하지 말자. 그러나 사실 에탄올은 특정한

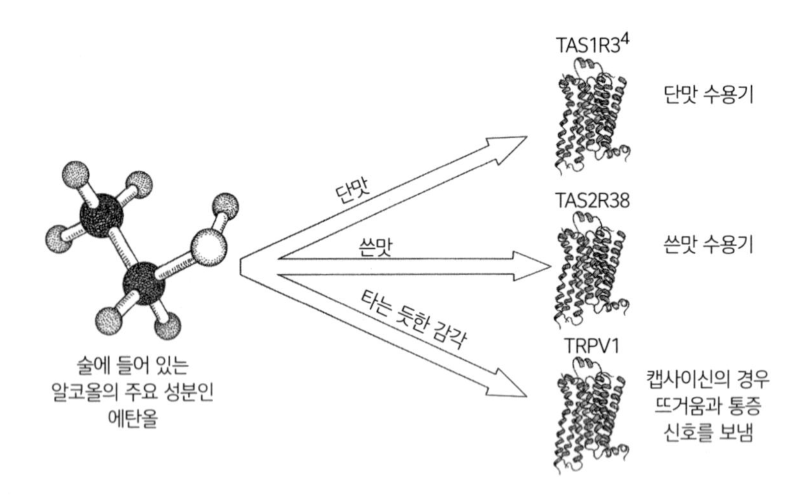

그림 8.1 우리가 맛을 느끼는 방식

수준에 다다라야 그 맛을 느낄 수 있다. 만약 에탄올의 농도가 약 1.4% 이하면 일반인들은 그 맛을 느낄 수 없을 것이다. 2~20%의 에탄올은 쓴맛과 단맛의 요소를 모두 가지고 있고, 20%가 넘어가면 맛과 함께 타는 듯한 감각을 함께 느낄 수 있다.

라프로익의 훈연 향은 이 위스키가 가지는 뚜렷한 특징이다. 술이 담긴 잔을 입 가까이에 가져다 대면 향이 콧속으로 들어갈 것이다. 인간이 맛을 인지할 때 냄새를 맡는 감각에서 큰 영향을 받기 때문에 이렇게 향을 맡는 행동은 맛을 보는 데 매우 중요하다. 사실 우리는 훈연 향에 관련된 미각 수용기가 없어서 미뢰만으로는 라프로익의 이런 면모를 느낄 수 없다. 미각 시스템은 과이어콜을 감지해서 향을 인지한다. 과이어콜은 크레오소트나 이탄을 태울 때 나오는 작은 페놀 성분이다. 몰팅하는 과정에서 이탄을 쓰면 이 성분들

---

4 미각 수용기의 종류.

이 몰트에 머무르게 되며, 증류 과정에서도 제거되지 않고 남아 있다. 콧속에 있는 특정 미각 수용기 단백질은 이 작은 분자를 감지해 쓴맛과 단맛의 미각과 함께 처리한다.

그렇다면 알코올이 주는 타는 듯한 감각은 어떤가? 도수가 20% 이상인 술은 '통각' 또는 통증 수용기를 자극한다. 때로는 캡사이신에 반응하는 수용기가 에탄올에 반응하기도 한다. 에탄올보다 큰 캡시쿰이라는 캡사이신 분자는 고추류나 후추에 들어 있으며, 통증을 신경계로 보내는 바닐로이드 수용기에 반응한다. 그래서 스카치 위스키를 마신 후 타는 듯한 느낌은 정확히 말하면 맛이라기보다 열로 인한 통증이라 할 수 있다. 그러면 진을 마신 후에 느껴지는 독특한 주니퍼의 풍미는 어떤가? 버번에서 느껴지는 단맛과 오크의 풍미는? 아니면 인퓨즈드 보드카의 다양한 맛은 어떤가? 이렇게 특징이 강한 맛들은 기본적인 쓴맛, 단맛, 에탄올의 타는 듯한 감각을 모두 덮어버린다. 증류주에는 고유한 특징을 지닌 향과 맛의 분자들이 있다. 지금 우리 앞에 놓인 이탄 향의 라프로익에 들어 있는 과이어콜처럼 말이다. 이런 분자들은 우리의 감각을 자극해 자신의 매력을 뽐낸다. 라프로익을 마시면서 느낀 모든 감각은 뇌의 여러 부위에서 처리되었다가 그 후 하나로 합쳐지고 다음에 다시 마시게 되면 이전에 느꼈던 감정과 평생의 기억, 경험이 합쳐져서 또 하나의 새롭고 풍부한 경험이 만들어지는 것이다.

자, 이번에는 다시 증류 과정에서의 에탄올 분자 이야기로 돌아가보자. 5장에서 우리는 에탄올 분자들이 그라파 병 속에 있다는 이야기를 했다. 그리고 라프로익에도 사촌 격인 녀석들이 있다. 스카치를 잔에 따르면 에탄올 분자들이 함께 담기고, 우리가 첫 잔을 마시면서 수백만 개의 분자들이 입안으로 들어온다. 운 좋게 미각이나 후각 수용기에 잡히지 않는다면, 무사히 식도를 지나 아래로 내려갈 것이다. 에탄올 분자 중에서 많은 수가 미각과 바닐린[5] 수용기에 잡혀서 쌉싸름한 맛과 타는 듯한 감각을 주지만, 식도를 넘어간 분자들은 위에 도달한다. 위는 많은 수의 소화 효소들을 분비해 음식을 분해하고 영양분을 취한다. 위벽에 있는 효소 중에서 에탄올 분자에게는 매우 위협적인 종류가 하나 있다. 1장에서 말했던 알코올탈수소효소(ADH)다. ADH는 엄밀히 말해 다섯 가지로 분류할 수 있으며 인간에게는 이 효소를 암호화한 유전자가 일곱 가지 있다. 에탄올 분자가 반드시 피해야 하는 종류는 ADH1과 ADH2다. 이 효소들은 많은 에탄올 분자들을 먹어 치우면서 해독해버린다. 그러나 위벽에서도 살아남은 녀석들은 혈류를 타고 몸 곳곳으로 여행을 떠난다.

많은 에탄올 분자들은 ADH가 더 많이 분포되어 있고 해독작용이 본격적으로 일어나는 간으로 이동한다. 이곳에 들어간 물질은 대사 작용을 통해 에너지로 전환된다. 오랫동안 과음을 하게 되면 내부 장기에 부담을 주는데, 그 중에서 간은 매우 취약하며 과음으로 간경변을 일으킬 수도 있다. 이 질환이 생기면 간에 흉터가 만들어지는데, 처음에는 간세포와 조직이 흉터 조직을 회복시킨다. 그러나 술을 많이 마실 때마다 상처는 계속 쌓이고 어느 순간 이 장기는 더 이상 기능을 하지 않게 된다. 아쉽게도 간은 제 기능을 못 해서 제거하더라도 큰 문제를 일으키지 않는 충수나 쓸개 같은 장기가 아니다. 그러니 간은 제대로 기능할 수 있도록 반드시 지켜야 한다. 간경변은 초기에 발견하면 통제가 가능하지만, 그래도 금주는 필수다.

5 바닐라의 독특한 향을 내는 화학물질.

여전히 혈류를 타고 돌아다니는 에탄올 분자들의 종착지는 다양하다. 일부는 내이로 들어간다. 이곳의 기관들은 청력과 균형을 담당하고 있다. 에탄올은 이곳의 모세혈관을 통해 반고리관으로 들어갈 수도 있다. 여기에는 관이 3개 있는데, 하나는 왼쪽과 오른쪽을, 하나는 앞과 뒤를, 하나는 회전을 담당해 신체가 균형을 잡도록 돕는다. 이 관 안에는 체액이 차 있으며 달팽이관처럼 세포의 털이 구부러지면서 전기신호를 보내는 식으로 일을 한다. 에탄올이 이 관으로 들어가면 털이 부어올라 균형을 제대로 잡지 못하는 현기증을 일으킨다.

에탄올 분자들이 뇌로 들어가면 의사결정과 다른 중요한 행동을 담당하는 피질에 자리를 잡는다. 아니면 편도체(감정적 반응을 담당)와 해마(기억을 담당), 소뇌(근육의 움직임과 다른 중요한 기능을 담당) 등으로 갈 수도 있다. 이들이 뇌 어느 부위에 가든 일부 분자들은 시냅스라는 신경세포 사이에 있는 공간에 다다를 것이다. 시냅스는 근처에 있는 신경세포 간의 의사소통을 전달하는 데 필수적인 역할을 한다. 뇌와 신경계가 적절히 일하려면 시냅스에서 전기적 전달이 일어나야 한다. 다시 말해 시냅스는 신경세포 막에 있는 분자들을 이용해 정보를 전달하는 것이다. Ca2+, K+, Na+ 같은 작은 분자들이 이런 식으로 전달된다. 우리가 미각 부분에서 말했던 이온 통로와 비슷한 막이 여기에도 있으며, 수용기들은 이온의 신경세포 출입을 관리하고 시냅스 간 정보 전달도 함께 담당한다.

에탄올은 뇌에 있는 열 가지 종류의 신경성 수용기에 영향을 줄 수 있으니 가히 다재다능한 분자라고 할 수 있겠다. 이 수용기는 여섯 가지 종류의 신경세포 간의 의사소통을 관리하면서 뇌가 지시하는 수많은 행동에 영향을 준다. 카리나 아브라하오, 아르만도 살리나스, 데이비드 러빙거에 따르면, 에탄올은 대표적으로 뇌의 과도한 흥분과 우울에 영향을 준다고 한다. 과음을 하게 되면 뇌에 변화를 초래해 행동에도 변화가 생기고 일시적인 중독(알코올 중독)까지 갈 수도 있다. 술을 마신 후 일어나는 심한 변화의 직접적인 원인이 에탄올 분자일 수 있으며, 과음이 잦으면 장기적으로 중독될 수 있다.

우리의 에탄올 분자는 피질 내의 시냅스로도 대거 이동한다. 일단 이곳에 도착하면 GABA(유도 아미노산) 수용기라는 수용기 단백질과 반응한다. 평소라면 이 수용기들은 상대적으로 작은 GABA 분자($C_4H_9NO_2$)와 결합하고 이로 인해 신경세포 간의 의사소통이 잘 조절될 것이다. 하지만 에탄올 분자는 이 정상적인 GABA 상호작용을 방해한다. 시냅스 내 이온의 이동량을 늘려서 말이다. 동시에 우리가 술을 마셨을 때 혈류로 들어간 다른 에탄올 분자들 역시 GABA 수용기의 활동을 늘린다. 그렇게 되면 전체적으로 시냅스 활동이 증가하고 신경 신호에 불균형이 생긴다. 예를 들어, 알코올은 신경전달을 억제하는 GABA 수용기의 활동을 늘리거나, 평소라면 신경 간 의사소통을 늘렸을 수용기의 활동을 감소시킬 수 있다. 알코올은 다양한 이온 통로에 여러 방식으로 영향을 줄 수 있지만, 가장 대표적인 부분이 행동에 대한 제약일 것이다. 이는 뇌의 피질에 있는 시냅스가 에탄올로 인해 복합적인 영향을 받아서 생긴다. 예를 들어, 에탄올 분자가 소뇌로 가면 근육의 움직임이 둔화할 것이며, 편도체로 간다면 감정의 변화를 겪게 될 것이다.

알코올은 뇌에 더 많은 영향을 준다. 신경전달물질인 도파민과 노르에피네프린을 자극한다. 알코올은 노르에피네프린의 생성을 촉구해 기분은 고조되고 억제력은 약해진다. 물론 음주 초기 단계에서는 말이다. 도파민 역시 에탄올에 자극받아 생성될 수 있으며, 보상 회로라는 작용으로 인해 다음에는 더 많은 도파민을 원하면서 술을 더 많이 마시게 된다. 또한 도파민은 기억에도 관여하는데, 알코올은 이런 도파민을 증가시키는 특성이 있다. 그러니 당신이 처음 술을 마신 후부터 머릿속에서는 에탄올을 찾는 소리가 날지도 모른다. 여기까지 본 에탄올의 영향은 명백하다. 충동성을 높이면서 절제력과 근육의 움직임, 기억력, 감정의 반응을 감소시킨다. 그리고 동시에 우리는 에탄올을 더 원하게 된다. 그래서 제대로 조절하지 않으면 이런 극심한 애정이 장기적으로 만성적인 영향을 주고 중독되기도 할 것이다.

물론 혈중 에탄올 농도에 따라 알코올이 뇌에서 벌이는 다양한 일의 정도는 다를 것이다. 단지 자세한 설명을 하기 위해 과음했을 때 신체에서 일어날 수 있는 현상에 좀 더 집중해서 말했을 뿐이다. 많이 마시지만 않는다면 신체에 끼치는 알코올의 영향은 앞에서 설명한 것처럼 심하지 않고, 기분이 좋아지는 정도에서 그칠 것이다. 어차피 과음했을 때 느끼는 감정과 적당히 마시고 느끼는 긴장 또는 경계 완화에 관련된 뇌 속 변화는, 동일한 체계로 진행되기 때문에 적당히 마시려는 노력만 있으면 충분히 술을 즐길 수 있을 것이다. 게다가 알코올은 특히 후각과 미각에 기분 좋고 풍부한 감각적 경험을 주는 데 가장 효과적인 수단이기도 하다. 그러니 알코올 분자가 없었다면 인간의 경험은 지금보다 훨씬 빈약했을 것이 틀림없다. (얼마나 빈약했는지를 알고 싶다면 금주법 시행령 때 사람들이 어땠는지를 생각해보면 된다.) 우리는 알코올음료에 관련된 책을 세 권 내면서 알코올이 인간의 삶을 더 풍족하게 만들어준다는 것을 확신하게 되었다. 과도한 음주에 대한 위험은 분명 존재하지만, 적당한 수준만 지킨다면 에탄올 분자와 수십억 개의 다른 분자들이 당신에게 놓은 함정에 걸리지 않고 즐길 수 있을 것이다.

제3부

마켓 리더들 '빅 6'

9

브랜디

알렉스 드 보호트

이 코냑의 라벨을 보면 붉은색으로 No. 8이라 표시된 도장이 찍혀 있는 것을 알아챌 수 있다. 우리 앞에 놓인 이 훌륭한 코냑을 향한 기대감이 한껏 올라가게 만드는 첫 번째 단서다. 이 숫자는 숙성 연수가 매우 길다는 뜻의 '오다주'를 의미한다고 보면 된다. 짧게는 6년에서 최고 11년까지 숙성하니 일반적인 코냑의 수준을 훨씬 능가하는 기간이다. 그리고 이 점도 언급하고 싶다. 아에도르 증류소는 19세기부터 코냑 블렌딩을 해왔다. 그리고 오다주 급에 들어가는 베이스는 가장 인정받는 코냑 와인 생산 지역인 그랑 상파뉴에서 나온 제품으로만 구성된다. 지금 우리 앞에 있는 이 No. 8은 기본 40년 이상 숙성된 코냑들을 블렌딩해서 탄생했다. 이 증류소에서 제공하는 코냑 중에 가장 독해서 마실 때마다 47%의 도수를 느낄 수 있었다. 비록 높은 알코올 함량 때문에 코냑이 지닌 부드러운 단맛이 많이 사라졌지만, 이 증류주는 강력한 맛을 낸다기보다는 매운맛과 진한 풍미로 가득했다. 처음에는 입만 축이는 정도로 마시면서 높은 도수에 적응한 후 양을 늘려 매력적인 풍미에 흠뻑 빠져보자. 또한 잠시만 기다리면 풍미가 바뀌면서 긴 여운이 남는 마무리까지 느낄 수 있을 것이다. 나는 그동안 길거나 짧게 숙성한 여러 가지 코냑을 맛봤지만, 그중에서도 이 녀석을 꽤 오랫동안 좋아했던 것 같다. 다양한 코냑을 맛보면 풍미의 강도와 마무리의 여운을 바로 비교해볼 수 있으며 자신이 좋아하는 종류도 알 수 있을 것이다.

우리는 전에 프랑스 남서부 지방을 여행한 적이 있는데, 이곳은 브랜디에 코냑이라는 고급스러우면서도 멋진 이름을 붙였던 중세 마을이다. 레미 마르탱, 오타르, 까뮈, 헤네시, 마텔 같은 유명한 증류 회사가 고대 도시의 중심부에 나란히 늘어서 있어 방문객들의 눈길을 끌고 있다. 동쪽으로 2~3시간 정도 걸어가다 보면 도착하는 자르나크라는 마을에도 크루보아제, 하인, 아에도르 같은 증류소가 있다.

늦은 아침, 나는 친구와 함께 사전 예약 없이 아에도르에 방문했다. 수수한 사무실을 지키던 한 우아한 여성이 우리를 발견하고서 나이가 지긋하고 밝은 분위기의 동료분을 불러 함께 환영해주었다. 우리는 작지만, 매력적인 테이스팅룸으로 초대되었고, 거기에는 긴 테이블과 함께 코냑들이 뒤쪽으로 길게 진

열되어 있었다. 현재 증류소 방문은 금지되었지만, 이곳의 '파하디'[1]를 구경한 후 높은 도수의 증류주 몇 가지를 맛보는 게 어떻겠냐는 제안을 듣고 기쁨을 감출 수 없었다! 먼저 신사분을 따라 체인으로 감겨 있던 문을 지나니, 마치 거대한 헛간 같은 곳이 나왔다. 지붕은 큰 기둥들이 떠받치고 있었고 바닥에는 커다란 유리병들이 낮은 나무 단상 위에 대거 모여 있었다. 모든 유리병은 고리가 달린 뚜껑으로 덮여 있었다. 유리병 속 코냑들은 수집가 아메데-에두아르 도르가 처음 이곳에 놔둔 뒤로 현재까지 그 자리를 지키고 있다고 한다. 1858년, 장 밥티스트 도르는 작은 코냑 증류소를 설립했고 장남인 아메데-에두아르가 1889년 자신의 이니셜을 라벨에 추가해서 넣었다. 당대 최고의 코냑을 수집해 진열하고자 하는 그의 열정은 곧 이곳을 유명한 증류소로 만들었다. 그는 수십 년간 희귀한 샘플들을 오크 배럴에 숙성했고, 대부분이 현재 코냑용 포도 재배지 중에서도 가장 인정받는 곳인 그랑 상파뉴에서 공수해 온 것들이었다. 그는 완성된 코냑을 커다란 병으로 옮겨 담았고 이것은 오랜 역사와 함께 지금까지 보존되고 있다.

우리는 먼저 첫 번째 유리 저장고를 지나갔다. 이 저장고에 있는 각 제품에는 연도, 이름과 함께 핀 샹파뉴나 그랑 상파뉴 같은 지역이 함께 표기되어 있었다. 좀 더 안으로 들어갈수록 코냑의 나이 또한 많아졌고 이름이 없는 제품이 많았다. 우리가 1834 프린스 앨버트 앞에 잠시 머물렀을 때도 아직 보지 않은 코냑은 많이 남아 있었다. 마침내 우리는 이렇게 적힌 유리병 앞에 다다랐다. '그랑 상파뉴, 1811년, 31%'. 마치 나폴레옹 시대로 돌아간 듯한 착각이 든 순간이었다. 그 옆에는 '그랑 상파뉴, 1805년'이라 적힌 더 작은 병이 나무

1 증류주가 보관된 장소.

상자 위에 올려져 있었고 이번에는 나폴레옹 전쟁 발발의 초입으로 돌아간 듯했다. 그리고 우리는 '파하디' 투어를 마무리했다.

다시 테이스팅룸으로 돌아가서 작은 시음잔에 담긴 VS(매우 특별한) 등급의 코냑을 건네받았다. 이 병에는 '아에도르'라는 글자가 황금색으로 적혀 있었다. 마스터는 여러 지역의 포도로 만든 코냑과 다양한 연도, 등급의 코냑들을 블렌딩해서 이곳의 특징에 부합하는 완성품을 만든다. 대개 숙성 기간이 아주 짧거나 싼 제품을 섞으면 전체적인 균형이 흐트러지지만, 아에도르는 짧은 숙성 기간에도 이미 엄청난 특징을 지니고 있었다. 전통적으로 코냑에는 VSOP(매우 특별한 올드 페일)와 XO(엑스트라 올드) 등급이 있으며, 각각 최소 4년, 6년 이상의 숙성 기간을 거쳐야 한다. 이 중간에 나폴레옹도 있다. 파하디(낙원이라는 의미)를 보고 난 후에는 정말 적절한 이름이라는 생각이 들었다. 우리는 6번부터 11번까지 숫자가 매겨진 최고의 코냑을 적어도 한 모금씩은 맛봐야 한다는 권유로 몇 종류는 패스했다. 6번이 담긴 잔에 코를 가져다 대자마자 바로 다른 세상으로 간 듯한 기분이었다. 그리고 앞에서 맛본 종류는 깡그리 잊을 만큼의 복잡하면서 다양한 풍미를 느낄 수 있었다. 계속해서 다른 병에 있는 종류들도 맛봤다. 8번의 경우 앞에서 마신 40%보다 높은 47%의 도수로 인해 또 다른 즐거움을 느낄 수 있었다. 한 잔 한 잔의 가격이 매우 비쌈에도 무료 시음을 하는 동안 보여준 우리의 열정에 감동한 마스터는 기꺼이 11번까지 대접해주었다. 시음이 끝났을 때도 조금 전 느꼈던 강렬함이 완전히 사라지지 않고 입속에 남아 있었다. 우리는 입안 가득 역사를 즐길 수 있었고 선물로 코냑 두 병과 시음잔 두 개까지 받고 이곳을 떠났다.

세계에서 가장 오래된 코냑으로 알려진 1762 꼬띠에르 코냑은 세 병 밖에 남아 있지 않다고 한다. 그리고 2020년 5월, 그중 하나가 경매에서 14만 4525달러라는 기록을 세우며 낙찰되었다. 병과 라벨의 상태도 양호했으며 프랑스 혁명 이전에 만들어졌지만, 현재까지 사용되는 생산 기법으로 만들었기 때문에 내용물 또한 변하지 않았다고 한다. 사실 이런 유서 깊은 코냑에 비하면 현대식으로 제조된 제품은 생산된 지 100년도 채 지나지 않았지만, 네덜란드 무역상에 의해 그 존재감은 더 커져갔다. 엘 엠 컬런은 '17세기의 네덜란드인은 증류주의 위대한 소비자, 수입자, 제조자였으며 당대 최고의 부자들이었다'라고 정리했다. (당시의 이야기를 더 알고 싶다면 3장으로 다시 돌아가 보자.) 이들은 가장 선진적인 증류 산업을 이끌었고 당시 넘쳐나던 값싼 와인을 이윤이 남는 브랜디로 바꾸는 데 집중했다. 네덜란드에서는 증류주를 대량 생산했고, 세계 어느 나라에서든 증류주의 주 고객이 되기도 했다. 17세기 프랑스 브랜디 수출의 절반 이상을 네덜란드인이 주도했고, 멀리는 발트해 국가까지 수출했으며, 동시에 점점 커지는 국내 시장의 공급도 신경 썼다. 다른 선원들처럼 이들도 와인이 담긴 배럴에 브랜디를 섞으면, 오랜 항해 기간 중 술이 시큼하게 변질하는 현상을 예방할 수 있다는 사실을 발견했고, 이를 이용해 뛰어난 술을 만들어냈다. 뒤처졌던 브랜디 증류 사업이 지중해까지 뻗어나갈 수 있었던 그 이면에는 네덜란드 무역상의 요구가 있었지만, 이들이 직접 먼 곳에 가는 일은 거의 없었다. 자국에서의 소비가 늘어 산업이 번성하고 전문화되면서 고급 코냑과 아르마냑이 네덜란드 시장에 자리 잡았다. 당시 이 시장에는 이탈리아와 독일에서 건너온 퍼미스 브랜디와 과일 브랜디, 그리고 식민지에서 온 럼, 네덜란드의 게네베르가 이미 주를 이루고 있었다.

네덜란드와 달리 영국은 17~18세기에 프랑스와 전쟁을 하고 있었기 때문에 주로 집에서 증류하는 일이 많았다. 18세기 초 영국의 섬, 저지 출신 존 마텔이 코냑 하우스를 세웠다. 이곳은 제품의 인기가 높아 현재까지 운영되는 증류소다. 초기에는 '올드 브랜디', 'J.&F 마텔', '코냑'이라고 라벨에 표기해 대부분 영국으로 수출했고, 일부는 영국에서 막 독립한 신생국인 미국으로도 건너갔다. 존의 손자인 프레데릭 마텔은 VSOP 등급을 처음 받은 인물로 유명하며, 이 제품들은 영국으로 가는 무역선에 실렸다. 마텔 코냑은 영국 대관식과 많은 큰 행사에 쓰였으며 점차 코냑과 앵글로-색슨족[2] 엘리트 사이에서 강력한 접착제 역할을 하게 된다. 1765년 루이 15세의 치하 당시 군대에 복무했던 아일랜드 장교 리차드 헤네시는 자신의 이름을 딴 코냑 무역 회사를 열었고, 1794년에는 자신의 제품을 미국으로 수출했다. 이 제품은 국왕의 사랑을 받았다. 1817년, 나중에 조지 4세로 등극하는 웨일스의 왕자는 헤네시 VSOP 코냑을 만들도록 요청했다. 이처럼 코냑은 오랜 기간 왕가, 고위 관리, 엘리트들과 깊은 관계를 맺으면서 세련되고 고급스러운 명품 증류주로서 점차 그 명성에 쐐기를 박았다.

코냑의 세계적인 인기로 인해 다른 포도 브랜디들도 새롭게 출시되기 시작했다. 물론 코냑이라는 이름을 쓸 수는 없었지만, 명성을 그대로 본떴다. 이 중에서 가장 독특한 것은 예레반 브랜디 회사에서 나온 제품들일 것이다. 1940년대까지 슈스토프 팩토리로 알려진 이 회사는 현재 마텔처럼 프랑스 대기업인 페르노리카로 흡수되었다. 1887년 이후 여기서 생산된 브랜디들은 아라라트라는 이름으로 판매되었다. 이 제품은 이름이 같은 아라라트산에서 재배된 포도를 재료로 아르메니아에서 생산되었다. 20세기 초 이 기업은 러시

2 현재 영국 국민의 주된 혈통이다.

아 정부 기관에 납품하는 주 공급처가 되었고, 1950년대에는 '아르메니아 코냑'을 생산해 소비에트 연방의 모든 지역으로 유통시켰다. 현재까지도 많은 소비자가 '코냑'이라 부르는 이 아르메니아 브랜디는 아르메니아의 주 수출품 중 하나로 등극해 아크타마르, 아니, 나이리 같은 브랜드 이름으로 판매되고 있다. 특히 러시아 엘리트와의 유대는 구소련 국가에서 아르메니아 브랜드의 명성과 성공을 끌어올리는 역할을 했으며, 서유럽의 코냑과 경쟁 구도를 형성하고 있다.

큰 코냑 하우스는 모두 자신만의 파하디를 자랑스러워하며 이곳에 보관된 깊이 있고 풍부한 맛을 담은 제품들을 뽐낸다. 하우스의 이름은 대개 이곳에서 블렌딩 작업을 담당하는 마스터 블렌더와 깊게 관련되어 있다. 헤네시의 경우 장퓨 사를 운영하는 가족이 8대를 거쳐 코냑의 숙성과 블렌딩을 감독하고 있다. 블렌딩을 하는 사람은 모든 하우스에서 중요한 존재지만 베이스 와인을 공급하는 재배지는 중요도가 떨어질 때가 있다. 헤네시, 레미 마르탕, 마텔 같은 유명 브랜드조차도 대량 생산에 필요한 포도밭을 충분하게 가지고 있지 않을 정도다. 대부분의 기업은 부족한 부분을 포도 구매로 채우지 않고 대신 코냑용 와인을 산다. 크루보아제와 하인 같은 경우에는 증류한 지 얼마 되지 않은 코냑을 구매해 혼합하기도 한다. 그래서 큰 하우스는 재배자와 와인 제조업자를 긴밀히 주시하고 있긴 하지만, 직접적인 관계를 맺는 경우는 매우 드물다.

대부분의 다른 증류주와는 달리 코냑과 아르마냑은 화이트 와인으로 증류한다. 마르와 그라파 같은 포도 브랜디는 와인을 생산할 때 압착 과정에서 남은 찌꺼기로 증류해, 안에 포도 껍질, 씨, 줄기가 들어 있어서 거친 맛을 내기도 한다. 모든 포도 브랜디는 일반적으로 오드비에 속한다. 하지만 브랜디의 원형인 네덜란드 브란더베인(태운 와인)은 코냑과 아르마냑의 생산 과정과 더 흡사한데, 그 이유는 여러 과일로 만드는 브랜디와는 달리 이 술 역시 포도주로만 증류했기 때문이다.

지난 수십 년간 코냑용 와인 생산 과정은 점차 주목받기 시작했으며, 최종 제품의 정교함과 복잡함 역시 향상되었다. 코냑은 코냐크 지방에서만 만들며, 등급은 최상급인 그랑 상파뉴, 프티트 상파뉴, 보르데리, 팽부아와 하위등급인 부아 오르디네르와 보이스 아 테루아로 엄격하게 나뉜다. 코냑의 라이벌인, 가스코뉴 지방에서 생산되는 아르마냑도 이와 비슷하게 나누며, 명칭은 전통적인 바-아르마냑, 테나레즈, 그리고 더 작은 오-아르마냑, 이렇게 부른다. 포도 생산지마다 다른 환경적 특성들은 처음에 와인에 담겼다가 증류되어 브랜디로 옮겨간다.

코냑에 쓰는 포도는 원래 발자크와 콜롬바드가 지배적이었지만, 19세기부터 신맛이 더 강한 폴 블랑슈에 밀려났다. 이 품종으로 만들면 향이 풍부하면서 달콤한 코냑이 탄생한다. 1870년에는 많은 포도 농장이 악명 높았던 필록세라라는 진딧물에 심한 피해를 보았다. 그래서 폴 블랑슈 가지의 윗부분과 미국 품종의 뿌리를 접목해보았지만, 뿌리가 쉽게 썩었고 이종 교배도 시도해보았으나 불쾌한 향을 내는 결과물이 나왔을 뿐이었다. 그 결과 현재는 전통적인 포도 품종도 여전히 사용하지만, 대부분은 이탈리아가 원산지인 트레비아노 포도로 코냑을 만든다. 프랑스에서는 위니 블랑이라 부른다. 보통 이탈리아 북쪽에서 많이 재배하며, 멀게는 북쪽 끝에서도 키우기 때문에 색이 녹색이고 다른 지역에서 자라는 품종보다 신맛이 강하다. 또한 온화하면서 긴 여름 이후에도 여전히 강한 신맛을 간직하고 있으며, 10월 말의 추수철이 되어도 완전히 익지 않는다. 그러나 이 기간이 지나면 강한 서리가 내리기 때문에 익을 때까지 기다릴 수는 없다. 추수할 때는 기계의 진동을 이용해 줄기를 건드리지 않고 손상 없이 딴다. 더 클래식한 와인용은 60년 정도 숙성을 하지만 코냑용은 20~30년 사이가 가장 이상적이다. 아르마냑 지역의 북쪽에서 재배하는 교배종인 바코가 필록세라에서도 무사히 살아남는다는 사실이 증명된 후, 현재는 콜롬바드, 폴 블랑슈, 위니 블랑과 함께 사용되고 있다. 이런 다양한 품종을 혼합해 와인을 만들고 증류주 베이스로 사용한다. 그래서 아르마냑은 코냑과는 다른 향과 진함이 있다.

와인의 초기 양조 방식은 최근에 더 복잡해졌지만, 코냑에 쓰는 와인의 도수는 8%를 꾸준히 유지 중이다. 그리고 증류가 끝나면 알코올 함량이 최대 아홉 배 이상 올라 도수 역시 72%까지 올라가며, 배럴에서 숙성하면 도수는 다시 내려간다. 반대로 아르마냑은 첫 증류가 끝나면 52% 이하의 도수가 나온다. 코냑과 아르마냑 모두 베이스 와인의 산도가 매우 높은 편이다. 코냑은 보통 말로락틱 발효가 끝나면 강한 말산이 부드러운 젖산으로 바뀐다. 그리고 증류는 발효가 끝난 후 6주 이내로 시작한다.

17세기 말, 네덜란드인들 덕분에 코냑 제조업자는 포트 스틸로 2차 증류를 해서 불순물을 대부분 제거할 수 있게 되었고, 이때 도수를 낮추는 작업도 함께했다. (아르마냑은 보통 이런 중간 과정을 거치지 않는다.) 과거에는 소 농장을 소유한 농부들의 요구로 작은 크기의 코냑 스틸을 쓰도록 했지만, 현재는 아니다. 스틸은 140hL(헥토리터)를 수용할 수 있는데, 실제로는 최대 120hL만 채울 수 있다고 한다. 만약 이 증류주의 목표가 코냑이라면 2차 증류는 법적으로 정해진 30hL의 스틸에 증류액을 넣은 후 최대 25hL를 생산할 수 있다. 처음 들어간 액체의 양은 2차 증류가 끝나면 약 7hL 정도가 줄어들어 있으며, 원한다면 6hL 정도를 다시 증류해서 추가할 수 있다. 1차 증류만 끝난 증류액은 완성되었다고 볼 수 없지만, 사실 코냑의 품질을 결정하는 주요 화학반응은 이미 이때 만들어졌다. 2차 증류는 단순히 이런 물질을 압축하는 과정이라 보면 된다. 기본적인 증류 과정이더라도 변수는 언제나 존재하기 때문에 이 작업을 마스터하는 일은 하나의 예술을 창조하는 것처럼 복잡하고 어렵다. 또한 코냑의 특징을 결정하는 데는 여러 가지 선택, 전통, 법적인 요구사항들도 함께 영향을 준다. 예를 들어, 스틸은 외부에서만 열을 가하도록 법적으로 정해져 있어서 불을 피울 수 있는 거대한 벽돌 오븐이 필요하다. 여기서 탄생한 것이 바로 내부는 복잡하지만, 외양은 미끈한 형태를 지닌 '샤랑테식(Charentais-style)' 구리 스틸이며 코냑 생산에 쓰이는 독특한 기구다. 이 스틸은 초기 형태에서 거의 변하지 않은 채 현재까지 사용되고 있다.

코냑과 반대로 아르마냑은 보통 '이동식 알렘빅'을 사용했다. 말 그대로 이동이 가능해서 자금이 여유롭지 않은 농부는 이 기구를 다른 곳에서 빌려 헛간에 가져가서 증류를 할 수 있었다. 아르마냑은 보통 1차 증류로 끝내지만, 2차 증류까지 하는 경우도 간혹 있다. 그러나 그렇게 하면 진한 향이 많이 달아나기 때문에 대부분 선호하지 않는다. 일부 사람들은 아르마냑이 증류가 끝난 지 얼마 되지 않은 시점에는 맛이 꽤 거칠지만, 숙성을 하면 코냑보다 더 낫다고 주장하기도 한다. 그러나 사실 최종 품질은 증류자의 기술에 달려 있다고 보면 된다. 아르마냑의 경우 증류업자는 원하는 스틸을 선택해서 다양한 실험을 해볼 수 있으며, 블렌딩을 하기 전까지 5년을 채워 숙성한 후 시장에 내놓을 수도 있다.

생산 공정에서 가장 긴 단계는 프랑스 오크 배럴에 증류액을 넣으면서 시작되며, 이때 나무의 색과 맛이 액체 속으로 배어들게 된다(6장 참고하기). 코냑용 배럴은 프랑스 중부의 트롱세와 리무쟁 숲에서 자라는 나무만 사용해야 하고 아르마냑용 배럴은 보통 지역에서 나는 화이트 오크로 만든다. 배럴 제작자는 모두 개인 사업가다. 비카드 같은 회사는 프랑스 오크통을 새롭게 제작하고 판매할 뿐만 아니라 사용한 코냑 배럴을 다른 소비자에게 팔기도 한다. 나 역시 중고 코냑 배럴로 네덜란드 게네베르(헤이그[3]에서 반클리프로 만들었다)를 숙성해본 적이 있다. 그리고 그 결과는 훌륭했으며, 진한 색의 우아한 맛을 지닌 게네베르를 맛볼 수 있었다. 고급 아르마냑은 보통 라벨에 빈티지 연도를 표시해서 판매하지만, 코냑을 이런 식으로 표기하는 곳은 하인이라는 제조사를 포함해 소수밖에 없다. 하인의 제품 중에는 1953이 가장 오래되었으며 최고의 제품 중 하나로 꼽히고, 그 외에 1964와 1975, 1988 역시 인정받는 제품이다. 2002는 더 최근에 제조되었지만, 품질이 매우 좋은 빈티지라 할 수 있다. 아에도르의 파하디에 있던 코냑들 역시 빈티지 연도가 표기되어 있었는데, 그 이유는 창업자가 숙성을 시작한 이후로 블렌딩을 한 적이 없기 때문이다. 그러나 결국에는 블렌딩이라는 단계를 필수로 거쳐야 해서, 연도가 어떻든 훌륭한 코냑(연수는 고급스러운 맛의 양을 늘리는 요소)을 만들 수 있다는 믿음이 지배적이다.

3 네덜란드어로는 덴하흐(Den Haag).

브랜디는 배럴 숙성 방식이 다양한데, 여기에는 스페인의 '브랜디 데 헤레스'와 '브랜디 데 토레스'가 포함된다. 브랜디 데 헤레스는 셰리를 숙성했던 배럴에서 최소 3년 이상 숙성하도록 법으로 정해져 있다. 반세기 이상의 나이를 가진 통들도 여전히 활발하게 사용되고 있다. 스페인 브랜디 제조업자는 강화 와인 숙성에 많이 쓰는 솔레라 시스템을 사용하는 것으로 유명하다. 방식은 이러하다. 먼저 가장 오래된 통에 들어 있는 원액의 1/4을 빼서 병입한다. 그리고 다음으로 오래된 원액을 빈 공간에 채워 넣는다. 다른 통들도 같은 방식으로 진행하며 마지막으로 숙성 기간이 가장 짧은 통의 차례가 되면 새로 증류한 브랜디를 빈 곳에 넣으면 된다. 이런 독특한 방식을 꾸준히 이어가려면 수많은 통이 필요하다. 라벨에 20년이라 표기된 스페인 브랜디는 4~50년 브랜디들이 혼합되어 있을 것이며 평균 연수는 대략 20년으로 보면 된다. 코냑의 경우 가장 최근의 연수를 표기해 놓는다. 코냑 마스터 블렌더는 숙성이 끝난 원액을 자신만의 기술로 블렌딩하지만, 스페인 제조업자는 숙성 중에 블렌딩을 한다.

스페인 브랜디는 안달루시아의 헤레스에서 대부분 제조되지만, 일부는 카탈루나의 페네데스에서 만들어진다. 이 두 지역의 기후는 꽤 극명한 차이를 보인다. 안달루시아에서는 아이렌과 셰리를 만들 때 많이 쓰는 팔로미노 품종을 쓰고, 페네데스에서는 마카베오(스파클링 와인 제조에도 사용됨)와 코냑을 만들 때 쓰는 위니 블랑이 대표적이다. 또한 안달루시아 브랜디는 대개 1차 증류로 끝내지만 페네데스는 2차 증류까지 한다. 브랜디 데 헤레스는 코냑과 아르마냑과 함께 유럽에서 법적 규제하에 있는 3대 브랜디다. 그래서 블렌딩과 숙성 작업은 헤레스 데 라 프론테라, 산루카 데 바라메다, 엘 푸에르토 데 산타 마리아에 걸친 '셰리 트라이앵글' 지역 내에서만 할 수 있다.

남아프리카 브랜디는 코냑만큼 기나긴 역사를 자랑한다. 과거 이곳에 온 네덜란드 상인이 일찍부터 증류주 무역을 장악했고, 열정적으로 고급 코냑의 발전을 지지했던 덕이 가장 컸다. 1672년 네덜란드 항해사가 첫 번째 브란더베인을 만들었고 곧 증류주 사업으로 이어졌다는 것이 유력한 설이다. 이때의 와인은 코냑 지역에서 사용된 것과 달랐는데, 당분이 더 높아서 10%였던 베이스 와인의 도수는 증류 후 12%로 올라갔다. 8%대의 코냑과는 차이가 있었다. 또한 코냑보다 과일의 풍미도 더 진했다고 한다. 또한 남아프리카 증류업자는 신맛을 내기 위해 자국에서 광범위하게 자라던 슈냉 블랑과 콜롬바드 종을 사용했다. 이 콜롬바드는 전통적으로 코냑을 만들 때 쓰기도 하는 품종이다. 남아프리카는 브랜디를 만드는 스틸도 더 컸고 밖에서 열을 가해야 한다는 법적 규제가 없어서 증기 코일을 사용했다. 오크통은 프랑스와 미국 제품을 사용했고 코냑처럼 2차 증류를 했다. 오우드 몰렌(네덜란드에서는 '올드 밀'이라 부름)과 반 린 같은 브랜드는 디스텔 증류소의 고급 라인이며 이 제품을 맛보면 네덜란드의 유산을 어느 정도 느낄 수 있을 것이다.

보통 와인을 생산하는 나라에서는 브랜디를 만들거나, 와인을 증류하는 일 역시 흔했다. 예를 들면, 페루와 칠레에는 피스코가 있는데, 국산 포도종을 이용하고 오크통에서 상대적으로 적게 숙성해서 만든 브랜디다. 스페인 이주자들이 주류를 수입하는 대신 직접 만들기 위해 증류 방식을 전파했으며, 현재 피스코는 칠레와 페루를 대표하는 증류주로 자리매김했다. 그리스는 메탁사란 브랜디가 유명하다. 여러 곳에서 활동하던 실크 무역상, 스피로스 메탁사가 1888년 처음 제조했다. 하지만 기술적인 면에서 보면 브랜디라 하기에는 다소 논란이 되는 부분이 있는데, 그 이유는 오크에서 숙성한 머스캣과 와인 증류액을 블렌딩한 후 지중해 식물을 추가했기 때문이다. 그 외에 일부 국가는 코냑 제조 방식을 흉내 내서 증류주를 만드는가 하면, 단순히 이름만 '코냑'이라 붙여놓고 팔기도 한다. 그중에서 가장 유명한 것이 브라질의 '코냑'인데, 소송에 휘말렸지만 와인에서 증류했다는 언급만 하지 않는다면 이름을 그대로 쓰도록 허락을 받았다. 그 외에 케냐와 탄자니아에서 생산된 콘야기라는 증류주도 있다. 이 술은 당밀로 증류하며 브라질 코냑처럼 엘리트층은 즐기지 않는 종류다.

프랑스의 대표적인 알코올 수출품은 가치로 따지자면 보르도 스틸 와인과 샴페인보다 코냑이 우위에 있었다. 마르로 알려진 프랑스의 퍼미스 브랜디는 광범위한 지역에서 생산되지만 국내용으로 소비되었고, 전통적으로 그라파로 알려진 이탈리아의 퍼미스 브랜디도 증류주 판매업소 곳곳에서 만나볼 수 있지만 와인 수출품과 경쟁할 수준은 아니었다. 네덜란드와 영국은 와인을 생산하지 않기 때문에 위스키, 진, 게네베르 같은 곡물 기반 증류주가 국내에서 인기가 있었고, 프랑스와 스페인처럼 열대지역의 식민지를 가진 국가는 사탕수수로 럼을 생산했다. 남아프리카나 페루는 식민지국이면서 와인을 생산했던 나라라 포도로 브랜디를 제조할 수 있었다.

네덜란드가 브랜디와 다른 증류주 시장을 넓히기 시작한 16세기부터 영국도 몇 세기 동안 이 행보를 뒤따랐다. 그러면서 증류주 제조국은 국제 시장에서 살아남기 위해 독자적인 특징을 개발했다. 현재는 생산되는 코냑 중에서 무려 97.7%가 수출되고 있으며 미국이 가장 큰 시장(2018년 8700만 병)이다. 그 뒤를 싱가포르(2700만 병)가 잇고 있는데, 이 국가의 크기를 생각하면 엄청난 양임을 알 수 있다. 홍콩은 1970년부터 결혼식에서 코냑을 쓰기 시작했으며 고급 선물로 자주 사용된다. 이렇게 술을 선물하는 문화로 인해 홍콩은 코냑의 주요 소비국이 되었지만, 인류학자 조세핀 스마트에 따르면 시민들은 전반적으로 과음을 하지 않는 편이라고 한다. 요약하면 현재 세계에서는 사회경제적이고 사회정치적인 변화가 일어나고 있으며, 전체적으로는 브랜디가, 특정하자면 코냑이 (증가하는) 부와 명성과의 긴밀한 관련성으로 인해 매우 눈에 띄는 위치에 머무르고 있다.

브랜디는 럼이나 진과 달리 대부분의 유럽 국가에서 저녁 식사 후에 마시는 술로 알려져 있지만, 러시아인은 종종 식사와 함께 즐긴다고 한다. 영국은 전통적으로 브랜디 버터를 만들어 크리스마스 푸딩과 곁들여 먹고 여기에 불을 붙이는 이벤트를 한다. 찰스 디킨스의 소설 『크리스마스 캐럴』에도 이런 장면이 나온다. 미국인들은 브랜디 알렉산더, 브랜디 데이지, 메트로폴리탄, 뷰카레, 사이드카, 비트윈 더 시츠 같은, 브랜디를 넣어 만든 칵테일에 열광하며 이들 중에는 럼과 위스키를 넣은 종류도 있다. 이렇게 문화마다 각기 다른 브랜디 사용법은 브랜디의 종류만큼 다양할 것이다.

프랑스의 경우 코냑을 이용한 요리는 독특한 전통을 가득 품고 있다. 프랑스 요리 중에 와인에 넣는 수탉이란 의미의 코코뱅이 있는데, 최소 네 가지 이상의 브랜디(특히 코냑)를 넣어 만든 음식이다. 여기에 넣는 닭 또한 와인에 살짝 절여(마리네이드) 놓으며, 코냑도 함께 첨가하는 편이다. 코냑은 그 외에도 오븐이나 스토브에서 약불로 천천히 익히는 요리에 넣거나 데글레이즈를 할 때도 쓸 수 있다. 참고로 데글레이즈는 프라이팬 바닥에 눌어붙은 치킨 같은 고기 조각에 술을 부어 녹이는 요리 방식을 말한다. 마지막으로 코냑과 다른 브랜디들은 플람베 방식에 쓰는 것으로도 정말 유명하다. 플람베는 뜨겁게 달구어진 팬에 주류를 부어서 알코올은 날리고 향만 음식에 배도록 하는 요리 기법이다. 코코뱅의 닭고기도 이렇게 플람베로 먼저 노릇노릇하게 잘 익힌 후 냄비에 넣고 졸일 수 있다. 크리스마스 케이크도 달구어진 코냑을 위에 붓고 불을 붙일 수 있으며, 크레페수제트[4]와 일부 요리들 역시 플람베를 할 때 다양한 오드비와 리큐어[5]를 쓴다. 어떤 종류를 쓸지는 요리하는 사람의 취향에 따라 달라진다.

대형 코냑 하우스는 자신들의 고급 제품이 닭고기 요리의 재료로 쓰이거나, 감기에 걸렸을 때 약처럼 마시는 방식을 달가워하지 않는다. 이들은 코냑이야말로 현대의 고급 아이템의 하나라고 진지하게 여기고 있다. 레미 마르탱의 최신 광고에서 볼 수 있듯이, 다양한 인종의 남녀가 아주 세련된 옷을 입고 코냑이 가득 담긴 잔을 들고 있다. 헤네시 광고 역시 젊고 스타일리시한 여성이 리무진 뒷자리에 느긋하게 앉아 있거나 고급 호텔에서 나오는 장면을 보여준다. 1968년에는 테니스를 치려는 한 커플과 함께 '성공의 맛'이라는 문구가 적힌 광고가 나오기도 했다. 최근 크루보아제의 광고를 보면, 나폴레옹 초상화 앞에 놓인 탁자에는 코냑 한 병과 반쯤 채워진 잔, 그리고 촛불이 은은하게 주변을 밝히고 있다. (실제로 나폴레옹은 유배지인 세인트 헬레나 섬으로 갈 때 코냑 수십 통을 가져갔다고 한다.) 즉, 코냑은 국제적이고 역사적이면서 럭셔리한 술

4 크레페를 오렌지 소스에 넣고 끓인 프랑스식 디저트.

5 달고 과일 향이 나기도 하는 독한 술.

이라 할 수 있다. 다른 주류업체에서도 코냑 광고를 따라 하기 시작했다. 아라라트라는 브랜드에서는 '시간이 만들어내고 이제는 역사가 된' 같은 슬로건으로 자사 제품을 홍보하기도 했다. 1991년 브랜디 데 헤레스는 중세의 느낌을 전하기 위해 16세기 선박 모양을 본떠서 만든 병을 자랑스레 내보이며 다음과 같이 외쳤다. "1522년 후안 세바스티안 엘카노가 세계 일주를 한 첫 번째 인간이 되었을 때, 세계의 첫 번째 브랜디는 이미 600년 동안 세계를 여행했다." 유럽 대항해시대의 시작과 함께 이어진 브랜디의 오랜 역사와 세계인을 매료시키는 힘은 이 둥글납작하고 목이 짧은 병 안에 섞여 들어가 한 모금씩 마실 때마다 당신을 황홀하게 만들 것이다.

10

보드카

이안 태터샐

처음에 우리는 무색·무취로 유명한 보드카를 여러 종류로 맛보는 행동이 과연 의미가 있을까 하는 의문이 들었다. 그러나 곧 각 라벨에서 내세우는 유니크한 특징들을 보며 선택하기가 어려워졌다. 북극의 빙하 속에서 막 꺼낸 듯한 환상에 사로잡히며 결국 우리가 선택한 제품은 아이슬란드의 보드카였다. 유명한 스카치 증류소가 개발한 이 보드카는 밀과 보리로 만든 매시를 이용하고, 증류는 한 번만 해서 도수는 40%로 마무리되었다. 빙하가 녹은 물을 쓰고 구멍이 송송 난 화산암으로 여과했다. 3000L급 구리 카터 헤드 포트 스틸에 지열에너지로 열을 가했는데, 이 장치는 19세기 진을 만들 때 개발된 것들과 매우 흡사하다. 이 보드카에는 식물을 첨가하는 대신 증류기의 둥근 머리 쪽에 화산암 조각을 넣어 수증기가 이곳을 통과할 때 화산암 향을 듬뿍 머금도록 했다. 응축되면 물방울은 화산암을 다시 통과한 후 병에 담긴다. 증류는 한 번만 하기 때문에 곡물의 풍미를 느낄 수 있으리라 기대했고 역시 우리를 실망시키지 않았다. 뚜껑을 열고 병을 기울이자 보드카가 천천히 유리잔으로 들어갔다. 라벤더와 알파인 허브 향이 코에 살짝 닿았다. 한 모금 마시면 안쪽 입술이 얼얼하면서도 입안을 부드럽게 감싸는 느낌이 들었고 곧 우아한 보리 몰트의 풍미와 함께 약간의 향신료까지 느낄 수 있었다. 여기에 비터스[1] 두 방울과 얼음을 추가하면 부드러운 증류주에서 복잡한 맛의 음료로 바뀌며 깊이감이 더해지기 때문에, 저녁 내내 느긋하게 즐길 수 있는 술이 된다.

보드카의 오묘한 특성은 마케팅에 활용하기에는 딱이지만, 정체성을 정확히 규정하기 어렵다는 문제가 있다. 미 재무부 관할의 '주류·담배세와 무역국'에서는 이 유명한 증류주를 다음과 같이 정의했다. '보드카는 뉴트럴 스피릿이기 때문에 숯이나 다른 물질로 증류한 후 마셔야 하고, 특징이나 향, 맛, 색이 없다.' 다시 말해 '뉴트럴 스피릿'은 '재료에 상관없이 증류해서 190° 이상의 프루프로 만든 술이며, 병입 후에는 80° 프루프 이하로 내려가지 않은 것'을 말한다. 결국 보드카는 (알코올이 가지는 독특함을 제쳐두고) 관료

1 칵테일에 쓴맛을 내는 술.

적인 관점에서 안에 무엇이 있는가가 아닌 무엇이 없는가로 정의된 것이다. 어쩌면 당연한 결과일지도 모른다. 세계적으로 보드카라 불리는 수많은 증류주의 원료는 사실상 발효할 수 있는 것이라면 어떤 것이든 가능하니 말이다. 여기에는 모든 곡물류, 당밀(사탕수수나 비트, 감자 등에서 추출한), 과일(사과나 포도 등)이 모두 포함된다. 그리고 심지어는 우유로 만드는 업자도 있었다. 이 모든 종류에서 공통점을 찾는다면 그것은 모두 몇 가지 특정한 공정-보통 여과 작업, 아니면 여러 번의 증류, 또는 이 두 가지 모두-을 거친다는 사실이다. 이렇게 하는 이유는 1차 증류 후에 반드시 남게 되는 불순물을 가능하면 모두 없애기 위해서다. 이론적으로 보면 이런 다양한 작업을 통해 우리는 '뉴트럴 스피릿'을 얻을 수 있으며, 결과물은 입안에서 뜨겁다고 느끼는 알코올의 감각을 제외한 미각적 특징이 대폭 감소한 것이 나와야 한다. 그러나 사실 100%의 뉴트럴 스피릿을 얻는 것은 불가능하며, 과거(심지어 과일 보드카가 유행하기도 전에) 일부 증류업자는 풍미나 질감을 높이기 위해 꿀, 설탕, 글리세린, 시트르산이나 다른 재료를 보드카에 소량 넣었다. 현재 폴란드에서는 이런 관행이 법적으로 금지되어 있다. 그러나 폴란드 보드카라 할지라도 그 안에 다양한 풍미가 있다고 주장하는 사람들도 매우 많다.

독자적인 증류 기술을 이용하든, 아니면 교묘한 홍보 수단을 쓰든, 어떤 방식으로 차별점을 보드카에 부여했는지에 상관없이 보드카 애호가는 선호 브랜드에 대해서 놀랍도록 엄청난 충성도를 보여준다. 또한 적어도 일부 보드카들은 분명 맛뿐만 아니라 마우스필에서도 미묘한 다양성을 지니고 있다. 어쨌든 보드카가 보편적으로 가지고 있는 중립성이란 특징은 여러 칵테일 애호가에게 매우 매력적으로 다가왔다. 특히 중심을 확실히 지키면서도 다른 풍미를 완벽하게 표현한 칵테일을 마시고 싶은 사람이라면 말이다. 이런 특징들로 보드카는 다른 유명한 증류주에 비해 단시간 내에 '세계적인' 증류주가 되었다. 이 이중적인 매력은 엄청난 홍보 효과를 거두기에 충분했다. 1976년, 보드카는 미국에서 위스키를 제치고 베스트셀링 증류주로 떠올랐고 현재까지 그 자리를 굳건히 지키고 있다.

세계적으로 유명한 보드카도 한때는 러시아나 폴란드, 또는 다른 어디선가 지역 증류주로서 아주 소박하게 시작했다. 정확한 기원지에 대해서라면 조지아와 미국이 와인의 시초에 대해 여전히 열띤 논쟁을 벌이는 것만큼 보드카 역시 비슷한 상황이다. 만약 우리가 보드카의 정의에 관련해 좀 더 확장된 시야로 본다면 관련 자료가 존재하는 러시아가 더 우세한 위치에 있다. 9세기에 러시아 소작농들은 독한 증류주를 제조했다. 이때는 알렘빅이 도입되기도 전이라 이들은 '냉동-증류' 방식을 변형해서 술을 빚었다. 이 방식은 현재도 소수의 양조업자가 최대 67.5% 도수의 '맥주'를 양조할 때 쓰고 있다. 중세 러시아에서 사용된 방식은 이러하다. 가을에 미드를 발효해 배럴에 넣고 겨울 동안 바깥에 둔다. 뚜껑을 덮지 않기 때문에 표면에 얼음이 생기면 제거한다. 그러면 점차 액체 속 물만 제거되어 알코올 도수가 점점 올라간다. 이렇게 얻은 최종 결과물이 보드카라 단정할 수 있는지는 여전히 논쟁거리지만, '뱟카[2] 연대기'라 알려진 1174개의 문서에는 모스크바에서 동쪽으로 약 800km 떨어진 킬노브스크란 마을에 증류기가 존재했다는 사실이 기록되어 있다. 시기는 살레르노대학교 간행물인 마파이 클라비큘라에서 첫 번째 미스터리한

2 러시아 도시 키로프의 옛말.

서양 증류기를 언급한 때에서 몇십 년 후다. 증류 지식이 어떤 식으로 러시아 동쪽 국경 지역까지 전파될 수 있었는지는 여전히 알 수 없지만, 증류기에서 나타나는 시대를 앞선 정교한 방식으로 미루어보아 중국의 영향을 받았으리라 추측하고 있다. 1430년, 모스크바 크렘린 벽 내에 위치한 추도프 사원의 수도사들은 현대의 보드카와 매우 비슷한 술을 제조했다. 그러나 아쉽게도 러시아 보드카의 발전에 관련된 초기 자료 대부분은 17세기에 소실되었다. 러시아 정교회가 이 악마의 술과의 전쟁을 선포하면서 최대한 관련 기록을 없애버렸기 때문이다.

보드카의 기원이 어떻든, 얼마나 정확히 만들어졌든 상관없이 도수가 높은 미드 변형 알코올음료가 분명 러시아의 악명 높은 강추위를 녹이는 완벽한 해독제였다는 사실은 분명하다. 14세기 중반 영국 외교관은 이 액체를 러시아의 국가 음료라 지칭했다. 그리고 이 술은 여전히 추운 겨울에 노출(어쩔 수 없이)되어 있다. 기록에 따르면 보드카를 투명하게 하려고 부레풀(생선 부레 추출물)을 넣었다고 하는데, 현재도 와인 제조업자는 이 물질을 사용하고 있다. 1505년, 러시아의 증류주 보드카는 처음으로 스웨덴에 수출되었다. 당시 스웨덴에서는 증류주가 의약품의 용도로 오랫동안 사용되었기 때문에 대중적인 인기를 얻고 있었다. 그리고 러시아에서는 토닉[3]으로서 사랑을 받았다. 1533년, 『노브고로드 연대기』에서는 보드카를 원기를 보강하는 '지즈네니아 보다(zizhnennia voda, 생명의 물)'라 표현하기도 했다. 16세기 중반 알렘빅이 널리 퍼

3 강장제.

진 시기에 러시아 약재상들은 증류주를 '브레드 와인의 보드카[작은 물]'라 부르기 시작했으며, 이 용어는 보드카의 재료가 미드가 아닌 곡물로 만든 증류주라는 의미였다. 고급 제품은 상대적으로 표준화된 공정 절차로 만들어졌는데, 방식은 이러하다. 처음에 밀 또는 호밀로 만든 매시로 이중 증류를 하고 우유를 첨가한 후 중간 증류를 한다. 그리고 물로 희석하고 감미료로 풍미를 더한다. 마지막으로 증류를 한 번 더 거친다.

1474년 차르 이반 3세 때, 처음으로 정부가 보드카 생산을 독점하게 된다. 국가 재정을 불리기 위한 목적이었지만, 이 때문에 주류세에 대해 위험할 정도로 높은 의존성이 생겼다. 또한 그전까지 보드카에 대한 도덕성과 실용성이라는 양극단 사이를 위태롭게 오가던 러시아 정부의 태도를 명확히 보여준 계기가 되기도 했다. 당시 소작농과 농노들은 그 어느 때보다 횡포가 심했던 귀족들 사이에서 증류주를 마시면서 고단한 삶의 무게를 어느 정도 내려놓았다. 그러나 이런 긍정적인 면과 함께 농촌 경제를 이끌어가는 노동자들은 알코올중독자, 신체 쇠약, 빈곤에 빠지기도 했다. 결국 많은 수의 시민들이 정부가 운영하는 카박(술집)에 빚을 졌다. 카박은 1552년 이반 4세(악명이 자자했음)가 설립했으며, 자신의 지지자들에게만 독점적으로 보드카를 마실 수 있는 특권을 주면서 귀족주의를 개편하려는 목적으로 시작했다. 그러나 상황은 점차 통제를 벗어나게 되고 17세기가 되자 모든 마을의 카박에서는 다양한 계층의 출입을 허락했고 주로 외상으로 술을 팔았다. 이런 체계는 17세기 중반에 차르 알렉세이가 화폐개혁을 하기 전까지 이어졌고, 개혁 후 심각한 인플레이션을 겪었다. 1653년 보드카 1통(12.3L!) 가격은 1루블도 채 되지 않았지만 10년 후에는 5루블까지 올랐다. 그 결과 불만을 품은 사람들이 늘어났고 가정에서, 또는 사적 공간에서 몰래 보드카를 만드는 일이 많아졌다. 이렇게 지하에서 은밀하게 벌어졌던 증류 작업은 러시아 정교회가 악마의 음료를 탄압하기 위해 대대적으로 나서기 전인 1716년까지 이어졌다. 표트르 대제(그는 하루에 술을 2L 정도 마신다고 알려졌다. 또한 술집에 있는 남편을 억지로 끌고 가는 아내에게는 모두 회초리를 들어야 한다고 말하기도 했다)는 높은 대가를 지불하는 귀족들이 보드카 생산을 독점하면서 그 권리를 누려야 한다고 밝혔다.

표트르 대제는 생산량을 제한하려고 했지만, 증류업소는 활기를 되찾고 있었으며 특히 18세기 후반 예카테리나 대제의 치하에서 더 활발한 활동을 할 수 있었다. 이때는 기술 진보가 대대적으로 일어났던 시기였는데, 비싼 라이선스를 사려고 하지 않는 수많은 보드카 생산업자로 인해 전반적으로 떨어졌던 품질은 이런 기술 진보가 벌충해주었다. 과거에는 불순물이 많은 증류액을 모래나 펠트지를 이용해 비효율적으로 여과했지만, 1780년 상트페테르부르크 화학자 테오도르 루이스가 숯을 이용한 여과장치를 개발한 이후에는 더 순도 높은 결과물을 얻을 수 있었다. 1894년, 차르 알렉산드르 3세는 서거하기 전 하나의 전설을 만들어냈다. 알렉산드르는 당시 명망 있는 화학자 드미트리 멘델레예프(그렇다, 원소 주기율표를 만든 그 사람이 맞다)에게 보드카의 품질을 더 높일 방법을 물었다고 한다. 멘델레예프는 보드카를 희석해 도수를 40%로 맞추기를 권했고, 이후부터 현재까지 보드카의 평균 도수가 되었다는 유명한 일화가 있다. 세상에, 물론 그는 이미 자신의 박사 논문에 알코올과 물에 관련된 내용을 다룬 적이 있었고, 1698년 전제 군주제였던 당시 이미 40%로 맞추라는 규정이 있긴 했다. 하지만 어쨌든 이 40%라는 해결책은 하나의 신화라 할 수 있었는데, 그 이유는 이 도수의 보드카는 실온에서, 특히 냉동고에서 꺼냈을 때 아주 이상적인 점도를 형성하기 때문이다.

당시 폴란드의 보드카는 완전히 독립적인 길을 추구하고 있었다. 러시아 보드카가 미드에서 시작한 것과 달리 폴란드 보드카의 기원은 와인이었던 것으로 추정된다. 11세기부터, 아니면 그 전부터 폴란드 소작농들은 '고자우카(gorzalka)'라는 음료를 즐겼는데, 냉동-증류 와인(10세기에 포도 재배와 관련된 기록이 있음)과 매우 흡사하다고 보면 된다. 그러나 이 술 이름에는 미드나 곡물의 뜻 역시 포함되어 있다. 어쨌든 '태우다'라는 동사에서 유래한 이 이름을 보면 음료에 불이 붙을 정도의 알코올이 포함되었다는 사실을 알 수 있다. '보드카(wodka)'란 단어는 1405년 법정 기록에서 처음 모습을 나타냈으며, 알코올 기반 화장품과 약을 의미했다. 분명 그 당시에 이미 밀 기반 증류주가 존재했고 '고자우카'나 다른 이름으로 불리고 있었을 것으로 추측하고 있다. 보드카란 이름과 관련성을 가지게 되는 때는 조금 더 이후다.

증류 기술은 아마도 13세기 말 한자 동맹[4]으로 건너온 독일 무역상들이 전해주었을 가능성이 크다. 15세기 초 폴란드에서는 증류가 널리 퍼졌고, 1534년 당시 유명한 약초사 슈테판 팔리미에르는 증류주가 성욕을 자극해 출산율을 높인다며 대대적으로 그 효능을 찬양하기도 했다. 그러나 이런 부분 이외에 우리가 아는 것은 거의 없다. 폴란드 보드카에 대해 남아 있는 초기 역사 자료가 얼마나 부족한지, 1546년 폴란드 국왕인 얀 올브레히트(Jan Olbrecht)가 증류권을 자신의 모든 신하에게 주었다는 유명한 설조차도 사실이라 확신할 수 없을 정도다. 그 이유는 이 왕이 벌써 반세기 전에 서거해, 이런 관대한 명

4 독일 여러 도시가 상업상의 목적으로 결성한 동맹.

령을 내릴 수 없기 때문이다. 이보다 신빙성 있는 기록은 1572년 야기에우워 왕조 때 증류에 대한 독점권을 귀족들에게 다시 돌려주려는 조치로 일반인이 가지고 있던 증류권을 취소한다는 내용이다. 이 기록을 보면 그 이전부터 증류를 하고 있었다는 사실을 유추해볼 수 있다. 10년 후 포즈난은 이미 폴란드 보드카 생산의 중심지로 이름을 떨치고 있었다. 그러나 얼마 지나지 않아 크라쿠프에는 특별함을, 그단스크에는 그 영광을 넘겨주고 만다.

폴란드의 증류업자들은 정교하지 않은 포트 스틸에서 나온 불쾌한 향을 없애기 위해 처음부터 매시에 다양한 종류의 허브를 넣었던 듯싶다. 그러나 17세기부터 본격적으로 순도 높은 결과물을 얻으려고 노력하기 시작한다. 기본적으로 증류를 세 번 했고 도수가 약 70~80%인 증류주를 만들어낸 후 물로 희석해 50% 정도로 맞추어서 판매하거나 마셨다.

1693년 크라쿠프의 증류업자 야쿱 하우어는 전통적으로 사용했던 밀이 아닌 호밀로 보드카를 만드는 법을 간행물로 냈다. 그리고 이 새로운 곡물은 폴란드에서 기본 곡물로 빠르게 자리 잡았고, 감자가 들어와서 기본 재료로 나란히 서게 되는 19세기까지 이런 분위기는 이어졌다. 19세기 중반 유럽은 감자 잎마름병이 발생해 혼란을 겪었다. 1850년, 약 7000개의 소규모 증류업소가 오스트리아-헝가리 통치 지역과 러시아 지배 지역 내에서 운영되었고, 러시아로 수출되는 보드카는 폴란드 경제의 주요 원동력이었다. 그러나 1870년 초 러시아 정부가 보드카에 과도한 물품세를 부과하면서 문제가 생기기 시작했다. 이런 조치는 폴란드 보드카 제조업자에게 재난과 같았지만, 궁극적으로는 제품의 질과 효율성을 높이는 계기가 되었다. 여기에는 이니어스 코페이의 투-칼럼 스틸 기술의 도입이 큰 역할을 했다. 그 이유는 이 장치가 옥테인[5]이 높은 폴란드 증류주에 완벽하게 들어맞았기 때문이다.

19세기의 유명한 성공 스토리의 주인공 중 한 명이 바로 표트르 아르세니에비치 스미르노프다. 1831년 케유로보 마을의 농노 집안에서 태어났지만, 반세기 후 모스크바의 사업가가 되어 있었다. 당시 모스크바에서는 많은 무일푼 이주자들이 주로 주류업계에서 일했다. 증류주 소비가 활기를 띠는 모습을 본 영리한 사업가 스미르노프는 불가능하다고 여겨지는 전략을 몇 가지 펼쳤다. 1864년, 농노제가 폐지되자 자신의 이름을 걸고 보드카를 생산하기 시작했다. 테오도르 루이스의 숯 여과 기술을 이용해 품질 좋은 제품을 만들었고, 신문 광고(러시아 전역에 있는 술집으로 대리인들을 보내 자사 제품을 홍보하기도 했다)를 영리하게 이용했으며, 전략적으로 러시아 정교회에 기부를 했다. 그리고 마침내 1886년 러시아 정부 기관에 제품을 조달하기에 이른다. 스미르노프가 1898년 사망할 때쯤에는 그의 보드카가 러시아 시장을 장악하고 있었다. 이후 여러 번의 후계 다툼은 있었지만 1914년 당시의 불안정한 사회 상황 속에서도 이 술은 계속해서 인기를 누렸다. 그러나 차르 니콜라이 2세가 제1차 세계대전에 참여한 신병들이 술에 잔뜩 취해 있는 모습을 본 후 금주법을 공포하게 되고, 스미르노프의 회사는 내리막길을 걷게 되었다(그림 10.1 참고하기).

1917년 러시아 혁명 이후 스미르노프의 아들인 블라디미르는 모스크바에서 쫓기듯 떠나 프랑스에 정착했다. 1925년 그는 자신의 이름을 딴 프랑스 버전 '스미노프'란 이름의 브랜드를 만들어 다시 보드카를 생산하기 시작했다.

5 탄소 원자 8개와 수소 원자 18개로 이루어진 사슬 모양 탄화수소의 총칭.

그림 10.1 표트르 스미르노프

하지만 이미 코냑과 아르마냑이 단단히 자리를 지키고 있던 터라 그의 사업은 크게 성공하지 못한다. 결국 블라디미르는 당시 지인이었던 이민자 루돌프 쿠네트에게 여과 기술과 스미노프 라벨, 미국 시장 상표권을 팔았다. 1934년, 쿠네트는 코네티컷주에 증류소를 설립했으며, 이때는 미국의 금주령이 폐지된 지 1년 후였다. 그러나 안타깝게도 미국인 역시 이미 위스키에 대한 사랑이 짙어진 상태였기에 그의 사업 역시 점차 기울었고, 1939년 쿠네트는 자신의 증류소를 주류·스테이크 소스 회사인 휴브레인 사에 매각해버린다.

제2차 세계대전 전날은 코네티컷 증류소가 주인을 바꾸기에 좋은 타이밍은 아니었다. 계속해서 사랑받는 블러디 메리(1920년 파리에서 처음 제조됨)와 1941년 로스앤젤레스에서 처음 제조된 모스크바 뮬처럼 보드카를 베이스로 한 칵테일의 인기는 여전했지만 말이다. 보드카 산업은 상대적으로 침체기에 빠져 있었고 냉전 초기까지 이런 상황은 이어졌다. 1950년, 일부 애국주의자 바텐더들이 '모스크바 뮬을 물리치자-스미노프 보드카 따윈 필요 없다'라고 쓴 현수막을 들고 뉴욕 5번가 거리를 행진했고, 이 술을 꺼리는 증류주 애호가들 역시 늘어났다. 1960년대 초, 제임스 본드의 적극적인 노력(기억하겠지만, 그는 특이하게도 보드카 마티니를 젓지 않고 흔들어 마시는 것을 좋아했다)에도 보드카 판매는 지지부진했다. 그러나 1970년이 되고 미국과 러시아의 관계가 좋아지면서 펩시코와 소련의 스톨리치나야 보드카 회사가 협업을 맺었고, 이후 미국의 보드카 판매량은 서서히 증가하기 시작했다. 여기에는 펩시-콜라 제조사의 대대적인 홍보 효과가 한몫했다.

시장 한쪽에서 '스미노프 화이트 위스키-무미, 무취'라고 광고하며 보드카를 팔던 휴브레인 사 역시 이 인기에 편승해 제품을 재브랜드화한 후 열정적으로 판매를 시작했다. 이번에는 '맑고 순수해서 후각에 어떠한 흔적도 남기지 않아 당신을 깜짝 놀라게 할 것입니다'라고 홍보했으며, 풍미를 위해 착향료가 들어가는 다른 증류주와 다르게 보드카는 착향료가 없어 숙취 걱정 없이 마음껏 마셔도 된다는 의미를 담아서 광고하기도 했다. 2010년 발표된 연구가 이 주장을 뒷받침하는데, 어떤 술이든 과도하게 섭취 시 일반적인 행동·수면 장애 등이 발생하지만, 술을 자주 마시는 사람들을 조사한 결과 버번보다 보드카를 마신 경우 숙취가 훨씬 적었다는 사실이 밝혀졌다.

어쨌든 두 거대 음료 회사의 공격적인 마케팅으로 1967년, 진은 미국인이 가장 선호하는 혼합주 베이스의 자리를 보드카에 내주었다. 1976년 보드카 판매량은 위스키를 포함한 모든 증류주 판매량을 넘어섰고, 스미노프는 판매량을 기준으로 세계 일류 증류 브랜드로 당당히 섰다. 이렇게 추방된 러시아 브랜드가 미국 시장을 장악했다는 이야기는 곧 아이러니한 전개를 맞이한다.

헬무트 콜과 미하일 고르바초프가 1990년 협정을 맺어 연합군의 비용부담으로 러시아군은 동독에 주둔했고, 이곳의 러시아 군인들은 할당받은 돈을 기꺼이 미국 제조 스미노프 보드카에 사용했다. 당시 러시아 시장의 전망은 매우 밝아 보였기 때문에, 러시아 측의 복잡한 상황만 아니었다면 미국 스미노프 브랜드(재탄생된 러시아 스미노프)는 현재 이 시장을 장악했을지도 모른다.

러시아에서는 그 뒤로 복잡한 상황이 이어졌다. 하나만 이야기하자면 모스크바 정부 관리들은 전통적으로 음주를 억제하고자 하는 열망과 정부로 들어오는 주류세에 대한 의존성 사이에서 줄다리기를 해왔다. 구소련이었을 때는 그림 10.2에 나오는 포스터처럼 금주 쪽에 선 관료들도 소수 있었지만, 대부분 주류세로 추가 기울어졌다. 그러나 1980년대부터 소비에트 연방이 경제적·정치적으로 분할되기 시작하자, 정부는 낮아진 생활 수준으로 보드카에 빠지게 된 근로자들에게 적극적으로 금주를 권하는 식으로 기존 세금 시스템을 유지했다. 1985년, 서기장이었던 미하일 고르바초프는 주류세를 엄청나게 올려버렸고, 반강제성을 띤 반금주법을 만들었다. 그 결과 일시적으로 기대수명은 높아졌지만 궁극적으로 민중들은 더 강한 불만을 품었고, 경제는 더 침체에 빠졌으며, 싸고 품질 나쁜 밀주가 판을 쳤다. 그리고 이런 술에 중독된 사람들은 술 말고는 위험한 향이나 신발 광택제 냄새를 맡는 선택지밖에 남아 있지 않던, 가난한 이들이라 당연히 세금을 제대로 낼 리도 없었다.

1991년 권력은 꽤 강경한 태도의 고르바초프에서 애주가 보리스 옐친으로 이양되면서 보드카 생산에 대한 국가 독점권 역시 폐지되었다. 당연하게도 엄청난 양의 술이 시장에 풀렸지만, 국가로 돌아오는 세금은 바닥을 쳤다. 1990년

그림 10.2 구소련 당시의 금주 포스터

대 중반부터 많은 러시아 국영기업이 민영화되었고, 무자비한 기회주의자들은 불쌍한 새 주인에게서 과거 국가 소유물들을 빼앗았다. 그리고 그 과정에서 보드카를 하나의 도구로 사용한다. 제대로 배우지 못한 시민들은 자기 몫으로 받은 국가 바우처를 술을 사는 데 날렸다. 그 후 10년 동안 약간의 위기가 있었고, 마침내 러시아의 술 소비는 유럽인의 평균치로 내려갔다. 이런 성과는 국가에서 생산에 대해 규제하고, 세금을 (다시) 올렸으며, 광고를 금지하고, 술에 접근하는 것도 엄격하게 제한했기에 가능했다. 그리고 과거와 비교해 와인을 즐기는 부르주아적인 분위기 또한 한몫했다.

한편 보드카는 유럽과 미국의 증류주 시장에서 꾸준히 강력한 힘을 발휘하고 있었다. 브랜드 종류 역시 더 다양해졌는데, 1980년대 후반부터 특히 과일 맛 보드카가 주목받기 시작했다. 러시아인은 이런 풍미가 담긴 보드카는 결점을 숨기기 위해 만든 것이라 여기며 경멸의 시선으로 바라보는 경향이 짙었기 때문에, 러시아에서는 맛이 들어간 보드카는 그 이름을 쓸 가치가 없다고 여겼다. 예를 들면, 레몬 맛 스톨리치나야 보드카 같은 경우 라벨을 보면 '리모나야'라고만 표기되어 있다. 어느 순간 북유럽인들 역시 이런 면을 따르기 시작했다. 이곳에서도 독특하게 (대부분) 캐러웨이나 딜 맛[6] 보드카를 생산했는데, 이 술 역시 '아쿠아비트', '아크바비트', '아케비트'로만 불렸다. 그러나 순수주의자들의 이상을 알리는 광고지(TV 광고가 금지된 이후부터)의 전성기는 그렇게 오래가지 않았다. 1986년 스웨덴의 앱솔루트 보드카(공공연히 '럭셔리' 보드카 브랜드라 불렸다. 그리고 획기적인 광고 덕분에 당시 미국 시장은 최고의 수출국이었다)는 미국에서 후추 맛 앱솔루트 페퍼를 출시했다. 이 고급 제품이 빠르게 성공을 거두자 2년 뒤 앱솔루트 시트론을 냈다. 그리고 이 술을 베이스로 만드는 코스모폴리탄이 소비자들에게 사랑받는 칵테일이 되자 판매 수익 역시 천정부지로 오르기 시작했다. 결국 앱솔루트는 이후로 17가지 맛의 보드카를 더 내놓았는데 자몽에서부터 라즈베리, 아사이까지 정말 다양했다. 이후 다른 경쟁사 제품들과 함께 시장이 빠르게 포화상태에 이르자 앱솔루트는 생산량을 다소 줄이긴 했지만 인퓨즈드 보드카는 여전히 미국 보드카 판매에 많은 부분을 차지하고 있다.

이제 보드카는 대중적인 술이 되었지만, 그중에서도 특히 고급 시장에서

---

6 둘 다 향신료 일종.

가장 높은 수익을 보였다. 몇몇 보드카 제조업자-비싼 감자를 베이스로 한 고가 보드카를 내세운 스웨덴 증류업자들을 포함해-는 프리미엄과 울트라 프리미엄 제품을 선보이며 앱솔루트를 빠르게 추격했다. 보드카가 기본적으로 뉴트럴하다는 점을 고려해볼 때 많은 기업은 자사의 고급 제품들을 고유의 미각적 가치보다는 소비자를 사로잡는 포장과 비싼 광고로 휘장해야 할 필요성을 느꼈다. 빙하수로 재현한 고대의 물로 생산한 보드카에 관심이 있는가? 그렇다면 캐나다의 아이스버그 보드카 코퍼레이션의 제품을 선택해보자. 아니면 하키마 '다이아몬드'로 여과한 보드카는 어떤가? 크리스탈 헤드 보드카를 마셔보자. 주문하면 해골 모양의 비싸지만 반짝이는 보드카를 집까지 보내줄 것이다. 젊은 여성의 라인처럼 날씬한 형태의 병을 더 선호한다면, 러시아의 증류업자인 데이로스가 제조한 댐스카야가 적격일 것이다. 이 정도로는 만족하지 않는가? 그렇다면 칼라시니코프 보드카는 어떤가? 이름과 모양이 반자동 소총인 AK-47과 같으며, 도수도 42%라 '군대 급'이다. 폴란드의 재즈 보드카-어느 정도 예상할 수 있겠지만-는 트럼펫 모양의 병에 들어 있다. 이건 어떤가? 그 외에도 정말 다양한 종류가 있다. 그러나 이 모든 제품은 결국 다 보드카다.

잠깐만, 이렇게 말하는 사람도 있을 것이다. 무미의 보드카는 뉴트럴 스피릿이고 포장 상태는 마시는 사람의 마음과 미뢰에 어떠한 영향도 주지 않는다고. 하지만 보드카의 제조 방식은 맛에 영향을 '준다'. 잘 알고 있겠지만, 보드카는 처음에 포트 스틸로 증류했고 몇 세기 동안 이 방식이 이어졌다. 그러나 만약 인연이라는 게 있다면 그건 분명 이상적인 보드카와 이니어스 코페이의 투-칼럼 스틸과의 관계일 것이다. 이 장치(2장 참고)는 19세기 중반 이후부터 흔하게 사용되었으며, 순도가 가장 중요한 보드카의 경우 칼럼 스틸의 역할이 매우 컸다. 효율성이 더 뛰어난 현대식 포트 스틸이라도 10% 도수의 매시를 한 번만 증류한다면 35% 정도의 결과물밖에 얻지 못한다. 그리고 이 안에는 보드카 제조업자가 끔찍이도 싫어하는 화학적 첨가물이 가득할 것이다. 증류를 여러 번 한다면 최대 80%가량의 도수를 얻고 많은 불순물이 제거되겠지만, 여전히 여과해야 할 물질들은 많이 남아 있다. 반대로 칼럼 스틸을 쓰면 순도 96.5% 에탄올을 얻을 수 있을 것이다. 이런 이유로 현대의 대량 생산된 보드카(사실상 모든 대기업에서 판매하는 브랜드들)는 모두 연속식 증류기로 생산되며 여기에 정유 기술이 더해졌다.

사실 당신이 구매한 보드카 속의 기본 물질은 라벨에 찍힌 로고의 주인이 만든 것이 아니다. 현재 미국의 보드카 기업 대부분은 증류업자라기보다 조제자나 혼합자 정도로 볼 수 있다. 이들은 시카고 기반 아처 대니얼스 미들랜드 사나 아이오와주의 머스카틴에 있는 그레인 프로세싱 코퍼레이션 사 같은 대기업에서 95% 순도의 그레인 뉴트럴 스피릿을 대량으로 사들인다. 그러고는 여과를 거쳐 희석(보통 가공 처리된 물로)한 후 병입하고 라벨링 후 유통시킨다. 그 과정에서 소량의 맛(또는 좀 더 대놓고 맛을 내기도 한다)을 첨가하기도 한다. 브랜드마다의 차이는 이 마지막 단계에서 나타난다. 2010년 다양한 브랜드의 보드카를 실험한 결과, 물과 에탄올 분자 간의 수소 결합에서 미세한 차이를 발견했다. 그러니 브랜드 간 미각적 차이는 어쩌면 이런 소량의 감미료와 관련이 있을지도 모른다. 미묘한 맛의 차이가 의미가 있는지, 또는 실제로 그 맛을 감지할 수 있는지는 소비자마다 다를 것이다. 어쨌든 시장에 있는 대부분의 그레인 뉴트럴 스피릿의 기본은 같기에 어쩌면 싸고 대량 생산된 보드카가 가장 순수한 맛을 지니고 있을지도 모른다.

이런 큰 기업 외에 수제 증류소도 있다. 이곳의 장인들은 포트 스틸로 보드카를 만들고, 처음(보통 여러 가지 곡물을 블렌딩한다)부터 모든 작업을 직접 하거나 칼럼 스틸로 증류된 제품을 사서 2차 증류를 한다. 키니코스 학파[7]는 거대한 칼럼 스틸을 쓰면 비용도 절감되고 쉽게 만들 수 있는 제품을 굳이 이렇게 힘들게 작업할 필요가 있는지에 대한 의구심을 품을지도 모르겠다. 그러나 수제 양조업자는 이 모든 과정 하나하나가 최종 결과물을 좌우하는 핵심이라고 강력히 주장한다. 여기에는 물(증류와 희석에 사용, 보통 우물물 또는 샘물을 쓰지만 때로는 증류수를 쓰기도 함), 증류에 쓰일 기본 재료(보드카의 경우 제한이 없다. 일부 수제 증류소에서는 우유에서 나오는 유장만을 쓰며 크리미한 마우스필을 준다고 한다), 통의 크기, 증류기의 소재, 여과 방식, 그리고 증류자의 숙련된 기술 역시 포함될 것이다.

수제 보드카가 만들어내는 차이에 더 많은 돈을 지불할 용의가 있는지는 소비자의 몫이다. 많은 칵테일 애호가는 아마도 부정적인 답변을, 그리고 잔에 레몬 껍질과 얼음을 넣거나(온더락) 스트레이트를 즐기는 사람들은 긍정적인 답변을 할 것이다. '수제' 증류소의 경우에는 생산량에 제한이 있다. 공식적으로 정해진 것은 없지만, 수제 증류업자는 대부분 '증류 자격증'을 가지고 있고 자신의 증류소에서 일 년에 최대 75만 박스를 생산할 수 있다. 수제 증류에 대한 이런 룰은 있지만, 미국 최대 '핸드메이드' 보드카 회사(20년 전 작은 싱글 스틸 하나를 가지고 1인 기업으로 시작했다)는 매년 800만 박스 정도(스미노프에 이어 두 번째)를 만들어내고 있다.

7 고대 그리스의 금욕주의 학파.

자, 그러면 뉴트럴 스피릿으로 유명한 이 증류주에 관련된 다음 주제는 무엇인가? 보드카가 세계 시장에 선보인 시기는 꽤 최근이지만, 베이스가 되는 재료(재료의 질-특히 수제업장에서-은 여전히 중요하지만)의 생산지를 느낄 수 없는 특징 덕분에 궁극적으로는 세계적인 주류가 될 수 있었다. 그래서 가장 노련한 감정사라 하더라도 보드카의 원산지를 맞추지는 못할 것이다. 또한 대부분의 보드카는 러시아, 폴란드, 심지어 북유럽이 가지는 사회적 유대감에서 오는 문화적 특징이나 상징성 역시 없다. 이런 이유로 보드카는 세계 음주 문화에 뿌리 깊게 박혀 그 자리를 계속해서 지킬 것이다. 일부 사람들은 자고로 칵테일이라면 베이스로 넣는 증류주의 특징 역시 잘 반영하고 있어야 한다고 외치기도 하지만, 뉴트럴한 보드카는 여전히 가장 사랑받는 베이스로 남을 것이다. 경제 상황이 좋을 때의 소비자들은 프리미엄 브랜드 쪽으로 관심을 더 기울일 것이고, 경제 침체 기간에는 더 저렴한 시장으로 눈길을 돌리겠지만 술의 종류는 바뀌지 않을 것이다. 그러니 경제 상황이 어떻게 변하든 보드카는 적응하기 가장 쉬운 증류주일 뿐만 아니라, 생산비 역시 가장 저렴해 사람들의 애정이 완전히 사라지는 일은 없을 것이다. 또한 보드카만의 장점인 뉴트럴한 부분 역시 소비자들이 한 번씩 보이는 변덕에도 무사히 살아남는 역할을 할 것이다. 밤나무 배럴을 쓰든 오랜 항해를 해야 하든 보드카에는 전혀 문제가 되지 않는다.

그러나 항상 새로움을 갈망하는 인간의 본성을 생각해볼 때 증류업자와 광고주는 더 많은 고객을 낚기 위해서 혁신을 꾸준히 추구해야 한다. 여기에는 새롭거나 더 독창적인 원료(벌써 선인장 보드카를 만든 이도 있다), 혁신적인 여과 물질(유명인의 속옷 역시 혁신적일 수 있다), 새로운 맛(쿠키용 도우로는 충분치 않다) 등을 가장 먼저 고려해볼 수 있다. 괴상한 상상력만 발휘하지 않는다면 흥미로운 제품을 기대해볼 만하다. 그러나 당신이 핀란드의 빙하로 조각된 멋진 얼음 궁전에서 즐기든, '보드-박스'라 부르는 냉동고가 있는 트렌디한 비벌리 힐스의 레스토랑에서 즐기든, 아늑한 당신의 거실에서 즐기든 보드카는 본질적으로 모두 같다.

11

테킬라(와 메스칼)

이그나시오 토레스-가르시아, 아메리카 미네르바 델가도 레무스,
안젤리카 시브라이언-자라밀로, 조슈아 D. 엥겔하르트

시엠브라 바예스 안세스트랄의 테킬라 블랑코는 정말 유니크하다. 멕시코 할리스코주의 엘 아레날 지역에서 로잘레스가가 운영하는 데스틸레리아 카스카휜[1]과, 미초아칸주에서 비에이라가가 운영하는 메스칼 돈 마테오 데 라 시에라 오브피노 보니토가 협업해 탄생한 제품이다. 이 증류주는 마치 원조 테킬라를 마시는

1 카스카휜 증류소란 의미.

듯한 느낌을 선사한다. 생산 과정은 다음과 같다. 먼저 박쥐로 수분시킨 아가베가 다 자라면 환경에 영향을 주지 않는 방식으로 원재료를 수확한다. 그리고 전통 방식에 따라 땅을 파서 만든 구덩이형 오븐에 피냐[2]를 넣고 5일간 굽는다. 잘 구워진 피냐는 나무 방망이로 직접 두드려서 잘게 쪼갠다. 그리고 오크 배럴에 넣고 발효한다. 발효가 끝나면 전통 스타일의 구리 알렘빅에 발효액을 넣어 1차 증류를 한 후 이 기구보다 더 오래된 필리핀식 소나무 증류기에 담아 2차 증류를 한다. 다음에는 주둥이가 좁은 유리병에 담고 옥수수속대로 입구를 막은 후 6개월간 휴지시킨다. 이렇게 고대 증류 방식으로 탄생한 술은 모든 테킬라의 원조격인 전통 메스칼의 맛과 정말 비슷하다. 특히 구덩이에서 로스팅해서 훈연 향이 물씬 풍겨 나오고 꿀과 시트러스, 셀러리 향과도 잘 어우러진다. 한 모금 마시면 달달하면서 실크 같이 부드러운 마우스필을 느낄 수 있으며, 구운 아가베와 흙의 풍미 또한 스며 있다. 그리고 곧바로 흑후추, 오크, 소나무, 미네랄, 향신료의 복합적인 향이 존재감을 나타낸다. 100프루프치고는 꽤 놀라울 정도로 마무리가 라이트하다. 100% 아가베 테킬라라면 카발리토나 샷 글라스로 마시기를 추천한다. 시간이 지나도 변치 않는 이 훌륭한 증류주를 마르가리타 같은 칵테일에 넣을 생각은 꿈에도 하지 말길.

알코올 유무를 떠나 테킬라만큼 원산지와 깊은 연관성을 띠는 음료도 거의 없을 것이다. 멕시코의 상징적인 증류주로서 테킬라를 향한 찬양은 대중적으로 많이 알려진 전설, 신화, 역사에서 많이 들을 수 있겠지만,

2 아가베 잎을 다 베어내고 남은 심.

사실 정확한 기원과 역사에 관해서는 논쟁의 여지도 있는 편이다. 아가베(특히 아가베 테킬라나 웨버 아줄) 속 여러 품종과 마게이(아가베 살미아나, 아가베 비비파라), 소톨(디실리리온 휠레리) 같은 멕시코 다육식물을 기반으로 만든 알코올음료는 현재의 멕시코보다 더 깊은 역사를 간직하고 있다.

아가베와 그 친척 종은 메소아메리카와 아리도아메리카[3] 문화의 발전과정에서 등장했으며, 기본 먹을 거리와 의식에서 쓰는 특별한 음료를 제조할 때 재료로 사용되었다. 고고학적 증거에 따르면, 이 '아가베 속'은 적어도 1만 년 전부터 아주 중요한 식물로 여겨졌다고 한다. 그래서 이 식물을 구덩이형 화로에 넣어 요리했던 잔재가 여러 유적지에서 발견되었다. 땅속 화로에서 아가베를 구우면 달콤한 음식이 되었고, 멕시코 중앙 지역 나우아틀어를 쓰는 나우아족은 이렇게 익힌 음식을 일컬어 '멕시칼리(mexcalli, 그래서 mezcal이 됨)'라 불렀다. 농경시대 전, 도기가 발명되기 전에 살던 여러 부족민에게는 야생에서 채집한 자원과 재배된 자원뿐만 아니라, 아가베로 만든 음식도 중요한 식량이었을 것으로 추측하고 있다. 이후 시작된 멕시코 문명-보통 아스테카라 부름-에서는 숭배의 대상이었던 신 중에 풍요와 다산, 영양을 관장하는 여신 마야우엘이 있었으며, 마게이의 여신으로도 불렀다.

우연히도 이 여신은 풀케의 발명과도 연관이 있는데, 풀케가 마게이 수액-여신의 피라고 여김-을 발효해서 만들기 때문이다. 이 알코올음료(테킬라의 먼 사촌뻘이다)는 스페인 정복 이전에 종교적인 행사에서 마시는 술이었다. 아마도 풀케에 관련된 더 신빙성 있는 기원은 주머니쥐에서 시작되었다는 설이다. 이 동물은 발톱으로 마게이의 중심을 파서 발효된 주스를 마셨으리라 추측하며,

---

3 Aridoamerica: 멕시코 북부와 미국 남서부에 걸쳐 있는 생태 지역.

어쩌면 마게이에 첫 번째로 취한 주인공이었을지도 모른다. 어쨌든 분명한 사실은 아가베가 고대 메소아메리카에서 가장 중요하고 신성시되는 식물 중 하나였기 때문에 수많은 토착 사회의 신화, 의례, 요리에서 특별 취급을 받았다는 것이다.

일부 학자들은 유럽인들이 이 땅에 나타나기 전부터 메소아메리카에는 증류주가 존재했다고 주장하기도 하지만, 신빙성이 높지는 않다. 그보다는 아가베 줄기를 요리했던 전통적인 방식과 식민지 시대(1521~1810년) 당시 필리핀과 스페인 이주자에게서 배운 아시아식 증류 방식이 합쳐진 결과가 이 아가베-베이스 증류액이라는 설이 더 타당성을 얻고 있다. 그러나 아가베의 특징과 전통적인 처리 방식 덕분에 발효 가능한 당분을 충분히 얻을 수 있었기에, 전통 기술이 테킬라와 메스칼을 만드는 데 아주 중요한 부분을 차지한 것만은 확실하다. 여전히 정확한 시기에 대한 논쟁이 일지만, 1570년에서 1600년 사이 '마닐라 갤리온'이라는 배를 타고 콜리마주에 도착한 필리핀 이주자들이 증류 방법을 전수했을 가능성이 가장 크다. 이들은 증류기와 함께 코코스야자도 함께 가져왔다. 사실 멕시코에서 만들어진 첫 번째 증류주는 아가베 베이스가 아니라 필리핀 전통 코코넛 와인(람바녹)이었다(람바녹에 관해서는 2장에서 다루었다).

또한 16세기 후반 유럽에서 온 스페인 이주자들은 아랍의 알렘빅 증류기와 외부 응축 증류 기술을 소개했다. 이렇게 스페인과 필리핀의 도구와 기술이 현재 멕시코에 속하는 스페인 식민지에 널리 퍼졌다. 일부에서는, 스페인 사람들이 브랜디를 만들 때 쓰던 재료가 바닥난 게 시초라는 주장도 있다. 어쨌든 그 결과 멕시코인들은 이 기술을 이용해 익힌 아가베의 발효된 주스와 섬유질로 증류를 했고 신세계에서 첫 번째 토착 증류주들–정확히는 '메스티소(mestizo)'– 중 하나를 탄생시켰다. 일부 지역에서는 특정 기술이 유명해지기도 했다. 오악사카주, 미초아칸주, 할리스코주에서 발견된 전통 증류기는 필리핀 증류기와 상당히 비슷한 특징을 보였다. 아마도 증류 문화의 기원지인 콜리마 저지대에서 사용하기 시작된 방식이 태평양 연안을 따라 인접한 서부 고지대까지 확산된 것으로 추측하고 있다. 그러나 1621년 누에바 갈리시아(현재는 할리스코주)에서 필리핀 증류기와 아랍 증류기가 모두 발견되었다는 주장이 나왔다. 이 지역은 현재 테킬라 생산의 중심지로 알려져 있다.

테킬라 자체는 16세기에 테킬라 원산지라 알려진 할리스코주의 알토스와 바예 데 아마티틀란에서 처음 생산된 것으로 추측하고 있으며, 이름은 이 지역명을 그대로 땄다. 화산회토가 풍부하게 섞인 이곳의 토양은 특히 블루 아가베를 재배하기 안성맞춤이며, 현재도 그렇다. 알타미라의 후작인 돈 페드로 산체스 데 타글레는 1600년대에 하시엔다 쿠이실로스에 첫 번째 테킬라 공장(정확한 위치는 여전히 논쟁의 대상이다)을 세우면서 '테킬라의 아버지'로 불린다. 또한 1616년, '공식적'으로는 처음으로 이 상품을 '테킬라 지역의 메스칼 와인'이라고 칭하며 식민지 당국의 중요한 수입원임을 함께 시사했다. 초기에는 아가베-베이스 증류주를 일컬어 '테킬라'가 아닌 '메스칼 와인'이라고 불렀다는 기록이 남아 있다.

이쯤에서 우리는 여전히 논쟁 중인 주제인 테킬라와 메스칼의 차이(또는 동일함)에 대해 다루려고 한다. 일부에서는 같은 종류라 주장하고 일부에서는 테킬라가 하나의 독립적인 범주에 있는 술이라 주장한다. 테킬라가 메스칼의 일종이라는 말은 반은 맞고 반은 틀리다. 1) 진실, 테킬라는 처음에 '테킬라

지역의 메스칼 와인'이라고 불렸으니 같은 종류라 할 수 있다. 2) 거짓, 메스칼이란 이름은 '태운 마게이'[나우아틀어로 멕시칼리(mexcalli): 메틀(metl) 또는 '마게이(maguey)'와 이스칼리(izcalli)를 합침, 의미는 '불에 태우거나 불로 요리된']란 의미를 담고 있는데 테킬라와 제조 방식이 다르다. 결국 테킬라가 '처음에는' 메스칼의 일종-비슷한 기술이 여전히 남아 있다-이라 할 수 있지만, 현대의 제조 방식은 전통 방식과 큰 차이를 보인다. 즉, 현재의 테킬라와 초기의 테킬라 사이의 간극이 크다는 말이다.

보통 메스칼이라 언급되는 모든 아가베-베이스 증류주는 현재 멕시코 24개 주에서 약 54종의 아가베로 제조되고 있으며, 문화적 특성, 지역마다 다른 자원, 생산자의 독특한 기술로 각자의 개성을 품고 있는 제품들이다. 지리적·정치적·민족적인 차이는 아가베 품종, 로스팅과 증류 단계에서 쓰는 물과 나무의 종류, 다양한 현대와 전통 방식, 독립적 또는 총체적인 기술의 차이를 만들었다. 게다가 수 세기에 걸친 역사까지 합쳐졌으니 이런 다양하고 복합적인 환경에서 탄생한 메스칼이 모두 같을 리는 절대 없을 것이다.

테킬라와 메스칼의 기본 재료(발효한 아가베 주스와 물), 알코올 함량, 기본 풍미는 비슷하다. 에탄올을 제외하고 테킬라와 메스칼 모두에는 증류 단계에서 물, 극소량의 높은 도수의 알코올, 메탄올, 알데하이드, 에스테르, 푸르푸랄[4], 그리고 메스칼의 경우 섬유질이 들어 있다. 그리고 전통 메스칼의 알코올 도수는 약 45~52% ABV, 테킬라는 보통 45% 이하다. 증류액의 맛과 특징을 구분 짓는 가장 중요한 요소는 지역 발효 미생물이다. 효모와 박테리아를 모두 포함한 이 미생물은 와인 같은 다른 알코올 발효에서도 흔히 사용되는 녀석

---

4 특수한 냄새를 가진 기름 모양의 액체 형태를 띤 헤테로고리알데하이드의 한 종류.

들이다.

멕시코 표준 규격(NOM)에서 메스칼과 테킬라의 기본적인 차이를 정확하게 규정하고 있는데, 모든 테킬라 생산지에 적용되는 강제적인 법적 규제라고 보면 된다. NOM에 따르면 '테킬라'라는 명칭은 블루 아가베로 만든 증류주에만 라벨에 표기할 수 있다. 하지만 메스칼의 경우 40여 종의 아가베로 만들 수 있다. 그 외에 식물 재배, 굽는 방식, 발효, 증류까지 공정 과정에도 차이가 있으며, 테킬라는 좀 더 산업화되었고 메스칼은 전통 방식에 더 가까운 경향이 있다. 예를 들어, 테킬라를 만들 때는 땅 위에 설치된 증기 오븐이나 오토클레이브(고압증기멸균기)에서 아가베 피냐(줄기)를 익히지만, 메스칼은 돌이 깔린 원뿔 모양의 구덩이 오븐에 나무를 때서 굽는 방식을 선호한다. 그래서 메스칼에서는 아가베가 구워지면서 나오는 훈연의 풍미를 짙게 느낄 수 있고, 테킬라에서는 은은한 훈연 향에 단맛이 조금 더 난다. 그 외에 기원에 따른 명칭의 차이도 있다. 테킬라(AO[5])는 멕시코 5개 주(할리스코주, 미초아칸주, 나야리트주, 과나후아토주, 타마울리파스주)에서 생산된 제품에만 명시할 수 있는 반면, 메스칼(AOM[6])의 생산 지역은 12개 주로 더 넓은 편이다.

이렇듯 테킬라와 메스칼을 구별하는 방식에는 여러 가지가 있지만, 그중에서도 제조 공법의 차이가 가장 핵심이라 할 수 있다. 테킬라라는 명칭은 1974년에 쓰기 시작했고, 1978년 NOM이 개정(1964년에 처음 만들어짐)되면서 기술적이고 법적 구분 또한 가능해졌다. 사실 '테킬라'라는 용어는 메스칼과 어느 정도 차별을 두기 위해 19세기 후반부터 사용된 측면도 있는데, 목적은 미국

5 테킬라 원산지 명칭.

6 메스칼 원산지 명칭.

으로 수출을 확장하기 위해서다. 여기서 우리는 영향력이 강한 테킬라 규제 위원회(TRC)가 테킬라와 NOM을 관리하고 있으며, 시장 압력과 테킬라를 '정식'으로 대량 생산하는 업체의 경제적·정치적 이익이 생산을 통제한다는 사실을 알아두는 게 좋겠다. 예를 들면, 테킬라 회사 대부분이 위치한 할리스코 주에서만 오리지널 테킬라를 생산하도록 명시한 것을 생각해보면 어느 정도 이해가 갈 것이다. 테킬라의 역사는 같은 선조를 가지고 있다는 점에서 근본적으로 메스칼과 얽혀 있으며, 최근 다국적 기업이 토착적이고 복합된 지식을 남용하면서 정치적·경제적인 요인이 뒤섞여 있다. 비록 가족 경영으로 이어진 일부 기업(가령 쿠에르보)도 있지만. 어쨌든 이런 수익만 좇는 행태는 400년 이상 아가베-베이스 증류주를 꾸준히 생산해온 공동체 사회를 배제하고 손해를 끼쳤다.

비록 여러 훌륭한 테킬라가 현재 멕시코라는 민족국가의 상징이 되었지만, 테킬라와 메스칼을 생산하는 나라에 사는 멕시코인들은 메스칼이 더 상징성이 있고 토착적·전통적인 유산과 더 가까우며, 멕시코의 복잡한 역사를 더 잘 나타낸 증류주라고 생각한다. 그리고 일반적으로 테킬라보다 메스칼을 더 선호하는 경향이 있기도 하다. 사실 메스칼은 다양성에 한계가 없고 독특하면서 복잡한 맛을 지니고 있어 이를 주제로 한 챕터를 모두 할애해도 부족할지 모르지만, 이 책에서는 현재 멕시코를 대표하는 증류주인 테킬라에 더 초점을 맞추도록 하자.

테킬라는 기본적으로 수확, 조리, 분쇄/다짐, 발효, 증류, 숙성, 병입, 이렇게 일곱 단계를 거쳐서 완성된다. 아가베는 일생의 마지막 순간에 단 한 번 꽃을 피우기 때문에 '히마도르'라 부르는 아가베 수확자가 꽃이 빨리 피지 않도록 관리하지 않으면, 축적된 설탕은 꽃, 과즙, 씨앗이 되는 데 사용된다. 수확자는 설탕이 가득한 상태인 잘 익은 아가베 줄기의 머리 부분 또는 피냐를 수확해야 하는 최적의 시기를 잘 알고 있다. 대략 심은 지 5~8년 후, 개화 전이라고 보면 된다. 무려 100kg까지도 나가는 피냐는 '코아'라는 특별한 장비로 채취한 후 다음 생산 단계로 넘어가기 위해 오븐으로 옮긴다. 고지대 아가베에서는 단맛과 꽃 향이 더 강한 테킬라가, 저지대 아가베에서는 흙의 풍미가 강한 테킬라가 나온다는 말이 있다.

오븐에서 구운 피냐를 잘게 부수면 복합 당질은 작은 크기의 당으로 쪼개져서 발효가 더 쉽게 일어난다. 전통적으로는 구덩이형 오븐에 피냐를 넣고 지역에서 구할 수 있는 다양한 나무(주로 퀘르커스, 리실로마, 프로소피스)를 때서 센 불로 굽는다. 이런 방식으로 구우면 나무의 종마다 지닌 유니크한 향이 피냐에 스며들며, 메스키트[7] 숯으로 구운 고기에서 나는 훈제 향과 비슷한 향이 난다. 그래서 각 증류통마다 독특한 풍미가 형성되어 소비자의 감각을 깨운다. 더 산업화된 방식은 19세기 후반에 개발되어 대량 생산이 가능해졌다. 피냐를 커다란 석조 용광로(오르노)에 넣고 증기로 구우며 연료로는 보통 기름을 쓴다. 피냐를 굽는 시간은 50~72시간, 온도는 60~95°C 정도다. 천천히 구워서 아가베 섬유질이 부드러워지고, 내용물은 캐러멜라이징[8]되지 않는다. 일부 큰 증류소에서는 금속 오토클레이브에 피냐를 넣고 12~18시간 정도 굽기도 한다. 이런 현대식 기구를 쓰면 전통 아가베 기반 증류액에서 아주 중요

---

7 남미산 나무.

8 조리하면서 음식이 갈색으로 변하는 현상.

한 성분인 훈연 향이 많이 줄어든다.

피냐를 구운 후에는 잘게 찢거나 갈아서 물로 세척한다. 그리고 여기에서 주스만 추출한다. 전통적으로는 몸집이 큰 가축이 '타호나'라고 부르는 커다란 돌 바퀴를 움직여서 갈았다고 하며, 나무 방망이로 피냐를 내리쳐서 갈기도 했다. 현대 증류소에서는 보통 파쇄기와 분쇄기를 이용한다. 추출한 아가베즙은 피냐의 찢은 섬유질(바가조)과 분리한 후 커다란 나무나 스테인리스 스틸 통에 넣어 발효시킨다. 발효는 대략 1~7일 정도 걸리며 주변 온도나 통 크기, 통의 구성요소(너비, 재료, 질감 등) 등에 따라 달라진다. 발효에 따라 농도와 풍미가 달라진다.

전통 방식에서는 발효가 자연적(람빅 맥주처럼)으로 일어났기 때문에 야생 미생물의 종류와 양에 따라 결과물이 달라졌다. 주변에 있는 종들이 여기에 관여했으며, 그중에서 효모–보통 사카로마이세스 세레비시에–가 주로 발효를 주동했다. 테킬라 에라두라사에서는 아직도 천연 발효를 한다고 주장한다. 다른 상업적인 증류소에서는 생물공학을 이용하거나 선별 작업을 통해 특정 효모만 배양해서 추가한다. 그러면 제품의 맛이 일정해지고 원치 않은 미생물도 제거된다. 일부 생산업자는 바가조를 발효 과정에 넣어 더 진한 아가베 맛이 나도록 하기도 한다. 발효를 할 때 아가베의 당이 약 15%가 되도록 희석해야 하기 때문에 물 또한 중요한 요소다. 이 물에 염소가 있으면 발효를 담당하는 미생물이 죽을 수 있다. 또한 수원지와 물의 특징도 중요한데, 샘물과 우물물에는 특유의 미네랄이 들어 있어 증류액의 향과 맛을 결정하기도 한다. 그런 이유로 많은 증류업자는 자체 수원지를 가지고 있다.

발효가 끝나 알코올 농도가 낮은 워트 또는 '모스토(mosto)'('테파체'나 '투바'라 부르기도 함)가 만들어지면 증류 단계로 넘어간다. NOM을 부여받기 위해서는 적어도 증류가 두 단계를 거쳐야 한다. 1) 등급이 없는 오르디나리오 생성 단계, 2) '블랑코'(흰색) 또는 '플라타'(은색) 생성 단계다. 첫 번째 증류액은 약 95°C에서 100분간 진행되며 모스토의 알코올 도수는 4~5%에서 25%로 올라가게 된다. 두 번째 증류는 3~4시간 소요되며 약 55%로 올라간다. 그 후 염분을 제거한 물로 희석해 원하는 프루프(76~80프루프 또는 38~40% ABV)로 맞춘다. 아주 드물지만 3차 증류를 하기도 한다. 그러나 많은 전문가가 이 단계를 거치면 아가베 풍미가 많이 사라진다고 주장한다. 테킬라는 모두 도수가 비슷한 편이지만, 멕시코 내에서 판매되는 제품은 38%, 수출용은 40~50%로 약간 차이가 난다. 법적으로는 최대 100프루프까지 만들 수 있지만 이런 제품은 잘 보기 힘들며, 가장 낮은 도수는 35%이다. 테킬라는 숙성 과정에서 도수가 낮아지기 때문에 숙성 전에 더 높은 프루프로 증류하는 증류업자도 있다. 전통적인 증류 기법은 정말 다양하며, 주로 지역적 기술과 관습에 따라 차이를 이룬다. 산업화된 이후에는 아랍이나 필리핀에서 파생된 알렘빅 포트 스틸을 주로 이용했으며, 대규모 증류소에서는 지난 몇십 년간 생산량 증대를 위해 칼럼 스틸을 써왔다. 이보다 작은 증류소는 여전히 16세기부터 전해 내려오는 배치 스틸[9]을 사용하고 있다. 테킬라는 워트를 두 번 증류하면 법적으로 테킬라라는 명칭을 사용할 수 있으며, 이때부터 마실 수 있는 단계라고 할 수 있다. 생산의 여섯 번째 단계인 숙성은 제조업자의 선택이고 마지막 단계인 병입 과정은 증류소마다 그 방식이 다양하다.

9 한 가마솥당 한 번 증류하는 방식.

NOM은 테킬라를 블랑코/플라타, 호벤/오로, 레포사도(휴지), 아네호(숙성), 엑스트라 아네호(빈티지[10]), 이렇게 다섯 가지 종류로 분류했다. 두 번의 증류를 거친 테킬라 블랑코는 가장 유명하면서 '오리지널' 형태의 테킬라다. 일부 팬들은 블랑코야말로 가장 순수한 형태의 테킬라라 주장하기도 하는데, 이는 더 '정제된' 다른 종류보다 블랑코가 강한 아가베 맛을 잘 유지하기 때문이다. 호벤은 블랑코에 색과 맛을 첨가한 제품이다. 강한 맛이 살짝 누그러져 부드러우면서 숙성된 느낌을 안겨준다. 레포사도, 아네호, 엑스트라 아네호는 모두 나무 용기(보통 아메리카, 프랑스, 캐나다산 오크통)에서 숙성한다. 테킬라를 배럴에 넣으면 용액 속 성분이 화학반응을 일으켜서 새로운 물질이 생성되며, 성분의 종류는 나무의 특징에 따라 다르다. 이런 과정은 좀 더 미묘하면서 복잡하고 진한 풍미를 만들어내며 강한 알코올의 느낌을 완화해주기도 한다.

테킬라 레포사도는 작은 통에서부터 최대 2만L 정도 되는 큰 배럴에 담아서 2~12개월간 숙성시키며, 멕시코에서 판매되는 테킬라의 60% 이상을 차지하는 제품이다. 아네호와 최근에 나온 엑스트라 아네호는 정부에서 인가한 배럴에 담아 최소 1년에서 3년 정도(일부는 10년까지도) 숙성시킨다. 이 통에는 최대 600L(보통 200L를 씀)까지 담을 수 있다. 테킬라가 숙성되면 색은 더 짙어지고 나무로 인해 점점 더 유니크한 풍미가 배어들기 시작한다. 이론적으로는 몇십 년을 숙성할 수 있지만, 대개 4~5년 후에 마시는 게 최고의 풍미를 느낄 수 있다고 한다. NOM은 테킬라를 기본적으로 100% 아가베와 믹스토(혼합), 두 가지 스타일로 규정했다. 라벨에 100% 아가베라고 표기된 테킬라는 아가베 테킬라나 웨버 아줄만 사용하며, 발효 과정에서 다른 당분을 전혀 추가하

10 품질이 아주 좋은 상품.

지 않고 알코올을 생성한 제품이라 생각하면 된다. 그래서 100% 아가베 테킬라는 보디감, 풍미, 아가베 향이 더 강하다. 모든 100% 아가베 테킬라 라벨에는 법적으로 제품에 정부가 인증한 증류소 일련번호를 포함한 NOM 식별자가 표기되어 있어야 한다. 만약 라벨에 100% 아가베란 표식이 없다면 그 제품은 분명 믹스토일 것이다. 믹스토는 아가베 당이 최소 51%, 다른 당(포도당이나 옥수수당 등)이 나머지 49%를 채운 제품을 말한다. 또한 인공 색소, 글리세린, 설탕을 기반으로 한 시럽, 오크 추출물 같은 재료를 넣을 수 있으며, 멕시코 외의 지역에서도 병입 작업을 할 수 있다. 보통 믹스토는 라벨에 믹스토라고 적어두지 않고 그냥 '테킬라'로만 표시되어 있다. 1930년대에 첫 번째 믹스토가 생산되었으며 순수한 아가베 테킬라보다 생산비가 낮았다. 현재는, 특히 멕시코 외 지역에서는 100% 아가베보다 믹스토 브랜드의 수가 훨씬 많지만, 대부분의 전문가에 따르면 라벨에 '100% 아가베'라 붙여진 제품이 품질, 풍미, 순도 면에서 더 우월하며, 첨가제와 착향료가 들어가지 않아 저급 테킬라를 과하게 마신 후에 겪는 최악의 숙취 역시 거의 없다고 한다.

테킬라 규제 위원회는 현재 정식 테킬라 브랜드가 1400개가 넘고 증류업소는 150군데가 넘는다고 발표했다. 증류소가 테킬라 회사보다 수가 적은 이유 중 하나는, 소규모 증류소에 부지와 장비를 대여해줌으로써 큰 자본을 들이지 않고 생산하는 기업도 있기 때문이다. 일부 큰 증류소에서는 전통 생산 방식을 이용해 제한적인 양만 생산하고 오리지널 메스칼 와인인 테킬라를 최대한 '근본'에 근접하게 만들어내려고 노력하고 있다. 그 결과 테킬라의 브랜드 수는 놀랄 정도로 늘어났고 다양한 맛을 내기 위해 더 정교한 기술을 쓰기도 한다. 시중에 나와 있는 메스칼의 종류 또한 수백 가지가 넘는다. 멕시코가 기원인 아가베 베이스 증류주를 이제 각자의 입맛에 맞는 것으로 고를 수 있을 정도다.

멕시코에서도 증류를 본격적으로 시작하면서 지역의 아가베 기반 증류주는 포도주와 수입된 유럽의 술과 경쟁 구도를 이루었고, 식민지 당국은 지역 증류주에 세금 부과와 단속이라는 카드를 꺼내어 들었다. 1608년에는 메스칼 생산에 세금을 부과했고, 1742년 누에바 갈리시아 정부는 생산, 홍보 또는 '과도한' '메스칼 와인'의 소비를 금하고 벌금을 부과하려 시도하기도 했다. 1785년 카를로스 3세는 수입하는 스페인 술을 보호하기 위해 모든 아가베 기본 알코올 생산을 완전히 금지해버렸다. 그러나 이러한 조치는 메스칼 생산을 줄이기는커녕 메스칼이 지역적 특성과 저항의 상징으로 떠오르게 되는 계기만 만들어주는 꼴이 되었다. 카를로스 3세가 서거한 이후 스페인 왕국은 메스칼에 세금을 부과하는 것이 더 이익이 된다는 판단 하에 기존의 방식을 뒤집어버렸다. 1795년 카를로스 4세는 호세 마리아 과달루페 데 쿠엘보에게 '테킬라 지역에서 메스칼 와인'을 생산할 수 있는 면허를 공식적으로 수여했다. 곧 테킬라는 뉴스페인에 퍼지기 시작했고, 광산 산업의 부흥기를 맞이한 북쪽 식민지 지방까지 인기를 얻었다. 18세기 후반 메스칼 생산에 붙는 세금은 과달라하라대학교를 설립하는 데 사용되었다.

1821년 멕시코가 독립할 때까지 메스칼 생산은 가족 경영으로 이어지는 술집과 증류소에서 소규모로 이어졌고, 독립 후 스페인 와인과 증류주 수입이 줄어들자 메스칼 판매가 급등했다. 19세기에는 새로운 기술이 발명되고 지역적 생산이 대량 생산체제로 넘어가면서, 커지는 메스칼 시장의 수요를 맞추었다. 하지만 확장하는 동안에 멕시코 안팎으로 분쟁이 한 번씩 일어나 발전에 방해를 받기도 했다. 가령 멕시코-미국 전쟁(1846~1848년), 개혁 전쟁과 그 이후의 프랑스 개입(1857~1867년) 등이 있다. 그러나 이런 사건들은 아가베 증류주를 새로운 고객에게 소개하는 결과를 낳기도 했다. 1850년에는 아가베 피냐를 구덩이 오븐에서 굽는 방식보다 땅 위에서 굽는 석조 오븐형이 더 인기를 끌었다. 제조업자들이 이 방식을 70년에 걸쳐 서서히 채택했으며, 테킬라와 메스칼이 점차 분리되는 조짐 역시 함께 나타나기 시작했다.

1870년, 할리스코주에 있는 일부 큰 생산업체는 제품명에 지역 이름을 따서 메스칼 '테킬라'라고 공식적으로 표기할 수 있도록 멕시코 정부에 요청했고, 곧 허가를 받았다. 그리고 1873년, 새로운 이름의 테킬라는 첫 번째로 미국에 수출되었다. 사실 첫 번째 수출업자가 쿠엘보인지 돈 세노비오 사우자(아가베 테킬라나 웨버 아줄이 최고의 테킬라를 만드는 종이라고 처음으로 주장한 인물로 칭송받는다)인지에 대한 논쟁은 아직 마무리되지 않았다. 같은 해 세금 기록에는 지역 메스칼이 테킬라라는 이름으로 명시되어 있다. 또한 테킬라는 다른 멕시코 증류주와 함께 영국, 스페인 프랑스, 뉴그라나다[11]로 수출되며, 나머지 세계에서도 테킬라를 향한 기나긴 로맨스의 시작이 조짐을 보이고 있었다. 1893년, 시카코 월드 페어에서 '메스칼 데 테킬라'가 입상하면서 테킬라 제조업자와 멕시코 정부는 이름에 붙어 있던 '메스칼'을 완전히 빼버렸다.

19세기 말 테킬라 수출량은 꾸준히 늘었고 '주요' 증류소와 회사가 할리스코주에 대거 들어섰다. 대표적인 곳이 로스 카미치네스(1857년), 데스틸라도라 데 옥시덴테(1860년대), 테킬라 산 마티아스(1886년)다. 점차 발전하는 기반시설과 기술적인 진보(빠른 철도 교통망 확장, 동력기, 압축 기계, 분쇄기)로 인해 수요가 더 늘어났고, 생산성이 향상되면서 테킬라 시장은 더 커졌다. 20세기에 들어

11 New Grenada: 현재의 콜롬비아.

서고 쿠엘보 증류소가 테킬라를 병(배럴의 반대)에 담아 판매했던 시기에도 이런 성장은 계속되었다. 심지어 20세기 초 멕시코 혁명(1910~1920년)과 할리스코주에서 일어났던 크리스테로 봉기(1926~1929년) 같은 사회적이고 정치적인 격변의 시기에도 상승세는 사그라지지 않았다. 멕시코 북쪽 경계 지역은 미국의 금주법 시행령으로 인해 테킬라 수요가 매우 많았다.

이런 높은 인기 때문에 1930년대부터 몇십 년간 아가베 공급에 차질을 겪어, 결국 멕시코 정부는 생산 규제를 완화했다. 이때 탄생한 것이 믹스토 테킬라였으며, 특히 미국 시장에서 뜨거운 환영을 받았다. 당시 멕시코 정부는 테킬라 생산과 세금에 관련된 일련의 법률을 제정했는데, 그중에서도 1942년에 만들어진 산업 재산법은 테킬라의 원산지 명칭에 대한 토대가 되었다. 1935~1942년에는 테킬라를 베이스로 한 칵테일 중에서도 정말 유명한 마르가리타가 개발되었다. 정확한 연대와 장소에 대해서는 현재도 의견이 엇갈리고 있다. 일부는 그 장소가 1935년 또는 1938년 티후아나 외곽에 있는 술집이라고 주장하고 일부는 1942년 시우다드 후아레스, 또는 미국 텍사스 엘패소라고 주장하고 있다. 제2차 세계대전이 벌어지면서 유럽산 증류주의 공급이 줄어들자 멕시코와 미국에서의 테킬라 수요는 더 늘어났다. 1940~1950년에는 매출액이 110%를 넘었고, 1955년에는 또 두 배로 뛰면서 해외 투자와 상업화의 주요 수익원이 되었다. 이런 분위기는 테킬라의 인기가 지속되면서 1960년대까지 이어졌으며, 특히 칵테일에 뉴트럴 스피릿을 첨가해 만드는 방식이 눈길을 끌었다.

1974년 '테킬라 원산지 명칭 보호 선언' 이후 생산량은 더 증가했으며, 당시 쿠엘보와 사우자 증류소가 전체 테킬라 제품의 60%를 생산했다. '테킬라 붐'이라 칭하는 1980년대와 1990년대에, 이 대규모 테킬라 생산업체는 정부의 전폭적인 지지를 토대로 다국적 기업과 파트너십 관계를 구축해 해외에서 투자를 받으며 진정한 세계화를 이루었다. 멕시코 역시 관광객이 증가하면서 브랜드 수와 증류주의 종류가 다양해졌고, 이제는 멕시코뿐만 아니라 세계로 홍보를 했다. 1994년에는 테킬라 규제 위원회가 설립되었고 비슷한 시기에 미국, 캐나다, 유럽에서는 법적으로 테킬라가 멕시코의 증류주라 인정했다. (의도한 바는 아니지만, 메스칼도 1995년 자신만의 AO를 부여받았다.) 이후 남아프리카, 일본, 스페인 증류소에서 '테킬라'를 만들려 시도했지만, 제품에 테킬라라고 표기하지는 못한다.

몇 년간 세계 최대의 테킬라 소비국은 미국이었지만, 2000년에는 멕시코 내 판매량과 소비량이 수출량(8400만L가 수출되었고 7200만L가 멕시코 내에서 소비됨)과 거의 비슷해졌다. 2019년에 접어들며 테킬라 생산량은 1억 8200만L에서 3억 5200만L로 거의 두 배가 증가했고, 수출량도 9900만L에서 2억 4700만L로 2.5배 늘었다. 그리고 이런 분위기의 중심에는 100% 아가베 테킬라에 대한 늘어난 수요가 있었다. 테킬라 규제 위원회의 자료에 따르면 이 종류의 생산은 지난 20년간 10배, 수출은 13배 증가했다고 한다. 그리고 2019년 무역협정이 체결되면서 중국으로까지 수출이 확대되었으며, 이런 추세는 전혀 줄어들 기미가 보이지 않고 있다. 심지어 테킬라가 한 번에 한 잔씩 세계를 장악해나가고 있다고 말하는 논평가도 있었다.

테킬라의 매력은 술 문화에까지 영향을 주고 있다. 한때는 '파티'에서 주로 마시는 술이라는 이미지였지만, 소비자의 취향이 변하면서 이 술을 준비하고 마시는 방식도 바뀌어 좀 더 '전통적인 멕시코 스타일'로 즐기기 시작했다. 테킬라의 고장인 멕시코는 고대부터 내려온 전통적인 아가베 생산의 유산에서부터 현대의 민족적 자부심까지 다양한 멕시코 문화가 혼재된 국가다. 그리고 그 위상에 걸맞게 술들이 소비되고 있기도 하다. 멕시코인들은 보통 테킬라를 샷 글라스(카발리토)로 깔끔하게 마시며, 슬래머[12] 형태보다는 테킬라만 따라서 한 모금씩 마시는 것을 선호한다. 또한 멕시코 국기의 색처럼 테킬라 블랑코, 라임 주스, 매우면서 새콤한 상그리타[13]를 함께 두고 차례로 마시는 방식 또한 유명하다. 라임 주스와 상그리타는 '체이서'[14]라기보다는 입가심용 음료의 역할을 하며, 테킬라와 번갈아 가며 한 모금씩 마신다. 나는 테킬라를 한입에 털어 넣는 행위는 마치 스코틀랜드인이 18년 싱글 몰트 위스키 한 잔을 단숨에 들이켜는 것과 비슷하다고 생각한다.

테킬라가 가진 '거친' 이미지는 젊은 세대 사이에서 유행하는 '핥고 마시고 베어먹는'[15] 술 문화가 주요 원인이다. 이렇게 소금과 라임을 곁들여 한 번에 마시는 방식은 테킬라로 만드는 대부분의 칵테일–유명한 마르가리타 포함–처럼 '독한' 맛을 가려주거나 줄여주는 게 목적이거나, 적어도 테킬라를 마신 후의 고통을 최대한 빠르게 없애기 위해서로 추측된다. 그러나 사실 테킬라의 악명은 저가 제품이 원인인 경우가 많다. 최근까지 테킬라 수출품 대부분이 낮은 등급의 믹스토였고, 현재도 미국에서 시판 중인 테킬라의 70%가 마르가리타(미국에서 가장 유명한 칵테일)를 만드는 용도로 쓰이는 믹스토다. 결국 저질 테킬라가 불러오는 고통을 피할 방법은 없다는 것이다. 어떤 사람

12 잔에 테킬라와 탄산수를 섞은 것.

13 토마토와 귤의 즙 음료수.

14 약한 술 뒤에 마시는 독한 술 또는 그 반대.

15 먼저 손에 올린 소금을 핥고 테킬라를 마신 후 라임/레몬 조각을 베어먹는다는 뜻.

들은 저가 테킬라의 질이 너무 떨어져서 얼음으로도 가려지지 못한다고 말하기도 한다.

테킬라를 넣어 만드는 칵테일 수가 수백 가지나 되지만, 지난 몇십 년간 테킬라를 그대로 마시는 방식을 선호하는 사람들 역시 세계적으로 늘어났다. 이는 소비자들도 100% 아가베와 '프리미엄' 테킬라를 알게 되었다는 방증이며, 지난 20년간 100% 아가베 제품의 생산과 수출이 기하급수적으로 늘어난 결과를 보면 거의 확실해 보인다. 일부 사람들은 여전히 카발리토 잔에 담긴 그랜 패트론 부르데오스 아네호(한 병당 가격이 약 500달러) 정도는 마셔야 한다고 주장해 다른 사람들의 눈살을 찌푸리게 하기도 한다. 사실 이들의 목적은 여러 계층의 멕시코인들의 감정을 상하게 하려는 의도가 담겨 있다. 어찌되었든 현재 테킬라는 최근 세계 증류주의 최고봉에 다다랐다. 즉, 복잡하게 얽힌, 진하면서 미묘한 향과 맛, 마무리를 경험하기 위해 테킬라 자체를 음미하고 즐기려는 사람들이 늘어났다는 말이다. 이에 발맞추듯 테킬라의 풍미를 가리는 게 아닌, 맛의 미묘함을 표현해주는 칵테일이 새롭게 나오고 있다. 그 결과 칵테일 애호가 사이에서의 인기는 더 높아졌고, 테킬라를 마시는 방식에서도 근본적인 변화가 일어나기도 했다.

테킬라의 역사와 기원을 살펴보는 일은 꽤 복잡하지만, 증류업자가 현대의 기술과 고대 지식을 잘 혼합한 덕분에 테킬라는 현재 거의 신화적인 아우라를 뿜어내며 최고의 인기를 누리고 있다. 테킬라는 재료-아가베-가 맛의 핵심을 이루며, 이 재료를 전통적으로 다루었던 전통 방식이 잘 녹아 있는 술이다. 사실 테킬라와 메스칼은 아직까지도 세대를 걸쳐 전해진 경험과 지식을 바탕으로 생산되고 있으니, 가히 무형 문화 유산이라 할 수 있다. 그러나 안타깝게도 이런 유산이 사라질 위기에 처해 있는 것도 사실이다. 한때 아가베 생산 지역으로 선정된 곳에서는 생물문화의 다양성이 사라지고 있으며, 원인은 지난 세기 동안 끊임없이 증가했던 테킬라의 세계적인 인기에 있다. 정확하게는 현재 세계인들이 테킬라를 알아보고 사랑에 빠지는 현상으로 테킬라의 미래가 위협을 받는다는 말이다.

테킬라는 재료, 생산 방식, 심지어 알코올 함량에 이르기까지 많은 변화를 겪었고 선조 때 만들어졌던 메스칼 속 화학물질도 근본적으로 재구성되어 더 이상 전통 메스칼의 후예로 보기 어려울 지경이 되었다. 그리고 이 모든 변화의 중심에는 시장의 원리가 있었다. 수요가 증가하면서 생산도 증가했지만, 이 과정에서 바뀐 성분에는 신경 쓰지 않았다. 여기에 NOM, TRC, AO 등이 법적 정당성까지 부여했을 것이다. 그러나 사실 이런 기관들은 문화와 역사의 혼합체인 테킬라를 사업적 목적으로만 뒷받침하고 있을 뿐이다. 예를 들어, 빔 산토리(일본 지주회사의 미국 자회사, 그리고 현재 사우자 테킬라의 오너) 같은 다목적 대기업이 생산하고 홍보하는 '멕시코를 대표하는' 테킬라를 한번 생각해보자.

더 심각한 문제는 장인의 솜씨가 들어가는 생산 방식이 엄청난 육체적인 노동과 긴 시간이 필요하다는 이유로 점차 사라지는 추세라는 것이다. 물론 전통 기술로 생산한 100% 아가베 프리미엄 테킬라를 판매하는 소규모 고급 증류소도 일부 생기기는 했다. 예를 들어, 로스 아부엘로스는 익힌 아가베 피냐를 전통 기구인 '타호나(tahona)'-커다란 화산석 바퀴-로 잘게 부수는 작업을 한다. 그러나 상업적인 대규모 증류소에 비하면 생산량이 터무니없을 정도로 적다. 그러니 경제성과 세금을 생각한다면 이런 프리미엄 제품은 멕시코 외의 나라에서 더 수익을 가져다줄지도 모른다. 다시 말해 현재의 테킬라가 있게 한 문화적 전통의 후계자 자리를 내놓고, 이 술의 기원인 땅 역시 벗어난다면 말이다. 일각에서는 멕시코 정부가 수많은 생산자에 대한 통제를 더 이상 하지 못할 때 테킬라가 과연 멕시코 산업의 일환이자 아이콘으로 계속 머무를 수 있을지에 대한 의구심을 품기도 한다. 그리고 전통 기술을 전해주던 사람들 역시 수 세기간 이어진 유산에서 얻던 이익을 더 이상 누리지 못할지도 모른다.

유전적이고 생물학적 다양성 문제도 있다. 늘어난 테킬라의 수요는 아가베를 재배하던 땅에서도 근본적인 변화를 일으켰다. 앞에서도 잠깐 언급했지만, 아가베 베이스 증류주는 약 54종을 증류해서 나오지만, 현재는 4종만 집중적으로 재배하고 있으며 대기업(대부분 야생 개체군에서 직접 추출하거나 전통적인 혼농임업 시스템으로 관리되고 있다)들과 연관되어 있다. 계속되는 생산과 특정한 특징(단맛, 크기 등)을 가진 종만 인공적으로 선별해서 재배하는 방식 때문에, 현재는 자연적으로 존재하지 않는 가축화된 종을 쓰고 있다. 한때는 최소 10종의 아가베 종을 '테킬라 지역의 메스칼 와인'을 만드는 데 썼고 종마다 유니크한 맛과 향을 냈지만, 지금은 아가베 테킬라나 웨버 아줄만 생산하고 있다. 테킬라 생산 지역에서 자라던 역사적인 아가베 종의 대부분은 실질적으로 사라진 상태다.

상업적 용도를 위해 한 종에만 집중하게 되면서 아가베가 자라는 곳의 생태계가 붕괴하는 악순환이 시작된 것이다. 게다가 현재 블루 아가베는 떠오르는 바이오 기술을 이용해 수천 ha(헥타르)의 재배지에서 유전자 복제와 농약으로 자라고 있다. 이런 혁신이 생산성을 높이는 데 기여하는 건 사실이지만 전통적이고-지속 가능한-농업·환경적 관리 관행을 망치는 것도 사실이다. 당신은 어쩌면 소비자인 우리가 왜 이런 것까지 알아야 하는가, 하는 생각이 들지도 모른다. 그러나 사라지고 있는 토지와 생태계의 다양성과 아가베의 유전적 배열 변화는 결국 최근의 테킬라 붐을 일으켰던 100% 아가베 테킬라의 유니크한 풍미와 독특한 특성을 오히려 위협하는 요소다. 또한 테킬라 생산이 더 산업화되면 재배 비용 역시 올라가 블루 아가베의 가격 역시 오르고 이를 감당할 수 있는 곳은 대기업밖에 남지 않을 것이다. 메스칼 생산에 쓰는 대부분의 아가베 종은 아직 이 단계에 들어서지 않았지만, 메스칼-아직까지는 전통 방식으로 생산됨-의 인기가 많아지면 또 어떤 길을 갈지 알 수 없다. 그리고 우리는 여기에서도 비슷한 상황이 벌어질까 두렵다.

아이러니하게도 아가베 보존에 대한 대규모 노력이 사실상 악순환을 일으켰다. 예를 들어, 테킬라 AO와 NOM이 과거에 수정되었던 이유는 테킬라 생산자의 요구 때문이었고, 이들은 주로 시장의 압력에 반응한다. 이렇게 아가베 생산 증대를 허용하면서 재배 영역은 역사적인 재배 방식과 관련이 없는 곳까지 확장되었다. 그리고 여기에 새로운 기술이 전통적인 방식으로 편입되었던 것이다.

테킬라는 오랜 역사의 길을 걸으며 전통적인 지식과 관행의 산물에서 세계화된 상품으로 극적 변화를 이루었고, 그 과정에서 생산 지역의 생물다양성 역시 크게 변했다. 건기가 있는 이곳은 수백만ha의 숲이 있고 다양한 생물이 공존했다. 그리고 이들과 함께 아가베와 옥수수, 콩, 호박이 자랐다. 그러나 현재는 농예화학과 바이오 공학에 완전히 초점이 맞추어진 재배 집약적 대규모 농장으로 바뀌었다. 그 결과는 오염, 토양 퇴화, 유전자 다양성 소실이다. 2006년 유네스코는 할리스코주를 '인류 문화유산'으로 지정했지만, 뜻깊은 일인지에 대한 의문은 남는다. 우리가 보기에 이곳은 한때 자연과 문화가 번성하며 공존했지만, 현재는 블루 아가베와 농공업밖에 남지 않은 퇴화된 '블루 사막'일 뿐이다.

다행스럽게도 이런 생물 문화의 쇠퇴를 막기 위해 노력하고 있으며, 여기에는 아가베가 자라는 생태계를 보호하려는 목적도 포함된다. 그러나 이런 계획은 아직 시작 단계이기 때문에 성과는 시간이 지나야 알 수 있을 것이다. 테킬라 생산자들은 시장의 힘에 매우 민감하므로 소비자가 큰 협력자가 될 수 있다. 그러면 증류주의 전통과 이를 지지하는 문화·자연 유산을 보존하는 데 힘을 더 줄 수 있을 것이다. 훌륭한 테킬라와 메스칼을 계속 즐기면서 이들의 오랜 전통과 문화를 함께 지키고 나아가 테킬라의 원산지까지 지키기 위해서는, 우리 테킬라 애주가들이 이런 상황을 잘 인지하고 있어야 한다. 그리고 생산지에서부터 최종 제품에 이르는 전 단계에서 높은 품질을 요구해야 한다. 결국 마지막에 마시는, 또는 이렇게 외치는 이들은 우리 자신일 것이기 때문이다. ¡건배!

12

위스키

데이비드 예이츠와 팀 더켓

싱그러운 가을의 어느 오후, 우리는 팀의 태즈메이니아 증류소의 가죽 소파에 앉아 휴식을 취하며, 캐스크 스트랭스[1] 제품 중 몇 가지를 선택해 진하고 복잡한 풍미를 즐기고 있었다. 팀이 갑자기 훌륭한 위스키는 사우로포드(초식공룡) 모양의 맛이 난다는 흥미로운 이야기를 꺼냈다. 그 말인즉슨, 훌륭한 위스키라면 첫

1 알코올 도수가 50~60% ABV로 높은 위스키 원액을 물로 희석하지 않고 바로 병에 담은 것.

모금에 느껴지는 부드러움은 마치 공룡의 작은 머리와 좁은 목과 같고, 그 후에 입안에서 층층이 쌓이다가 퍼지는 복잡한 풍미는 마치 공룡의 거대한 몸집과 같으며, 끝에는 벨벳처럼 부드러운 질감이 오랫동안 남아 마치 공룡의 기다란 꼬리와 같다는 것이다. 그러나 맛이 티라노사우루스와 같다면 뭔가 잘못되었다고 생각해야 한다. 처음부터 너무 강렬하고 다양한 맛과 빠르게, 그리고 거칠게 사라지는 끝맛. 마찬가지로 오각형의 골판이 등을 따라 나 있고, 꼬리에는 뾰족한 뿔이 있는 스테고사우루스의 외형 같은 맛이 난다면, 이 증류주는 즐길 수 있는 상태가 아닐 것이다. 다행히 우리는 오후 내내 사우로포드의 맛만 즐길 수 있었다.

위스키는 곡물 베이스가 가장 기본적인 형태다. 그러니 우리는 약 1000년 전 홉을 첨가했던 시기 이전에 존재했던 것과 비슷한 원시 시대의 활동 성분을 추출할 수 있다. 위스키는 또한 오크 배럴에서 오랫동안 숙성시킨다는 점에서 다른 증류주와 차이를 보인다. 이 술이 나무의 화학물질과 접촉하면 거친 질감은 부드러워지고 풍미와 색 또한 더해진다. 곡물 증류는 냉장고가 발명되기 전까지, 전년도 여름에 만들어둔 에너지·열량 음료를 오랫동안 보존하기 위한 방식 중 하나였다. 현재는 위스키 생산 방식이 더 복잡해졌지만 여러 번의 시행착오를 통해 발전했을 모습을 상상하는 것은 어렵지 않다. 그중에서 배럴 숙성은 필요하기 때문에, 그리고 우연히 발견한 방법일 것이다. 위스키가 가진 복잡성 중 하나에는 명칭도 포함된다. 이 책에서는 아이리시와 아메리칸 위스키를 일컬을 때를 제외하고 영어 철자를 쓸 때 'whisky'로 표기했다. 'whisky'와 'whiskey'의 차이는 3장에서 잠깐 다루었으니 참고하길 바란다.

위스키는 증류주 중에서도 소비자들에게 아주 복잡한 풍미를 느끼게 해 주는 편에 속한다. 대표적인 요인에는 곡물(보리, 호밀, 옥수수, 밀 등), 테루아(지질, 토양, 수목, 지역의 기후 등), 다양한 단계에서 사용하는 물, 몰트 건조 시 쓰는 연료, 발효에 쓰는 효모의 종류, 스틸의 형태, 숙성 용기의 종류, 숙성할 때의 날씨, 숙성 기간, 피니싱 작업에 쓰는 통의 종류가 있다. 일반적으로 완성 단계에 가까워질수록 풍미에 미치는 영향이 더 커진다.

스카치 위스키는 아마도 픽트인[2]과 그 조상들이 보리 몰트로 만든 헤더[3] 맛 에일에서 왔을 것으로 추정되며, 이와 관련된 기원전 2000년 당시의 기록이 현재 존재한다. 중세 후기, 수도승들은 유럽 대륙에서 증류기를 아일랜드로 가져왔고 다시 이 기기는 스코틀랜드로 전해진다. 처음에는 수도원 내에서 약물 제조용으로만 썼지만, 곧 많은 일반 가정에서도 이 기계를 이용해 맥주를 안정적인 알코올음료 형태로 만들어 마셨다. '위스키'라는 단어는 게일어로 '우스게 바하(uisge beatha, 생명의 물)'에서 유래했다.

1707년, 연합법에 의해 영국, 스코틀랜드, 웨일스는 그레이트브리튼으로 통합되었다. 런던에 자리 잡은 새 정부는 스코틀랜드에서 제조된 위스키에 주류세를 부과하는 한편, 영국의 진에는 세금을 낮추는 바람에 스코틀랜드에서는 불법 증류가 판을 치게 되었다. 결국 1823년에 소비세법이 제정되어 위스키에 대한 세금이 줄어들었다. 공교롭게도 이 시기는 산업혁명이 막 시작될 때였기 때문에 많은 기업이 대규모로 합법적인 증류소를 세우기 시작했다. 북부에 있는 스코틀랜드는 연중 서늘한 기온 때문에 나무의 가격이 비싸서

2 영국 북부에 살던, 스코트족에게 정복당한 고대인.

3 heather: 낮은 산 · 황야 지대에 나는 야생화.

이탄이라 부르는 습지의 식물 퇴적물이 일반 가정과 공장에서 흔히 쓰는 연료였고, 증류소의 가마에서 몰팅한 곡류를 말릴 때 쓰던 연료 역시 이탄이었기 때문에 스카치 위스키는 독특한 훈연 향을 품게 되었다.

1830년대에 산업혁명 당시 아일랜드 기술자 이니어스 코페이는 효율성이 더 높은 연속식(칼럼) 증류기를 발명했다(2장 참고하기). 투-칼럼 스틸은 긴 금속 통 안에서 증류액 속 여러 물질을 분리했으며, 이런 작업은 연속적으로 반복되었다. 이전에 쓰던 포트 스틸은 증류를 한 번 할 때마다 세척하고 용액을 채워 넣어야 해서 효율성이 떨어졌다. 이런 이유로 칼럼 스틸은 1860년에는 더 광범위한 지역에서 사용되었고, 특히 위스키 제조업자들은 몰팅하지 않은 저렴한 보리를 혼합해 위스키를 대량 생산한 후 전통적으로 몰팅한 스카치와 혼합하기 시작했다. 그러면서 칼럼 스틸에서 만들어진 곡물 위스키의 밋밋한 맛은 포트 스틸에서 만들어진 몰팅한 위스키의 진한 훈연 향을 어느 정도 눌러 전반적으로 부드러워진 음료가 만들어졌다. 영국은 이런 변화를 받아들여, 포도나무의 뿌리를 썩게 하는 해충인 필록세라로 인해 유럽의 와인과 브랜디 공급에 차질이 생기자, 1870년 스카치 위스키로 눈을 돌렸다. 그 이후로 블렌딩 회사가 여러 몰트 증류소를 사들였기 때문에 현재의 시장은 포트 스틸에서 만든 풍미 좋은 몰트 위스키와, 칼럼 스틸로 만든 밍밍한 곡물 위스키를 혼합하는 엄청나게 많은 브랜드가 독차지하고 있다.

복잡한 향과 맛, 길고 흥미로운 이야기, 지역적 특성으로 꾸준히 진화한 증류주를 찾는 사람에게는 위스키가 제격일 것이다. 그중에서 스카치 위스키는 스코틀랜드의 오랜 인간사, 바다 안개, 호수 괴물 설화, 복잡한 지형, 헤더

가 만발한 언덕, 이탄으로 덮인 황무지, 해초로 장식된 섬들, 모두를 상징하고 있다. 이 위스키에 가장 큰 영향을 미치는 헤더는 메마른 산성 토양에서도 잘 자라는 다양한 종류의 야생화들을 총칭해서 부르는 말이다. 해충을 막고자 이 풀들이 만들어낸 복잡한 화학물질은 주변의 물과 공기로 퍼져나간다.

스카치 위스키의 풍미에 영향을 주는 또 다른 요소는 수로를 따라 늘어선 바위의 종류다. 스코틀랜드는 대륙 이동으로 인해 지형이 매우 복잡하다. 수억 년 전에 북아메리카판 일부였던 지역이 거대한 지질학적 충돌로 인해 유럽판 대륙에 붙게 된 것이다. 경계선은 하드리아누스 방벽 바로 아래쪽에 있다. 그래서 가장 오래된 바위들은 600~800억 년 전에 형성되었으며, 아일레이의 증류소에서 끌어다 쓰는 물에서는 쇠 맛이 난다. 하일랜드(고지대)에는 단단한 화강암이 많아 물에 큰 영향을 주지 않기 때문에 연수로 남아 있다. 스페이강의 경우, 하일랜드의 화강암 지대에서 물줄기가 시작되지만, 하천 유역에서는 석회암과 사암이 다량 검출된다.

위스키 제조 과정은 매우 복잡해서 단계별 재료를 혼합할 때 쓰는 전문 단어가 따로 있고 발효, 증류, 숙성에 쓰는 용기에 관련한 전문 단어도 있다. 이 책에서 설명하는 제조 과정은 축약된 버전이라 생각하면 된다. 스코틀랜드뿐만 아니라 세계 여러 증류소에는 셀 수 없이 많은 변형된 종류가 존재한다.

보리에는 다당류 형태의 녹말이 들어 있다. 보리를 이용해 위스키를 생산하려면 우선 맥아당(말토오스) 형태로 만들어야 하기 때문에 먼저 물에 불린 보리를 몰팅 플로어 위에 올려 두고 발아하기를 기다려야 한다. 이 작업은 보통 5일 정도 걸리며 중간중간 뒤집어주어야 고르게 싹을 틔운다. 현재는 발베

니와 라프로익같이 일부 증류소에서만 자사 기술을 이용해 몰팅을 한다. 곡물에서 싹이 나와서 기존의 길이보다 2/3 정도 더 자라면 곡물 속 녹말이 맥아당으로 전환되고 있다는 말이다. 그러면 발아가 더 진행되지 않도록 가마에 있는 석쇠 위에 넓게 펼친 후 말려서 수분의 함량을 약 4% 정도로 낮춘다. 불을 피울 때 이탄을 추가하면 위스키에 진한 훈연 향이 배어들 것이다. 가마에서 나오는 증기는 지붕을 통해 밖으로 빠져나간다.

스코틀랜드, 호주, 일본, 때로는 아일랜드(미국이나 캐나다 제외)에서는 몰트를 건조할 때 이탄의 양을 다르게 가마에 넣어 특유의 훈연 향을 입힌다. 아일레이에 있는 일부 증류소들은 이탄 향이 강하게 밴 몰트를 사용하는데, 페놀 농도(연기의 농도를 재는 방식)가 최대 50ppm에 이르는 것도 있다. 스페이사이드 지역 증류소에서 만드는 위스키의 평균 페놀 농도는 2~3ppm 정도다. 이탄 향이 진한 위스키는 전통 위스키에서 풍겼던 촛불과 난롯불의 느낌을 안겨준다. 그리고 이탄을 채굴하는 지역에 따라서도 풍미가 달라진다.

100년 전에 롤런드(저지대)와 스페이사이드는 몰트에 훈연 향을 넣지 않아 더 깔끔한 위스키를 제조하기 위해 연료를 석탄으로 바꾸었다. 그러나 외곽에 있는 하일랜드나 섬에 있는 증류소(예를 들어, 아일레이와 오크니 섬)는 선택의 여지가 없어서 아직 지역 이탄을 사용하고 있다. 이탄은 재생자원이 아니며, 낮은 온도에서 식물이 천천히 퇴적되어 만들어지는 특성상 아주 귀한 에너지 자원이다. 그래서 일부 증류소에서는 이탄의 사용을 줄이기 위한 몇 가지 방법을 개발했다. 예를 들어, 일반적인 훈연 작업 시간인 18시간 동안 불에 이탄 가루만 뿌려서 원하는 훈연 향을 얻는 것이다. 또는 몰트 위에 이탄 향을 여러 번 덮어씌워 원하는 향을 얻는 식이다.

건조가 완료되면 몰트를 가루가 되도록 빻는데, 이때 만들어진 굵은 가루를 그리스트(grist)라 부른다. 그리스트를 매시 툰(당화조)에 넣고 뜨거운 물을 붓는다. 증류소와 지역에 따라 다르지만 스파징(몰트에 온수를 뿌려 남은 당을 추출하는 단계)은 보통 각 단계의 온도에 맞추어 진행되는데, 첫 번째는 65°C, 두 번째는 80°C, 세 번째는 95°C나 거의 끓는 온도다. 이 작업을 마치면 세 번에 걸쳐 몰트를 분쇄하고 이렇게 얻은 워트(맥아즙)는 식혀서 워시백이라는 거대한 통에 넣고 효모를 첨가한다. 며칠간 발효가 일어나면서 효모는 워트의 당을 알코올과 이산화탄소로 바꾼다. 이 과정에서 불필요한 효모균이 침입하지 않도록 보통 뚜껑을 덮어놓으며, 워시백 안에 들어 있는 날이 돌아가면서 워트 표면에 생기는 거품을 계속해서 분리한다. 이 용기는 곰팡이에 강하다고 알려진 미국 오리건주의 소나무로 오랫동안 만들어왔다. 그러나 최근에는 스테인리스 스틸 용기를 쓰기도 하며, 특히 신세계에 있는 증류소에서 많이 사용한다. 발효가 끝난 맥주나 '워시'의 알코올 함량은 8~9% 정도며, 증류 단계로 들어갈 준비가 된 상태다.

믿기 힘들 수 있지만, 증류 과정은 과학과 예술이 복잡하게 혼합된 작업이라 스틸의 모양마저도 위스키의 풍미에 영향을 준다. 길고 날렵한 형태는 더 부드러우면서 순도 높은(글렌모렌지 같은) 위스키가, 길이가 짧고 넓은 형태는 풍미가 더 진한 (라가불린 같은) 위스키가 나온다. 증류는 보통 4~8시간 소요되며 1차 증류기에서만 최소 두 번 진행한다. 그 후 2차 증류기로 옮긴다. 1차 증류액을 '로우 와인'이라 하며 도수는 약 20%다. 2차 증류기는 15~25년에 한 번씩 반드시 교체해야 하며, 증류액을 끓이는 과정에서 내벽의 구리가 소실되어 두께가 4~5mm로 얇아질 때가 교체 시기(그림 12.1 참고)라 보면 된다.

2장에서 설명했듯이 증류를 할 때는 맥주나 워시 속 여러 가지 성분의 끓는점을 이용한다. 인간은 이 방식으로 꽤 간단하게 물과 알코올을 분리했다.

그림 12.1 스코틀랜드 라가불린 증류소에 줄지어 서 있는 구리 포트 스틸

물론 매우 신중을 기해야 하지만 말이다. 로우 와인을 끓여 에탄올의 끓는점(78.8~79.4°C)에 막 도달하면 불필요한 화학물질인 '헤드'(일명 '포어'라 함)가 증발하기 시작한다. 여기에는 약간의 에탄올, 독성이 있는 메탄올뿐만 아니라 용제와 매니큐어 제거제 같은 냄새와 맛을 내는 아세톤, 알데하이드 같은 불필요한 화학물질도 함께 들어 있다.

이때 헤드 부분을 제거하고 82~94°C에서 증발하는 화학물질을 모으는 기술이 필요하다. 여기에는 에탄올, 약간의 물과 함께 페놀과 과이어콜 같은 풍미를 더해주는 성분들이 들어 있다. 이 부분을 '하트'라고 한다. 로우 와인은 계속해서 끓고 있으므로 온도가 95°C를 넘어서게 되고, '테일' 단계의 물질이 증발하기 시작한다. 여기에는 퓨젤유, 프로판올, 이소프로판올, 에스테르 같이 불쾌한 냄새와 쓴맛이 나는 성분이 들어 있다. 독성은 없지만 보통 이 부분은 쓰지 않는다(진한 이탄 향을 지닌 아일레이 몰트처럼 강한 풍미를 가진 위스키에는 소량 넣기도 한다). 헤드와 테일 부분을 합쳐서 페인트라 부르며, 보통 재활용해서 남아 있는 에탄올과 좋은 풍미 성분을 다시 추출하기도 한다.

증류의 세 단계-헤드, 하트, 테일-는 물 흐르듯이 이어지기 때문에 하트가 나오기 시작하는 부분에는 헤드의 '끝' 성분이 함께 들어 있으며, 이와 비슷하게 하트의 끝에는 테일의 '첫' 성분도 섞여 있다. 그래서 막 완성된 위스키는 하트, 헤드의 끝, 테일의 첫 성분이 미묘하게 조화를 이룬 맛이 난다. 증류의 전체 과정에 참여하는 화학성분은 수천 가지가 되며, 최종 성분에 들어가는 성분도 있고 빠지는 것도 있다. 증류에서는 하트를 모으는 단계의 시작과 끝을 알고 딱 원하는 성분만 얻는 기술이 중요하다. 보통 헤드를 모으는 시간은 대략 30분, 하트는 3시간 정도 진행하며, 그 뒤는 테일이다. 증류를 하더라도 물과 에탄올의 일시적인 결합(공비혼합물)은 일어나기 때문에 증류해서 얻은 에탄올 중 가장 높은 도수는 96.5%다. 새롭게 증류한 위스키는 보통 물에 희석해서 도수를 65~70%로 맞춘 후 오크 배럴에 담는다.

오크 배럴은 사실 처음에는 운송용으로만 썼다. 하지만 소비자들은 이곳에 위스키를 더 오래 보관할수록 맛이 부드러워진다는 사실을 금방 깨달았다. 셰리를 담갔던 통(스페인 북서부지방의 대서양 해안가에서 자라는 퀘르쿠스 로부르)은 한때 스카치 위스키를 숙성할 때 썼지만, 몇십 년 후 셰리 시장이 침체되면서 사용할 수 있는 통이 많이 줄었다. 게다가 1975년 스페인 지배자 프란시스코 프랑코의 사망 이후 셰리는 배럴이 아닌 병에 담아 수출되기 시작했다. 그 결과 스카치 위스키 제조업자는 현재 미국에서 사용된 버번 배럴을 주로 선택했고, 그러면서 미국과 스카치 위스키 산업 사이에는 피드백 루프가 형성되었다.

미국에서 버번을 담았던 통은 퀘르쿠스 알바로 만들었으며, 법적으로 버번 제조업자는 숙성할 때 내부를 태운 새 통으로 숙성해야 한다. 작업 방식은 통 내부를 200°C에서 30분간 가열해서 태우는 식으로 진행된다. 또한 이 과정에서 나무 속에 있는 당이 갈색으로 착색되는 캐러멜화 반응이 나타나면서 바닐린 성분이 내부 막에서 부분적으로 흘러나오고 그 외 몇 가지 변화(6장 참고하기)가 일어난다. 숯이 된 통 내부는 새로 만들어진 버번 속 거친 풍미 성분을 제거하고 맛을 부드럽게 만드는 데 중요한 역할을 한다. 아메리칸 스탠다드 배럴(ASB)의 용량은 200L며, 사용이 끝나면 나무판을 따로따로 분리한 후 스코티시 혹스헤드[4]로 다시 만든다. 용량은 더 커져서 250L를 수용할 수 있다. 포르투갈에서는 유럽 오크로 500~600L의 커다란 배럴(벗 또는 파이프라 부름)을 만든다. 이 통은 셰리나 포트와인 숙성에 안성맞춤이며 나중에는 스카치 위스키를 숙성하거나 피니싱할 때도 사용한다.

배럴은 스카치 위스키 생산 비용의 10~20%를 차지할 정도로 비싸서 세네 번 정도 재활용한다. (호주의 경우 한 번 사용하면 배럴의 쓰임이 끝나버리기 때문에 재사용을 하지 않는다.) 그래서 다시 사용하기 전에 안쪽을 긁어내고 태워서 원하는 풍미를 더 끌어내기도 한다. 미국에서 2~4년 동안 쓴 버번 통은 스코틀랜드에서 30년 정도 더 쓸 수 있다. 스카치 위스키를 통에 5~8년 정도 넣어두

---

4 hogshead: 큰 통을 의미.

면 원액의 거친 맛이 사라지는데, 이런 과정을 '감하 숙성'이라 한다. 그 후에는 바닐린, 토피, 다른 오크의 특성을 받아들이는 '부가' 숙성이 진행된다. 마지막 '피니싱' 단계는 상대적으로 짧으며 많은 증류업자가 이렇게 거의 완성된 위스키를 이전에 테이블 와인[5], 포트와인, 셰리가 담겼던 통에 넣어둔다. 이 작업은 최종 제품의 풍미에 엄청난 영향을 준다.

창고에 보관된 배럴은 증류소 이름과 증류 연도를 각각 표기해두도록 법으로 정해져 있다. 그 이유는 이 시기에 세금을 매기지 않기 때문에, 10년 뒤 판매가 가능해질 때쯤 통 일부가 사라지는 일을 미연에 방지하기 위해서다. 창고의 온도와 습도는 숙성에 영향을 준다. 스코틀랜드의 섬은 멕시코만류의 영향으로 연중 온화한 날씨를 보이지만, 하일랜드는 여름에 더 덥고 겨울에는 더 춥고 눈도 온다. 배럴 속 위스키의 알코올 함량은 보통 1년에 0.2~0.6% 정도씩 내려간다. 용액의 양은 스코틀랜드의 경우 1년에 1~2%씩, 호주는 4~7%씩 줄어들며, 인도처럼 더운 지역은 최대 12%까지 줄어들기도 한다. 앞에서 잠깐 언급했듯이, 이렇게 내용물이 줄어드는 부분을 '천사의 몫'이라고 부르며 와인 통과 달리 위스키 통은 뚜껑을 덮지 않는다. 10년 정도가 지나면 스카치 위스키는 50~60L, 또는 전체 양에서 20%가량이 증발하며, 도수 역시 내려가서 처음에 63.5%라고 가정하면 58%까지 내려간다. 병에 담긴 위스키의 도수는 보통 40% 정도 되어야 해서 물을 첨가해서 비슷하게 맞춘다. 그러나 때로는 배럴에 담긴 도수 그대로 병입하기도 하며, 이때는 도수가 최대 70%인 제품이 나오기도 한다.

배럴 숙성은 위스키의 풍미와 색에 변화를 주는데, 최종 제품의 풍미에 최

---

5 식사 중에 메인이 되는 음식과 함께 곁들이는 와인.

대 70%까지 영향을 끼칠 수 있다. 나무는 아침저녁으로, 그리고 계절마다 팽창과 수축을 반복하고 위스키도 이와 함께 나무 속으로 흡수되었다 빠져나온다. 창고 주변의 공기도 통 안으로 들어갈 수 있다. 셰리와 버번 배럴을 쓰면 이전에 담겼던 내용물의 잔여물이 섞여 들어간다. 만약 통 내부를 태웠다면 위스키는 숯이 된 부분 안으로 들어갔다가 황(성냥불이나 고무 같은 냄새가 남) 성분처럼 불쾌한 성분이 제거된 채 나온다. 큰 통에 담긴 위스키는 작은 통에 담긴 위스키보다 오래 보관해야 하는데, 통의 내부 표면적이 다르기 때문이다. 그리고 유럽 오크는 미국 오크보다 통기성이 더 좋아 산화작용이 더 활발히 일어난다.

배럴 속에서 일어나는 가장 중요한 반응 중 하나는 오랜 시간에 걸쳐 천천히 일어나는 산화작용일 것이다. 통과 액체 사이의 공간에 있던 산소는 증류주 속으로 들어가서 여러 가지 화학반응을 일으킨다. 그러면 풍미에도 긍정적인 영향이 나타나는데, 특히 과일이나 매콤한 향과 기타 좋은 향이 더해진다. 스틸에 있는 구리 성분 역시 몇 가지 화학반응을 일으키는 촉매제 역할을 한다. 예를 들어, 구리는 산소를 과산화수소로 바꾸며 이 성분은 나무를 자극해 바닐린이 나오게 한다. 위스키의 갈색은 알코올에 녹는 나무 성분에서 왔으며 여기에 타닌도 함께 들어 있다.

일부 증류소는 숙성 후 냉각 여과 작업(칠 필터링)을 하기도 한다. 보통 위스키는 소비자가 얼음을 넣으면 액체 속에 있던 단백질과 다른 성분들이 섞이면서 살짝 탁해지는데, 이 과정을 거치면 맑은 형태를 유지하게 된다. 그러나 대부분의 사람은 이 작업을 했든 안 했든 맛의 차이를 느끼지 못하는 편이다. 일반적으로 위스키에는 얼음을 넣지 않도록 권장한다. 게다가 여과를 하면 풍미에 영향을 주는 지방산 같은 성분이 제거된다. 여과를 한 제품을 선택하든, 일반 위스키를 선택하든, 결국은 개인 선호도의 문제다.

자체 병입 공장을 갖추고 있는 증류소(글렌피딕, 스프링뱅크, 브뤼클라딕)는 소수라, 대부분의 증류소는 완성된 통을 배에 실어 글래스고, 에든버러, 퍼스에 있는 대형 공장으로 보낸다.

스코틀랜드에는 증류소가 약 100개 있으며 80~90%는 항시 가동 중이다. 동시에 사용되지 않거나 버려져 있거나 사라진 증류소 역시 정말 많아서 스코틀랜드 증류 산업의 흥망성쇠를 잘 보여주고 있는 듯하다.

위스키 라벨은 마치 스코틀랜드의 지형이나 특징처럼 매우 복잡한데, 심지어 위스키 자체도 종류가 꽤 복잡하다. 그래서 우리는 대략적으로만 살펴보려 한다. 스카치 위스키에 넣을 수 있는 것은 증류액, 물, 제한적으로 첨가하는 캐러멜 색소뿐이다.

싱글 몰트 스카치 보리 몰트로 만들며, 스코틀랜드 증류소 한 곳에서만 제조된 것을 말한다. 대체로 이탄을 써서 향을 넣는다. 연수가 다른 위스키를 섞기도 하며, 포트 스틸(2009년부터 싱글 몰트 스카치는 칼럼 스틸을 쓰지 못하도록 법으로 정해졌다)에서 2차 증류까지 한다. 다양한 연수의 위스키를 섞을 때는 라벨에 가장 최근의 연도를 표기해야 한다. 숙성은 버번이나 셰리를 담았던 통에서 최소 3년 이상 숙성해야 한다. 2003년 카듀 싱글 몰트는 라벨에 싱글이라는 이름을 퓨어(배티드 몰트)라 살짝 바꾸고 재출시했다가 논란을 일으킨 적이 있다.

블렌디드 몰트 스카치(배티드 몰트) 여러 증류소에서 나온 몰트를 혼합해서 만든다. '블렌디드 몰트'와 '퓨어 몰트'란 말은 배티드 몰트와 같은 뜻이다. 스카치 위스키협회(SWA)의 제안으로 붙여진 이 이름은 곧 혼란을 야기했다. 그 이유는 '블렌디드'란 용어는 곡물과 몰트를 혼합한 것을 의미하지, 여러 증류소에서 나온 몰트 스카치 원액을 혼합한 것을 의미하는 게 아니기 때문이다.

스카치 그레인 위스키 밀이나 옥수수로 만들며, 여기에 몰팅하지 않은 보리와 몰팅한 보리를 소량 섞는다. 증류기는 칼럼 스틸을 사용하고 오크통에서 최소 3년 이상 숙성해야 한다.

블렌디드 스카치 위스키 곡물과 몰트 위스키를 혼합한 종류다. 혼합 비율은 다양하며, 다른 증류소에서 만든 몰트를 쓰기도 한다. 보통 섬이나 하일랜드에서 나오는 풍미가 매우 강한 위스키와 롤런드의 좀 더 뉴트럴한 증류주를 함께 섞는다. 조니 워커, 듀어스, 시버스 리갈 같은 종류는 매우 많은 판매량을 기록하고 있다.

아이리시 위스키 몰트와 곡물 위스키를 혼합한 종류다. 아일랜드에서는 보통 이탄을 쓰지 않거나 소량만 쓴다. 이 위스키는 3차 증류까지 하며 칼럼과 포트 스틸을 모두 사용한다. 그리고 버번이나 셰리를 넣었던 통에서 최소 3년 이상 숙성한다. 아일랜드와 미국에서는 오크에서 숙성한 그레인 위스키를 영어로 표기할 때 'whisky' 대신 'k'와 'y' 사이에 'e'를 넣는다는 점을 기억하자(3장 참고하기). 유명한 브랜드로는 부쉬밀, 털러모어, 제임슨 등이 있다. 고급 위스키를 만드는 증류소는 현재 스코틀랜드와 아일랜드 모두에서 활발히 운영 중이며 현재 그 맛의 차이는 뚜렷하지 않다.

스카치 위스키협회는 스카치 위스키 생산에 관련된 증류업자와 블렌더들을 옹호하고 있다. 대표적으로는 위스키 생산에 대한 법칙을 개선하고 스카치 위스키 라벨에 표기하는 지역 이름을 관리한다. 2019년, 협회는 가장 최신 버전의 테크니컬 파일을 제정해 무엇이 스카치 위스키고 아닌지를 명시해두었다. 또한 세계의 품질 좋은 와인 생산지가 분류되어 있듯이, 위스키 생산지 역시 지리학적 장소(지리적 표시, 또는 GIs)를 기준으로 해서 다섯 곳으로 나누어 정의했다. 지역에 따라 맛의 차이가 명확할 때도 있지만, 보통 맛만으로는 지역과 특정 위스키를 연관시키지 않는다. 가장 넓은 지역은 하일랜드며 아일레이를 제외한 모든 섬도 이곳에 포함된다. 그러나 일부 사람들은 오크니, 헤브리디스, 스카이, 멀, 주라, 아란(아일레이는 이미 독립적으로 보기 때문에 해당 사항 없음) 같은 섬들을 하일랜드의 소지역과 분리해서 생각하기도 한다. 롤런드 지역은 남쪽 국경에서 시작하고 북쪽으로는 이스트 코스트의 테이 에스츄어리와 웨스트 코스트의 클라이드 에스츄어리를 가로지르는 곳까지를 말한다. 그 외에 상대적으로 작은 지역이 세 곳 있는데, 진한 이탄 향 몰트를 생산하는 아일레이섬, 킨타이어 반도 끝에 위치한 캠벨타운(지역 특유의 맵고 짠 특징이 있음), 스페이강 계곡에 있는 스페이사이드다.

롤런드 현재 운영되는 증류소는 3개(글렌킨치, 오헨토샨, 3차 증류를 하는 블라드녹)뿐이다. 은은한 풀과 허브 향, 마일드한 보디감이 특징이라 처음 시도해보기 쉬운 스카치를 생산한다.

하일랜드 이 지역은 넓고 지형과 지질이 복잡하며 수목이 우거져 있다. 그리고 이곳에는 여러 증류소(글렌모렌지, 델휘니, 아드모어 등)가 있다. 라이트하고 과일 향과 매운 향이 특징인 위스키를 생산한다.

아일레이 이 섬에는 증류소가 9개(브뤼클라딕, 라프로익, 아드벡 등) 있으며, 특유의 훈연, 약, 이탄 향이 특징인 위스키를 생산한다.

스페이사이드 이곳에는 많은 증류소가 몰려 있으며(스코틀랜드에 있는 전체 증류소의 50~65%가 있다), 그중에서 맥켈란, 글렌피딕, 글렌퍼클래스가 대표적이다. 복잡하면서 달달하고 진한 풍미가 특징인 위스키를 생산한다.

캠벨타운 이곳의 위스키는 아일레이와 비슷한 훈연 향이 난다. 현재 증류소가 3개(글렌가일, 글렌 스코시아, 스프링뱅크) 있지만, 250년 전만 해도 훨씬 활발하게 생산이 이루어졌다. 1759년 당시 이곳에는 32개 이상의 증류소가 있었다.

모든 증류주 중에서도 위스키는 세계여행을 가장 많이 하면서 지리학적·스타일적 다양성을 늘려갔고 다른 경쟁자들을 하나씩 눌렀다. 사실 스코틀랜드의 위스키 증류 방식은 아일랜드에서 건너왔으며(그러나 1495년도의 스코틀랜드 증류 기록을 찾아볼 수 있으며, 아일랜드의 기록보다 더 앞선 시기다), 미국의 위스키 산업의 뿌리 역시 아일랜드일 것이라 추측하고 있다. 그 외 다른 지역은 스코틀랜드의 기본 전통을 따라 증류를 시작했다.

처음에 아일랜드의 수도원은 약으로 쓰기 위해 위스키를 증류했으며, 이후 수도사들이 노스 해협을 건너 스코틀랜드에 수도원을 세웠을 때도 동일한 작업을 했다. 일부 사람들은 첫 번째 증류액이 곡물이 아닌 과일 기반일 것이라 주장하기도 하는데, 그 이유는 보리 베이스의 아이리시 위스키는 16세기 중반 기록이 가장 오래된 것이지만, 그 이전에 만들어진 아이리시 위스키에서는 건포도와 펜넬 씨 같은 허브 맛이 났던 것으로 추정되기 때문이다. 이 아이리시 위스키는 엘리자베스 1세가 매우 좋아해 정기적으로 런던에 수출되었다고 한다. 1661년, 세금이 부과되기 시작하면서 불법 아이리시 위스키(포틴, 아일랜드 버전 밀주)가 제조되었지만, 더블린과 함께 코크와 골웨이 같은 주요 상업 도시에서는 여전히 많은 증류소가 합법적으로 위스키를 생산하고 있었다. 18세기 말에는 2000개의 정식 증류소가 아일랜드에서 운영 중이었고 영국 관할 내에 있던 아이리시 위스키는 당시 활발히 영토를 확장해가는 대영제국과 함께 더 멀리 수출되었다. 19세기 후반에는 400개 이상의 브랜드 제품이 미국으로 수출되었다.

그러나 미국에서 금주법이 시행되면서 아이리시 위스키의 가장 큰 시장이 축소되었고 많은 증류소가 이때 파산했다. 대공황과 제2차 세계대전 또한 증류소에 크나큰 시련을 주었다. 1966년 아일랜드에 남아 있던 3개의 증류소(파워스, 제임슨, 코크)가 아이리시 디스틸러스 컴퍼니(IDC)로 합병되었으며, 1972년에는 북아일랜드에 있는 부쉬밀 또한 여기로 병합된다. IDC는 1975년 코크주의 미들톤 근처에 거대한 증류소를 세우고 다른 곳의 증류소는 모두 폐업시킨다. 아이리시 위스키는 스카치보다 라이트하고 과일 향이 나며 이탄 향이 약한 특징이 있다.

18세기 초 심각했던 경제 상황과 종교 문제로 인해 많은 스코틀랜드인과

아일랜드인이 북아메리카와 다른 나라로 이주를 했으며, 이때 증류 기술과 장비를 함께 가져갔다. 미국에 도착한 이주민들의 대부분이 펜실베이니아, 메릴랜드, 웨스턴 버지니아주에 정착했다. 당시 도로가 제대로 정비되지 않아 농장에서 나온 생산품을 이스트 코스트에 있는 시장까지 운송하기가 쉽지 않았다. 그래서 농부들은 남은 곡물을 위스키로 만들어 배럴을 운송할 수 있는 지역 내에서 판매하기 시작했다. 펜실베이니아는 주로 호밀 위스키를, 서부와 남부 쪽은 옥수수(콘) 위스키를 주로 만들었다.

1784년 미국 독립전쟁이 막을 내릴 때쯤 웨스턴 버지니아(당시에는 켄터키주의 일부)에는 이미 첫 번째 상업 가동 중인 증류소들이 있었다. 1794년에는 연방정부가 증류업자에게 소비세를 부과했고 이에 웨스턴 버지니아 증류업자들은 강력하게 반발했다. 그리고 시작된 것이 위스키 반란이었다. 당시 반발이 어찌나 심했는지 일부 세금 징수업자들이 목숨을 잃기도 했다(3장, 20장 참고). 불안정한 정세가 이어지자 컴벌랜드 갭의 많은 주민이 켄터키와 테네시주로 이주했으며, 옥수수가 잘 자라고 석회석으로 여과된 물이 흐르는 지역을 발견한 후부터 증류주를 생산하기 시작한다.

'버번'이란 단어는 켄터키 동쪽 마을에서 시작된 것으로 추측된다. 19세기 초에 위스키 생산의 중심이었던 이곳은 아이러니하게도 현재 그런 모습을 찾아볼 수 없다. 이름에 관련된 또 다른 주장은 버번이 뉴올리언스의 버번 스트리트에서 왔다는 것이다. 이곳은 켄터키 위스키 판매량이 매우 많은 곳이었다. 어떤 주장이 맞든, 버번 제조업자는 내부를 태운 새 아메리칸 오크통에 증류주를 숙성하고 '사워 매시' 기법을 썼다. 이 기술은 농도를 유지하기 위한 것으로 기존에 발효한 혼합물을 스타터로 사용해 새 매시에 소량 넣고 섞는 방식이다. 1840년, 버번은 위스키의 독특한 아메리칸 스타일로 홍보되면서 동부의 여러 주에서 생산되었다. 또한 미국에서만 제조된다면 어떤 곳에서 생산하든 법적인 제재를 받지 않았다. 처음에 버번은 포트 스틸로 만들었으며, 일부 수제 증류소는 다시 전통 방식으로 돌아가기도 하지만 대부분은 현재 연속식 증류기를 쓴다.

19세기 후반, 미국의 여러 주에서 금주 운동이 점차 활발해졌고, 1919~1933년에는 금주법이 국가 차원에서 시행되었다. 이 법은 증류주의 생산과 숙성을 방해해 결국 증류 산업에도 많은 피해를 주었다. 소비자들은 문샤인과 다소 의심스러운 품질의 캐나다 제품으로 발을 돌려서 위스키 소비 자체는 많이 감소하지 않았다. 그러나 마실 수 있는 제품의 맛과 보디감이 이전의 제품보다 더 연해진 관계로 미국인의 위스키에 대한 입맛이 변했다. 20세기가 끝나갈 때쯤에 켄터키에 남은 증류소는 열 곳, 테네시는 두 곳(잭 다니엘 포함)뿐이었다.

현재 아메리칸 버번 위스키는 전체 곡물 지출에서 옥수수가 최소 51% 이상 차지해야 한다. 미국에서 제조해야 하고 도수는 80% 미만이어야 하며, 탄화 작업을 한 새로운 아메리칸 오크(퀘르쿠스 알바) 배럴에서 최소 2년 이상 숙성해야 한다. 첨가제나 색소를 넣어서는 안 되며, 넣는다면 '블렌디드' 위스키로 분류된다. 테네시 위스키는 켄터키 제품과 거의 비슷하지만, 테네시는 단풍나무로 만든 숯(링컨 카운티 프로세스라 부름)으로 여과해 부드러운 풍미를 만들어낸다는 차이가 있다. 일반적으로 아메리칸 위스키는 스카치보다 더 달고 훈연 향과 이탄 향이 더 옅다. 호밀 위스키(전체 곡물 지출에서 최소 51% 이상)는 펜실베이니아와 메릴랜드에서 꾸준히 생산되었지만, 더 독하고 강한 맛 때문에 금주령 이후 피해를 더 많이 입었고 점차 시장에서 모습을 감추기 시작했다. 호밀 위스키는 후추 맛과 떫은맛이 나고 드라이하기 때문에 최소 4년 이상 배럴에서 숙성해 맛을 부드럽게 해야 한다.

칼럼 스틸로 뉴트럴 스피릿을 빠르게 다량으로 생산할 수 있게 된 이후 19세기 초부터 블렌디드 아메리칸 위스키가 생산되기 시작했다. 증류업자들은 자사 제품을 만들면서 공급량도 늘릴 요량으로 버번과 호밀 위스키를 뉴트럴 스피릿과 섞었다. 여기에는 스트레이트 위스키가 최소 20% 이상 반드시 들어가야 한다. 이렇게 완성된 최종 제품은 대체로 버번보다 맛이 순했지만, 제2차 세계대전 이후로 이들의 판매량은 급증했다.

버번의 조상이라 여겨지는 옥수수(콘) 위스키는 숙성하지 않은 증류주다. 남북전쟁 때 주류에 소비세를 부과하자 옥수수 위스키는 대부분 밀주로 거래되었고 여전히 그 자리에서 벗어나지 못했다. 옥수수 위스키는 그 이름에 걸맞게 옥수수가 전체 곡물 지출에서 최소 80%를 차지해야 하며, 도수는 최대 80%까지 만들 수 있다. 이 위스키가 독특한 이유는 숙성을 따로 하지 않아도 원하는 풍미를 낼 수 있다는 점 때문이다. 물론 아주 짧은 기간 동안 배럴에 담아두는 경우도 있다. 스트레이트 옥수수 위스키라 부르는 변종은 탄화 작업을 하지 않은 새 용기 또는 재사용된 용기에서 2년 이상 숙성한다.

캐나다는 스코틀랜드와 같은 위스키 스펠링을 쓴다. 1800년대 초, 아일랜드 이주자가 대거 미국으로 건너갔을 무렵 캐나다에 정착한 이들은 대부분 스코틀랜드인이었기 때문이다. 초기 캐나다 증류업자는 제분업자들이었다. 1830년대에 이들은 팔고 남은 호밀과 밀로 증류를 하기 시작했다. 캐나다의 산업은 항상 미국과 맞닿아 있는 남부 국경의 정치와 문화 변화에 많은 영향을 받았다. 그래서 미국이 남북전쟁을 하는 동안 늘어난 위스키 수요를 포착

해서 시장을 넓혀 나갔지만, 이후 금주법으로 인해 많은 합법 캐나다 증류소가 도산했다. 금주법이 해제된 후 쇠퇴하던 캐나다의 위스키 산업은 아메리칸 위스키와는 꽤 다른 자신만의 스타일을 만들었다. 하지만 '블렌디드' 위스키에 대한 정의가 미국과 달랐기 때문에 어려움을 겪기도 했다. 여전히 헷갈리는 라벨 문제에도 불구하고 캐네디언 위스키는 출시될 때부터 미국에서 유명해졌다. 사실 독립전쟁 시기부터 21세기 초까지 캐네디언 위스키는 미국에서 버번보다 더 많이 팔린 증류주다.

미국에서는 스트레이트 위스키가 최소 20%만 들어가면 블렌디드 위스키로 인정받는다. 나머지 부분은 뉴트럴한 알코올, 각종 맛을 내는 첨가제, 캐러멜로 채웠기 때문에, 미국의 블렌디드 위스키는 시장에서 제대로 인정받지 못하며 버번보다 가격도 훨씬 싸다. 캐네디언 위스키는 대부분 높은 비율의 호밀을 넣으며 여기에 매운 후추 향을 첨가한다. 그러나 때로는 옥수수, 밀, 보리를 넣어 만들어 더 부드러운 증류액을 넣기도 한다. 미국 생산 방식에서 높이 도약한 캐나다 증류업자는 곡물마다 따로 증류한 후 함께 섞는 방식으로 작업한다. 이렇게 하면 각 증류액의 비율만 바꾸어주면 되었기 때문에 최종 제품의 풍미를 조절하기가 훨씬 쉽다. 이뿐만 아니라 셰리 같은 다른 완성된 술을 최대 9%까지 섞기도 한다. 캐네디언 위스키는 사용했던 오크 배럴에 넣어 최소 3년 이상 숙성하고 이 방식은 스카치 위스키와 동일하다.

재패니즈 위스키의 기원은 1918년 스코틀랜드를 방문했던 사케 제조업자의 아들, 타케츠루 마사타카에게서 찾아볼 수 있다. 그는 글래스고대학교에서 2년간 화학을 공부했고, 하일랜드에 있는 헤이즐번과 롱몬 증류소에서 현

장실습을 했다. 그리고 1920년에 일본의 증류 기법을 바꿀 결심을 하며 스코틀랜드인 아내와 일본으로 다시 돌아왔다. 1920년대 당시 일본인은 스카치 위스키의 주요 고객들이었다. 1923년 토리이 신지로는 물이 깨끗하기로 유명한 교토의 야마자키에 코토부키야라는 위스키 증류소를 세웠다. 그리고 타케츠루를 고용해 스코틀랜드 레시피를 기반으로 한 보리 몰트를 만들고 곡물 위스키를 생산했다. 심지어 스코틀랜드 이탄까지 사용했고 곧 이 위스키는 그 지역에서 유명세를 치렀다. 토리이는 후에 산토리로 상호를 변경했고 타케츠루는 1934년에 자신의 증류소인 닛카를 설립했다. 재패니즈 위스키는 스카치 위스키의 레시피로 시작했지만 순수하게 풍미만을 추구하며 고유의 스타일을 만들어냈다. 숙성은 향이 나는 일본산 오크인 미즈나라(퀘르쿠스 몽골리카)로 만든 배럴에서 한다(6장 참고하기).

호주 또한 위스키 생산과 소비의 역사가 깊다. 1930년대 후반까지 호주는 스코틀랜드의 가장 큰 위스키 수출 시장이었다. 시드니에 첫 번째 이주자들이 도착한 후 3년밖에 지나지 않은 시점인 1791년부터 호주에서도 위스키가 만들어졌다. 빅토리아주는 19세기 중반에서 20세기 중반까지 위스키 생산이 활발하게 이루어졌던 곳이고, 19세기 후반 멜버른에 있는 연방 증류소들은 일 년에 400만L가량을 생산했다. 20세기 초, 일부 스코틀랜드와 영국 증류 회사는 수입되는 비싼 스카치 위스키와 경쟁할 저렴하고 새로운 위스키 생산을 목표로 호주에 증류소를 설립했다. 그러나 1960년대에 수입 관세가 철폐되자 가격은 싸고 품질은 좋은 스카치 위스키와의 경쟁에서 이길 수가 없었고 결국 지역 위스키 산업은 무너졌다.

소규모로 구성된 현대의 호주 수제 위스키 회사는 남서부 지역 웨스턴 오스트레일리아주에 있는 라임버너스에서부터 동남부 퀸즐랜드주의 캐슬 글렌까지 대륙의 남부 절반에 넓게 퍼져 있다. 그러나 호주 위스키 산업의 근본은 태즈메이니아 연안에서 찾아볼 수 있다.

태즈메이니아의 빌과 린 라크는 1990년대 현대식 위스키 생산의 문을 연 장본인들로 찬사를 받는다. 이들은 정부에 정치적인 영향력을 행사해 당시 증류기의 법적 최소 사이즈인 2700L의 제한을 더 낮추어서 기술자들이 더 쉽게 증류기를 만들 수 있도록 했다. 그리고 현재 호주 생산업자들은 대대적인 실험 단계에 들어서 있다. 이들은 다양한 곡물과 호주의 이탄을 사용해 몰트에 호주만의 풍미를 집어넣으면서 스코틀랜드와 아일랜드 스타일을 모두 갖춘 위스키를 생산하고 있다. 라크 부부와 헬리어스 로드를 포함한 다른 초창기 멤버들은 지역 맥주 양조장에서 워시를 구매하기 시작했고 현재는 태즈메이니아의 몰팅 공장에서 몰팅된 보리를 공수해 오고 있다. 숙성은 오래된 버번이나 스페인산 셰리 배럴에서 하거나 호주의 여러 강화 와인 회사에서 구한 배럴에 하기도 한다. 현재 위스키가 강화 와인보다 인기가 더 많아서 위스키 숙성용 강화 와인 배럴에 대한 수요는 공급을 뛰어넘고 있다.

태즈메이니아 위스키 산업은 현재 엄청난 성공 가도를 달리고 있는데, 이는 비평가들의 찬사를 받아 국내 소비와 수출이 급격히 늘었기 때문이다. 설리반스 코브 푸브 프렌치 오크 싱글 캐스크는 이 위스키들이 수상한 여러 가지 상 중 2014년 월드 위스키 어워즈에서 세계 최고의 싱글 몰트로 뽑혔다. 태즈메이니아 위스키의 높은 인기로 인해 이전에 숙성했던 제품까지도 빨리 시장에 내놓으라는 압박을 받을 정도니 위스키 회사들은 지금 행복한 비명을 지르고 있을 것이다.

지역 생산업자들은 이곳의 기후가 품질이 좋은 위스키를 만드는 것과 관계가 있으리라 확신하고 있다. 태즈메이니아의 기후 변화는 스코틀랜드와 차이가 큰데, 위치상으로도 스코틀랜드보다 적도에 가까워 전반적으로 날씨가 따뜻하다. 그러나 겨울이 되면 남극으로부터 밀려온 한랭전선의 여파로 기온이 뚝 떨어지고, 여름이 되면 고기압의 영향으로 대륙의 사막 쪽에서 불어오는 무더운 공기가 좁은 배스 해협을 통해 태즈메이니아로 들어온다. 게다가 여름 기온은 40°C 이상 올라가지만, 하루에도 온도 변화가 두 자릿수까지 떨어지기도 한다. 기온 차가 스코틀랜드보다 훨씬 큰 덕분에 이곳의 배럴들은 더 많이, 그리고 더 자주 '호흡'한다. 더운 열기에 배럴이 팽창하면 위스키는 나무에 깊게 스며들고 이때 다듬어지지 않은 거친 성분들이 걸러진다. 그리고 오크의 부드러운 바닐라 풍미와 이전에 담겨 있던 술-버번, 셰리, 포트와인 등-을 흡수한다. 기온이 내려가면서 나무가 수축하면 이 액체는 다시 통 속으로 빠져나온다. 그래서 태즈메이니아의 위스키는 더 부드럽다. 또한 5~6년 숙성된 위스키의 풍미는 스코틀랜드에서 10~18년 숙성한 맛과 매우 비슷하다.

스카치를 마시는 가장 간단한 방식은 실온의 위스키를 니트(스트레이트)로 마시는 것이며, 증류업자가 가장 이상적이라 생각하는 형태이기도 하다. 그러나 사실 위스키가 처음인 사람들은 이렇게 마시면, 강한 풍미와 높은 알코올 도수(최소 40%, 캐스크 스트랭스보다 더 셈)를 느낄 수 있어서 잘 시도하지 않는 방식이기도 하다. 이들은 보통 물 몇 방울을 섞어 '희석'해서 마시거나 얼음 또는 소다를 넣기도 한다. 그러나 얼음은 혀를 무디게 하고 술을 너무 많이 희석할 우려가 있어 넣는 양을 잘 조절해야 한다. 위스키는 여러 가지 칵테일의 베이스 증류주로서 역할을 하기도 한다. 몇 가지 예를 들어보면, 위스키 사워에는 버번, 레몬주스, 설탕 시럽, 비터스, 달걀흰자가 들어간다. 맨해튼은 호밀 위스키를 베이스로 베르무트[6], 비터스, 체리를 섞는다. 올드패션드는 버번을 기반으로 오렌지 껍질, 각설탕, 비터스, 소량의 소다를 섞어 만든 칵테일이다.

위스키를 감정하는 사람들은 전문 잔을 사용하는데, 이런 잔들의 가장 중요한 역할이라면 아마도 입구의 모양과 크기일 것이다. 최대한 향을 가두어 진한 향미를 느낄 수 있는 잔이어야 한다. 위스키용으로 많이 사용하는 잔은 크고 뚜껑이 없으며 무거운 유리잔이다. 우리가 팀의 증류소에서 위스키를 맛볼 때는 주로 작은 와인 잔을 썼는데 위스키 시음 잔과 비슷한 모양이었다. 인간이 느끼는 '맛'의 감각은 대부분 후각에서 오기 때문에 위스키의 향은 매우 중요하다(8장 참고). 그러나 위스키의 향을 맡기 전에 먼저 색과 투명도, 점도를 살펴보는 건 어떨까? 위스키의 색깔은 숙성의 정도(보통 진할수록 오래됨), 사용된 배럴의 종류 등을 유추할 수 있다. (하지만 인공 색소인 캐러멜을 스카치에 넣을 수도 있으니 유의하도록 하자.) 위스키의 도수가 46% 이하면 냉각 여과 작업을 해서 투명도를 높일 수 있다. 여과를 하지 않은 값비싼 위스키는 물을 섞으면 뿌옇게 변할 수 있다. 위스키 잔에 레그[7]가 많을수록 도수가 높고 또는 더 오래된 제품일 가능성이 크다.

아, 위스키의 향이란! 향은 곡물의 종류, 몰팅 과정, 발효, 증류 같은 다양한 요인으로 생겨난다. 물론 배럴에 쓰는 나무의 종류, 이전에 담겼던 내용물

6 포도주에 향료를 넣어 우려 만든 술.

7 위스키의 눈물이라고도 하며 잔 내부에 다리 같은 자국이 남는 것을 말한다.

역시 향에 영향을 준다. 위스키를 마실 때는 먼저 유리잔 가까이 코를 대고 아주 천천히, 그리고 오랫동안 향을 음미해보자. 와인처럼 잔을 흔들며 마치 초보자인 양 굴지 말자. 원한다면 잔을 최대한 기울여(흘리지 않도록 주의)서 다른 향이 나진 않는지 맡아보자. 대개 처음과는 또 다른 냄새를 느낄 수 있을 것이다. 당신이 맡게 될 향은 꽃 향부터 과일, 몰트, 나무, 훈연 향까지 다양하다. 인간은 시각에 많이 의존하는 생물이며 후각은 뇌의 아주 깊숙한 곳에 있다(8장 참고). 그래서 우리가 위스키를 맛볼 때는 항상 서두르지 않고 모든 향이 다른 외부적인 방해 없이 뇌 깊숙이 닿을 때까지 기다려야 한다.

위스키의 향을 표현할 때는 비유나 은유 하나 없이 '다소 매움, 허브 향, 훈연 향, 옅은 향나무 향이 남'이라고 직설적으로만 말하기에는 어느 정도 한계가 있다. 그러나 누군가에게 오렌지색을 설명할 때 '오렌지'라고 말하거나 컬러 휠을 가리키지 않고는 이 색을 어떻게 설명할 수 있겠는가? 우리가 느꼈던 감각을 다른 사람에게 전달할 때는 이런 전형적인 방식을 대부분 사용하며, 이 방식이 맛 표현의 시작점이 되어 점차 다양하게 응용할 수 있게 된다. 그러니 위스키와 같은 훌륭한 술에 대해서는 여러 친구와 그 맛을 표현해보는 연습을 해보는 건 어떨까? 팀이 공룡의 형태로 맛을 비유했듯이 해보는 것도 좋을 것이다. 위스키가 입안으로 부드럽게 들어왔을 때 기품 있는 맛이 혀를 감싼 후 매끄럽게 목 뒤로 넘어갔는가? 그리고 당신의 몸을 여행하는 동안 그 향과 맛은 조화롭게 당신의 뇌를 기쁘게 했는가? 아니면 혼란스럽게만 만들었는가? 남의 시선을 너무 의식하지 말자. 우리는 모두 자신이 무엇을 좋아하는지 잘 알고 있다. 위스키는 다른 사람과 대화를 나누며 함께 즐기기 정말 좋은 술이다. 그러니 위스키를 마실 때 매우 중요한 부분은 누구와 어디에서 함께 마시느냐일 것이다. 에든버러에서 벌룬 형태의 유리잔에 담긴 비싼 스카치를 마실 수도 있고, 친한 친구들과 캠프파이어에 둘러앉아 에나멜 머그잔에 담긴 위스키를 즐길 수도 있다. 어떤 쪽이든 당신 손에 든 술이 최고의 위스키일 것이다.

13

진(과 게네베르)

이안 태터셀

우리는 문득 호기심이 생겼다. 우리 앞에 있는 이 각 잡힌 유리병 속 진은 남아프리카 서던 케이프주에서 자생하는, 세계에서 가장 독특하면서 강렬한 핀보스라는 식물의 풍미를 지닌 술이다. 사탕수수로 만든 뉴트럴 스피릿을 베이스로 넣고 장작불로 때는 증류기로 만든다. 잔에 코를 대보면 익숙하면서 편안한 주니퍼의 향이 콧속으로 들어오고 뒤를 이어 처음 느껴본 듯한 진한 꽃향기가 밀려온다. 입안은 꽃의 풍미가 전체를 압도하며 시트러스와 허브 향, 감초 향이 틈새에서 은은하게 풍겨온다. 이 모든 풍미는 예상하기 힘들 정도의 크리미한 마우스필과 함께 어우러지고 있다. 놀랍게도 레몬 제스트를 살짝 추가해주면 이 모든 감각이 살짝 진정되는 느낌을 받는다. 물론 제스트보다 오렌지 껍질이 더 잘 어울릴 수도 있겠지만 사실 우리는 여기에 뭔가를 더 섞고 싶지는 않았다. 그러나 마지막에 토닉 워터를 첨가했을 때의 맛은 꽤 나쁘지 않았다. 이처럼 진 중에서도 섬세하고 독특한 향을 안겨주는 술은, 익숙하면서도 이국적인 향미가 층층이 쌓여서 마실 때마다 한 층씩 맛보기를 원하는 사람에게 이상적인 제품일 것이다.

엄마의 몰락, 네덜란드인의 용기, 베이비셈블즈. 이 모든 별명은 오늘날 주류 시장에서 가장 섬세한 증류주를 잘 표현하고 있는 듯하다. 그렇다고 진이 항상 빛나는 명성을 누린 것은 아니다. 현재는 곡물 매시에 주니퍼 베리와 다른 식물을 넣어 풍미를 첨가하는 방식으로 생산되었지만, 처음에는 병자들을 위한 약물용 토닉으로 시작했다. 기원전 1550년 이집트 파피루스에 기록된 바에 따르면 황달에 주니퍼를 처방했다고 하며, 1세기경 소 플라이니우스는 복부팽만에서 기침까지 다양한 증상에 주니퍼를 권했다고 한다. 네덜란드 시인 야코브 반 마를란트는 저서 『Der Naturen Bloeme(자연의 꽃)』(1269)에서 주니퍼 베리와 와인을 이용해 약을 제조하는 방식을 나타낸 그림을 넣기도 했다. 몇 세기 이후 『Gebrande Wyn te Maken(태운 와인 만드는 법)』(1495년경 제작)에서 주니퍼를 침출 방식으로 우리는 기술을 처음으로 소개한다. 참고로 이 책은 현재 런던의 영국 국립 도서관에서 소장하고 있는 네덜란드 의학 저널 단행본 중 하나다.

'브랜디(brandy)'라는 단어는 '게브란다(태운) 와인(Gebrande Wyn)'에서 유래했다. 1495년 이름이 알려지지 않은 한 사람이 와인 증류액에 육두구, 시나몬, 카더멈 등의 다양한 이국적인 향신료를 넣고 여기에 세이지, 주니퍼 베리처럼 좀 더 지역에서 흔하게 구할 수 있는 재료를 넣어 우렸다고 한다. 그리고 이 혼합물이 후에 진으로 발전했다고 추측하고 있다. 이런 흥미로운 시작 이후 1세기가 지나자 포도 대신 곡물로 만든 증류주가 네덜란드에 기본 증류주로 정착했다. 이 종류 중에는 가장 진한 풍미를 내는 주니퍼에서 이름을 딴 '게네베르(일명 예네버르)'도 포함되어 있다. 게네베르는 점차 약용이 아닌 즐기기 위해 마시게 되었고, 주니퍼의 전염병 치료 효과는 미미한 것으로 판명되었다. 그러나 이 음료는 사람들의 사기 충만에는 놀랍도록 효과적이었다. 그리고 당연하게도 정부는 이 새로운 음료가 시민들의 유흥거리로서 얼마나 큰 수익을 가져올지 곧바로 알아챘다. 1497년, 암스테르담은 재빨리 이 증류주에 세금을 부과하기 시작했다. 증류업자의 부담은 늘어났지만, 1세기 후 이곳은 증류소가 넘쳐나는 도시가 되었다.

곡물 증류주가 초창기부터 베네룩스[1]에서 기분 전환용 음료로 인기를 누렸던 주요 이유에는 기후도 포함되었다. 당시 이 지역은 막 소빙기로 접어드는 시기였고 이례적으로 추운 날씨는 19세기까지 이어졌다. 포도가 자라기에는 기온이 너무 낮아서 곡물 증류주가 나오던 시기에 경쟁을 해야 할 지역 와인 회사는 그럴만한 여유가 없었다. 곡물 증류주의 매력은 북해를 건너 영국까지 빠르게 퍼져나갔다. 당시 영국인 대부분은 자주 오염되었던 수돗물 대신 도수가 약하고 밍밍한 '스몰 비어'(매시를 2차에서 3차까지 증류해 얻은 술)를 마셨으며, 전쟁을 겪으면서 이 곡물 증류주를 알게 된다. 17세기 초, 지지부진하게

---

1 Low Countries: 벨기에 · 네덜란드 · 룩셈부르크 등 3국의 앞 글자를 따서 붙인 3국의 총칭.

이어졌던 30년 전쟁에서 수많은 영국 군인들은 네덜란드나 유럽의 살벌한 전쟁터에서 '네덜란드인의 용기'[2]를 찾았다고 한다. 그리고 많은 생존자들이 게네베르가 안겨준 새로운 입맛을 지닌 채 고국으로 돌아갔다. 이 새로운 증류주는 처음에 영국 남부의 항구 도시에서 그 발판을 만들었다. 그리고 약으로서의 효능을 함께 인정받으며 빠르게 런던을 비롯한 여러 도시로 퍼져나가 많은 애주가의 사랑을 받기 시작했다.

네덜란드식 명칭을 제대로 알아듣지 못한 영국인들은 이 술을 '지네베르'라 발음했고 곧 줄여서 '진'이라 불렀다. 이 축약된 용어는 1714년에 출판된 버나드 맨더빌의 『The Fable of the Bees: or, Private Vices, Publick Benefits(꿀벌의 우화: 개인의 악덕, 사회의 이익)』에서 처음 사용된 것으로 추측하고 있다. 윤리학자 겸 철학자였던 네덜란드 태생 맨더빌은 이 음료를 '악명 높은 리큐어'라고 언급했다. 이는 앞으로 전개될 상황에 대한 선견지명 같은 말이었지만, 당시에는 그냥 심술을 부리는 것으로만 여길 뿐이었다.

맨더빌이 책을 내기 25년 전, 네덜란드의 오라녜 윌리엄[3]과 그의 아내 메리 2세(제임스 2세의 딸이자 개신교도)는 가톨릭 신자인 제임스 2세가 프랑스로 쫓겨나듯 망명하자 영국의 왕좌를 함께 계승했다. 이때 윌리엄은 네덜란드의 음

---

2 영국 군인들이 전투에 나서기 전에 네덜란드 술을 마신 후 사기를 높였다는 것에서 유래했으며 현재는 술김에 내는 용기로 쓰이는 표현이다.

3 잉글랜드의 윌리엄 3세 또는 빌럼 3세 판 오라녜, 오라녜 공 겸 나사우 백작, 브레다 남작, 네덜란드 공화국 통령, 잉글랜드 왕국 · 스코틀랜드 왕국 · 아일랜드 왕국의 국왕이다. 스코틀랜드 국왕으로는 윌리엄 2세다.

주 습관뿐만 아니라 프랑스의 와인과 브랜디 문화에 대한 그의 전설적인 혐오도 함께 영국으로 가져갔다. 이후 갑자기 게네베르가 영국 왕실의 대표 음료가 되어버렸다. 1690년 영국 의회는 '옥수수 원료 브랜디와 증류주 제작 장려법'이라는 법안을 통과시켜 영국에 있는 사람들이라면 누구든 증류를 할 수 있도록 했으며, 이는 프랑스의 와인 기반 제품을 대체하려는 의도였다. 영국은 프랑스 와인에 대한 유통망을 죄고 무거운 세금을 부과하면서 영국 증류주에는 온건한 자세를 취해 프랑스와의 사이가 급속히 나빠졌다. 점차 영국에서 게네베르/진을 마시는 행위는 애국적인 의미를 지니게 되었다. 마치 개신교가 자신들의 활동이 애국 행위라 여기듯이 말이다.

당시의 정치와 경제의 발전을 미루어볼 때 17세기 말에 진이 수입품과 내수품으로서 영국에서 가장 인기 있는 증류주가 된 것은 그리 놀랄 만한 사건은 아니었다. 네덜란드 게네베르는 주로 상위계층에, 거칠고 연한 맛의 진은 하위계층에 자리를 잡았으며, 이런 선택은 당연히 경제력과 관련이 있었다. 진은 세금이 붙지 않는 지역 재료를 썼을 뿐만 아니라, 싸면서 급이 낮은 물질로도 만들 수 있었기 때문이다. 그중에서도 곡물 증류주가 맥주를 만들기에 품질이 나쁜 싸구려 보리로도 만들 수 있다는 부분이 중요했다. 부족한 맛은 주니퍼(때로는 테레빈유[4]를 쓰기도 했음)를 넣어 교묘히 가렸다. 결과적으로 매우 만족스러운 맛은 아니었겠지만 이런 싼 알코올음료는 1694년에 발효된 톤수법(Tonnage Act)으로 인해 세금을 많이 붙이는 맥주보다도 저렴했다. 그러니 가장 적은 돈으로 가장 많이 마실 수 있는 술은 진이라는 말이 된다.

그러나 진은 1690년에 통과된 증류법에도 불구하고 여전히 어느 정도 규

---

4 소나무에서 얻는 무색의 정유.

제를 받고 있었는데, 그 이유는 런던 중심가에서 반경 약 33.8km(21마일) 내에 위치한 주요 증류주를 50년간 독점해온 증류업자 조합 때문이었다. 이 단체는 영국에서 수익률이 높은 증류주 시장 대부분을 장악했고, 최종 제품의 풍미를 넣고 유통하는 지역 '조제자들'에게 기본 곡물 증류액을 공급하는 주체였으니, 그들의 영향력은 가히 엄청났다고 할 수 있다. 1702년 윌리엄이 서거하고 브랜디를 즐기는 앤(메리의 여동생)이 왕위에 오른 후 곡물 증류에 대한 규제는 완전히 철폐되었다. 증류소 조합의 독점이 무너진 뒤에는 남아 있는 규제마저 모두 완화해 누구나 증류주를 만들어 판매할 수 있도록 했다. 또한 자신들의 의지가 잘 전달될 수 있도록 10일간 벽보를 붙여놓았다. 그러나 항상 예상치 못한 일들은 벌어지기 마련이다. 조합이 독점할 당시에는 대부분의 증류소가 꽤 높은 기준을 지켜왔지만, 이들이 힘을 잃게 되면서 런던에는 수많은 증류소가 우후죽순으로 생겨났고 품질 또한 천차만별이 되었다.

이런 여러 상황에서도 18세기 초 영국에서는 진 증류가 활발히 이루어졌는데, 특히 가난에 허덕이며 현실의 괴로움을 잊고 싶어 하는 사람들로 가득한 도심에서 이런 현상이 뚜렷하게 나타났다. 그리고 많은 이들이 여기에 참여했다. 상업적인 증류소까지 포함해 자그마치 1500개의 증류기가 돌아가면서 진은 활발하게 유통되고 있었다. 그 결과 진 판매점(술집과 소매점 모두) 역시 증가하면서 그야말로 진 열풍이 불어왔고, 이런 분위기는 1720년에서 1751년까지 이어졌다.

대개 정부에서 시작하는 공식적인 '전쟁'은 대상이 무엇이 되었든 악화일로를 걷는 경우가 많지만, 진 열풍을 끝내고자 정부가 시작한 이 전쟁에 대해서는 누구도 비난할 수 없었을 것이다. 당시의 정확한 수치는 알 수 없지만, 상황은 꽤 심각해 보였다. 1700년대 영국의 일반적인 사람들이 1년에 마시는 진의 양은 약 1.4L 정도밖에 되지 않았지만, 1720년 진 열풍이 본격적으로 시작되자 2배로 늘어 약 2.8L로 뛰었다. 당시 이들을 향해 고위 행정관들이 '저급한 인간들'이라고 불렀다고 한다. 9년 뒤에는 약 5.6L, 1743년에는 자그마치 약 9.4L에 다다랐다. 일 년에 약 9.4L(사실 이 수치는 추정할 수 있는 양에서 가장 낮은 값이다)는 한 달에 약 0.9L가 되지 않는 양이니 언뜻 듣기에 (술을 마시는 사람 한 명당 하루에 약 30mL의 샷 글라스를 마시는 것과 비슷) 그렇게 많은 것 같진 않아 보인다. 그러나 실제 소비량이 얼마든 간에 빈곤층에서는 과음에 대한 통제가 거의 불가능했다. 또한 이 시기에 일부 증류업자들이 곡물에 약간의 황산을 넣었던 행동도 상황을 악화시키는 데 한몫했다. 물론 이 성분은 증류할 때 걸러졌지만 황산 속 에틸에테르라는 향 성분이 증류액에 포함되어 약간의 단맛을 주었다. 마시기 수월해진 증류주는 당연히 과음으로 이어졌을 것이다.

1729년부터 의회는 이런 흐름을 끊고자 하는 노력의 일환으로 진 법안을 통과시켜 진 소비를 줄이고 판매소를 통제하려고 했다. 그 결과 불법으로 운영하는 증류업소가 증가했고, 소매업자들은 뒷골목에서 진을 판매하기 시작했다. 1736년에 세 번째 개정된 진 법안은 특히 강력했는데, 소매업자와 소비자에 대한 높은 세금으로 인해 대대적인 폭동까지 일어났다. 정부 역시 이 법안으로 거둔 세금만으로는 밀고자에게 지급하는 포상금을 충당할 수 없는 상황에 맞닥트렸고, 1743년에 증류세를 다시 낮추었다. 이후 법 시행이 좀 더 원활하게 이루어지자 진 소비 역시 조금씩 줄어들기 시작했다. 그러나 만족할 정도는 아니었다. 1747년 의회는 법안을 다시 손볼 필요성을 느꼈다. 이번에는 증류세를 서서히 올리면서 맥주세를 낮추어서 두 음료 간의 경제적 균형을 변화시켰다. 마침내 1751년 진 법안이 8차 개정되면서 지역 내 생산되는 증류주에 더 높은 세금을 부과한 동시에 이를 공급하는 업체의 부지에 대한 최저 임대료 역시 올렸다. 뒷골목 조달업자들의 목을 조른 것은 무엇보다도 임대 조치가 가장 컸던 것으로 보인다.

윌리엄 호가스가 1751년 완성한 한 쌍의 판화가 당시의 시대상을 잘 대표하고 있다. 이 시기는 공식적으로 진 열풍이 끝나는 해였다(그림 13.1 참고). 호가스의 작품은 모두 증류주에 대한 도덕적 개혁을 촉구하는 목적을 띠고 있으며 런던을 배경으로 했다. 〈맥주 거리〉를 보면 깔끔하게 차려입은 중산층 근로자들이 힘들었지만, 열심히 일한 대가로 영국의 전통적인 서민 음료인 맥주를 즐기고 있다. 이 판화에서 유일하게 긴장감이 엿보이는 곳은 판자로 된 전당포뿐이다. 가난한 주인은 단속에 걸릴까 싶어 문에 있는 작은 구멍으로 맥주를 건네받고 있다. 호가스는 '이곳에는 산업과 음주가 조화롭게 균형을 이루고 있다'라고 말했다.

〈맥주 거리〉와 쌍을 이루는 〈진 골목〉은 분위기가 완전히 다르다. 이 판화

그림 13.1 윌리엄 호가스의 1751년 작품 <Beer Street(맥주 거리)>(왼쪽)와 <Gin Lane(진 골목)>(오른쪽)

에서는 악독한 이국 증류주에 완전히 중독된 런던의 하층민들을 보여주고 있다. 중심에 있는 여성은 머리는 잔뜩 헝클어져 있고 다리는 상처로 가득하다. 앞에 있는 아기가 계단 난간에서 굴러떨어지려 하는 위험천만한 상황에서도 개의치 않은 표정을 짓고 있다. 왼쪽에는 앙상하게 뼈만 남아 죽어가는 군인이 있다. 한 손에 들고 있는 바구니에는 빈 술병이 들어 있고, '진 부인의 몰락'이라는 제목의 시가 적힌 종이가 붙어 있다. 이들 뒤에는 술 한 잔을 사기 위해 자신들이 가진 가장 값진 물건을 전당포에 맡기려고 하는 가난한 사람들이 있다. 다른 쪽에는 한 남자가 말라비틀어진 뼈다귀를 두고 개와 경쟁을 하고 있고 고아 소녀들은 진이 담긴 배럴 주변을 어슬렁대고 있다. 지역 장의사는 시끌벅적한 인파 속에서 매우 열심히 일하고 있다. 이 그림이 주는 메시지는 매우 강력하다. 호가스는 "[진]을 완전히 몰아내기 위해 원기를 북돋는 술[맥주]을 추천한다"라고 말했다. 영국의 전형적인 술이었던 맥주는 번영과 건전한 사회생활과 동일시된 반면, 독약과 같은 네덜란드 증류주는 가난, 폭력, 질병, 기아, 도덕적 타락 같은 사회악으로 연결되었다.

1751년에 시행한 두 가지 조치로 마침내 뒷골목에서 이루어졌던 진 사업이 막을 내리고 좀 더 평판이 좋은 소매업자들이 바통을 넘겨받았다. 이외에도 진 열풍을 끝내는 데 도움을 준 요소들이 있다. 가장 큰 요소는 진의 원료가 되었던 곡물이 몇 해간 이어진 흉작으로 가격이 많이 올랐던 일이다. 이에 정부는 1757년 임시로 국내 곡물을 이용한 증류를 금했고 이러한 조치는 풍작을 거둔 1760년까지 이어졌다. 경기 침체로 실수입이 줄어든 것 역시 진을 주로 마시던 계층에 큰 타격이 되었다. 또한 기술 발전으로 맥주의 품질을 높일 수 있어서 에일의 경쟁력이 올라갔던 것도 한몫했다. 이런 다양한 요인들이 합쳐지면서 영국에서 진은 위기를 맞았다. 1794년 런던에는 여전히 40명 정도의 몰트 증류업자, 조제자, 정류업자가 활발히 활동 중이었지만, 소비자들의 판단력은 더 좋아졌고 지역 조제자들은 점차 스코틀랜드식 곡물 제조 방식으로 방향을 틀기 시작했다. 현재 이곳은 영국 진이 대량으로 생산되었던 역사적인 장소로 남아 있다.

전통 네덜란드 게네베르는 밀, 호밀, 보리가 섞인 매시로 만든 몰트 와인에서 고농도의 증류액을 추출한 술이다(4장 참고). 매시를 끓인 후 식으면 발효 단계로 넘어가며, 주로 제빵에 쓰는 효모를 사용한다. 그리고 포트 스틸로 1차 증류를 해서 '로우 와인'(12장 참고)을 만든다. 증류는 보통 3차까지 해서 최대 70%가량의 ABV를 만들어낸다. 그리고 주니퍼나 다른 식물을 첨가한 후 다시 '정류'한다. 이것이 18세기 초 영국으로 수입되었던 증류주의 기본 작업 과정이었다. 그러나 진 열풍이 한창이었을 때 영국 내에서 진을 제조할 때는 몇 가지 단계를 생략했고 기본 재료의 질 역시 좋지 않았다. 18세기 후반이 되면서 영국인의 입맛이 고급으로 바뀌면서 부유한 사람들은 질 좋은 네덜란드 제품을 찾았고 국내에서 제조된 진은 가난한 노동자 계급으로 흘러 들어갔다.

그러나 이런 상황은 우연한 사건으로 바뀌었는데, 바로 맥주와 비교해 진의 가격이 싸진 것이다. 1820년대 초 영국 의회는 진에 대한 세금을 대폭 낮추어서 국내 증류를 장려하기로 했고, 1825~1826년 진 생산은 두 배로 증가했다. 이제 진은 다시 한번 맥주보다 저렴한 술이 되어 진을 마실 공간이 필요해졌다. 당시 새롭게 허가를 받아 에일을 판매하는 펍과 경쟁하기 위해 싼 진을 파는 화려한 분위기의 진 팰리스가 들어섰다. 첫 번째 진 하우스는 1828년 런던의 홀본(공교롭게도 이곳의 빈민가는 호가스의 판화 〈진 골목〉의 무대가 된 곳이다)에 문을 열었다. 이곳의 내부를 살펴보면 가스로 밝힌 불빛은 기다란 바를 비추고 군데군데 수많은 거울이 붙어 있었으며, 청동 제품들은 반짝반짝 윤이 났고 마호가니로 인테리어한 벽면은 안락한 느낌을 주었다. 이곳은 세련된 분위기를 띤 첫 번째 술집이었다. 10년 사이 런던에서만 진 팰리스가 5000군데 이상 생겼다. 그리고 더 웅장한 모습을 한 채 80년 전 음침했던 진 가게와 같은 역할을 하고 있었다. 뒤늦게 정부는 실수를 눈치챘고 맥주에 대한 세금을 철폐한다. 가격에 민감한 고객들은 다시 펍으로 달려갔고 얼마 지나지 않아 첫 번째 진 팰리스는 기억 속에만 남아 있는 공간이 되어버렸다.

이런 상황이 나타났던 이유는 영국에서 진이 맥주와 경쟁하는 프롤레타리아 계급의 음료였기 때문이다. 물론 진의 맛과 느낌을 개선하기 위한 노력도 있었다. 1819년부터 정류업자 클럽의 회원들은 정기적으로 모임을 가져 더 나은 증류 방식을 연구했고, 그중에서도 베이스 증류액의 질을 높일 방법을 찾았다. 그리고 기술에 변화를 주기 시작하면서 빠르게 목표를 이루었다. 1828년 초에는 오리지널 진 팰리스가 문을 열었고, 첫 번째 연속식 증류기가 스코틀랜드 파이프에 위치한 캐머런 브릿지 그레인 증류소에 설치되었다. 초기에는 기술적이고 자금적인 어려움을 겪었지만 2년 후 이니어스 코페이가 투-칼럼 스틸에 대한 특허를 받으면서 상황이 달라졌다. 비록 고국인 아일랜드의 위스키 제조업자들에게 환영받지는 못했지만, 코페이의 기계는 많은 증류소에서 사용되었다. 연속식 증류기가 생산해내는 96% ABV의 그레인 뉴트럴 스피릿은 진 생산에서도 이상적인 베이스 증류주였다.

진의 역사에서 이런 기술 발전은 엄청나게 중요한 역할을 했다. 처음으로 진 제조업자는 식물을 이용해 베이스 증류액의 지독한 맛을 감추기 위한 목적만이 아닌, 진정으로 원하는 풍미를 만들어낼 수 있었다. 이렇게 나온 최종 결과물은 더 라이트하고 복잡한 맛을 지녔으면서도 균형을 잘 이루고 있었다. 게다가 제조자의 의도에 최대한 부합하는 맛이 나왔다. 곧 연속식 증류기는 첫 증류액을 만들 때, 구리 알렘빅 스틸은 정류를 할 때 사용되었다.

1830년대부터 연속식 증류기는 흰색 캔버스와 같은 역할을 하며 진 제조업자들이 다양한 풍미를 만들어내는 시도를 마음껏 할 수 있게 해주었다. 증류액은 주로 곡물을 베이스로 했지만, 현재는 제한이 없어져서 비트 당밀, 감자, 심지어 포도로 뉴트럴 스피릿을 만들기도 한다. 결과물은 거의 뉴트럴에 가깝지만, 각기 다른 특징을 여전히 품고 있다. 식물에서 풍미를 추출하는 가장 대중적인 방식은 '침출과 가열'이다. 먼저 베이스 증류액의 도수를 50%로 희석해서 낮춘 다음 혼합 식물을 담가둔다. 며칠 동안 충분히 우린 후 최종 증류를 하거나, 아니면 포트 스틸로 하는 증류 마지막 단계에 넣기도 한다. 5장에서 설명했듯, 침출이 끝난 혼합액은 가열해서 에탄올의 끓는점과 물의 끓는점 사이의 온도까지 올린다. 그러면 에탄올과 식물 추출액이 증발해 응축기를 통과하고 최종적으로 액체가 된다. 이때 불순물이 섞일 수 있어서 증류업자는 처음 모인 '헤드'와 마지막에 모인 '테일'을 버린다. 그러나 처음부터 높은 도수의 뉴트럴 스피릿을 쓰는 진 제조업자는 위스키 업자를 포함한 다른 증류업자에 비해 이런 걱정에서 다소 자유롭다.

직접적인 침출 대신 '증기 침출' 방식을 쓸 수도 있다. 먼저 식물들을 용기(보통 종류마다 분리해서 층별로 놓는다)에 깔아둔다. 그리고 이 용기를 보일러 속 알코올 위에 고정해두면 뜨거워진 알코올 증기가 위로 올라가면서 용기를 통과해 향을 함께 머금은 채 응축기에 닿게 된다. 침출 방식을 쓰는 증류업자는 이런 증기 방식으로는 식물의 모든 향을 담을 수 없다고 주장하고, 증기 방식을 쓰는 증류업자는 이렇게 해서 더 라이트하면서 상쾌한 풍미를 얻을 수 있다고 맞받아친다. 진 증류업자는 최고의 결과물을 얻고자 이 두 가지 방식을 혼합하기도 한다. 일부 식물은 침출로, 일부는 증기 방식으로 얻어서 합치는 식이다. 사실 모든 방식을 이용할 수도 있다. 식물별로 우리거나, 끓이거나, 증기 방식으로 얻은 후 혼합해서 쓰는 것이다. 물론 방식마다 장단점은 있다. 어떤 이들은 이렇게 하면 식물에 있는 분자들 간의 상호작용이 저하된다고 반대하며, 어떤 이들은 맛의 순도를 더 지킬 수 있다고 옹호한다. 진공(감압) 증류에도 이와 비슷한 논쟁이 벌어진다. 작은 통으로만 할 수 있는 진공 증류는 식물을 진공 상태에서 우린 후 가열하는 방식으로 진행된다. 알코올은 낮은 압력으로 인해 낮은 온도에서 증발한다. 옹호자들은 이렇게 하면 더 강렬한 풍미를 얻을 수 있다고 주장한다. 그러나 진 제조에는 수많은 변수가 존재하기 때문에 제조업자가 아닌 외부인이 섣부르게 판단하기는 어려운 문제다.

수제 증류와 대량 생산이 구분되는 제조 공법 중 하나는 수제 증류업자가 정류를 할 때 '싱글 샷' 방식을 사용한다는 점이다. 간단히 말해 진을 생산할 때마다 맞춤형 레시피를 쓴다는 의미다. 이와 반대로 대량 생산을 하는 업체에서는 침출 과정에서 식물의 양을 증류주에 비해 많이 넣고, 나중에 증류액을 더 넣어서 원하는 비율을 맞춘다. 이 '멀티 샷'은 작업 시간을 줄여서 경제적이다. 또한 이 방식을 쓰는 작업자는 식물을 정확한 용도에 맞추어 사용할 수 있다고 주장한다. 물론 수제 증류업자는 동의하지 않지만 말이다. 다시 한 번 말하지만 결국 가장 중요한 것은 소비자의 평가다. 진을 제조하거나 맛보는 일은 하나씩 살펴보면 정말 복잡하지만, 대략적으로 보자면 증류가 끝난 진은 작업이 마무리되었다는 뜻이다. 대부분은 증류 후 바로 병입하며 소수만이 숙성 단계(6장 참고)로 넘어간다. 진의 색은 배럴의 영향으로 나타날 수도 있지만 대부분 식물에서 생성된다.

베이스 증류액의 순도는 거의 기본적으로 잘 지켜지기 때문에 당신이 진을 즐기기 위해 고려해야 하는 사항은 풍미를 담당하는 식물일 것이다. 현재 사용되는 종류만 해도 수백 가지가 되지만, 그중에서 필수로 들어가는 식물은 향과 매운맛을 내는 주니퍼 베리다. 이 열매는 침엽수의 일종인 주니퍼 암그루에서 자란다. 이 나무는 북반구의 광범위한 지역에서 자생하는 식물이지만 진에 넣는 종류는 주로 토스카나나 마케도니아에서 난다. 베리 속에 있는 씨앗에는 여러 가지 모노테르펜 탄화수소 분자들(예를 들면, 알파 피넨, 전형적인 '소나무 숲' 향이 남)이 가득 들어 있어, 주니퍼에서는 매우 향기로운 냄새가 난다. 이렇게 향이 나는 식물은 진뿐만 아니라 다양한 요리에도 쓰이며, 종류만 해도 라벤더와 시트러스에서부터 헤더, 캠퍼(장뇌), 테레빈유, 송진까지 정말 다양하다. 진의 경우, 이런 분자들은 풍미뿐만 아니라 마우스필과 잔여감에도 영향을 준다. 그러니 주니퍼는 진을 든든하게 받쳐주는 진정한 존재라 할 수 있다.

그렇긴 하지만 현대에는 다양한 즐거움을 느낄 수 있게 주니퍼 외에도 수십 가지 식물을 첨가하고 있다. 주니퍼 다음으로 진 증류업자가 아끼는 재료는 고수 씨며 모로코산을 즐겨 쓴다. 이 씨에는 테르펜알코올의 일종인 리나놀이 들어 있다. 참고로 테르펜알코올은 여러 식물에 함유된 물질로 이미 다양한 목적으로 쓰이고 있다. 진의 풍미를 위해 리나놀을 넣으면 시트러스-레몬-풀 향과 함께 은은한 허브 향까지 낼 수 있다. 시트러스 향은 리나놀 외에도 오렌지, 레몬, 자몽(보통 스페인 남부 쪽에서 조달) 껍질처럼 쉽게 구할 수 있는 재료로 낼 수도 있다. 좀 더 이국적인 재료에는 동아시아의 유자가 있다. 진 증류업자의 또 다른 애정템은 유럽 당근의 친척 종인 말린 안젤리카 뿌리다. 이 뿌리를 진에 넣으면 나무와 흙 향이 나고 심지어 녹색 허브 향까지 맡을 수 있다. 그뿐만 아니라 다른 식물을 조화롭게 어우르는 능력으로도 인정받는 식물이다. 이처럼 여러 가지 식물을 한데 묶는 역할을 하는 다른 종류에는 이리스 뿌리가 있다. 쓴맛이 나는 이 식물은 주로 토스카나에서 공수해 온다. 진에 넣으면 향긋한 흙 향을 맡을 수 있다. 계피 또는 시나몬은 열대지방의 나무껍질 향이 나서 매우 이국적이면서 독특한 느낌을 받을 수 있다.

진에 넣는 식물들을 나열하자면 끝이 없을 것이다. 진에 식물을 넣기 시작하면서 증류주에는 식물 특유의 맛이 생성되었다. 또한 진의 생산 지역이 계속해서 확장됨에 따라 토착 식물을 이용한 새로운 진이 개발되었다. 이번 장 첫 부분에 나왔던 남아프리카의 인베로시 클래식이 여기에 속할 것이다. 이 진에는 흔하게 넣던 식물이 아닌, 증류소 주변에서 자라는 핀보스라는 고유종을 넣어 유니크하면서 강렬한 향을 만들어냈다. 이런 독특한 방식의 제품은 이곳 말고도 더 있다. 남아프리카의 인들로부라는 진 증류소의 경우, 말린 코끼리 배설물에서 추출한 식물을 넣어 '아프리카코끼리'의 풍미와 질감을 내고자 했다. 사실 이 재료를 '식물'이라고 해야 할지는 분류학적 질문만큼이나 철학적인 질문이다.

사실 이렇게 다양한 식물을 넣기 시작한 시기는 그리 오래되지 않았다. 전통 게네베르를 제조하던 시절만 해도 몇 가지 종류만 넣었고 19세기 동안 이런 분위기는 계속 이어졌다. 그러나 진은 계속해서 발전했기 때문에 시기에 따라 제품의 맛 역시 달라졌다. 예를 들어, 1830년대 진 팰리스를 찾던 영국인들은 사탕수수로 만든 설탕으로 단맛이 가미된 '올드 톰' 스타일(보즈 사의 마스터 디스틸러의 이름을 딴 것으로 보인다)을 즐기다가 칼럼 스틸이 내는 맛의 장점을 알기 시작하면서 달지 않은 스타일로 입맛이 다시 바뀌었다. 그리고 현재까지 시장에는 수많은 런던 드라이 진이 중심에 있다.

반면 19세기 중반의 미국에서는 세련된 혼합 음료가 만들어지면서 수입 게네베르가 인기를 얻고 있었다. 특히 얼음을 구하기 쉬워졌고 칵테일 셰이커라는 새로운 도구가 나타나면서 수혜의 대상이 되었다. 그러나 금주법이 막 시작되는 때여서 본격적으로 술 제조가 금지되자 비밀리에 가정에서 진을 제조하는 일이 흔했다. 물론 진뿐만 아니라 다른 증류주를 만들기도 했다. 금주법을 피해 유럽으로 건너간 미국인들 중 칵테일을 좋아했던 사람들은 그곳에서 드라이 마티니(22장 참고) 예찬론을 널리 펼치기도 했다. 전반적인 상황은 진에게 좋은 방향으로 흘러갔지만, 이에 맞서는 대적자가 나타났다. 바로 최초의 진정한 곡물 증류주라 할 수 있는 보드카다.

보드카(10장 참고)는 사실상 어떤 재료로든 만들 수 있는 뉴트럴 스피릿이지만, 1950년대까지는 러시아, 폴란드와 근처 국가를 제외한 곳에서 거의 찾아볼 수 없었다. 하지만 제2차 세계대전 이후 대서양을 마주한 두 대륙에서는 보드카의 공격적인 마케팅이 시작되었는데, 특히 떠오르는 대형 주류업체가 그 중심에 있었다. 이들은 진보다 더 쉽게 칵테일 등과 혼합할 수 있는 술이라고 대대적으로 광고했으며 특히 캠페인이 효과가 좋았다. 1960년대 중반이 되자 보드카는 경쟁자 진을 눌렀고 진은 점차 진부하고 구식이라는 인식을 심어주었다. 당시 진이 보드카와 경쟁하려면 '순수'하고 '깨끗'한 이미지를 보여야 했지만, 그건 진이 가진 특징과 완전히 반대되는 면이었다.

이런 상황에서 진도 가만히 있을 수 없었다. 진 업계는 제품에 더 흥미로운 요소를 가미하기보다는 똑똑한 마케팅과 포장에 변화를 주었다. 1986년 유서 깊은 고든스, 탱커레이, 봄베이 드라이 진 소유주들이 회원으로 있는 세계 증류업자와 양조업자(IDV) 협회에서는 봄베이 사파이어를 출시했고 청량한 푸른빛을 띤 병에는 투명한 진이 들어 있었다. 적극적으로 마케팅 공습을 퍼부으며 이 상품은 엄청난 성공을 거두었다. 얼마 지나지 않아 협회는 고든스의 런던 드라이의 도수를 기존 40% ABV에서 37.5%로 낮추었고, 수익을 마케팅에 투자해 유서 깊은 브랜드의 재건을 이루었다.

진의 판매량이 다시 오르자 다른 가능성을 읽은 사람들이 있었다. 당시 영국법은 대형 증류업자에게 호의적이라 스틸 크기의 최저 용량 한도가 큰 편이었다. 즉, 증류업에 쉽게 발을 들이기 어려운 분위기라는 말이다. 그러나 2008년 두 소규모 증류업자, 체이스와 십스미스가 문제를 제기했다. 얼마 후 맥주 양조업자 애드넘스는 증류업자만이 증류를 할 수 있는 기존의 법을 바꾸기 위해 영국 의원들을 설득하기 시작했고 목적을 달성했다. 그 결과 2019년 영국의 증류소는 166개를 넘어섰고, 이는 2010년에 23개였던 점을 고려하면 엄청난 수였다. 그러나 대부분이 소규모로 진을 증류하는 정도여서, 이들은 홍보비에 많은 투자를 하기보다는 제품의 질과 독특함을 내세웠다. 이런 전략이 잘 먹혀들어 가면서 판매량은 급증했고, 지역 펍이나 바에 가면 이런 분위기를 여실히 느낄 수 있었다. 진토닉은 최고의 인기를 끄는 칵테일이었고, 진토닉으로 나온 브랜드의 종류도 정말 다양했다. 그러나 이런 분위기에 서서히 다가오는 그림자가 있었으니, 바로 세금이었다. 증류업자 거래 협회는 최근 영국에서의 주류세 상승이 '혁신적이고 창의적인 스타트업의 성장을 막아 진의 르네상스가 도래하지 않을지도 모른다'라고 언급하기도 했다.

대서양 맞은편-사실상 세계 곳곳-에 있는 대륙에서도 상황은 거의 같았다. 혁신적인 증류업자는 진에 새로운 개념을 부여했으며, 일부 미국 증류업자는 심지어 주니퍼의 역할에 질문을 던지기도 했다. 옅은 주니퍼 향이 나는 에이비에이션 진을 필두로 뒤이어 나온 '뉴 웨스턴' 진 브랜드들을 한번 떠올려보자. 일부 나이 든 사람들은 이런 제품을 '초짜'라고 무시하기도 했다. 아마도 여기에 잘 부합하는 제품은 영국의 시들립 같은 무알코올 '진'일 것이다. 시들립의 경우, 주니퍼를 넣지 않고 다른 식물을 첨가한 후 알코올의 느낌을 준 제품이다. 주니퍼를 뺐다는 것은 시들립의 세 가지 버전 모두 엄밀히 말해서 '무알코올 진'이 아니란 말이다. 그러나 적어도 진의 부류에 속한다는 이미지를 주려고 했다는 사실은 알 수 있다. 사실 맛을 보면 주니퍼와 강한 알코올의 빈자리가 느껴질 수 있다. 확실히 좀 더 연구가 필요하긴 하지만 현재로서는 혼합주에 가장 많이 쓰이는 제품이기도 하다.

진은 적어도 가능성이 무궁무진한 알코올임은 틀림없다. 아주 강렬한 한 방을 원하는 이들뿐만 아니라 여러 가지 풍미-칵테일에 넣거나 다른 혼합주에 섞어서-를 천천히 느끼려는 사람 모두에게 사랑받는 위치에 있으니 말이다. 젊은 애주가들은 아마도 다양한 술을 탐닉하려 하겠지만 진이 가진 유니크한 맛과 여러 사람이 함께 즐기기 좋은 특징을 생각해보면, 그 미래가 매우 밝다고 생각한다.

14

럼(과 카샤사)

수잔 퍼킨스와 미구엘 A. 아세베도

코로나 팬데믹으로 인해 열대지방에 있는 해변에서의 만남이 무산되자 우리는 화상으로 건배를 하기로 했다. 먼저 푸에르토리코에서 가장 오래된 술인 론 델 바리리트를 잔에 따랐다. 황금색으로 반짝이는 라벨은 1880년 제조 당시부터 디자인이 바뀐 적이 한 번도 없다고 한다. 론 델 바리리트를 만든 페드로 페르난데스는 프랑스에서 유학할 때 코냑과 여러 가지 브랜디 증류법을 배웠다. 그가 만든 증류주의 부드러우면서 강한 맛이 입소문을 타자 페르난데스는 '바리리트' 또는 작은 배럴을 이용해 훌륭한 증류주를 만들어 판매했다. 세계적으로 유명한 럼 앤 코크처럼 럼은 보통 칵테일을 만들 때 많이 사용하지만, 론 델 바리리트는 스트레이트나 온더락 형식으로 깔끔하게 마시는 술이다. 잔에 따르니 진하면서 밝은 호박색 액체가 가득 채워졌다. 코에 가까이 대보자 마치 꿀이나 캐러멜이 들어 있는 것 같은 달콤한 향이 풍겨오면서도 높은 도수를 알려주기라도 하듯 알싸한 느낌이 들었다. 한 모금 마셔보면 강한 알코올에 인상이 쓰이기보다는 부드러우면서도 유쾌하게 뜨거운 감각이 지금의 더운 여름밤을 달래주는 듯했다. 이 술에서 느껴지는 단맛은 사탕수수의 영향도 있지만, 완벽한 풍미를 만들기 위해 몇 년간 셰리 배럴에서 숙성한 덕분이기도 하다. 지금 마신 이 술은 수십 년 동안 카리브해 전역을 돌며 일을 했던 기억이 있는 우리에게 '고향'을 떠올리게 해주는 존재다. 한 명에게는 태어난 곳으로서의 고향을, 다른 한 명에게는 제2의 고향을 말이다.

와인 제작은 꽤 까다롭다. 달콤하고 잘 익은 포도를 수확하기 위해 정성을 들여 키워야 하고 전체적으로 조화로운 향을 만들어내고 완벽하게 숙성하기 위해서도 신경 써야 할 게 한둘이 아니다. 이에 비해 럼은 찌꺼기로 만든 술이다. 정확히 말하자면 사탕수수라는 억센 식물을 정제하면 매우 유용한 식품이 나오는데 이 공정 후에 남게 된 부산물을 발효한 후 증류해서 나온 술이 바로 럼이다. 오스트랄라시아[1]가 원산지인 사탕수수는 볏과 식물이다. 여기에 속하는 많은 작물들-몇몇은 이 책에 나오는 증류주의 재

---

1 Australasia: 오스트레일리아, 뉴질랜드, 서남 태평양 제도를 포함하는 지역.

료로 쓰인다—이 경제적 가치가 높지만, 그중에서도 사탕수수가 가장 높은 위치에 있다. 에이커(acre, 약 4046m²)당 최대 70t까지 자라는 거대한 풀이니, 효용성이 매우 높은 작물이라 할 수 있다. 연평균 생산량은 일 년에 20억t 정도며 대부분 음식이나 음료에 단맛을 더하는 용도인 설탕으로 가공된다.

현재 대량 생산되고 있는 사탕수수 종의 원산지는 뉴기니섬이다. 오스트로네시아족 사람들이 이 식물을 북쪽과 서쪽으로 가져갔고 토착종과 교배시켜 재배했다고 한다. 기원전 500년경 인도 사람들은 이미 사탕수수를 즐겨 먹었다. 이들은 결정형태의 사탕수수 시럽을 개발했고 산스크리트어로 '칸다'라 불렀다. 이 용어가 아랍으로 건너오면서 '콴디'로 바뀌었고 후에 마침내 영어로 '캔디'가 되었다. 달콤한 간식 형태 외에도 기원전 2000년경부터 전해 내려오는 고대 힌두교 문서 『베다』에는 이 식품을 '가우디'라 표기했고, 12세기 산스크리트어로 된 문서, 『마나솔라사』에는 발효된 사탕수수 음료란 의미로 '아사바'라고 표기되어 있다. 그러니 인도는 가장 초기 버전의 증류되지 않은 '럼'이 시작된 곳이라 할 수 있다.

사탕수수는 계속해서 서쪽으로 소개되었고 그리스와 페르시아인은 이 식물을 보고 '꿀벌 없이도 꿀을 생산하는' 놀라운 존재라고 찬탄했다. 16세기, 유럽인들은 점차 쓴 커피, 차, 초콜릿에 단맛을 주는 설탕에 길이 들었고, 설탕의 인기는 그만큼 치솟았다. 하지만 사탕수수는 유럽과는 매우 다른 습하고 더운 열대지방의 기후에서만 자랐기 때문에 설탕은 값비싼 재료였다.

이런 지역적 한계성 때문에 유럽 본토의 서쪽에 있는 카나리아 제도, 아조레스 제도 같은 섬들이 사탕수수 재배의 새로운 중심지가 되었다. 생산과정, 특히 수확 철에는 노동의 강도가 매우 높았기 때문에 포르투갈은 아프리카 노예를 사서 섬으로 보냈다. 마데이라의 부유한 설탕 상인의 사위였던 크리스토퍼 콜럼버스는 대앤틸리스 제도에 처음 발을 들이자마자 이곳이 사탕수수를 키우기에 최적의 장소임을 알아챘고 바로 두 번째 항해에서 사탕수수를 이곳으로 가져갔다.

'럼(rum)'이라는 단어의 기원은 여전히 뜨거운 논쟁거리다. 하지만 솔직히 말해 모든 추론이 다 그럴싸해 보인다. 먼저 설탕이란 뜻의 라틴어를 줄여 썼거나 사탕수수를 통칭하는 라틴어 단어에서 왔다는 설이 있다. '좋음' 또는 '강력한'이란 의미의 루마니아어 '롬(rom)'에서 왔다는 주장도 있다. 그러나 가장 많이 알려진 설은 어원학적으로 '럼불리언(rumbullion)' 또는 '럼버스션(rumbustion)'와 관련이 있다는 주장이다. 이 두 단어의 정확한 뜻은 알려지지 않았지만, 영국의 데본샤이어[2]에서는 '엄청난 소동'이라는 의미로 쓴다고 한다. 럼은 그 외에도 '럼(rhum), 오드비 데 칸느(eau-de-vie de cannes), 아구아르디엔테 데 카냐(aguardiente de caña)'라고도 하며, 식민지 시대에는 '킬 데빌(Kill Devil)'이란 별칭이 붙기도 했다.

설탕 제조의 첫 단계는 사탕수수 줄기를 으깨서 즙을 짜내고 불순물을 거른 후 익히는 것이다. 수크로스 결정을 얻게 되면 당밀(통상 1kg의 설탕을 만들 때 0.5kg의 당밀이 남는다)이 남는다. 처음에 제조업자들은 이 끈적한 물질을 반기지 않았다. 기껏해야 가축의 먹이로 주거나 노예 노동자들에게 열량 보충용으로 줄 뿐이었다. 그러나 곧 이 부산물을 발효하는 아이디어를 떠올리게 되었다. 아마도 주변의 효모가 우연히 당밀 통에 들어가서 발효를 했고 알코올

---

2 Devonshire county: Devon의 구칭.

을 생성해내는 놀라운 마법(3장 참고)을 부렸을 것으로 추측하고 있다. 럼이 탄생하는 순간이다.

훌륭한 럼을 만드는 핵심 재료에는 당밀뿐만이 아니라 다른 부산물이나 재활용된 재료도 포함된다. 하나는 이전 작업 후 증류기 바닥에 남아 있는 던더(dunder)라는 물질이고 다른 하나는 설탕을 끓인 후 용기를 씻을 때 썼던 물이다. (카리브해 섬은 대부분 크기가 작고 화산섬이라 깨끗한 물이 부족하다. 그래서 물 재활용은 거의 필수라 할 수 있다.) 당밀과 던더, 물이 합쳐진 워시를 섞어 용기에 넣어두면 열대지방의 효모들이 안으로 들어가서 발효를 하면서 수크로스는 에탄올로 전환된다. 푸에르토리코에서는 이런 천연 발효 음료를 '구아카포(guacapo)' 또는 '구아라포(guarapo)'라 부르고 바베이도스에서는 '그리포(grippo)'라 부른다. 이렇게 완성된 액체는 스틸에 담아 가열을 한다. 다른 증류주처럼 여기서도 증기를 응축시켜 귀중한 알코올을 모은다. 덥고 물이 귀한 섬에서 물을 끓여 증기를 만드는 이 단계는 가장 부담되는 작업이라 할 수 있다. 바베이도스에서는 풍차로 전력을 생성해 찬물을 지속적으로 순환시키기지만, 그 외 많은 섬에서는 노예 노동자들이 필요한 에너지를 직접 만든다.

럼을 생산할 때는 포트 스틸과 칼럼 스틸을 모두 사용해왔다. 구리 포트 스틸은 스틸 하나당 작업을 한 번 하는 오리지널 기법에 사용되는데 끓이기와 수집 단계에 쓴다. 다른 증류주와 마찬가지로, 귀중한 산물을 수집하는 일에는 인내가 필요하다. 헤드에 들어 있는 휘발성 알코올과 아세톤은 불쾌한 맛을 내며 메탄올은 먹으면 안 되는 물질이다. 가열을 이어가면 원하는 풍미와 에탄올이 포함된 하트가 나올 것이다. 이후에는 모이는 양과 풍미가 줄어든다. 때로는 테일 부분을 다음 작업에서 재활용해 더 많은 증류액을 모으기도 한다.

칼럼 스틸은 연속으로 작업할 수 있고 일정한 결과물을 얻을 수 있으며, 에너지 낭비도 훨씬 적다. 1830년 이니어스 코페이가 특허를 취득한 장치며 칼럼 2개가 연결되어 있다(2장 참고). 이 기계를 발판으로 칼럼을 3개 이상 연결한 복잡한 형태의 스틸이 계발되어 더 다양하면서도 독자적인 럼을 생산할 수 있게 되었다. 카리브해 럼이 처음으로 만들어졌다고 추정되는 바베이도스에서처럼 현재는 마르티니크와 과들루프 같은 프랑스령 섬에서도 럼이 생산 중이며, '럼 아그리콜(rhum agricole)'이라 알려진 제품은 당밀이 아닌 발효된 사탕수수즙으로 만든다. 이때는 '크리올(creole)' 스틸을 사용하며, 이 두 곳에서 쓰기에 적합한 형태의 증류기다. 이 장치는 냄비 모양의 보일러와 칼럼 형태의 응축기가 하나로 구성되어 있으며, 보일러의 너비는 증류액을 받는 그릇과 비슷하다.

럼을 숙성할 때는 보통 켄터키나 테네시에서 버번을 숙성했던 배럴을 수입해서 쓴다. 이 통에서 숙성시키면 나무의 타닌 성분이 스며들어 황금색 액체가 완성된다. 때로는 나무의 풍미를 더 높이기 위해 재 탄화 작업을 거치기도 한다. 그러면 구워진 나무속 화학물질이 럼에 스며들어 풍미와 색이 더 진해진다(6장 참고). 나무마다 기공의 크기 역시 다양해서 향에 영향을 주는 산화작용의 빈도는 달라진다. 또한 위스키처럼 브랜드에 적합한 제품을 만들기 위해 숙성 연수가 다른 럼들을 블렌딩하기도 한다. 스페인령에 속했던 섬에서는 셰리처럼 솔레라 시스템을 쓰기도 한다. 먼저 배럴을 나이순으로 쌓아서 숙성하지 않은 증류주를 가장 위에 올리는 식이다. 이 럼이 숙성되면 일부를 아래쪽 통에 넣고 빈 공간에 새 럼을 채워 넣는다. 이렇게 얻은 최종물은 블렌딩 형식을 띤다.

버번 또는 다른 종류의 위스키를 만들 때 정해진 규칙과 다르게 럼을 둘러싼 생산 규정은 마치 어느 여름날의 해변처럼 느슨하다. 감정가들이 한탄할 일이다. 럼은 원칙적으로 사탕수수에서 나온 당밀이나 즙, 주스로 만들도록 정해져 있지만, 이조차도 의무적으로 지켜지지 않을 때가 있다. 예를 들어, 켄터키에서 만든 '럼'은 수수로 만든다. 그리고 색이 진하다고 오래 숙성한 제품이라 무턱대고 믿어서도 안 된다. 배럴에서 숙성한 후 색을 여과해서 화이트 럼을 만들기도 하고 성숙 기한이 짧지만, 색소를 넣어 다크 럼을 만들기도 하기 때문이다. 대개 혼합된 럼은 라벨에 가장 짧은 숙성 연수를 표기하지만, 이러한 규정 역시 엄격하지 않아 가장 긴 연수나 평균 연수를 표기하는 곳도 있다. 라벨을 찬찬히 뜯어본 후 여기에 적힌 숫자가 럼의 나이와는 전혀 상관이 없다는 사실을 깨닫는 경우도 있다! 럼 애호가들의 화를 더 부추기는 요소는 설탕 첨가에 관련된 문제일 것이다. 사탕수수가 원료인 럼에는 따로 단맛을 낼 필요가 없다고 생각하기 쉽지만, 설탕을 넣는 일이 꽤 흔하게 일어나며 대개 비밀에 부쳐진다. 제조업자들이 이를 밝혀야 하는 의무는 없기 때문에 민감한 소비자들은 자체적으로 알아보거나 관련 데이터를 이용할 수밖에 없다. 럼 제조업자는 현재 새로운 고객들을 더 유치하기 위해 보드카 생산업체처럼 다양한 풍미 첨가제로 실험을 해보고 있다. 기존의 코코넛과 향신료를 뛰어넘어 사과나 수박 같은 과일 맛을 넣어보는 것이다.

현재 럼은 세계적으로 30개국 이상에서 성공적으로 제조되고 있지만, 럼의 정체성은 여전히 카리브해 지역에 머물고 있다. 대앤틸리스와 소앤틸리스 제도를 모두 여행해본 자라면, 이 두 곳에서 럼이 총체적이면서 독립적인 존재로서의 역할을 톡톡히 하고 있음을 깨닫게 될 것이다. 럼은 쿠바에서부터 트리니다드까지 다양하게 퍼져 있지만 나라마다 마시는 방식에는 차이가 있다. 도미니카공화국에는 '마마후아나(mamajuana)'라는 매우 대중적인 음료가 있다. 럼, 적포도주, 나무뿌리와 껍질, 허브를 섞어 만든다. 타이노족의 전통 약차가 그 기원이라 알려져 있으며, 스페인이 섬을 정복한 후 들여온 유럽의 알코올을 이 차와 섞어 마시기 시작했다. 그리고 럼을 첨가하게 되자 그 맛이 한층 깊어졌다. 많은 사람이 이 음료가 성 기능에 도움이 된다고 믿었으며, 여기에 바다거북이 고기(현재는 불법) 같은 이색적인 재료를 추가하면서 몇 년에 걸쳐 맛의 변화를 시도했을 것으로 추정하고 있다.

자메이카 사람들은 보통 럼을 니트로 깔끔하게 마시지만, 파인애플, 오렌지, 라임 같은 지역 과일을 섞은-전통적으로 '럼 펀치'라고 부름- 퓨전 음료 역시 쉽게 찾아볼 수 있다. 푸에르토리코 사람들은 매년 크리스마스에 '코키토(coquito)'라는 달콤한 음료를 마시는 풍습이 있다. 안에는 코코넛, 럼, 설탕, 향신료를 넣지만 정확한 레시피는 가정마다 비밀로 지켜지고 있다. 크기는 매우 작지만 스쿠버 다이빙으로 유명한 사바섬에서는 사바 스파이스라는 이곳만의 럼 베이스 음료를 만나볼 수 있다. 이 지역 여성들이 숙성된 럼에 육두구, 시나몬 같은 향신료를 섞어 이 음료를 만든다. 대개 저녁 식사 후 디저트와 함께 먹는다. 다 쓴 '통통한' 음료수병에 이 술을 담아 파는 기념품 가게도 있다. 앤틸리스 제도의 많은 술집의 바텐더들은 플랜터즈 펀치-럼, 과일, 향신료(그 외 다수)를 섞어 만든 강렬한 맛의 술-를 즐겨 만든다. 그 후 빈 유리병에 담아 찬장에 올려 두고 맛을 완성시킨다. 마르티니크나 다른 프랑스령 섬에서 티 펀치(ti' punch)를 주문하면 이 지역에서 생산된 럼, 설탕이 담긴 그릇, 라임 조각, 숟가락이 올려진 쟁반을 받게 될 것이다. 그러면 당신은 그때의 기분에 따라 적절한 배합으로 제조해 마시면 된다. 이번에는 트리니다드 차례다. 이곳에서는 오렌지와 매운 스카치 보넷 페퍼가 들어가서 당신의 입을 마비시킬 정도의 강한 화이트 럼을 시도해볼 수 있다.

이런 섬 지역에서는 보통 럼을 증류주라는 의미의 '바카디(bacardí)'라고 불렀다. 식민지 시대 때 쿠바는 스페인의 지배를 받다가 1762년 영국이 이곳을 잠시 점령했다. 기간은 1년도 채 되지 않았지만, 럼 생산이 이루어졌고 스페인이 다시 지배권을 넘겨받은 시점에서도 꾸준히 이어졌다. 1830년 카탈로니아의 젊은 와인 상인이었던 파쿤도 바카디 마소가 활력이 넘치는 도시였던 산티아고 데 쿠바에 도착했을 때, 기회의 냄새–새로운 형태의 럼 생산–를 맡았다. 당시 이곳의 럼은 맛이 거칠고 썼기(때로는 제조업자들이 너무 게을러 기계를 제때 청소하지 않는 이유를 로맨틱하게 포장하기도 했다) 때문에 그는 더 부드럽고 라이트하게 만드는 데 노력을 기울였다. 마침내 기존의 제조 방식에서 세 군데를 바꾸었는데, 첫째, 발효를 할 때 일정한 맛을 얻기 위해 와일드 이스트 대신 특정 이스트 종을 찾아 배양했다. 둘째, 숯을 이용해 불순물을 제거(정확한 방식은 여전히 회사 기밀로 남아 있다)했다. 셋째, 아메리칸 화이트 오크 배럴에서 숙성해서 부드러움을 강조했다.

미국의 금주법으로 럼의 인기가 치솟자 바카디는 멕시코, 푸에르토리코로 사업을 확장했고, 1944년에는 미국 본토까지 진출했다. 쿠바 혁명 때는 주동자 피델 카스트로의 명령으로 쿠바에 있던 자산이 몰수되기도 했지만, 다른 곳의 증류소와 자산 덕분에 이 가족 경영 사업은 꾸준히 순항할 수 있었다. 정확히 말하면 순항 그 이상이었다. 많은 브랜드가 결국 큰 기업에 인수되었지만, 바카디의 회사는 푸에르토리코의 카타뇨에 본사를 둔 세계에서 가장 큰 민간 증류주 생산업체다. 이곳에서 출시된 럼의 종류는 정말 다양한데, 화이트 럼과 다크 럼 외에도 다른 맛이 나거나 독특한 특징을 지닌 종류도 있다. (지금은 단종된 바카디 151을 잊지 말자. 도수가 70%에 달해 폭발성이 있었고, 실제로도 사고가 몇 번 있었다고 한다.)

럼의 역사는 다른 대표적인 증류주들에 비해 그리 길지 않지만, 역사 속에서 럼이 맡았던 역할만큼은 결코 무시할 수 없을 것이다. 영양 보충, 약, 심지어 화폐로도 사용된 이 증류주는 인간의 경험에 중요한 일부를 차지하고 있다. 또한 식민지와 노예제의 이야기를 담고 있기도 하다. 럼을 상기시키는 풍부한 자원, 독립성, 지속성, 개별성은 럼이 품고 있는 이야기가 곧 아메리카 대륙의 이야기임을 깨닫게 되는 단어들이라 할 수 있다.

럼의 역사는 사탕수수를 재료로 만든 또 다른 증류주인 카샤사(cachaça)의 역사와 함께 시작했다. 당밀 대신 사탕수수즙을 발효(럼 아그리콜처럼)해 만든 이 술은 아메리카에서 대량 생산된 최초의 알코올음료로 여겨지며 이 술이 일으켰던 경제적인 영향은 엄청났다. 사탕수수 플랜테이션은 1526년 이전에 브라질의 페르남부쿠주에서 생겼다. 일부 역사학자는 카샤사가 1532년경 상비센치에서 처음 생산되었다고 주장하기도 한다. 16세기 브라질은 설탕과 이와 관련된 발효 제품의 가장 중요한 생산지였고 그 중심에는 네덜란드 이주민들이 있었다.

1817년 페르남부쿠주에 폭동이 벌어졌을 때 네덜란드인이 브라질을 떠나 카리브해의 섬으로 대거 이주하면서 럼의 이야기 역시 함께 이동했다. 그러나 카샤사는 브라질에서 사랑받는 증류주로 남으며 매년 10억 통 이상이 소비되었다. 이 술 역시 럼처럼 화이트와 다크, 숙성과 비숙성 제품이 있으며, 카샤사와 설탕, 라임을 섞은 칵테일인 카이피리냐의 기본 재료로 유명하다. 하지만 많은 지역민이 스트레이트로도 즐겨 마시며 주로 페이조아다라는 전통 콩 스튜와 함께한다.

많은 섬이 럼의 탄생지라고 주장하지만, 그중에서도 16세기 초 영국의 식민지령이었던 바베이도스 동쪽 카리브해 섬들의 주장이 가장 높은 신뢰를 받고 있다. 1637년 네덜란드 이주자 피터 블로어가 브라질에서 배운 증류 기술을 바베이도스로 가져갔고, 당시 생산량의 15%를 수출했다. 바베이도스 이웃국이면서 프랑스 식민지였던 마르티니크에도 비슷한 이야기가 있다. 포르투갈인 벤자민 다코스타는 브라질에서 관련 사업을 배웠고, 이곳으로 건너올 때 사탕수수 압착기를 함께 들여왔다. 북아메리카 본토에 사는 프랑스인들 또한 루이지애나주에서 사탕수수를 재배하려 시도하지만, 이 식물들은 이곳의 (상대적으로) 추운 겨울을 견디지 못해 실패를 거듭했다. 1794년 마뉴엘 솔리스와 안토니오 멘데즈가 쿠바에서 수입한 종을 이용해 마침내 첫 수확에 성공했다. 럼 제조의 '첫 번째'라는 타이틀을 누가 갖든 간에 적어도 17세기 말, 카리브해의 모든 식민지에서 설탕과 럼을 제조하고 판매하고 유통했다는 사실만은 모두 동의할 것이다.

우리는 설탕–과 럼–이 노예제와 연결된다는 부끄러운 진실 역시 알아야 한다. 설탕, 럼, 담배, 대마, 면 등이 식민지에서 영국으로 건너갔고, 이 배는 여기에서 직물과 총 같은 공산품을 다시 실은 후 아프리카 서해안으로 가서 노예와 바꾸었다. 인간으로 가득한 배가 힘든 항해 끝에 카리브해 섬으로 도착하면 이 무역은 마무리된다. 이곳에 도착한 노예들은 비인도적인 노동환경, 새로운 질병, 잔혹한 처우 속에서 사라진 인력을 대체하며 사탕수수 농장에서 일했다. 인간과 물건이 오갔던 이 세 단계의 절차는 현재 삼각 무역으로 불리고 있다. 럼 역사의 일부였던 노예의 수는 엄청났고, 자메이카에서 노예들이 해방되던 당시의 흑인과 백인의 비율만 봐도 20:1로 흑인의 수가 압도적이다.

섬에서도 계속 럼을 제조했지만, 이 시기에 뉴잉글랜드에 산재한 증류소 역시 당밀을 수입하기 시작하면서 럼의 생산지 역시 북쪽으로 확대되었다. 1664년 스태튼섬에서 첫 럼이 만들어졌고 곧 로드아일랜드주, 매사추세츠주, 펜실베이니아주의 증류소도 럼을 제조하기 시작했다. 이 증류소들은 선술집을 찾는 손님이나 대중들을 위해 쓴맛이 나는 럼을 대량 만들어냈으며, 당시 사람들-남성, 여성, 심지어 아이들-이 일 년에 마신 양은 놀랍게도 평균 약 15L에 이르렀다.

초기에 럼이 등장했을 당시는 갈레노스의 의학이 널리 알려져 있었다. 그래서 사람들이 높거나 낮은 기온, 그리고 건조하거나 습한 공기처럼 환경으로 인한 불균형에서 질병이 온다고 믿었다. 기온이 낮아지고 습해서 추위를 느끼면 사람들은 럼을 처방받아 몸을 데웠다. 다른 쓰임새도 있었다. 열이 날 때(열대 섬과 식민지 내륙지방에서 유행했던 황열병이 원인이었을 가능성이 있음) 많이 쓰던 약도 럼이었다. 또한 럼은 선원들과 좋은 쪽으로도 나쁜 쪽으로도 깊은 관계를 맺었다. 럼은 물보다 안전했고 열량 보충, 진통제, 활력제 역할도 했기에, 곧 영국 해군의 공식적인 알코올로 등극하기에 이른다. 선원 한 명당 매일 약 60mL를 배급받았고 하루에 두 번 나누어 마셨다. 고위급 장교들은 니트로 즐겼지만, 일반 병사들은 럼에 물을 타고 가능하면 라임(1747년 감귤류가 괴혈병 치료에 도움이 된다는 사실이 밝혀졌다)을 곁들이는 그로그주 형태로 마셨다. 영국 해군들 사이에서 '토트(tot)'라고 불렀던 이런 혼합 방식은 300년 이상 이어졌다. 17세기 중반인 1756년 영국 해군은 정식으로 럼을 배급했고 이러한 관행은 1970년 7월 31일까지 이어졌다. 그리고 하와이에 있던 마지막 영국 함대 '파이프'에서 마지막 럼 배급이 이루어졌다. 이런 관행을 중단시킨 이유 중 하나는 섬세하고 위험한 최신 무기들이 장착된 함대에서 선원들이 취해 있는 상태가 위태로워 보였기 때문일지도 모른다.

식민지 시대 당시, 대서양, 특히 카리브해는 노예, 설탕, 럼, 담배, 기타 물품을 실은 수많은 무역선이 빠르게 오가는 고속도로의 역할을 했다. 그리고 이런 배를 노리던 해적선과 사나포선-정부에 고용되어 외항선을 공격하고 탈취하던 배-들 역시 급속도로 증가했다. 럼은 화폐로도 쓰였기 때문에 해적들은 이 황금주를 빼앗았고, 이 중 몇 개는 열어서 자신들이 약탈해온 금, 은, 다른 보물들을 바라보며 축배를 들었을 것이다. 캡틴 헨리 모건, 존 '칼리코 잭' 랙컴, 길고 진한 턱수염 덕분에 '검은 수염'으로 더 유명한 에드워드 티치는 엄청난 위세를 떨치던 해적들이다. 이들은 추포한 선원들을 죽이는 일이 거의 없었지만, 어쨌든 저항 없이 물품을 내놓는 게 훨씬 안전했는데, 당시 이 무시무시한 약탈자들의 이야기는 거의 전설적이다. 몇 세기가 지나자 해적과 럼의 이야기는 완벽한 홍보 수단이 되어 럼은 위험과 모험이라는 이미지를 갖게 되었고, 수많은 고객이 크루즈선 라운지 바와 해변의 바로 몰려들었다.

식민지가 늘어감에 따라 럼은 유럽의 식민지 지배국의 수익과도 그 관계를 이어갔다. 또한 럼은 미국 독립전쟁에 일조하기도 하다. 당시 독립전쟁의 슬로건, '대표 없이는 과세 없다'라고 외치던 술집에서 윤활제 역할을 하며 많은 논쟁을 끌어냈기 때문이다. 영국은 1733년 당밀법을 만들어 미국으로 들어가는 당밀에 세금을 부과하고 통제하려고 했지만 제대로 시행하지 못했다. 7년 전쟁 후 영국은 식민지에서의 권력을 유지하기 위해 병력을 더 강화할 필요를 느꼈고 그 비용을 충당할 방법을 찾았다. 결국 1764년 설탕법을 통과시켰는데, 이 법은 특히 럼을 생산하던 뉴잉글랜드 항구 도시에 직격탄을 날렸다. 새뮤얼 애덤스를 포함한 신대륙 애국자들이 이에 앞장서서 반대의 목소리를 높였다. 이후 제정된 인지세법이 13세기 식민지 미국에서의 폭동과 전쟁, 궁극적으로는 독립을 부추긴 원인이었지만, 미국이 독립하는 과정에서 럼이 했던 역할 역시 무시할 수 없는 부분이다. 전쟁 당시 사령관이었던 워싱턴은 독립 후 실시된 첫 번째 대통령 선거 운동 중에 지지자의 사기를 북돋기 위해 럼을 제공했고, 당선 후에는 자신이 가장 좋아하는 바베이도스의 럼 배럴을 열어 축배를 들었다고 한다.

럼은 미국 독립전쟁의 연료 역할을 했지만, 이후 그 인기는 꾸준히 떨어졌다. 카리브해 섬에서 나는 설탕의 원료가 미국으로 원활히 들어오지 못했고 당밀 가격이 올라 구하기가 쉽지 않았기 때문이다. 또한 럼은 탄압자의 증류주라는 인식이 생겨버렸다. 미국 서쪽으로 개발이 이루어지면서 밀과 옥수수, 그 외 다른 작물을 얻기는 더 쉬워져, 이때부터 곡물로 만든 위스키의 인기가 서서히 상승하고 미국인의 많은 사랑을 받았다. 그렇다고 럼이 사라진 건 아니었다. 이제 럼은 아메리카 대륙의 역사와 얽힌 술로서 새롭게 재해석되어 다시금 관심을 얻고 있다.

열대음료를 좋아하는 사람들은 칵테일 다이키리를 보면 마치 세븐일레븐 음료 기계에서 나오는 셔벗과 같다고 생각하겠지만 쿠바의 아바나에서는 전통 다이키리를 직접 만든다. 20세기 초, 콘스탄티노라 알려진 바텐더는 엘 플로리디타라는 바에서 럼, 신선한 라임, 설탕, 얼음을 넣고 빠르게 흔든 후 스

텀드 글래스 잔[3]에 담아 손님들에게 대접했다고 한다. 만약 이 맛있는 음료에 두 가지 요인이 포함되어 있지 않았다면, 곧 사람들의 기억 속에서 잊혔을지도 모른다. 첫 번째 요인은 금주법이다. 1920년에 미국 정부가 알코올 판매를 금지하면서 술이 고팠던 남부 거주민들은 가장 가까이 위치한 해외–쿠바–로 달려갔다. 아바나는 이런 미국인을 두 팔 벌려 환영했고, 바텐더들은 바카디와 다른 럼 제조업자가 생산한 맛있는 화이트 럼을 이용해 혼합주를 만들어 선보였다.

나중에 이 심플한 럼 칵테일을 알린 유명 단골이 있었는데 바로 어니스트 헤밍웨이다. 헤밍웨이는 이 섬과 기후, 낚시, 한 여성–나중에 그의 세 번째 아내가 됨–과 럼에 완전히 빠지게 된 후, 이곳에 몇십 년간 머무르며 열성 팬들과 추운 겨울을 피해 글을 썼다. 그러나 밤낮으로 글만 쓸 수는 없었기에 하루의 마무리는 칵테일 몇 잔(때로는 그보다 더 많이 마셨다. 진실인지는 확신할 수 없지만 어떤 날은 무려 16잔을 마셨다는 이야기도 있다)과 함께했다. 그중에서도 파파 도블레–설탕은 빼고 더블샷을 넣어 만든 칵테일–를 가장 좋아했다고 한다.

뉴올리언스 출신 어니스트 레이먼드 보몬트-간트[4]는 몇 년간 태평양을 항해한 후 1933년 미국으로 돌아갔다. 금주법이 시행되었을 때 그는 여행 중에 수집한 기념품으로 내부를 꾸민 레스토랑을 할리우드에 열었다. 상호는 법적 절차를 밟아 개명한 돈 비치란 이름을 따서 돈 더 비치 코머라고 정했다. 그리고 레스토랑에는 최초의 '티키 바'[5]가 함께 들어섰다. 라탄 가구와 꽃무늬 벽지, 나무 가면, 조개껍데기, 폴리네시아 장식품으로 구성된 바 내부를 본 손님

---

3 목이 있는 유리잔.

4 Ernest Raymond Beaumont-Gantt, 돈 비치(Donn Beach)라는 별명으로 더 유명하다.

들은 잠시나마 외국에 있는 듯한 느낌을 받았다. 칵테일용으로 비치가 선택한 술은 럼이었다. 이를 베이스로 다채로운 색의 맛있는 혼합주를 창조해냈고 코브라즈 팽(코브라의 송곳니), 샤스 투스(상어의 이빨), 좀비처럼 이색적이면서 위험한 느낌이 나는 이름을 붙였다. 그의 라이벌이자 트레이더 빅스 레스토랑의 주인인 빅터 베르제론은 자신이 티키 문화를 대표하는 시그니처 음료 창시자라 주장했다. 마이타이란 이름이 붙은 이 칵테일은 두 가지 종류의 럼(라이트와 다크), 라임, 큐라소[6], 아몬드(이상적인 방식은 아몬드 맛이 나는 시럽인 오르자를 넣음), 설탕을 넣어 만든다. 비치와 베르제론은 이 칵테일의 발명을 두고 싸웠지만, 결국 명칭 사용권을 획득한 이는 베르제론이다.

칵테일을 처음 접하는 사람이 쉽게 다가갈 수 있는 심플한 럼 앤 코크 역시 미국의 역사와 관련된 이야기를 담고 있다. 제2차 세계대전 때 국내 알코올 생산(주로 진과 위스키)이 중단되고, 에탄올은 산업용으로 주로 사용되었다. 그러나 카리브해 지역에서는 럼이 계속 제조되고 있었기 때문에 파병군과 국내에 남아 있는 군인들에게 제공하기 안성맞춤이었다. 이 럼에 미국의 또 다른 아이콘인 코카콜라를 섞자 럼 앤 코크는 애국의 상징이 되었다. 거기다 앤드루스 시스터스가 '럼 앤 코카콜라'라는 노래를 부르면서 이 음료의 인기는 급상승했다. 사실 가사는 성매매에 대한 것으로 다소 음흉하고 여성 혐오적이지만, 듣기 좋은 리듬으로 히트를 했다. 쿠바에서 이 음료는 독립운동의 슬로건이 된다. 여기서는 쿠바 리브레라고도 불리며 담배 연기가 자욱한 재즈바에서 기본 음료로 자리하고 있다. 당신이 웨이터를 불러 이 두 단어만 말하

---

5 tiki bar: 이국적인 열대 느낌의 분위기의 칵테일 등 술을 파는 바.

6 리큐르의 일종.

면 지역 럼과 콜라, 얼음이 담긴 잔을 받을 것이다. 그러면 라이브 음악이 이끄는 대로 마음껏 섞어서 마시면 된다.

이 강렬하고 다재다능하면서 모험적인 증류주의 미래는 어떠할까? 지난 몇십 년간 럼의 명성은 혼합주용 저렴한 재료에서 시작해 인정받는 고급 양주로 발전했고, 일부 최고 증류업자들은 증류주 감정사를 위한 값비싼 프리미엄 에디션을 내놓기도 했다. 현재 럼도 21세기 형식의 마케팅을 받아들였고 우리는 카나리아 제도의 '론미엘'처럼 창의적인 종류가 더 나타나기를 기다리고 있다. 참고로 론미엘은 마지막 단계에서 꿀을 첨가해 완성한 럼이다. 하지만 어떤 혁신이 일어나든 심플한 다크 럼 한 잔을 니트로 마시는 것은 여전히 우아하고 클래식한 방식으로 남을 것이다. 그렇기에 400년간 이 레시피는 한 번도 바뀐 적이 없다.

제4부

국경을 넘어

기타 증류주, 혼합주, 그리고 미래

15

오드비

파스칼린 레펠티어와 이안 태터샐

겸손할 정도로 작은 병의 입구는 천으로 덮여 있고 붉은색 리본이 이 천 주변을 감싸며 단단히 매여져 있다. 그리고 라벨에는 손으로 흘려 쓴 듯한 글씨체로 '챠이바르틀 와일드플라우마'라는 이름이 적혀 있다. 우리가 오드비에 대해 관심이 생긴 뒤 한 독일인 친구가 며칠을 찾아 헤맨 끝에 이 술을 구해서 우리에게 선물해주었다. 그가 말하길, 이 술에 들어가는 야생 자두는 그 지역에서만 나기 때문에 구하기도 어렵거니와 커다란 씨에 비해 과육이 너무 적어서 증류업자에게는 마치 악몽 같은 재료라고 한다. 그래서 이 자두로 만든 오드비는 블랙 포레스트[1] 지역에서만 아주 소량 생산된다. "이건 정말 특별한 술이야." 친구가 말했다. 라벨에는 '8년'이라는 글자가 적혀 있지만 너무나도 맑고 깨끗한 색을 본 우리는 이 숫자가 뜻하는 게 무엇인지 궁금해졌다. 이 숫자는 숙성 연수가 맞았다. 애쉬 나무 배럴에 담아두어 색과 풍미에 영향을 주진 않지만, 과일의 풍미가 잘 어우러지게 돕는다고 한다. 외관상으로 전혀 맛을 예측할 수 없었기 때문에 우리는 서둘러 뚜껑을 열고 잔에 술을 채웠다. 잔을 살짝 흔들자 부드러운 향기가 공기로 스며들었다. 한 모금 입에 머금어보니 자두의 풍미가 흘러나왔고 신기하게도 허브 향이 함께 났다. 부드럽고 따뜻한 잔여감이 몇 분 동안 입속에서 머물렀다. 이 술의 생산량은 극히 적지만 이 작업을 맡을 수 있는 사람은 엄청난 실력을 갖춘 장인밖에 없을 것이다.

오드비는 정확히 정의 내리기가 꽤 까다로운 술이다. 프랑스어로 '생명의 물'이라는 뜻인데, 이 의미는 다양한 언어로 다양한 증류주를 설명할 때 쓰기 때문이다. 오늘날 영어를 사용하는 사람들은 프랑스어로 '오드비 프루트'를 줄여서 이 단어를 쓴다. 그래서 이론적으로 과일로 증류한 술을 일컫지만 실제로는 더 특정한 종류를 뜻한다. 증류에 사용하는 과일은 지역마다 선호도가 다르다. 프랑스에서는 서양배가 가장 많이 쓰이고 독일은 체리를, 중앙 유럽지역은 댐선 자두를 넣는 걸 좋아한다. 명확하지 않은 정의로

---

1 Black Forest: 슈바르츠발트(Schwarzwald), 독일 남서부 바덴뷔르템베르크 주에 있는 검은 삼림지대. 흑림.

인해 거의 모든 과일을 쓸 수 있다고 보면 된다. 카리브해(심지어 알자스의 한 증류소에서는 타히티 지역의 재료를 쓰기도 한다) 지역에서는 구아바, 망고, 파인애플을 주로 사용한다.

포도도 과일이지만 포도로 만든 증류주는 오드비라기보다 브랜디(브랜디에 대해 더 알고 싶다면 9장을 참고하자)로 취급된다. 또한 전통적으로 증류에 사용했던 과일도 마찬가지다. 예를 들어, 프랑스 칼바도스는 사과로 만들지만 오크 배럴에서 숙성하기 때문에 브랜디에 속한다. 그래서 이번 장에서 다루는 오드비는 투명하고 단맛이 없는 것, 포도나 곡물 재료를 쓰지 않은 것, 증류되어 나온 결과물로만 만든 것(감미료가 첨가되지 않은), 대부분은 과일을 쓰지만 때로는 견과나 뿌리채소를 쓴 것, 이처럼 더 좁은 의미로 한정한다. 또한 우리는 오드비 생산의 중심지인 프랑스와 독일 제품을 위주로 살펴볼 것이다. (그 외에 생산되는 다양한 과일 증류주를 알고 싶다면 21장을 참고하자.)

오드비는 아주 다양한 곳에서 생산되기 때문에 앞에서 설명했던 '빅 6'와 함께 두고 알아봐야겠지만, 이들과 또 다르게 대량 생산을 하지 않기 때문에 전문적으로 만들어진 오드비만 따로 다루기로 했다. 오드비 대부분이 소규모로만 생산되는 특성상, 공항 면세점용이 아니라면 생산업자는 수기로 쓴 라벨을 부착하고 자랑스럽게 제품을 내놓는다.

만약 장인이 소규모로 생산한 오드비라면 이번 장에서 설명하는 특징에 잘 부합할 것이다. 브랜디와 위스키는 배럴 숙성을 통해 풍미를 더 진하게 만들지만 오드비 생산업자는 재료의 정수를 최대한 잡아내는 데 많은 노력을 기울인다. 재료—주로 과일—의 품질은 생산지의 영향을 받는데, 지역에 따라, 과수원에 따라 과일은 저마다의 역사와 특징이 있다. 오드비가 얼마나 원재료의 유니크한 기원(지리뿐만 아니라 과일 자체)을 충실하게 표현해내느냐가 품질을 결정하는 핵심 요소라 할 수 있다. 그러나 우리는 몇 가지 예외를 맞닥트렸다. 오드비의 중심지이자 가장 큰 생산업체가 있는 알자스에서조차도 생산은 엄격하게 정해진 절차를 따르지만, 지역에서 나는 과일에 대해서는 어떠한 법적 의무 규정이 없다는 사실이다. 그렇다고 과일의 질이 나쁘다거나 그 외 모든 환경적인 요소(테루아)가 부족하다는 의미는 아니다. 전통적으로 알자스에서 쓰는 미라벨 자두(노란 자두 품종)는 더 서늘한 기후를 띤 옆 동네 로렌의 믿을 만한 생산업자에게서 공수해 온다. 살구는 지중해 기후의 랑그도크루시용 지역에서 얻는다. 하지만 요즘은 비용의 문제로 폴란드나 헝가리 같은 다른 유럽 국가에서 구하는 현상이 늘고 있다.

과일 증류를 살펴보려면 유럽에서 증류주를 만들기 시작했던 초기로 돌아가야 하며, 지역마다 독립적인 역사가 있다. 식민지에서 나타나는 전통은 주로 식민지를 지배했던 국가에서 그 역사를 엿볼 수 있다. 그러나 잘 익은 과일(익은 정도가 매우 중요하다)을 으깨고 압착한 후 발효하는 작업은 어느 곳이나 동일하다. 반드시 완전히 익은 과일만 사용할 필요는 없다. 서양배의 경우, 설익었을 때 수확한 후 창고에 두고 적당해질 때까지 익히는 반면, 살구는 나무에서 떨어지기 직전까지 두었다가 수확한다. 증류할 때는 구리 알렘빅 스틸을 보통 사용하고 2차 증류(그 전에 과일을 알코올에 담가두는 작업을 했다면 1차만 한다)까지 한다. 1차 증류를 끝낸 과일 워시의 도수는 30% 정도가 되고 2차까지 마치면 65~70%까지 증가한다. 마지막 단계에서 용천수 등으로 희석해 40~45% 정도로 맞춘다. 증류가 끝나면 비활성 스테인리스 스틸, 도기나 유리 용기(또는 드물지만 애쉬 나무 배럴)에 두고 휴지기를 가진다. 그러면 자연스럽게 과잉 알코올은 사라진다.

오드비는 프랑스 동부 알자스에서 가장 활발하게 생산된다. 그래서 당신이 가는 주변 주류판매점을 살펴보면 많은 오드비 제품의 생산지가 이곳임을 확인할 수 있을 것이다. 인접국인 독일의 영향으로 알자스(지금은 멀리 떨어진 곳에서도)에서는 과일을 증류하는 전통이 빠르게 만들어졌다. 이뿐만 아니라 와인을 생산한 후 남는 포도 퍼미스를 처리할 수 있다는 부분도 발전에 일조했다. 오드비 생산에는 포도 외에도 로완베리에서부터 흔치 않은 허브, 심지어 소나무의 어린싹까지, 당신이 상상할 수 있는 모든 재료가 들어가기도 한다. 점차 증류는 이곳 주민들에게 일상이 되었고 하나의 사업이 되기도 했기에, 오드비를 생산하는 일반적인 알자스 가정이 일 년에 마시는 양도 380L 이상이다.

그리고 이런 엄청난 양은 당국이 1953년 관련 법을 수정하는 계기가 되지 않았을까 생각한다. 이 법으로 증류에 높은 과세가 붙었다. 그러나 법 수정 이전부터 증류를 했던 가정의 경우, 가족의 일원에게 라이선스를 부여하고 평생 세금을 면제해주었다. 그래서 오드비 생산 가정에서는 구성원 중에서 가장 어린, 할 수 있다면 신생아의 이름으로 라이선스를 받았다. 이안의 여동생은 1970년, 스트라스부르에서 보냈던 해를 생생히 기억하고 있었다. 여기서 사귀었던 친구의 집을 방문한 적이 있는데 가족들은 당시 허가를 받고 2주 정도 스틸을 사용했다. 그래서 동원할 수 있는 모든 손을 빌려 이 짧은 기간 동안 밤낮으로 증류기를 돌렸고 빌린 증류기를 돌려줄 때쯤엔 모두들 녹초가 되어버렸다고 한다. 이곳 사람들의 이런 증류에 대한 헌신 덕분에 알자스의 오드비 품질은 거의 전설로 받아들여진다.

〈뉴욕타임스〉의 칼럼니스트자 미식가 R. W. 애플 주니어는 스트라스부르의 유명한 레스토랑에 근무하는 소믈리에의 말을 인용해 알자스 오드비를 '섬세함과 강렬함'이라는 상반된 단어로 표현했다. 그리고 '하나의 잔에서 쉽게 찾을 수 없는 두 가지 맛'이라고 덧붙였다. 입안에서 과일의 정수를 선명하고 진하게 느낄 수 있도록 하는 증류의 기술이 이런 이색적인 맛을 가능하게 한 게 아닌가 싶다. 그리고 이런 면이 알자스 오드비가 최고의 자리에 있는 이유이기도 하다. 당신이 증류주에서 복잡한 맛이 아닌 순수한 맛을 즐기고 싶다면 이 제품을 한번 마셔보라.

그러나 모든 알자스 오드비가 같은 방식으로 생산되는 것은 아니다. 대부분 구리 알렘빅에서 2차 증류를 하지만 1차로 끝내는 곳도 있다. 현재 가장 큰 오드비 생산업체인 G. E. 마스네 사는 1913년에 와일드 라즈베리로 만든 오드비인 퀸 오브 스웨덴으로 시장을 장악했다. 라즈베리는 당도가 낮아 증류하기 꽤 까다롭지만, 설립자 외젠 마세네즈는 와인에서 추출한 뉴트럴 스피릿에 이 과일을 담가두면 이런 문제점을 해결할 수 있다는 사실을 알았다. 게다가 증류 전에 알코올 도수를 높여두면 1차 증류만으로도 원하는 도수와 풍미를 얻을 수 있었다. 이후 이 기업은 앞만 보며 열심히 달리고 있다. 애플 주니어에 따르면 마세네즈 사는 700mL의 프랑부아즈 한 병을 만들기 위해 와일드 라즈베리(현재는 주로 루마니아에서 공수)를 약 8kg 넣는다고 한다. 만약 당도가 높은 미라벨 자두를 쓴다면 4.53kg만 써도 비슷한 결과를 낼 수 있을 것이다. 그러나 서양배를 사용하면 13.6kg가 필요하다. 추가로 덧붙여서, 애플 주니어는 만약 배 하나를 병에 채워 넣고 싶다면 충분히 방법은 있다고 말한다. 배가 아주 자그마한 상태일 때 나무에 붙어 있는 채로 병에 넣어 두면 된다. 그러면 이 병 속의 '포로'는 온실 속에서 잘 자라날 것이다. 완성된 모습

자체는 굉장히 멋있겠지만 배가 최종 결과물에 미치는 영향은 아주 미미하다. 어쨌든 배로 만드는 증류주의 경우, 품종이 매우 중요하다. 알자스에서 가장 선호하는 품종은 영국이 원산지인 윌리엄이며 바틀렛으로 더 많이 부른다. 현재는 미국 증류업자가 좋아하는 재료이기도 하다.

전쟁이 끝난 후 프랑스 소비자들의 취향은 스카치(사실 이때의 프랑스는 세계에서 가장 큰 스카치 시장이었다)로 돌아섰다. 그러나 이 전통적인 오드비에 대한 강력한 충성도 덕분에 알자스의 오드비 생산은 그대로 유지될 수 있었다. 또한 많은 증류소가 '증류의 심장'이 되는 곳-오랭주의 리보빌레, 바랭의 빌레는 언덕이 서쪽으로 나 있고 편암과 점토로 이루어져 과실 나무를 키우기에 최적의 장소-에 있어, 이 지역의 동지애와 자부심을 상징하는 오드비는 전통과 우수성을 그대로 간직할 수 있는 동시에 혁신에 대한 융통성도 보여줄 수 있었다. 메터, 윈드홀츠, 홀은 오드비를 트렌디하면서도 오리지널한 이미지로 재구성했고 단독으로, 또는 칵테일 베이스로도 적절한 제품을 만들었다. 메터에서는 인상적인 아스파라거스 증류액뿐만 아니라, 높은 판매량을 자랑하는 생강, 마늘 버전 등 85가지 오드비를 생산하고 있다. 이 증류소에서는 최고의 품질을 만들어내기 위해 현대적인 독일 칼럼 스틸 대신 전통 프랑스 소형 알렘빅 스틸을 선호한다. 이런 종류의 포트 스틸이 노동집약적이더라도 말이다. 또한 숙성에서도 어떠한 타협을 하지 않는다. 보통은 최소 12개월 이상의 휴지기를 가지지만, 와일드 블랙손 같은 일부 과일의 경우 25년 또는 30년까지 길어지기도 한다.

우리는 공식적으로 AOC 규정(원산지 통제 명칭, 프랑스 문화의 일부라 여겨지는 음식이나 음료의 생산을 통제하기 위한 제도)에 속하게 된 가장 오래된 오드비에 찬사를 보내지 않고는 알자스 이야기를 끝낼 수 없다. 키르슈 데 푸제롤은 씨를 제거한 과일 증류주며, 2010년 AOC 규제를 받았고 이후 수작업을 거친 짙은 색 전통 유리병('보'라 부름)에 담아 판매하기 시작했다. 인접 지역인 로렌의 유명한 미라벨 데 로렌은 2015년이 되어서야 AOC의 통제를 받게 되었지만, 증류주로서는 처음으로, 1953년에 지역 명칭(AOR)–AOC 이전에 사용되었던–을 받았다. 전설에 따르면 15세기 르네 당주[2]가 미라벨 자두나무를 프로방스에서 로렌으로 가져왔다고 한다. 그리고 이 지역에서 매우 잘 자랐던 것이 틀림없다. 심지어 까다로운 알자스인조차도 로렌지역에서 자두를 사 올 정도였다고 하니 말이다. 현재 이 지역에 있는 17곳의 증류소에서는 허가를 받은 두 가지 품종의 미라벨 자두로 증류를 하고 있다. 하나는 크기가 크고 색이 다채로운 '낸시'란 품종, 다른 하나는 더 작지만, 단맛이 강하며 석회암 지대 흙에서만 자란다는 '메츠'란 품종이다. 이들은 포트 스틸로만 생산하도록 법으로 정해져 있다.

오드비는 프랑스 동부뿐만 아니라 전국에서 생산되기 때문에 지역만의 특징을 명확히 보여주는 증류주라 할 수 있다. 그래서 최근에는 와인 생산업자나 또는 와인업계와 관련이 있는 증류업자가 특히 지역의 특징에 많은 관심을 내비치고 있다. 예를 들어, 부르고뉴는 과일 증류주보다는 와인과 과일주(보통 도수가 매우 높다. 디종의 시장 캐농 키르는 상쾌한 맛이 나는 와인인 알리고테와 높은 도수로 악명 높은 크렘 드 카시스를 섞은 칵테일을 선보였다. 그는 1945년 시장에 취임했고

2 René of Anjou: 피몽과 프로방스 백작이자 바르, 로렌, 앙주의 공작, 나폴리의 군주이며, 명목상 예루살렘과 마요르카, 시칠리아, 코르시카를 포함한 아라곤의 군주다.

1968년 사망했다)로 유명한 지역이다. 유명한 뫼르소 와인 생산업자 장-마크 루로트는 1866년부터 대를 이어 전해진 전통 방식으로 증류하고 있다. 그의 라즈베리와 서양배 증류주(오뜨 꼬뜨 드 본)는 세계의 많은 소믈리에를 감동시켰다. 남서부에 있는 가이약에서 거주하는 로랑 캐조트는 지역의 과일 품질과 재배 방식의 중요성을 상기시킨 중요한 인물이다. 그리고 그의 주장은 와인업계의 주목을 끌었다. 그는 자신, 또는 친구의 과수원에서 바이오다이나믹 농법을 이용해 기른 유기농 품종을 주로 재배했기에, 테루아의 느낌까지 담은 고품질의 제품을 만들 수 있었다. 또한 수확이 끝나면 '스트로' 또는 '레이진' 와인 생산 방식과 같은 기술[3]을 썼다. 그래서 과일들을 진흙 위에서 건조시켜 산화를 최대한 막고 향을 진하게 만들었다. 특히 서양배와 그린게이지 자두의 경우, 씨, 줄기, 껍질을 손으로 직접 제거하고 과육만 사용했다. 섬세한 알자스 제품의 반대편에 선 그의 강력하고 뚜렷한 질감의 오드비는 세계적으로 인정을 받았다. 당신도 세계 여러 곳의 인기 레스토랑이나 바에 가면 캐조트 증류소 제품-'72-토마토'라는 놀라운 제품을 포함해서-을 많이 만나볼 수 있을 것이다. 그러나 이게 다가 아니다. 현재 프랑스에서 과일을 재배해 증류를 하는 곳에서는 과거의 유산을 다시 돌아보고 배우는 중이다. (랑그독의 페티그레인 증류소의 경우, 프랑스에서 최고의 살구 오드비라 할 수 있는 제품을 생산한다.) 유구한 역사를 지닌 국가에서 전통과 현대를 적절히 혼합해 나온 창의적인 증류주는 많은 이들에게 감동을 안겨주고 있다.

이번 장에서는 프랑스의 이웃국인 독일을 다루지 않을 생각이다. 이 나라의 증류주 전통은 16장에서 따로 살펴보려 한다. 여기서는 독일에서도 과일

---

3 짚 등에서 건조시켜 당도를 높이는 방식.

증류가 매우 활발하게 이루어지고 있으며, 훌륭한 오드비를 포함한 다양한 증류주와 알코올음료가 많이 생산되고 있다는 사실만 알아두도록 하자. 독일에서는 과일주를 '옵스틀러(Obstlers)'라고 부르며 주로 남부에서 많이 제조한다. 블랙 포레스트에 위치한 슈타우펜과 피델리타스 등의 영향력 있는 증류소에서 주로 생산하고 있다. 여기서 동쪽으로 조금 이동하면 나오는 오스트리아는 혁신적인 오드비 생산자들이 많이 배출된 곳이다. 집에서 직접 증류를 하는 전통은 여기저기서 찾아볼 수 있으며 농부들은 식구들이 마시도록 1년에 20~30L가량의 '하우스브란트(Hausbrand)'를 제조한다. 그리고 이런 전통을 이어받은 이가 한스 라이즛바우어였다.

그는 1990년대 초부터 존재감을 보이기 시작했으며, 과일이 최종 품질의 50%를 차지한다고 주장했다. 그래서 여건이 되는 한 자신이 직접 과일을 재배했다고 한다. 제품 대부분은 고급 배 품종인 윌리엄으로 만들지만, 그 외에 사용하는 과일의 종류는 여덟 가지가 더 있다. 그리고 최근에는 오렌지 증류주를 자신의 목록에 올렸다. 이 제품은 오크 배럴에서 4년간 숙성되었기 때문에 우리가 여기에서 쓰는 오드비 정의에는 속하지 않는다. 다른 이국적인 제품에는 유명한 당근 오드비가 있다. 이 술을 맛본다면 라이즛바우어가 얼마나 이 채소의 정수를 잘 잡아냈는지 그에게 감사하는 마음이 들지도 모른다. 당근은 지역 농장에서 공수해 오며, 증류주 1병을 만드는 데 드는 당근의 양은 약 40kg나 된다고 한다. 라이즛바우어의 또 다른 이색적인 재료에는 생강과 헤이즐넛이 있다. 이 두 가지 모두 직접 증류에 쓰기보다는 알코올에 담근 후 1차 증류만 하는 형식으로 만든다.

물론 이곳에는 라이즛바우어 제품만 유명한 것은 아니다. 푸크하트 증류소의 '블룸 마릴렌' 역시 인정받는 과일주다. 오스트리아 바하우 지역에서 생산된 살구 증류주며, 풍미가 입안에 오랫동안 남는 것으로 유명하다. 또한 여기에 빠지지 않은 또 다른 제품에는 티롤 지방 출신 로셸트가 제조한 오드비가 있다. 놀랄 정도로 비싼 제품이 많지만, 녹색 빛의 아름다운 크리스털 병에 한 번 눈길을 빼앗기고 50%라는 높은 도수에도 완벽한 밸런스와 우아함을 갖춘 맛에 또 한 번 놀라게 될 것이다. 로셸트의 목록에는 엘더베리와 모과를 넣은 전통적인 오드비뿐만 아니라 엘더베리와 서양배를 혼합한 '홀러만들'이라는 독특한 재료로 만든 오드비도 있다. 또 다른 증류소에는 스위스 국경 근처에 있는 모랑이 있다. 윌리엄 서양배로 만든 이 증류소의 '윌리아미네'는 많은 애주가의 사랑을 받고 있다. 스위스에서 오랫동안 자리를 지켜온 에터 주가 증류소는 산에서 재배한 블랙 체리로 만든 키르슈가 유명하다. 이곳과 비등하게 인정받는 곳은 패스빈드 플룸리 증류소며, 스위스의 스위트 자두로 만든 로어플룸리가 유명하다.

오드비는 유럽지역뿐만 아니라 미국에서도 생산되고 있다. 미국 전역에서 수제 증류업자들은 종종 품질 좋은 과실주를 만들어낸다. 비록 미국 시장은 여전히 큰 브랜드 두 곳이 장악하고 있지만 말이다. 캘리포니아의 세인트 조지 스피리트 증류소는 작은 구리 포트 스틸을 이용해 훌륭한 서양배 증류주와 사과 증류주를 만든 후 '브랜디'로 광고하지만, 정확히는 오드비의 정의(배럴 숙성한 사과 제품은 제외)에 속하는 종류라 할 수 있다. 오리건주의 클리어 크리크 증류소는 서양배, 체리, 파란 자두, 라즈베리를 이용해 다양한 종류의 맛있는 오드비(병 속에 배를 그대로 넣어둔 제품 포함)를 만들었다. 더글라스 퍼라는 제품은 봄에 전나무의 어린싹을 모은 후 맛을 우려내고 새로운 어린싹으로 다시 한번 증류했기 때문에 향이 풍부한 오드비(그래서 옅은 녹색을 띤다)다. 이런 생산 방식은 좁은 의미로 따지면 오드비에 속하지 않을 수 있지만, 맛을 보면 알자스에서 많이 생산되는 '오드비 데 부르존 데 사핀(eau-de-vie de bourgeons de sapin)'(소나무 싹 증류주)이 바로 떠오른다.

오드비를 언제 마셔야 하느냐에 대한 의견은 다양하지만, 정답은 아마도 '당신이 마시고 싶을 때'일 것이다. 그리고 오드비를 제조하는 곳에서도 이렇게 답하지 않을까 생각한다. 예를 들어, 당신이 증류주를 만드는 과수원을 방문했다면 이곳의 주인은 시간이 언제든 상관없이 당신에게 과실주를 웰컴 드링크로 건네줄 것이다. 하지만 좀 더 공식적인 자리라면 '아페리티프', 즉 식전에 오드비를 마신다. 전통적으로는 오랜 시간 이어지는 형식적인 식사 중간, 새로운 요리가 나오기 전에 식욕을 촉진하는 용도로 마셨다고 한다. [지역마다 다르긴 하지만 주로 '쿠 두 밀리유(coup du milieu)' 또는 '트루 노르망(trou normand)'이라 부른다.] 현재는 '디제스티프', 즉 식후주로 마시는 경우가 흔하다. 또한 과일 디저트가 함께 나온다면 여기에 잘 어울리는 오드비를 마셔야 한다고 생각하는 사람들이 많다.

마실 때 최적의 온도에 대한 의견도 난무한다. 답변은 오드비마다 다르다가 이상적이지 않을까? 일부 교양인들은 냉동실에 넣어 차게 해서 마시는 것을 즐긴다. 이렇게 차가워진 오드비를 리델 베리타스 스피리트용 증류 잔처럼 굴뚝 모양을 한 침니 글라스-실온에 보관-에 붓는다면 증류주의 향을 그대로 느끼면서 알코올의 맛은 진정되는 완벽한 상태를 즐길 수 있을 것이다. 그러나 보통 오드비는 실온에서 조금 낮은 온도로 마시며, 당신이 술을 한 번에 들이키는 스타일이라면 가장 최적의 맛을 느낄 수 있는 방식이다. 그러나 한 모금씩 마시며 음미하는 스타일이라면 더 차갑게 보관한 오드비가 잔에 담긴 후 서서히 따뜻해지는 느낌을 선호할 것이다. 또는 한 모금을 마신 후 얼음을 넣어 차갑게 마시는 사람도 있다. 이렇게 마시려면 넓은 잔을 선택해야 하며, 얼음으로 인해 향이 어느 정도 달아날 수 있다는 점을 감안해야 한다. 우리는 샷 글라스 크기의 잔이 훌륭한 오드비가 주는 모든 경험을 최대한 많이 끌어 낸다고 생각한다. 오드비를 즐기는 시간과 방식은 매우 다양하지만, 훌륭한 식사를 마무리하는 데 정말 훌륭한 술이라는 사실은 변함이 없을 것이다.

16

슈납스(와 코른)

베르트 쉬어워터

진녹색의 사각형 병 앞면에는 오토 폰 비스마르크의 초상화가 붙어 있다. 독일의 유명한 19세기 '철혈 재상'인 비스마르크는 사회 민주주의자는 아니지만, 독일에서 첫 번째 사회법을 제정한 인물이다. 그의 가족은 1799년부터 큰 증류소를 운영했기 때문에 라벨에 보이는 그의 이름은 이 술이 정말 잘 만들어졌고, 역사적이면서, 기품 있고, 위엄 있는 맛을 보장한다는 느낌을 준다. 그리고 이 술을 마신 나 역시 전혀 실망하지 않았다. 200년 동안 한 번도 레시피와 전통이 바뀌지 않았는데도 마시는 내내 즐거운 감각이 나를 깨웠다. 이 투명한 증류주는 '훌륭한 제품은 끝까지 살아남는다'라는 법칙을 그대로 보여준 좋은 예시며, 부드러운 질감을 지닌 채 풍미가 섬세하게 혼합되어 있고 깔끔한 맛이 일품인 고전적인 증류주다. 나는 존경의 마음을 담아 잔을 들고 이렇게 외쳤다. 프로스트![1]

우리 조상은 전문적으로 투명한 슈냅스(schnapps)를 증류했기에 내 성역시 쉬어워터다. 쉬어워터는 '맑은 (알코올) 물'이란 뜻이다. 정확하게 따지자면 완전히 투명한 슈냅스는 곡물을 증류해서 만든 코른(korn)과 같은 술이다. 그 외에 식물, 특히 과일로 만든 슈냅스가 있는데, 이때는 코른과 다르다. 독일에서는 이런 과일 증류주를 '슈냅스' 또는 '옵스틀러(obstler)'라 부르며 코른과는 매우 다르지만, 색은 비슷하게 맑은 편이다. 옵스틀러에 대해 더 알고 싶은 독자가 있다면 오스트리아 티롤주의 남부에 있는 스탠스에서 개최하는 스탠스 브레넌 페스티벌에 참여해보자. 행사는 매년 열린다. 과거에 독일인들이 거주했던 이 작은 마을은 인구가 650명 정도밖에 되지 않지만 50가지 옵스틀러를 즐길 수 있다.

독일인들 대부분이 나처럼 슈냅스란 용어를 맑은 코른을 지칭할 때 쓰거나, 그 외에 옵스틀러, 보드카, 코냑, 위스키 등에 쓰기도 한다. 이런 불명확한 명칭의 쓰임은 결국 느림, 심플함, 고급스러움, 맑음을 표상하는 코른의 인기가 떨어지고 있는 상황을 잘 보여주는 듯하다. 현대 사회는 속도, 다양성, 단발성이 주도권을 잡고 있기 때문이다. 그래서 화려하고 인위적이며 다채로운

1 prost: 독일어로 건배란 의미.

색깔의 제품이 불티나게 팔리는 한편 전통적인 코른은 이런 면이 전혀 없으면서 500년 동안 거의 변하지 않은 술이라 할 수 있다. 또한 코른은 최소 도수가 32%(64프루프)이고, 정해진 곡물-호밀, 밀, 메밀, 보리, 귀리-로만 만들며 다른 첨가제를 넣지 않는 편이다. 현재는 호밀 또는 밀을 가장 많이 사용하고 보리는 몰트를 만들 때 쓰며, 메밀과 귀리는 증류에 잘 사용하지 않는다. 코른과 세련된 버전의 도펠코른은 독일, 오스트리아 그리고 벨기에의 독일어를 쓰는 작은 마을에서만 생산하도록 법적으로 정해져 있다.

이 증류주의 역사기록은 1507년 튀링겐주 노르트하우젠의 세금 관련 문서에서 발견할 수 있지만, 제조는 이보다 훨씬 이전으로 추측된다. 어쨌든 1507년부터 40년도 채 되지 않은 1545년에 처음으로 코른 금주령이 내려졌다. 그 배경에는 맥주 양조업자의 요청이 있었음이 분명해 보였다. 양쪽에서 곡물을 가지고 경쟁하는 바람에 보리가 너무 비싸졌기 때문이다. 하지만 당시 코른을 억제하기에는 그 사회적 위치가 높았기에 금주령은 1574년이 되자 폐지되었다. 그리고 코른은 다시 대중적인 알코올음료가 되었다. 30년 전쟁(1618~1648년) 동안에는 소비가 잠깐 주춤했지만, 그 이후로 300년 넘게 코른의 사회적이고 경제적 가치는 증가했다. 물론 중간에 약간의 장애물이 있긴 했지만 말이다. 18세기 중반 더 저렴한 감자로 만든 투명한 슈냅스(클라렌)가 출시되었고, 1789년 노르트하우젠의 의원들은 코른에 유리한 첫 번째 '독일 맥주순수령'을 선언하기에 이른다. 내용물에 호밀이 최소 2/3 들어가야 하고, 보리는 1/3 이상 들어가면 안 된다는 내용의 법이었다. 당시에 매우 유명한 코른 증류업자 중 한 명이 당시 수상이었던 비스마르크의 아버지였고, 그의 가족은 증류소를 운영하고 있었다. '퓌르스트 비스마르크'라는 이름의 술은 현재 투명한 병에서 녹색병으로 바뀌긴 했지만, 여전히 내가 애정하는 술이다. 코른은 값싼 감자 증류주와 계속해서 경쟁을 해야 했기 때문에 1909년 코른을 위한 더 광범위한 독일맥주순수령이 독일 전체에 선언되었다.

제1차 세계대전에는 귀한 구리, 놋쇠, 청동 같은 금속은 전쟁 물자로 쓰기 위해 모두 몰수당했기 때문에 군대에 코른을 대주는 몇몇 증류소 외의 다른 곳은 모두 문을 닫았다. 1924년에 잠깐 코른이 대중에게 풀렸지만 1936년이 되자 나치스가 금지했다. 1954년에서야 독일 정부는 금지령을 풀었고 새로운 르네상스가 이어졌다. 생산은 빠르게 늘고 코른은 다시 인기를 얻었다. 1960년대 일부 제조업자들은 사과주스를 첨가한 '아펠코른'을 출시하기도 했는데, 신기하게도 '사랑과 평화'[2] 시대에 인기 음료가 되었다. 물론 대부분은 여전히 전통적인 코른을 선호했다.

도펠코른은 주로 결혼식이나 기념식 같은 특별한 행사에서 마셨다. 일반 코른은 1차 증류만 하지만 도펠코른은 최대 일곱 번까지 증류를 한다. 그리고 일반 코른 도수인 32%(64프루프)에 비해 도펠코른은 38%(76프루프)로 더 높다. 그래서 도펠코른은 매우 깔끔하면서 고전적인 느낌을 풍긴다. 우리 아버지가 처음으로 할아버지가 되었을 때 도펠코른 병을 따셨다. 더 고급 형태는 85%(170프루프) 정도에서 나무통에 숙성한 후 물로 희석해 (보통) 38%로 맞춘다. 이때 사용하는 물이 매우 중요하며, 주로 미네랄이 없는 용천수를 사용한다. 녹인 빙하수를 사용한 코른은 '아이스 코른'이라 부른다. 좋은 물, 여과와 증류 횟수가 합쳐져 도펠코른의 맛을 결정한다. 일반적으로 코른에는

2 반전을 부르짖던 1960~1970년대의 청년 문화.

다른 첨가물이 들어 있지 않다. 그러나 독일 시장에서 코른과 도펠코른의 입지가 매우 좁아진 것을 보면, 안타깝게도 현재는 고품질과 고순도라는 개념이 그렇게 중요해 보이지 않는 듯하다. 현재는 화려한 이름, 출처를 알 수 없는 재료, 인공 색소가 들어간 근사한 제품이 더 많이 팔린다. 그러나 한쪽에서는 코른을 이용해 만든 칵테일들이 점차 인기를 얻고 있다.

점심 식사 후 마시는 슈냅스 한 잔이 소화를 돕는다는 말이 사실일까? 아니다. 당연히 아침과 저녁 식사 후에 마셔도 소화를 돕는다. 이 술은 위산 분비를 촉진하고 단백질을 소화하는 효소를 자극한다. 그래서 1970년대까지 코른, 도펠코른, 슈타인하거는 독일의 괜찮은 레스토랑이나 술집 어디서든 흔히 볼 수 있는 술이었다. 슈타인하거는 슈타인하겐이라는 도시에서 생산되고, 돌(슈타인은 돌을 의미한다)로 된 용기에 담아 파는 도펠코른이다. 내가 어렸을 때는 특별한 날에 항상 슈타인하거를 마셨다. 또한 코른, 도펠코른, 슈타인하거가 없는 카드놀이 역시 상상할 수 없었다. 힘든 노동 후 먹는 간 고기 요리에도 이 술은 빠지지 않았다. 아침 식사와 먹는 코른은 일터로 가는 데 힘을 주고 저녁 식사와 먹는 코른은 잘 잘 수 있도록 도와준다. 그러나 이런 분위기는 어떻게 바뀌었을까. 현재 브라질 사람들이 마시는 슈타인하거 양은 독일인의 두 배라고 한다.

그러나 일부 전통은 아직도 이어지고 있다. 예수 승천 대축일(그리고 아버지의 날)이 되면 아버지와 예비 아버지들은 코른에서 먼저 에너지를 얻고 맥주와 슈냅스가 가득 담긴 손수레를 공원과 숲을 통과해서 몇 시간 동안 끌고 간다. 아버지의 날에 행하는 이런 독특한 전통은 중세부터 시작되었다고 하며, 일꾼들이 여름이 다가옴을 축하하는 의미에다 종교적인 의미도 함께 담아서 진행되었다. 마르틴 루터가 1517년 종교개혁을 시작한 후에는 이 의식이 변형되었고, 기도 대신 맥주, 슈냅스를 마셨으며 미혼 여성(기혼 여성은 집에서 아이들을 돌봐야 했다)도 함께했다. 현재 일부 아버지의 날 파티에서는 멋진 수레들이 장식된 곳에서 남자들만 모여 때로는 코른 없이 즐기기도 한다. 2008년, 독일 가족부 장관 우르줄라 폰 데어 라이엔은 불가능한 일을 요구한 적이 있다. 아버지의 날에 금주를 하자는 것이다. 그는 코른이 없는 아버지의 날이 마치 칠면조 고기가 없는 추수감사절과 같다는 사실을 몰랐음이 틀림없다.

현재 독일에서 코른을 생산하는 증류소는 약 800군데가 있고 그 종류만 해도 수천 가지에 이른다. 그중에서 내가 좋아하는 도펠코른 몇 가지만 살펴보도록 하자.

- **에시터 노르드하우저** 노르트하우젠에 있는 전통 있는 증류소며, 초기부터 코른을 제조해왔다. 전체 코른 중에서 가장 유명한 제품일 것이다. 이곳에서는 호밀만 사용해서 코른을 만들고 필요하다면 독일 오크 배럴에 넣어 숙성하기도 한다.
- **베렌체** 하젤뤼네에 있는 가장 큰 코른 증류소다. 곡물은 밀만 사용하며 오크 배럴에 넣고 최소 1년간 숙성한다. 알코올 도수는 38.5%로 정해져 있다. 기본 0.7L 병을 판매하지만 3L 병에 담긴 도펠코른도 있다.
- **퓌르스트 비스마르크** 코른 애호가이자 재상 오토 폰 비스마르크의 후손들은 부드러운 맛의 밀과 거친 맛의 호밀을 혼합한 형태를 선호한다.
- **호프 에링하우젠** 밀로만 제조, 오크 배럴 숙성, 42%의 높은 알코올 도수가 이곳 제품의 특징이다. 도펠코른은 0.2L와 0.5L의 작은 병에 담아 팔기

도 한다.

- **하덴베르크** 뇌르텐-하덴베르크에 있는 이 증류소는 호크자이트바이젠(웨딩 밀)이 유명하다. 잘 숙성된 도펠코른이며, 정치인이었던 카를 한스 폰 하르덴베르크의 딸 결혼식 축하선물로 처음 만들어졌다고 한다.
- **오스톨스테이너** 이 투명한 도펠코른은 1824년부터 뤼첸부르크에서 증류되었다. 밀을 쓰고 여과를 아홉 번 한 후 빙퇴석[3]이 있는 지역의 물로 희석한다.
- **베를리너 브랜스티프터** 2009년부터 증류소에서는 제조한 밀 도펠코른을 직접 병입하고 수기로 쓴 라벨을 붙였다.
- **슈바르체 & 슈리히테** 코른을 향한 이 증류소의 헌신은 350년 전부터 시작되었다. 그리고 이곳의 대표 제품인 프리드리히 파스코른은 전에 코냑이나 위스키, 셰리를 담았던 오크 배럴에서 숙성한다. 2년간의 숙성은 이 도펠코른의 풍미와 색에 엄청난 영향을 준다.
- **클로스터브레너라이 울팅거로드** 1682년 클로스텐브레너 수도원은 화재 후 재건하기 위해 어쩔 수 없이 코른을 증류하고 판매했다. 이 특별한 이더코른은 수도원 마당에 있는 우물에서 직접 퍼온 용천수로 만들며, 이 제품이 나오기까지 수도원의 유명한 요한네스 와펜스티커 수도원장의 노고가 있었다.
- **코른브레너라이 워네크** 브레덴벡에 있는 이 증류소에서는 방문객에게 코른(곡물)이 코른(슈냅스)으로 만들어지는 과정을 보여주는 투어를 제공하고 있다.

---

3 얼음에 침식된 물질들이 얼음으로 운반되어 쌓인 퇴적물.

도펠코른의 생산 방식은 위스키와 비슷한 부분이 많지만, 위스키보다 개성이 훨씬 강한 유니크한 술이다. 독일과 오스트리아 외의 국가에서도 비슷한 방식으로 제조하는 증류소는 있다. 그러나 라벨에 도펠코른이라고 표기하지 못한다. 모든 재료와 제조 공정, 나무통에서의 숙성 시간(때로는 도기에서) 모두가 코른의 풍미에 큰 영향을 미치며, 마시는 방법 역시 중요하다. 실온에 보관된 코른을 좋아하는 사람이 있고, 냉동실에 보관해 차가워진 코른을 좋아하는 사람도 있다. 그리고 한 번에 마시거나 한 모금씩 마시느냐에 따라 풍미와 향 또한 더 강해지거나 약해진다. 당신이 어떤 방식을 선호하든, 이 술은 20mL 또는 40mL의 슈루크글래저(샷 글라스)에 마시기를 권장한다. 코른은 보드카보다 풍미가 더 강하므로 독일에서는 칵테일 베이스로 보드카 대신 코른을 선택하는 사람도 많다. 일반적인 코른과 고급 버전인 도펠코른은 다양한 음료와 섞어도 맛있지만, 내 이름이 쉬어워터인 이상 나는 코른을 스트레이트로 마시며 다른 음료를 섞어서 업그레이드된 맛을 즐길 기회를 배짱 좋게 차버렸다. 도펠코른은 몇십 년 이상 보관해도 맛이 변하지 않지만, 당신이 설사 보관하려고 마음먹더라도 절대 오랫동안 찬장에 두지 못할 것이라고 장담한다.

17

백주(바이주)

마크 노렐

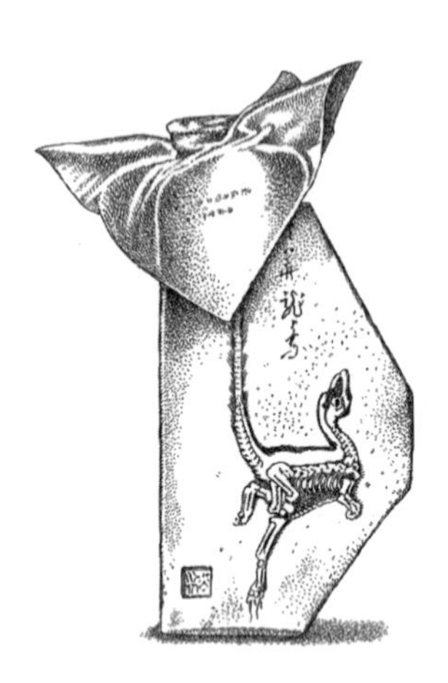

백주는 중국에서 매우 유명한 술이라 소장용 제품까지 따로 제작되어 나오기도 한다. 정식루트를 거치지 않은 시장도 활성화되어 있어 진품 장사꾼뿐만 아니라 가품 장사꾼도 판을 치고 있으며, 이들은 저급 증류주를 매우 희귀한 용기에 담아서 판다. 백주 구매자들은 마시는 용도 외에도 병을 유리 장식장이나 선반에 두고 감상하기 위해 사기도 한다. 인터넷에서도 이런 거래는 활발하게 이루어지는데, 심지어 빈 병이 몇 백 달러에 매매되기도 한다. 이런 종류의 백주는 중국 동북 지방의 랴오닝성에서 생산되며, 백주 증류가 시작된 곳이기도 하다. 또한 1990년대 초에 깃털 달린 공룡 화석이 최초로 발견된 곳이다. 놀랄 정도로 잘 보존되어 있으며 과학적으로도 매우 중요한 이 화석과 관련된 컨퍼런스가 1999년에 랴오닝성 중앙에 위치한 베이퍄오에서 열렸고, 여기에 참석했던 나는 처음으로 이 화석을 보았다. 이 장의 표지에 있는 공룡이 바로 최초의 깃털 달린 공룡이다. 크기가 작고 키는 약 61cm 정도며 이름은 시노사우롭테릭스다. 이름의 의미는 '중국의 깃털 달린 파충류'지만 이 병에는 '중국의 공룡 새 알코올'이라 적혀 있다. 이 안에 담긴 백주는 쌀로 만들었다고 하지만, 내가 이 술을 마실 때는 꽤 취해 있어서 맛은 잘 기억나지 않는다.

백주에 대해 들어본 사람? 나는 이 이름을 들으면 중국에서의 즐거웠던 기억과 최악의 기억이 함께 떠오른다. 지금까지 겪어본 숙취 중에서 정말 최악이라고 할 수 있는 술이었다. 백주의 숙취가 얼마나 지독한지 눈의 실핏줄이 터지고 일주일간 트림을 할 때마다 그 맛이 느껴질 정도다. 그런데도 백주는 중국인들에게 무한한 사랑을 받는 술이다. 국가를 대표하는 술이기도 하고 부유층과 빈곤층 모두가 쉽게 마실 수 있는 술이다. 그러니 고대부터 행사나 모임이 있을 때마다 마셨던 전통, 문화적이나 종교적으로 음주에 대한 제한이 없는 점, 마지막으로 중국의 인구를 생각해보면, 백주는 세계에서 가장 유명한 술임이 틀림없다. 백주의 소비량은 위스키와 진, 테킬라, 보드카를 모두 합한 것보다 많다. 또한 가장 비싼 술이기도 하다. 2011년 중국 경매시장에서 백주 한 병이 150만 달러에 달하는 가격으로 낙찰된 적이 있다.

서양에서 나온 사전만 사용해서 백주의 다양한 풍미를 묘사하려면 분명 그 한계를 느끼게 될 것이다. 내가 생각하는 단어는 '독함', '따뜻함', '퀴퀴함' 정도다. 사실 서양인들이 이 술을 묘사하는 표현은 다소 부정적인 면이 있다. '백주'란 단어는 '투명한 알코올'이라는 뜻인데 꽤 일반적인 의미다. 그러나 백주는 한 가지 종류만 있는 게 아니라 위스키처럼 지역마다 스타일이 정말 다양하다. 종류는 보통 '향'으로 나누는데 서양에서 '스타일'이나 '풍미'로 나누는 것과 비슷하다고 보면 된다. 그중에서 가장 약하면서 서양인의 입맛에 잘 맞는 것이 '미샹(쌀 향)'이며, 주로 남동부지역에서 생산된다. 대부분의 백주와 다르게 주로 쌀로 만들며 입안에서 섬세한 맛을 느낄 수 있는데, 냄새를 맡아보면 쌀 향이 미미하게 흘러나올 것이다. 또 다른 라이트한 종류는 '칭샹(옅은 향)'이다. 중국 북부에서 매우 유명하며 수수로 만든다. 보리와 콩을 발효한 후 여기에 수수를 첨가하는 식이다(이 내용은 나중에 더 자세히 알아보도록 하자). 근로자들 사이에서 가장 유명한 종류는 향이 옅은 '이과두주'며 작은 녹색병에 담겨서 중국 각지에서 팔리고 있다. 공항 검색대 앞에 있는 쓰레기통을 보면 빈 이과두주 병이 그렇게 많다고 한다. 비행이 두려운 여행객들에게 이 술이 용기를 주기 때문일 것이다.

남쪽에서 생산되는 백주는 매우 향이 진한 전통 스타일의 술이다. 여기에는 농샹(진한 향)과 장씽(간장 향)이 있다. 간장 향의 백주는 증류와 발효 작업만 여러 번 반복되기 때문에 만들기가 매우 어렵다고 한다. 심약한 사람들에게 추천하지 않는 술이다. 예전에 중국 항공에 비치된 잡지에서 이 술을 '애송이들에게 추천하지 않음', '진정한 술꾼을 위한 술'이라고 묘사한 내용을 본 적이 있다. 이 술은 주로 쓰촨성과 구이저우성에서 생산되며 이곳의 음식은 매우 자극적이고 매운 것으로 유명하다. 이곳 사람들은 매운 음식을 먹을 때 진하고 매운 증류주가 반드시 있어야 한다고 믿는다. 간장 향과 진한 향 백주를 얼얼한 느낌이라고만 표현하는 것은 이 술을 과소평가한 것이다. 한 미국인 동료가 진한 향 백주를 한 잔 마신 후 이렇게 말했다. "휘발유를 섞은 토사물의 냄새가 나고 마시면 마치 축구선수가 신었던 양말에 여과한 술을 마신 느낌이지." 그런데도 중국에서 진한 향 백주와 간장 향 백주는 술 중에서 명주에 속하며, 우량예(강함)와 마오타이(간장) 같은 브랜드는 중국 증류주의 롤스로이스라 할 수 있다. 현대식으로 디자인된 마오타이 병은 그 가격만 해도 수천 달러에 이르고 수집용 병은 100만 달러를 호가한다.

다른 여러 증류주처럼 백주 역시 발효된 곡물로 만든다. 보통 곡물을 알코올로 바꾸려면 두 단계의 작업을 진행해야 하는데, 먼저 물과 곡물을 섞고 다음에는 열을 가해 당화가 일어날 수 있게 해야 한다. 즉, 곡물 속 녹말을 당으로 바꾸어서 발효가 일어날 수 있는 환경을 만들어준다고 보면 된다. 그러나 백주는 한 단계의 과정만 있으면 된다. 증기를 쐰 곡물에 당화 발효제('누룩'이라 부름)만 섞으면 된다. 누룩에는 당화를 진행하는 모든 효소가 들어 있다. 그리고 효모와 다른 미생물들이 발효에 필요하다. 곡물과 누룩 혼합물은 발효가 진행되도록 보통 3개월간 두지만, 술의 종류와 기후에 따라 기간은 조금씩 달라질 수 있다.

수수는 백주의 가장 대표적인 재료지만 밀 같은 곡물을 넣기도 한다. 서늘한 북부 지방은 수수로 향이 옅은 백주를 만들며, 발효는 커다란 도자기 항아리에 내용물을 넣고 땅속에 묻어서 서늘한 온도를 유지하는 식으로 진행된다. 남부에서는 쌀 향, 진한 향, 간장 향의 백주를 생산하며, 재료는 거의 수수만 쓴다. 발효는 지역에 따라 조금씩 차이가 있지만 돌, 진흙, 때로는 벽돌을 깔거나 벽면에 바른 구덩이에서 시키며, 이때 백주만의 독특한 풍미가 더해진다.

발효가 끝나면 증류로 넘어간다. 전통적으로는 특대형 채소 찜기(현재는 스테인리스 스틸로 만듦)처럼 생긴 도구로 최대 140프루프까지 만들어냈다. 병입 전에 증류액을 희석해 105프루프 정도에 맞춘 후 시장으로 유통한다. 그러나 희석 없이 바로 판매되는 제품도 있다. 대부분의 증류주가 그렇듯 물을 넣으면 맛이 부드러워지고 휘발성 물질들이 더 많이 공기 중으로 사라지는 면이 있다. 대부분의 백주는 블렌디드 스카치 위스키처럼 마스터 블렌더가 블렌딩 작업을 담당하며 자신만의 스타일과 취향을 담아 작업에 임하고 있다. 이 작업이 끝나면 커다란 도자기, 석회암 또는 스테인리스 스틸 용기에 담아 1년 이상 숙성한다. 간장 향 백주는 3년 이상의 숙성 기간이 필요하다.

역사가 너무 깊은 술은 정확한 기원을 알 수 없는 경우가 많고 백주도 여기에 해당한다. 오랫동안 전해져온 이야기 중 하나는 주나라(기원전 1046~256년) 때, 두강이라는 자가 하루는 나무 속 빈 공간에 수수 씨를 넣어두었다고 한다. 두강은 나무가 비에 젖은 후 이 씨앗에서 놀랍도록 좋은 향이 난다는 사실을 깨닫고 이를 이용해 맛있는 음료를 만들 생각을 했다. 증류 기술은 없던 시절이었지만 이 음료는 고대 중국에서 수수 기반 알코올음료를 생산하는 기반이 되어주었다.

한나라(기원전 202년~기원후 220년) 때 초기부터 중국인이 증류를 했다는 고고학적 증거가 있다. 당시의 벽돌에 증류를 하는 것 같은 장면이 선명하게 그려져 있다. 또한 이 시기에 사용했던 몇 가지 청동 '스틸'이 상하이 박물관에 전시되어 있다. 물론 이 기구의 정확한 용도에 대해서는 여전히 논쟁이 일지만 말이다. 첫 번째 현대식 백주는 당나라(618~906년) 때 혁신을 통해 생산되었다고 전해진다. 당나라 시인 백거이와 용타오는 백주와 비슷한 종류의 술을 유쾌하게 표현한 시를 썼다. 원나라(1279~1368년)와 명나라(1368~1644년) 때 백주 제조가 완전히 현대식 형태를 갖추었다. 당시 새롭고 더 효율적인 증류 기술이 중동에서 건너왔고 전통적인 중국 스틸과 결합해 대량 생산이 가능해진 것이다. 명나라 때 『본초강목』(당시 중국 약학서)에도 백주에 관련된 이야기가 나온다.

백주가 어느 정도로 생산되고 소비되는지 생각해보면, 이 술에 대한 세계적인 팬덤이 크게 형성되지 않았다는 게 이상할 정도다. 전 세계 유명 칵테일 바에서 이탄 향이 가장 강한 스카치에서부터 가장 쓴맛을 지닌 아마로 와인까지 다양한 술을 만나볼 수 있는 시대에 말이다. 백주 제조업자들은 아직 어떠한 획기적인 방식으로 서양 시장에 진입해야 할지 묘수가 떠오르지 않은 듯하다. 그러나 적어도 중국 내에서는 관광객들과 중국에 거주하는 외국인 사이에서 이 술에 대한 선호도가 뚜렷이 나타난다. 또한 중국의 영향력이 커짐에 따라 중국에 대한 관심도 늘어나자 몇 년 전 뉴왁 공항에 있는 한 바에서는 몇 가지 백주 브랜드 제품을 구비해두었다. 그리고 뉴욕, 샌프란시스코, 로스앤젤레스에서도 백주를 파는 바들이 문을 열었다. 뉴욕에 있는 루모스라는 바는 고급 백주에서부터 저렴한 종류를 모두 갖추었고, 백주를 베이스로 한 칵테일까지 선보였다. 이곳의 홍보담당자는 백주의 향을 '섹스의 향'이라고 광고하기도 했다. 물론 이 '섹스'란 의미가 뉴욕 사람들이 흔하게 생각하는 그런 종류는 아니었지만 말이다. 현재 이 바는 운영이 중단된 상태다. 하지만 백주는 미국 차이나타운에서 쉽게 만나볼 수 있다.

중국에서 생산되는 백주의 종류는 수천 가지가 된다. 우량예와 마오타이(마오타이라는 마을에서 처음 생산되었으며, 당시 만들어진 여러 제품 중에서 가장 잘 팔린 백주에 이 마을의 이름을 그대로 붙임) 같은 제품은 대량으로 생산되고 세계 여러 나라로 유통 중이다. 이런 종류 외에도 소규모 증류소에서 만들어졌거나 따로 허가받지 않고 개인적으로 만들어서 나오는 제품도 있다. 다음은 무작위로 몇 가지 종류를 소개하겠다. 375mL 병에 담겨 있는 클래식한 귀주 마우타이는 350달러라는 가격에 주춤할 수도 있지만, 사실 최상 등급의 제품은 몇천 달러에 달한다. 국가 공식 행사에서 주로 쓰이기 때문에 주변 마트에서는 쉽게 보기 힘들다. 나는 중국 인민 해방군에게 할당되는 마오타이를 조금 맛볼 기회가 있었는데, 이 술은 다른 사람들이 알아채지 못하게 다른 병에 담겨 있었다. 우량예는 최고급 제품일 경우 3500달러 정도 한다. 오리건주에서는 쌀을 원료로 한 새로운 백주를 제조한 후 빈이라는 이름을 붙였다. 미국 시장을 타깃으로 삼아 나온 제품이며, 내가 그동안 마셔본 백주 중에서 가장 부드러웠다. 밍 리버는 이곡주 중에서 가장 독한 버전이다. 이 제품을 생산하는 증류소는 1573년부터 백주를 만들어온 술 발효지를 가지고 있으며, 현재는 세계 시장에 뛰어들 준비를 하고 있다. 또 다른 오랜 역사를 자랑하는 백주는 수정방이다. 이 술을 만드는 증류소는 쓰촨성 청두에 있으며, 600년의 전통을 자랑한다. 수정방은 중국 최고의 명주 중 하나로 꼽히며, 5년간 숙성을 마치면 40년 이상 숙성한 증류주와 혼합한다. 이보다 더 오래된 것도 있는데, 증류소가 세워진 당시에 만들어서 지하실에 계속 보관 중이라고 한다. 그중 하나(친구가 선물해 주었다)가 내 장식장 위에 놓여 있다. 라벨에는 '도광'이는 이름이 적혀 있으며, 진저우에 있는 증류소에서 1845년에 생산된 50mL짜리

술이다. 이 술과 술이 생산되었던 '고고학적' 장소에 관한 책과 DVD가 술과 함께 보관 상자에 포장되어 들어 있다. 이 술은 마시지 않고 끝까지 간직할 생각이다. 최근 폭발적으로 늘어나는 중산층을 공략하기 위해 새로운 백주 브랜드들이 나오고 있다. 그리고 돈이 없는 사람들을 위한 홍성 이과두주도 있으며, 100mL 한 병당 1.50달러밖에 하지 않는 저렴한 술이다.

백주는 공식적인 자리와 비공식적인 자리 모두에 잘 어울리는 술이다. 그러니 이 술은 사회생활에 매우 중요하면서 때로는 자신이 얼마나 술에 강한지 알 수 있을 정도로 독하기도 하다. 나는 크리스털 병에 담긴 백주를 우아하게 마셔보기도 했고, 한 농부가 낡은 인민복 주머니에서 꺼낸 작은 녹색병 속 이과두주를 마신 적도 있다. 형식적인 저녁 식사에서 새하얀 테이블보가 깔린 둥근 식탁 중앙에 장식된 희귀한 백주를 본 적도 있다. 친구들과 함께하는 편안한 분위기에서도 백주를 마셨다. 직장에서 스트레스를 많이 받는 한 지인은 일주일에 며칠은 밤에 백주 반병을 마신 후 베이징의 외곽순환도로(환로)를 한 바퀴 돌았다고 하는데, 속도를 높이면 베이징을 42분 49초 안에 돌 수 있었다고 한다. 이 정도면 핑크 플로이드의 '다크 사이드 오브 더 문'이란 앨범에 수록된 곡을 모두 들을 수 있는 시간이다. (현재는 교통체증과 베이징에서의 음주운전 단속으로 불가능해졌다.)

중국에서는 만취가 부끄러운 일이 아니기 때문에, 백주를 과하게 마시는 일이 흔하다. 사실 중국인들은 주인이 권하는 술을 거절하는 행동을 매우 무례하다고 생각하며, 대상이 시골의 농부건 억만장자건 상관없다. 대개 주인이 그만 마실 때까지는 계속 마셔야 한다. 백주는 음식과 함께 마시는 경우가 많아서 나는 고급 식당에서 만취해 실려 나오는 사람들을 많이 봤다. 한 미국인 동료는 이런 흥청망청 마시는 술자리 이후에 짐을 싣는 카트에 실려 호텔 방에 돌아오기도 했다. 일부 호텔에서는 손님들이 더 빨리 술에서 깰 수 있도록 수액을 맞을 수 있는 공간을 따로 마련해둔다고 한다.

백주는 대부분의 축제, 행사, 거래 성사 자리에서 빠지지 않는다. 연회 만찬에서는 정해진 행동과 에티켓이 있지만, 마시는 시기, 목적, 상대에 따라 달라지기도 한다. 또한 일본인의 차 문화처럼 지켜야 하는 정해진 규칙이 있다. 일부는 중국 유교에서 전해오는 전통이며, 중국 술 문화에 대한 세 가지 규칙은 지우피엔(매너), 지우량(절제), 지우단(용기)이다. 앉는 위치는 주인이나 행사의 주인공이 정하고 주인과 중요한 손님이 문 쪽을 바라보는 방향의 중심에 앉는다. 지위가 낮을수록 오른쪽이나 왼쪽으로 멀어지면서 문을 등지고 앉으며, 종종 잡일(담배 가져오기, 영수증 가져오기, 차량 대기시키기)을 도맡는다. 보통 남성이 여성보다 많이 마시긴 하지만 백주를 물처럼 마시는 여성들도 많다. 백주가 테이블에 놓이면 주인이 먼저 체크한 후 큰 도자기 병, 또는 전통적이지는 않지만, 유리병에 담는다. 백주는 항상 실온에 보관된 채로 대접하며 보통 웨이터가 개인 잔(15mL 정도)에 따라준다. 테킬라는 샷 글라스에, 스카치 위스키는 드램에 따라 마시듯 백주는 주로 백주 잔으로 마시지만 크기가 작은 일반 잔에 따라 마시기도 한다.

아시아의 건배는 어느 정도 격식을 갖추고 있다. 동양에서는 서양 문화와 다르게 항상 주인이 손님들을 환영하는 마음을 담아 먼저 건배를 외친다. 그리고 주인이 잔을 들 때까지는 절대 술을 마셔서는 안 된다. 술잔은 항상 오른손으로 잡아야 하고 주인에 대한 예의를 표하기 위해 왼손으로는 술잔을 받쳐야 한다. 그리고 '깐베이(건배)'를 외친 후 잔을 완전히 비우는 게 예의다.

(다 마셨다는 것을 보이기 위해 잔을 뒤집기도 한다.) 여기서부터는 더 까다로워서 자칫 실수하기 쉽다. 주인이 한두 번 정도 건배를 외친 후에는 개인별로 건배를 나눌 수 있다. 오른쪽이나 왼쪽에 있는 사람과 하거나 테이블에 함께 앉아 있는 다른 사람과 해도 된다. 자리에서 일어나 다른 테이블로 이동하는 것도 예의에 어긋나지 않으며 여러 명이 합석하기도 한다. 보통 술은 잔 끝까지 따르고 한 번에 마셔야 한다. 때로는 여러 명이 한 사람에게 건배를 권해서 따라주는 술을 모두 마셔야 하는 경우도 있다. 어쨌든 술자리는 이런 식으로 계속 이어지고 주인(또는 모임의 대표자)이 그만 마시거나 준비된 술이 다 떨어질 때까지 먼저 그 자리를 떠나서는 안 된다.

백주를 마시는 문화는 중국에서 여전히 활발하게 잘 지켜지고 있다. 그리고 나는 30년 넘게 이곳에서 학자로서 그리고 여행자로서 머물며 백주에 관련된 기억이 많다. 한 번은 이런 일도 있었다. 우리는 랴오닝성에서 정부 관료의 초대를 받았는데 그는 덩치가 큰 만주 여성을 불렀고, 그 여성이 가져온 바구니에는 마치 무정부주의자가 준비한 낡은 폭탄 같은 것들이 가득 들어 있었다. 이것은 플라스크 모양의 아주 오래된 백주 병이었으며, 미국 남북전쟁 이전의 물건인 듯싶었다. 입구가 단단히 봉해져 있어 망치와 드라이버로 열어서 마셨다. 당시 이곳은 시골이었고 담배 연기가 방안을 가득 채웠으며, 형광등은 오래되어 깜빡거리고 있었다. 그리고 추운 겨울이었지만 방에 창문이 없었다. 우리 팀이 이 지역을 방문한 것에 감사를 표하는 자리였기 때문에 우리는 집중적으로 잔을 받아야 했고 결국 그 뒤의 기억은 사라져버렸다. 다음 날 아침이 되자 심한 숙취에 시달린 나는 맥주만이 이를 해결하리라는 생각이 들어 동료인 샤오 후(리틀 타이거)에게 부탁했고, 친절하게도 여섯 개들이 맥주 한 팩을 사 왔다. 그리고 빠르게 맥주병을 따주었다. 목이 말랐던 나는 맥주를 벌컥벌컥 마셨고, 바로 그 순간 내가 백주 맛이 나는 맥주를 마시고 있다는 사실을 깨달았다.

현재 중국인들은 서구식 식단과 생활 습관에 점차 물들어가고 있다. 그리고 상하이, 광저우, 베이징처럼 대도시에서는 값비싼 와인이나 수제 맥주 정도는 쉽게 구할 수 있다. 또한 사람들은 건강에 더 신경 쓰고 정부는 적극적으로 많은 캠페인을 벌이고 있다. 바닥에 침 뱉지 않기, 담배 피지 않기, 과식·과음하지 않기 등 말이다. 그러나 생활 수준이 올라간 중국인들의 술 모임이나 행사에서 오히려 깊은 전통을 엿볼 수 있다. 다시 말해 현대 중국 문화에서 중요한 일부를 차지하는 저녁 만찬이나 친구들과 함께하는 외식에서 대부분 중심을 지키고 있는 술은 다름 아닌 백주다.

18

그라파

미켈레 피노와 미켈레 폰테프란체스코

그라파는 많은 이탈리아인에게 포도 생산지보다는 사람들에 관련된 이야기를 훨씬 많이 전했다. 담배 연기가 가득한 방, 친구들과 밤새 즐기는 카드놀이, 거친 풍미와 독한 술, 여러 곳에서 재배된 다양한 품종의 포도 퍼미스를 증류해서 나온 알려지지 않은 술들. 그라파에 대한 이 모든 묘사는 최근까지 꽤 정확하다고 말할 수 있지만, 이제는 아니다. 요즘 나오는 유명한 그라파는 모양이 멋진 병에 담겨 있다. 라벨에는 독특하면서 역사가 긴 기업에서 포도를 키우고 증류를 하며, 고심해서 고른 포도에서 나온 퍼미스라는 설명이 담겨 있기도 하다. 호박, 또는 여름날의 짚 색을 연상시키는 특징적인 색은 오크 배럴에서 많은 계절을 보냈다는 이야기를 전하고 있다. 잔을 코 주위로 살짝 돌리면 꽃과 향신료의 향이 살며시 콧속으로 들어오고, 40%라는 높은 도수에도 마실 때마다 즐거운 느낌이 사라지지 않는다. 현재의 그라파는 유명한 재배환경에 관련된 새로운 이야기를 들려준다. 또한 바롤로나 바르바레스코 같은 뛰어난 와인에 명성을 얹어주면서 퍼미스에 남아 있던 복잡함을 잘 표현하고 있다. 이제 그라파는 포도를 재배하는 땅과 유니크한 향을 중심으로 이탈리아를 알아가고 싶어 하는 사람들에게 하나의 관문이 되었다. 우리 앞에 놓인 이 그라파 두 병은 더 나은 것을 고르기 힘들 정도로 맛이 훌륭했다.

그라파를 처음 마셔본 사람들은 그 첫 느낌을 분명히 기억할 것이다. 과일 향이 입안으로 퍼지고 뒤를 이어 강렬한 풍미가 나타난다. 그리고 높은 도수로 인한 타는 듯한 감각이 목에서 느껴진다. 일반적인 그라파의 도수는 35~40% 정도지만 개인이 운영하는 증류소의 제품은 이보다 훨씬 독할 수도 있다. 그라파는 주로 이탈리아 북부에서 생산되며 최소 15세기부터 만들어졌을 것으로 추측하고 있다. 그라파는 그동안 사회생활의 기본 요소로서, 식사를 보충하는 존재로서 역할을 해왔으며, 전통적으로 시골의 순환경제[1](자세한 내용은 뒤에서 살펴보자)에도 중요한 역할을 했다. 지금은 이탈리아 전역에서 그라파를 찾아볼 수 있다. 또한 이탈리아 중부와 남부지방에 있는

1 쓰레기를 줄이고 자원의 생산성을 최대한 활용하자는 경제 시스템.

유명한 그라파 생산업체의 경우, 전통보다는 최고의 생산기술과 마케팅에 더 중점을 두고 제조하고 있다.

'그라파(Grappa)'라는 이름은 이 증류주의 기원과 역사를 나타내고 있다. 특히 역사는 이탈리아가 통일되던 19세기 이전에는 지역마다 정치 상황이 달랐기 때문에 매우 복잡한 편이다. 그라파는 20세기 초가 되어서야 이탈리아어로 공식적으로 인정받아 1905년 사전에 등재되었다. 그전까지 그라파라는 이름은 동북부 지방에서만 사용했고 다른 지역에서는 다른 이름으로 불렀다. 베네토주에서는 'graspa(그라스파)' 또는 'grapa(그라파)'로, 서북부의 피에몬테에서는 'branda(브란다)'로, 사르데냐에서는 'fil' e ferru(필 에 페루)'라 불렸다.

그라파는 와인용 포도를 으깬 후 쓰고 남은 부분인, 퍼미스(또는 마르)로 만든 증류주다. 그래서 안에는 껍질과 씨 외에도 함께 딸려 들어간 포도 줄기도 들어 있다. 그라파를 증류했던 목적은 필요한 성분(가령 물, '좋은' 산, 소량의 귀중한 알코올 등)을 얻기 위해서였다. 열을 가하는 방식은 퍼미스를 직접 끓이는 것과 외부에서 증기를 만들어 증류기로 집어넣는 것, 이렇게 두 가지가 있다. 증류를 한 후에는 '헤드와 테일'을 버려서 불순물을 거른다. 헤드에는 메틸알코올이 잔뜩 들어 있고 테일에는 좋지 않은 향 성분이 들어 있다. 이 작업이 끝나면 물을 섞어 최종 도수를 맞춘다. 그라파는 퍼미스로 만들기 때문에 코냑 같은 와인 증류주나 와인을 증류해서 만든 브랜디와는 다르다. 또한 포도 브랜디(이탈리아의 유명한 그라파 제조업자인 노니노 증류소에서 1988년 개발한 새로운 종류의 증류주)와도 차이가 있다. 참고로 포도 브랜디는 와인용으로 분리하기 전의 으깬 포도와 퍼미스를 함께 넣고 증류해서 만든 제품이다(그림 18.1 참고).

오래전 농부들은 임시로 만든 스틸로 그라파를 만들었다. 현재보다 훨씬

그림 18.1 몬타나로 증류소에 있는 구리 알렘빅. 이곳은 가장 오래된 그라파 증류소며 유명한 와인인 바롤로를 함께 생산하고 있다.

강한 힘으로 압착한 후 남은 부분을 겨울 또는 첫눈이 오기 전까지 압착기에 두거나 땅에 묻어두었다. 겨울이 되어 한가해진 농부들은 증류 작업을 시작했고 알코올 증기를 응축할 때 식힐 용도로 눈을 사용했다. 이 실용적인 접근법 덕분에 와인을 직접 만들던 농장에서는 대를 이어서 이 작업이 계속되었고, 결국 한껏 짜고 남은 찌꺼기에서도 알코올을 마지막 남은 양까지 싹싹 긁어모으는 기술을 얻을 수 있었다. 이들에게 최종물의 질은 고려사항이 아니었기 때문에 종종 원료가 산화되기도 했고 약한 식초 향과 다른 불쾌한 향이 나기도 했다. 가정용 그라파는 섬세한 맛이라기보다 날것의 느낌을 주었고, 때로는 감각을 자극하는 강도가 세질 때도 있었다. 그래서 그라파를 마시는 행위는 그 사람의 남자다움을 증명하는 것이기도 했다.

가정에서 꾸준히 그라파 제조가 이어지는 와중에 18세기가 되자 상업용 그라파가 생산되기 시작했고 그 수도 점차 늘어났다. 현재 전문적으로 생산되는 제품은 집에서 만든 것과 꽤 다른데, 맛이 더 우수하고 도수도 더 낮다. 이제 소비자들은 대형마트에서 대중적인 제품과 고급스러운 상품 중에서 원하는 것을 선택할 수 있게 되었다. 대중적인 그라파는 선별과정을 거치지 않은 품종의 퍼미스와 연속 증류기를 쓴다. 그리고 거친 맛을 줄이기 위한 작업을 하고 숙성은 보통 생략한다. 반대로 고급 그라파는 명성 있는 와인 제조업소에 납품되는 품종(한 가지 종류)에서 나온 퍼미스를 쓴다. 그리고 기술력 있는 마스터 디스틸러가 포도의 복잡함과 심지어는 재배환경에서 오는 특징까지 최대한 보존하는 방식으로 증류해 신선한 제품을 만들어낸다. 그러니 이 제품을 마시는 소비자는 최고의 경험을 하는 것이나 마찬가지일 것이다. 그라파의 생산 방식은 매우 다양해서 가격 또한 천차만별이다. 대중적인 그라파의 경우 별도의 품종이나 재배지에 관련된 내용은 언급하지 않고 홍보하며, 가격은 한 병당 10유로 이하다. 반대로 고급 제품은 리터당 80유로를 훌쩍 넘는데, 여기에는 숙성, 증류업자(디스틸러)의 명성, 퍼미스와 퍼미스가 속했던 포도 원산지 명칭이 모두 포함되어 있다.

2008년 2월 13일부터 '그라파'라는 단어는 더 이상 전통적인 퍼미스 증류주를 뜻하는 말이 아니게 되었다. 공식적으로 유럽연합의 지리적 표시(PGI)의 보호를 받게 된 것이다. 즉, 이제는 이탈리아에서 퍼미스를 증류해 만든 제품 외에 이 용어를 다른 곳에서 사용할 수 없다는 뜻이다. 하지만 사실 2008년 이전에 이탈리아는 이미 일부 지역의 그라파에 대한 PGI를 얻었다. 그래서

1989년부터 롬바르디아, 피에몬테, 프리울리, 베네토주, 트렌티노, 알토 아디제, 시칠리아는 모두 보호를 받고 있었다. (발레다오스타는 현재 '신청'한 상태고 승인이 떨어지면 북부지방의 그라파 생산지 퍼즐의 일부가 될 것이다.)

그렇다면 바롤로와 마르살라처럼 원산지 명칭을 보호받고 있는 특정 와인, 그리고 이 와인과 관련이 있는 그라파, 그리고 몇몇 그라파가 먼저 PGI를 받은 후에야 뒤늦게 이탈리아에서 생산되는 모든 그라파에 대한 PGI를 받은 이유는 무엇일까? 그 답은 수천 마일 떨어진 곳에서 발견할 수 있었다. 2000년대에 유럽연합과 남아프리카공화국이 국제 무역과 협력 협정을 체결한 후, 남아프리카에서 생산되고 판매되는 증류주에 '그라파'를 광범위하게 사용할 수 있게 되었다. 그래서 이탈리아 정부는 처음에는 외교 채널을 통해, 다음에는 PGI를 통해 이 용어를 자국에서 생산되는 제품에만 한정시키려는 노력을 쏟아부었다. 또한 무역과 협력 조약 전체를 승인하는 조건으로 남아프리카 제조업자에게 이 단어를 사용하는 대신 '포도 퍼미스 증류주'라는 포괄적인 용어를 써달라고 요청했다. 아직 이 문제는 완전히 해결되지 않은 상태다. 남아프리카의 제조업자는 여전히 제품에 '그라파'라고 표기한다. 그러나 적어도 이 제품들은 유럽에서 판매할 수 없다.

유럽에서 PGI나 PDO(원산지 명칭 보호)를 받은 제품은 유럽집행위원회에서 승인한 규정을 따라야 한다. 그라파에 관련된 규정은 2016년에 효력이 발생했고, 2019년 1월 28일 이탈리아 장관령을 통해 최근 업데이트되었다. 이제 그라파라는 용어는 이탈리아 내에서라면 어느 지역에서 나온 퍼미스든 상관없이 사용할 수 있다. 그러나 생산기술은 규제를 받고 있다. 예를 들어, 설탕(리터당 20g)과 캐러멜(부피당 2% 숙성된 그라파에만 해당) 첨가물에 대해서는 제한을 두었다. 또한 물로 희석하는 것과 숙성했을 때 라벨에 표기하는 것에 관련된 규정도 있다.

'그라파'라는 명칭을 두고 아직까지 논쟁이 벌어지고 있지만, 이 단어의 의미와 어원을 살펴보면 어느 정도 도움이 될 것이다. 그라파는 독일어 '그라프(grap)'에서 온 것으로 보이는데 포도를 수확할 때 쓰던 갈고리를 일컫는 말이었다. 그래서 어떤 사람들은 그라파의 강렬한 풍미와 갈고리의 순간적으로 낚아채는 강한 힘을 연결시켜 보기도 했다. 심지어 이 술의 강렬한 맛이 크람푸스가 가지고 있는 악마의 도구와 유사하다고 주장하는 이도 있었다. 참고로 크람푸스는 크리스마스가 되면 나쁜 아이들을 벌하기 위해 집을 방문할 때 성 니콜라우스와 함께 등장하는 악마다. 이 이야기는 유럽 중부 지방에 내려오는 설화다. 현재의 의미로 사용되는 그라파는 이 술이 처음 만들어진 이탈리아 북부의 포 밸리 지방에서 유래한 것으로 보고 있다. 이때의 '그라파'는 롬바르디아와 베네치아 방언에서 왔으며 음료를 지칭하는 말이었다고 한다. 이 단어를 더 거슬러 올라가면 '그라푸스(grapus)'(라틴어로 포도를 뜻함) 또는 '그라스포(graspo)'(이탈리아어로 포도송이의 줄기를 뜻함. 나무가 달린 부분은 포함하되 열매는 포함하지 않음)가 있다. 와인을 만들 때 포도송이만 따로 선별하고 나면 줄기가 남는다. 그러면 퍼미스와 섞어서 그라파를 만들었다.

그라파의 역사를 더 자세히 알고 싶다면 신화까지 거슬러 올라가야 한다. 많은 증류소 등의 광고뿐만 아니라 이탈리아 그라파 협회에서도 그라파의 기원을 고대에서, 정확하게는 이집트 프톨레마이오스 왕조 후기에서 찾아야 한

다고 말한다. 그러나 그라파의 시작은 중세 후기로 보는 게 좀 더 안전하다. 그 이유는 이때 증류 기술이 아라비아에서 이탈리아로 들어왔기 때문이다(2장과 3장 참고). 사람들은 처음에 증류 기술을 연금술에 사용했다가, 약을 제조하기 위해 사용했다. 르네상스 시대에 그라파는 기분 전환용 알코올음료로서 명성을 얻었다. 퍼미스를 증류하는 문화는 빠르게 이탈리아 북부 여러 지방에 뿌리를 내렸고 지역마다 다른 이름이 붙었다. 그라파를 전문적으로 제조하는 오래된 증류소 중에는 바사노 델 그라파(베네토주의 비첸차 근처에 있다)에 있는 나르디니 증류소가 있다. 18세기에 처음 증류를 시작했고 현재까지 대를 이어서 운영 중인 이탈리아에서 가장 오래된 증류소다.

상업 증류소들이 생산을 시작했던 당시에도 이미 북부의 시골 지역에서는 증류가 광범위하게 이루어지고 있었다. 사실상 그라파의 성공은 얼마나 많은 농민이 무허가로 집에서 만들었는가를 기준으로 측정해야 할 것이다. 대규모로 포도를 재배했던 지역에서 와인 제조는 20세기 초까지 시골 가정의 경제에 중요한 역할을 했다. 또한 각 가정은 가족들이 마실 와인을 제조하기 위해 소규모로 포도를 키웠다. 이런 환경에서 그라파를 만드는 일은 시골 가정의 '순환 경제'를 이루는 데 큰 기여를 했다. 농부의 농작물과 부산물 사용을 최대치로 끌어올려서 폐기물이 거의 나오지 않게 하는 방식으로 말이다. 그라파는 와인 생산 중 남은 찌꺼기를 증류해서 만든다. 그리고 음료로서, 식품 보존제로서, 요리의 재료로서, 기침과 소화불량과 두통의 치료 약으로서, 자상이나 다른 부상에 살균제로서 다양한 역할을 했다.

그라파의 존재감은 가장 먼저 일반 가정에서 나타났다. 부르주아와 귀족의

집에는 비싸고 대개 수입한 위스키, 코냑, 로솔리(알코올에 꽃과 과일을 첨가해 만든 단맛이 나는 알코올음료) 등이 쌓여 있었고, 공장 노동자나 농부의 집에는 값싼 그라파가 있었다. 또한 그라파에는 은밀한 특징이 있었다. 19세기에 돌입하면서 주 정부는 증류에 대해 강하게 통제하기 시작했다. 그러나 소규모 양조장은 전국 곳곳에서 생겨났고 때로는 도심에 자리를 잡기도 했다. 이곳에서는 주인이 직접 증류를 했으며, 때로는 지역 대장장이들이 손쉽게 증류기를 만들어 증류주를 제조하기도 했다. 사실 생산을 위해 필요한 것은 많지 않았다. 테이블 하나, 스틸과 보일러, 응축기를 둘 작은 공간이면 충분했다. 이 정도면 가족과 친구들과 함께 즐길 양을 만들 수 있었다. 이런 개인 증류소들은 경찰이나 수상함을 느끼는 이웃을 피해 지하실 또는 다락방 같은 곳에서 은밀히 작업을 진행했다. 그렇다, 몇십 년간 그라파는 이탈리아판 문샤인이었던 것이다. 외곽지역에서 밤마다 비밀스럽게 만들어진 그라파의 역사는 사람들의 입을 통해 꾸준히 전해졌다. 그리고 이런 특징으로 인해 그 명성은 더 신비롭고 때로는 반항적이면서 위험한 느낌을 주었다. 그라파는 비허가로 증류를 하기 때문에 언제든 경찰에 잡힐 수 있는 위험성을 안고 있는 술이었다. 지금도 불법 증류를 하다 적발되었을 시 내야 할 최저 벌금액은 7500유로에 달하고, 최대 6년 형에 처할 수도 있다. 또한 집에서 증류를 하면 환기가 제대로 되지 않아 유해한 알코올에 노출될 수 있고, 메탄올이 들어 있는 '헤드'를 완전히 제거하지 못해 이를 마시는 사람에게 치명적인 위험성도 있다.

가정에서 만든 그라파는 정밀하지 못해서 테일 부분이 섞이는 경우가 많다. 그러다 보니 보통 거칠고 '남성미' 넘치는 맛이 났다. 물론 테일은 마시더라도 인체에 해가 되지 않지만, 쓴맛, 신맛, 기름진 맛이 남아 있어 전체적인 풍미를 해친다. 맛이 얼마나 고약한지 이런 거친 그라파를 마시는 게 남자다움을 시험하는 것인가, 하는 의구심이 들 정도다. 성인들은 주로 선술집이나 바(주로 남성들, 특히 밤에 자주 모여들었다)에서 와인 대신에 싼 그라파를 마셨다. 밤새 카드 게임을 하거나 테이블에 앉아 대화를 나누는 데 안성맞춤이라 남자들이 주로 선호하는 술이었다. 그리고 나중에는 커피에 섞어 마시는 일도 흔해졌다. 특히 아침이나 푸짐한 식사를 한 후에 마시는 따뜻한 커피와 정신을 번쩍 들게 하는 술의 조합이 꽤 어울렸다.

그라파는 무엇보다 모임에 잘 어울리는 술이다. 집이나 바에서 가족, 친척, 친구들과 함께 마셨고 지금도 그렇다. 이때 빵, 치즈, 살라미 소시지를 곁들이기도 한다. 또한 군대에서 느꼈던 전우애를 상기시키는 술이기도 했다. 특히 제1차 세계대전이 벌어졌을 때 군대에서는 그라파의 인기가 높았다. 당시 전통적으로 그라파를 생산하던 지역이 최전방이었기에 술이 절실했던 군인들은 그라파를 쉽게 구할 수 있었고, 나중에는 자신의 하루 수당에서 그라파를 구입하는 비용이 항상 포함되어 있는 경우가 허다했다. 특히 서늘한 알프스 산맥 쪽에 배치된 군인들이 그러했다. 전쟁이 끝난 이후에도 근무를 이어가는 군인들은 겨울에 추운 초소에서 몸을 데워주는 데 탁월했던 그라파를 계속해서 마셨다. 전쟁 베테랑들, 특히 전 산악부대원들의 경우 그라파는 참호에서 전우들과 함께 마셨던 날을 떠올리는 전우애의 상징이 되었다. 그다음 세대들에게 그라파는 청소년에서 성인으로 넘어가면서 의무 입대를 했던 당시를 상기시키는 존재이기도 했다.

군인들이 그라파를 마시게 되면서 이 술은 북부를 벗어난 지역에까지 소개되기 시작했다. 다른 지역에서 파병 온 군인들이 그라파를 마신 후 집으로 돌아가서 전파한 것이다. 1900년대 이전에는 북부에 20곳(피에몬테에 6곳, 베네토주에 6곳, 프리울리 베네치아 줄리아주에 6곳, 롬바르디아에 1곳, 트렌티노-알토 아디제에

1곳) 정도의 증류소가 있었고 현재도 운영 중이다. 제1차 세계대전 이후 에밀리아로마냐주, 토스카나, 라치오주에 문을 연 대형 증류소들은 이 지역의 그라파 수요가 증가하고 있다는 사실을 여실히 보여주고 있다. 현재도 그라파는 이탈리아 내에서 주로 소비되며 소량의 수출품 역시 이웃으로 향한다. 그러나 최근 병 형태로 미국으로 수출되는 그라파의 양이 늘고 있다. 벌크 형태와 병 형태를 모두 포함해 이탈리아가 그라파를 수출할 때 큰 수익을 가져다주는 국가는 독일(86%)이다.

그라파는 농장, 선술집, 참호, 막사 간의 관계를 이어주는 주요 연결망 역할을 하고 시골과 도심을 이어주는 역할도 한다. 그리고 역사는 그라파를 값싸고 소박하며 남성적인 음료라 묘사하고 있다. 그러나 이런 분위기는 변하고 있다. 지난 몇십 년간 이 음료의 거친 면모는 정교해진 증류 기술 덕분에 한층 부드러워졌다. 가장 최근에 출시된 그라파가 역사의 새 장을 열었고 더 부드러운 맛을 찾는 여성들, 청년들, 교양인을 끌어모으고 있다.

이런 발전에도 그라파 소비는 현재 들쑥날쑥한 편이다. 이탈리아에서는 식사를 할 때 그라파를 한 잔씩 하거나 커피에 섞어 마시던 관습을 지금은 거의 찾아보기 힘들다. 도수가 높고 진한 맛이 원인이며, 음주운전에 관련된 법이 엄격해진 부분도 무시할 수 없다. 이런 이유로 최근에 소비자들은 식사 때 와인이나 맥주를 마시고 그라파를 피하려는 경향이 있다. 2008년부터 2018년까지 10년 동안의 생산량 데이터를 살펴보면, 그라파 생산량이 해마다 약 30만hL에서 21만 2000hL로 감소하고 있다는 사실을 알 수 있다.

비록 전체적인 생산량은 감소했지만, 이 술에서 풍겨오는 향은 날이 갈수록 좋아지고 있다. 그라파의 병 역시 점차 혁신적이고 세련된 형태를 갖추어 가며, 믹솔로지스트(칵테일 혼합자)의 사랑을 받고 있다. 그러니 이런 변화는 그라파가 새로운 장을 시작하고 있다는 의미가 아닐까? 처음에 남자다움을 측정하는 농민들의 거친 술로 시작한 그라파는, 전쟁터의 군인들에게 힘든 시기를 함께해준 음료를 지나, 이제는 참신한 맛을 조합해내는 주인공으로 부상하고 있다. 세계적으로 유명한 바텐더들이 사랑하는 세련된 베이스 음료로서 말이다.

19

오루호(와 피스코)

세르지오 알메시아

스페인에 계신 우리 아버지는 '아루아'란 바의 단골손님이다. 내가 고향에 내려 갈 때마다 아버지와 나는 이 바에서 우리만의 파티를 즐긴다. 이곳에서 '마리스카다'[1]를 푸짐하게 먹고 나면 페페 – 갈리시아인인 이곳의 주인 – 는 항상 하우스 식후주를 주었다. 우리는 이 술이 얼마나 훌륭한지 잘 알고 있다. 왜냐하면 차갑

1 해산물 요리.

게 보관한 오래된 플라스틱 물병 안에는 그가 직접 채운 술이 들어 있기 때문이다. 어떻게 만들었냐고? 모르는 게 약이다. 동향인에게 얻었다는 이야기는 한 번 한 적이 있다. 이 술은 오리지널(화이트) 오루호다. 눈처럼 맑고 상쾌한 향이 나며 진하고 드라이하면서 쓴맛이 난다. 마시고 나면 마음이 따뜻해지는 그런 술이다. 내 경우에는 지금 누구와 함께 마시고 있는지 알 수 있는 방법이 되기도 한다. 식후에 '츄피토 데 오루호(오루호 한잔)'가 주는 건강의 이점을 모르는 친구와는 절대 이 술을 같이 마시지 않을 것이다.

포르투갈의 '바가세이라', 프랑스의 '마르', 이탈리아의 '그라파', 그리스의 '치푸로', 불가리아의 '라키아'처럼, '아구아르디엔테 데 오루호'—줄여서 '오루호', '아구아르디엔테', 또는 '카냐'—는 스페인의 '특별한' 증류주다. 방금 나열한 마르나 그라파 같은 증류주와 함께 오루호도 퍼미스 브랜디의 일종이며, 와인을 생산한 후 남은 포도 찌꺼기를 증류해서 만든다. 오리지널 오루호는 투명한 색을 띠고 도수는 50%가 넘는다. 스페인 북서부지방에서 포도를 재배하는 농부들은 오랫동안 하루의 일과처럼 오루호를 증류해왔다. 이런 지역에는 아스투리아스, 칸타브리아, 카스틸라 이 레온, 갈리시아(알바리뇨 와인 원산지)가 있다. 그중에서 특히 갈리시아는 대조가 아름다운 곳이다. 불규칙한 해안선을 따라 깎아지르는 듯한 바위 절벽과 풀들로 가득한 목가적인 분위기의 내륙이 극명한 대조를 이루는 이곳에 고대 브리튼 또는 켈트족이라 불리는 민족이 처음 정착했다.

이곳 주민들은 적어도 16세기부터 오루호를 증류했을 것으로 추측하고 있다. 그러나 알렘빅으로 증류했다는 첫 번째 기록은 스페인 예수회의 미구엘

아구스티가 인접국 프랑스의 마르 증류법에 대해 묘사한 이후인 17세기의 것만 현재 남아 있다. 어쨌든 여러 수도회와 종교 집단의 연금술사들은 빠르게 이 지식을 공유했고 여러 곳으로 퍼져나갔다. 그 속도가 얼마나 빠른지 카미노 데 산티아고 같은 경우, 이 시기에 오루호의 증류가 정말 활발하게 이루어졌다고 한다. 갈리시아에서는 오루호를 증류주 외에도 배와 사과 잼을 만들 때 사용하는 등 요리 재료로 쓰기도 했다. 또는 두통, 치통, 기침, 그 외 통증에 의약품으로 쓰기도 했다. 오루호를 젖소의 젖꼭지에 발라두어 더 많은 우유를 얻었다고 한다. 노동자와 선원들은 하루의 일과처럼 매일 오루호를 마셨는데 특히 노동의 강도가 심했던 날은 더 많이 마셨고 이런 속담까지 생겼다. '오루호 한 방울은 배를 따뜻하게 만들어 강하고 용감한 사람으로 거듭나게 한다.'

오루호는 생산된 그해에 바로 마셔도 되고 숙성을 해도 된다. 갈리시아에서는 오루호를 '바가소(bagazo)'–와인 생산 후 남은 포도의 젖은 껍질, 줄기, 씨–로 만든다. 그리고 이 재료의 질은 최종 제품의 질을 결정한다. 보통 증류에 필요한 퍼미스의 양은 수확 철에 나오는 양보다 적어서 남은 부분은 사일로에 넣어두며 최대 5개월까지 둘 수 있다. 참고로 사일로는 200~1000kg 정도의 곡식을 보관할 수 있는 큰 밀폐형 저장고다.

갈리시아에 있는 증류소는 전통적으로 알렘빅을 사용해왔고 보일러는 장작이나 가스로 바로 가열할 수 있는 형태를 띠고 있다. 증류는 일반적인 방식과 비슷하게 두 단계를 거친다. 1) 퍼미스에 있는 휘발성 물질이 증기로 변해서 증발한다. 2) 수증기가 응축되어 헤드, 하트, 테일 순으로 모인다. 먼저 헤드를 제거하며, 비율은 바가소의 질에 따라 다르다. 냉각 후 모인 증류액의 도수가 45~50% 정도가 되면 작업을 끝내고 테일을 버린다. 최상의 품질을 만들어내기 위해 증류액의 온도를 조절하는 일이 중요하다. (증류액을 따로 빼서 18~20°C인 곳에 둔다.) 갈리시아에서는 오루호 증류를 한 번으로 그치는 편이다. 이때의 도수는 시장에 내놓을 때보다 더 높다. 무색, 무미, 상대적으로 염도가 낮은 물(소금은 바닥으로 가라앉아 오루호가 탁해질 수 있다)로 희석해서 도수를 낮춘다. 이런 종류의 물은 자연에서 바로 얻기가 쉽지 않아 현대 증류업자들은 보통 탈염수를 쓴다.

마지막 단계는 안정화, 여과, 숙성이다. 희석한 오루호를 바로 냉장고에 넣어두면 무거운 분자들이 용액 속에서 빠져나오기 때문에 전반적으로 탁해진다. 그래서 천천히 안정화시키는 과정이 필요하다. 시간은 몇 분에서 몇 시간 정도 걸리고 온도는 2~-20°C까지 다양하다. 그 후 여과를 해서 남아 있을 만한 불순물을 걸러 오루호 특유의 맑고 빛나는 액체로 만든다. 증류업자가 원한다면 퀘르쿠스 로부르 오크 배럴에서 숙성을 하기도 한다. 오크통의 품질 역시 최종 제품의 특징에 지대한 영향을 준다.

기본 형태의 오루호는 다른 증류주를 생산하는 데 그 출발점을 제시해줄 수 있다. 가장 유명한 것이 '아구아르디엔테 데 히에바스(aguardiente de hierbas)'며, 설탕을 리터당 100g 이상 넣어서는 안 된다. '리코르 데 히에바스(licor de hierbas)'는 리터당 설탕이 최소 100g은 들어가야 한다. 각 증류주에는 최소 세 가지 종류의 허브가 반드시 들어가야 한다. 식용이라면 어떤 종류를 넣어도 상관없지만, 전통적으로 민트, 캐모마일, 레몬그라스, 로즈메리, 오레가노, 타임, 고수, 시나몬을 썼다. 이 허브들은 증류할 때 또는 증류 후에 담가서 우린다. 여기서 변형된 형태가 '리코르 데 카페(Licor de café)'인데 허브 대신 커피콩을 넣는다. 갈리시아 일부 지역에서는 오루호를 이용해 와인의 발효를 중단시키면서 단맛(모든 당이 알코올로 변하기 전)을 유지시키는 방식으로 '아보파도(abofado)'를 생산한다. 코냐크 지방에서 생산되는 유명한 '피노 데 샤랑트(Pineau des Charentes)'를 제작하는 방식과 매우 유사하다.

오루호에서 살짝 변형을 가한 제품 중에 '께이마다(queimada)' 또는 '뜨거운 펀치'라는 게 있다. 이 술은 다른 신앙을 믿던 시기부터 만들어졌다고 알려져 있으며, 의례를 진행할 때 설탕, 오렌지, 레몬 껍질, 커피콩, 오루호를 적포도주에 넣고, 이를 불로 가열하면서 커다란 숟가락으로 계속 저어주었다고 한다. 첨가물의 비율은 주로 '가열자'의 재량이다. 사람들은 오루호와 설탕의 조합이 만들어내는 독특한 푸른 불빛을 향해 주문을 외웠다. 숟가락으로 젓는 행위는 사악한 것들을 쫓아내는 목적이 담겨 있었기 때문에 이 의식에서 가장 중요한 부분이다. 일부 기록에 따르면 철기시대(기원전 1300~700년경) 때 현재의 갈리시아 지방과 그 일대에 정착했던 켈트족(갈라에치)이 처음 이 의식을 치렀다고 전해진다. 이런 '오래된 의식'이 1950년대부터 시작되었다고 주장하는 이도 있지만, 대부분은 이런 마법 같은 레시피가 켈트족, 로마인, 아랍인(과거 이베리아 반도에서 오랫동안 거주해온 민족들)의 다양한 전통에서 영향을 받았을 거라는 가능성을 무시하고 싶은 기독교인들이다.

페루와 칠레의 피스코(Pisco)는 스페인 오루호의 변형된 제품으로 오인하기도 해서 여기에서 따로 다루기로 했다. 이 두 가지 술을 하나씩 살펴보면 다른 점이 꽤 많다는 사실을 알 수 있다. 페루에서 피스코 증류가 시작된 시점과 스페인에서의 오루호 증류 시점이 거의 비슷한 건 사실이다. 그러나 피스코는 포도를 짜고 남은 고형물이 아닌 발효된 포도즙으로 바로 증류하니 오히려 코냑과 아르마냑과 더 비슷하다고 봐야 한다. 그러나 또 이들과 다르게 오랜 기간 나무 배럴에서 숙성시키지 않는다는 차이가 있다.

신세계로 정복자들이 들이닥쳤을 때 이들은 재난을 함께 몰고 왔지만, 그 외에도 술, 올리브오일, 포도도 함께 가져왔다. 당시 교회에서 성례를 시행할 때 쓸 와인이 필요했기 때문에 처음에는 선박을 이용해 유럽에서 신세계로 와인을 들여왔다고 한다. 그러나 금세 포도 농장이 들어섰고 페루 역사학자 로렌조 후에르타스에 따르면, 피스코 생산은 16세기 말 이전에 시작되었다고 한다. 처음에 피스코는 마시는 용도보다는 주로 강화 와인(아세트산을 만들어내는 박테리아의 활동을 막음)을 만들기 위해 썼다. 그러나 곧 이 음료는 페루 정체성의 핵심으로 자리했다. 포도즙을 발효하고 증류한 후 흙으로 빚은 항아리–'피스코스(piscos)'라 부르기도 함–에 넣었으며 당시 화폐처럼 교환물로 흔히 쓰였다.

이 증류주는 '피스코'라는 페루 항구 도시의 이름을 땄다. 이곳은 페루에서 가장 중요한 무역의 중심지였다. 1572년 알바로 데 폰세가 처음 이 도시를 건설했고 당시 산타 마리아 마그달레나라 이름을 붙였지만, 나중에 이곳의 피스코 계곡의 이름을 따서 피스코로 바꾸었다. '피스코'라는 단어 자체는 '새'를 의미하는 케추아어에서 유래한 것으로 추측하기 때문에, 기원을 스페인 이전으로 보고 있다.

다시 스페인으로 돌아가보자. 현재 갈리시아에서 생산되는 오루호의 전체 양은 가늠하기가 상당히 어렵다. 생산과 유통 방식이 극도로 전통적이기 때

문이다. 19세기 말 정부는 증류주가 생명을 위협할 수 있는 독극물이라 생각했기 때문에 오루호 증류는 사실상 금지되었다. 몇 년 후 갈리시아 일부 지역에서 증류를 법적 허용했고, 1911년부터는 일부 도시에서 몇 가지 제한(가령 증류기의 핵심 장치에 대한 접근을 제한해 특정 증류만 할 수 있었다)을 두고 오루호 증류를 허용했다. 그리고 이런 체계는 '증류주 증류에 관한 특별법'을 근거로 1927년 갈리시아 나머지 지역까지 확대되었다. 또한 국회에서는 오루호 유통 지역과 관련된 세금 체계를 만들고 이동 가능한 증류기도 허용했다. 이런 이동식 장치는 전통 증류기 중에서 가장 많이 쓰던 형태였다. 이렇게 오루호를 둘러싼 다양한 변화 덕분에 생산 방식 또한 크게 발전했다.

1985년 특별법은 좀 더 제한적으로 수정되어 고정된 증류기만 허용했다. 결국 이동형 알렘빅, 그중에서 특히 전통 증류기는 서서히 사라졌고 자연스럽게 불법 제조가 늘어났다. 그래서 2012년 다시 법을 개정해 고정 설비는 그대로 두되 전통 방식(알렘빅이나 직접 가열 방식)을 허용하고, 숙성은 500L 이하 용량의 오크 배럴에서 최소 1년 이상을 하도록 했다(또는 500~1000L 용기라면 최소 2년 이상 숙성). 이렇게 개정된 법은 높은 안전성과 품질이 좋은(세련된 빛깔 등) 증류주 생산에 초점을 맞추었다고 볼 수 있다. 그러나 현재 우리가 사는 세상은 예측할 수 없는 결과가 난무하는 곳이라 이 법을 악용한 제품 역시 나오고 있다. 소규모로 생산된 일부 '전통' 오루호는 재사용된 플라스틱병에 들어 있고 술의 출처는 라벨에 적힌 내용으로만 추측하는 게 전부인 경우도 있다.

당신이 스페인에 방문해서 훌륭한 식후주를 찾고 있다면, 합법적인 오루호를 구하는 일은 정말 쉽다. 루아비에자라는 브랜드는 스페인 어느 마트, 바,

레스토랑에 가도 쉽게 볼 수 있다. 이 제품은 비싸지 않으면서 맛이 우아하고 종류 역시 다양해, 클래식 버전, 허브, 커피, 또는 크림이 첨가된 클래식 버전이 있다. 전통 오루호 루아비에자는 흙으로 빚은 독특한 병에 담겨 있어서 냉장고에서 꺼낸 후 식탁(또는 포장해서 가져가도)에 두어도 빨리 식지 않는다. 엘 아필라도르 오루호 또한 고전적인 술이다. 이 제품을 생산하는 증류소는 1943년부터 병에 담긴 오루호(스페인에서 병에 담긴 오루호를 팔기 시작한 첫 번째 회사)를 판매했다. 증류주 애호가도 곧 투명하고 밝으면서 따뜻한 전통 엘 아필라도르의 진가를 알게 될 것이다.

만약 당신이 더 혁신적인 오루호를 찾고 있다면 와인과 증류를 모두 하는 마르 데 프라데스의 제품을 선택해도 된다. 이곳에는 더 전통적인 버전의 술도 있지만 색다른 형태의 '오리지널' 오루호도 있다. 지역 허브와 과일(미라벨 자두 등)을 우려서 만든 이 증류주는 구리 호박색을 띠고 마시면 크리미한 느낌을 받을 수 있다. 모험을 즐기는 애주가에게 매력적인 술이다. 이 제품은 세계 곳곳으로 수출되기 때문에 당신의 집 근처 주류판매점에서 독특하면서 맛있는 이 오루호를 발견하게 될지도 모른다.

20

문샤인

롭 드살레

우리는 이 술을 제대로 마시기 위해 문샤이너들이 흔히 입었다는 멜빵바지까지 입었다. 테네시에 사는 이안의 삼촌 그랜빌은 예전에 문샤인에 몸을 담았던 적이 있다. 항상 입에 콘콥 파이프를 물고 있었던 이 사려 깊고 매력적인 남성은, 이안에게 자신이 만든 제품을 너무 많이 마시면 건강을 해치지만, 소량이라면 어떤 병이든 치료해줄 거라 항상 말했다고 한다. 우리가 이제 맛볼 이 증류주는 마치 안에 테레빈유가 들어 있을 것만 같은 반짝이는 붉은색 금속 캔에 담겨 있다.

그리고 내용물을 보여줄 생각이 없어 보였다. '라벨에는 문샤인 위스키'라고 적혀 있고 100% 옥수수로 만든 매시며, 전통 구리 스틸로 증류했다고 강조하고 있다. 우리는 금속 뚜껑을 열고 이 투명한 액체를 조심스레 잔에 부어보았다. 옥수수의 달콤한 향이 풍겨오며 마치 다른 향을 가리는 듯했다. 천천히 한 모금 들이켜보았다. 놀랍도록 부드러운 맛이 끝까지 이어졌고 타는 듯한 감각은 그다지 느껴지지 않았다. 굳이 한마디로 요약하자면 아주 맛이 섬세한 증류주였다. 이 술을 맛본 후 우리는 탄화 작업을 한 새 배럴 통에서 몇 년간 숙성했다면, 또 어떤 맛으로 변했을까 하는 궁금증이 일었다. 어쨌든 현재 우리는 매우 만족스러운 상태며, 숙성하지 않았더라도 아쉬움은 없었다. 그리고 순간 이 멜빵바지는 전혀 필요하지 않다는 사실을 깨달았다.

문샤인, 매시 리큐어, 마운틴듀, 후치, 홈브루, 화이트 라이트닝, 화이트 위스키, 춥, 샤이니. 이름이 뭐가 그리 중요하겠는가. 밀주를 지칭하는 이 미국식 이름들은 수백 개나 되는 세계의 밀주 이름과 비교하면 그렇게 많은 편도 아니다. 이 이름 중 하나인 '문샤인'의 어원 자체도 꽤 복잡하다. 이 용어와 관련된 첫 번째 기록은 13세기의 것으로, 당시 문자 그대로-빛나는 달- 사용되었다. 이 단어가 증류주를 지칭하는 용도로 사용된 것은 전설 같은 이야기로 전해져온다.

이 전설은 18세기 후반 영국에서 시작되었다. 어느 나라나 마찬가지겠지만 당시 술은 영국의 국고를 채우는 데 매우 귀중한 자원이었다. 그래서 세관에서 수입 증류주를 철저히 관리했고 이런 상황에서 시골에 있는 윌트셔는 밀수된 증류주를 은닉하기에 알맞은 장소였다. 그중에서도 프랑스에서 건너

온 브랜디가 그랬다. 이 불법 밀수품들을 작은 통에 담아 연못 속에 넣어두면 감쪽같았으며, 다시 꺼낼 때는 긴 갈퀴를 이용했다. 작업 중 행여나 세관 직원에게 걸리면 단지 연못에 비친 달빛을 건지는 중이라고 둘러대는 사람도 있었다고 한다. 상황을 전혀 눈치채지 못했던 도시 직원들은 단지 이 시골 농민들이 아둔하다고만 여겼고, 그들은 작업을 이어갈 수 있었다. 이때부터, 연못에 숨겨진 브랜디를 꺼내기 위해 갈퀴를 쓰는 윌트셔 주민에게 '문레이커(moonraker, 달을 건지는 사람)'라는 별칭이 붙게 되었다. 그리고 이들의 자손이 대서양을 건너 다른 대륙에 정착했을 때 이들은 여기에서 영감을 받아 밀주를 '문샤인(moonshine)'이라 부르기 시작했다. 이 용어는 주로 미국의 애팔래치아산맥과 오자크 지방에서 사용되었는데 이곳에서는 주로 밤에 밀주를 유통했기 때문에 정말 적절한 단어라고 할 수 있다.

문샤인에 대한 이보다 덜 로맨틱한 이야기도 있다. 처음에는 부업으로 야간근무를 했던 사람들을 일컫는 용어로 쓰였지만 정당하게 고용된 사람들의 경우 나중에 '문라이터'로 바꾸어서 불렀고, 이와 반대로 애팔래치아산맥에서는 몰래 술을 만들던 사람들을 '문샤이너'라 그대로 불렀다. 그리고 '문샤인'은 1920~1933년에 영국계 미국인들에게 쓰는 용어로 굳어졌다. 이때는 미국에서 금주법이 시행되었던 시기로, 알코올의 생산과 소비가 법적으로 금지되었다.

마침내 문샤인은 영어를 쓰는 국가에서 투명하고 숙성하지 않은 불법 위스키(아이리시나 스카치 위스키 모두 포함)를 지칭하는 용어가 되었다. 사실 지구상의 거의 모든 국가에 밀주가 존재한다. 이름은 다르더라도 말이다. 그러나 우리는 미국 버전의 흥미로운 밀주에 집중하려 한다. 밀주에 관련해서 숨기거나 숨으려고만 하는 다른 나라의 상황과는 정반대로 미국의 제조업자는 주 정부와 세금 징수업자를 대놓고 무시하고, 소비자 역시 친구나 가족과 함께 뒤 베란다에서 거리낌 없이 밀주를 나누는 모습이 굉장히 독특하다고 생각했기 때문이다.

미국 문샤인의 이야기를 하자면 미국 독립 전쟁 이후로 돌아가야 한다. 1789년, 미국 헌법이 효력을 발휘하면서 새로운 연방정부는 세금을 부과하기 시작했다. 여기에서 수입세는 제외되었는데, 그 이유는 알렉산더 해밀턴이 지적했듯이 수입세는 이미 놀랄 만큼 높은 상태였기 때문이다. 그러나 돈은 어쨌든 필요했다. 전쟁으로 인해 당시 정부가 갚아야 하는 부채만 7900만 달러였다. 그러니 새 정부는 빨리 이 문제를 해결해야 했다. 1791년, 미국에서 처음으로 새롭게 세금을 매긴 술은 위스키였다. 위스키세라 불렸지만 일부 금주 운동가들은 '죄에 대한 세금'이라 칭하기도 했다. 그러나 범죄자들이 남는 시간이나 때우려고 위스키를 제조했던 게 아니었기에 이런 정부의 결정은 매우 큰 발발을 불러왔다. 당시 많은 농부가 키운 곡식을 파는 것보다 밀주로 얻는 수익이 더 컸기 때문에, B급 곡물로 옥수수 매시를 만들고 증류를 해왔다. 그러니 이런 수입을 빼앗아 가려는 세금 징수업자나 '밀주 감시관'이 얼마나 미워 보였겠는가?

1791년 말에 이 법안이 통과되었지만, 위스키세에 대한 정부의 생각은 서부 끝에 있는 지역민의 반발을 키웠다. 이들은 이 법이 자신들에게만 손해를 끼치는 불공평한 법이라 여겼다. 당시 증류주의 주요 생산자면서 주요 소비자였던 서부 사람들(펜실베이니아 서쪽 지역에 거주하는)은 대다수 여기에 생계가 달려 있었다. 그래서 1794년 이런 불평이 전국적인 반란으로 이어지기 전, 약 2

년 동안 주민들은 위스키세에 대항하는 조직을 자체적으로 만들어 항쟁했다. 그 유명한 위스키 반란은 서부 펜실베이니아 주민들이 피츠버그에서 시위를 하면서 시작되었다. 큰 전투(바워 힐 전투)가 한차례 있고 난 뒤, 반발(세금에 불만을 품은 시민들이 피츠버그에서 또 다른 시위를 벌였다)은 잦아졌고 반란자들의 모임(현재는 위스키 포인트라 부름)이 많아졌으며, 시위자들은 여기에서 큰 힘을 얻었다.

그리고 충분히 예상했듯이 세금에 반발하는 서부인들의 행태는 미국 초대 대통령 조지 워싱턴을 분노케 했고, 그는 1만 3000개의 병력을 모아 시위대를 진압하기에 이른다. 진압방식의 정도가 얼마나 심했던지 많은 시위대가 정부에 항복했다. 1794년 말 연방정부의 권위에 처음으로 도전했던 위스키 반란은 결국 이렇게 막을 내렸다. 토머스 제퍼슨이 대통령직에 있던 1802년, 그는 위스키세를 폐지했다. 한동안은 세금에 대한 부담이 줄긴 했지만, 위스키는 특별소비세와 규제에 여전히 취약했다. 1812년에 벌어진 전쟁 비용을 충당하기 위해 이 법은 1812~1816년 동안 다시 시행되었다가 다시 폐지되었다. 그리고 1862년, 남북전쟁으로 인해 다시 시행되었다. 이후로는 폐지되지 않았기 때문에 밀주업자들은 자신들의 기술에 이 법을 피하는 방법까지 더해야 했다.

미국에 있는 증류주는 항상 금주 운동의 대상이 되었고, 1920년 이 운동이 최절정에 달했을 때 밀주업자들은 전국에서 가장 인기 있는 공급자가 되었다. 1920~1933년, 금주법이 폐지되기 전까지 이들은 사업을 최대치로 늘렸다. 수요가 어찌나 많은지 일부 업자들은 더 많은 수익을 내기 위해 저렴하고 신뢰도가 낮은 재료를 쓰거나 물을 타기도 했다. 그러나 1933년 불법 증류주에 대한 수요는 급락했고 밀주업자들은 이런 분위기에 제대로 적응하지 못했다. 이렇게 문샤인의 인기는 떨어지고 당시 얻은 악명은 현재까지 이어지고 있다.

20세기를 통틀어 문샤인에 대한 이미지는 전반적으로 나빠졌지만, 금주법은 현재 우리가 애정하는 문샤인의 문화와 매력에 많은 영향을 주었다. 이 시기에 문샤이너의 제품을 유통하던 부츠레거-문샤이너와 다름-는 전설적인 인물이 되었다. 부츠레거는 과거 밀수품을 자신의 부츠 속에 숨기고 말을 탔던 사람들에게서 유래한 단어로, 부츠레거와 밀주 감시관과의 싸움은 대부분 애팔래치아산맥에서 벌어졌으며 문샤인 역사의 일부가 되었다.

남북전쟁 이후 미국을 재건하던 시기는 불법 증류 산업의 불황기였다. 고지대 주민들은 정부 세수를 늘리는 데 자신들이 이용당한다고 분개했고, 정부를 무시하는 태도를 자랑스럽게 여겼다. 연방정부는 이에 증류를 하지 않는 고지대 주민들에게 밀주업자를 고발하는 정책을 시행했고 매우 효과적이었지만, 여전히 1876년 동부 산악지역에서 가동되는 증류기는 적지 않은 수인 3000개가량이었다고 한다.

모순적이게도 술고래였던 율리시스 S. 그랜트는 그린 베리 라움을 국세청장으로 임명하며 문샤인을 뿌리 뽑을 수 있는 권한을 주었다. 1877년, 국세청장이 유죄로 이끈 증류 관련 탈세 건수만 해도 거의 3000건에 이르렀다. 성공은 매우 가까워졌고 문샤인 제조는 시들해졌지만, 완전히 없어지진 않았다. 불법으로 증류를 하면서 얻는 수익이 컸기 때문에 1880~1890년대에 합법적으로 운영했던 많은 증류업자가 문샤이너나 부츠레거로 돌아섰다. 그리고 당연하게도 정부는 이런 탈세업자들을 적발해냈고 다시 처벌 건수가 올라가기 시작했다.

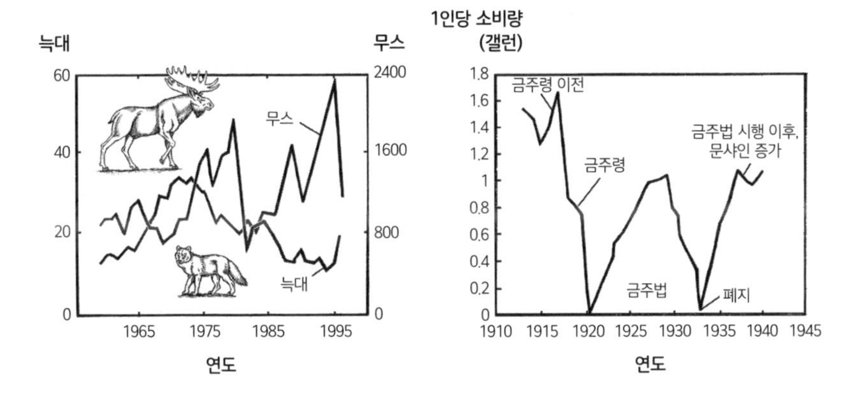

그림 20.1 자연에서의 포식자-피포식자 관계, 미국의 알코올 소비와 사회운동 사이클. 왼쪽: 미시간주 로열섬의 무스-늑대 역학 관계. 두 개체 수 변화는 포식자-피포식자의 관계에서 일정하게 반복되고 있다. 오른쪽: 1913~1940년까지의 1인당 알코올 소비량.

문샤인의 생산량 증가와 정부 단속으로 인한 생산량 하락이 반복되는 패턴은 포식자와 피포식자의 상관관계와 매우 흡사하다. 가장 유명한 예시는 미시간주 로열섬의 무스-늑대 역학 관계(그림 20.1)다. 늑대 개체 수 감소는 무스 사냥률 감소로 이어졌고, 무스 개체 수가 증가하는 결과를 가져왔다. 그러나 무스의 수가 최고치에 이르면서 먹이가 풍부해진 환경이 조성되어 늑대의 개체 수는 다시 증가한다. 다시 무스의 수가 줄어들면서 꾸준히 증가하던 늑대에게 충분한 먹이를 제공하지 못하게 되자, 늑대의 수는 다시 감소하고 무스의 수는 늘어난다. 이런 패턴은 계속 반복되고 있다. 최대 개체 수에서 다음에 나타나는 최대 개체 수는 약 25년 간격으로 나타났다.

늑대와 무스가 보여주는 패턴은 밀주 감시관과 문샤이너와의 패턴과 매우 비슷하다. 초기에 주류 탈세에 대한 처벌 건수가 매우 많았다. 이후 문샤이너들이 숨어버리거나 설비를 없애면서 그 수는 뚝 떨어지고 공무원들의 활동이 점차 줄어들었다. 그러면서 문샤이너들은 다시 작업을 하기 시작했다. 금주 운동 확산으로 국세청이 문샤이너에 대한 감독이 강화되었던 1913~1922년에 생산량은 급감했다. 금주법이 시행되기 바로 전이다. 금주법 시행 때, '피포식자'인 문샤이너는 초기에 정부의 강력한 압박을 받아 생산량은 하락했다. 그러나 이 기간 동안 술에 대한 수요는 엄청났기 때문에 문샤이너의 수는 다시 상승했다. 1920년대 후반, 정부의 압박으로 또다시 생산량은 하락했다. 이때 알코올은 불법이라 세금이 붙지 않았으므로, 세금 징수로 살펴본 공식적인 1인당 생산량 곡선은 0.0갤런으로 쭈욱 내려가 있다. 그러나 우리는 이때 밀주 사업이 최전성기를 누렸다는 사실을 잘 알고 있다. 1929년 압수되었던 양이 110만 갤런(약 416만L)이었다는 사실을 미루어볼 때, 아마 실질적인 생산량은 이보다 더 많았을 것으로 추측된다. 당시 미국 인구가 약 1억 1000만 명인 점을 감안해보면 그 해만 해도 한 명당 압수된 양의 약 1/10을 마셨다고 추측해볼 수 있다. 물론 매우 대략적인 수준의 계산이긴 하지만 1913년에서 1940년까지 미국에서 생산된 문샤인의 양에 근접할 것이다. 1929년 이전, 문샤인 생산의 최절정이었던 시기에 정부가 압수한 증류기의 수는 50만 개를 넘어섰다. 1929년 이후에도 증류기 압수율은 높았기에 이때쯤이 가장 생산율이 높았다고 추측할 수 있다. 또한 금주법 시행 전과 후에도 이와 비슷한 수준의 높은 생산량이 반복적으로 나타났다는 사실을 알 수 있다(그림 20.1 참고).

1940년대부터 현재까지의 데이터는 찾을 수 없다. 그러나 1950년대에 생산이 다시 피크에 올라섰을 거라 쉽게 추측할 수 있다. 그리고 분명 그 뒤에 다시 하락했을 것이다. 당시와 같은 문샤이너들은 현재 거의 남아 있지 않지만, 일부가 고산지대에서 여전히 이 기술을 이어가고 있다. 그러나 문샤인이라는 문화만큼은 대중의 기억 속에서 하나의 신화처럼 해석되고 있다. 영화와 블루그래스[1]를 보면 문샤이너와 부츠레거를 아름답게 묘사하고 있다는 사실을 알 수 있다. 1950년대 나온 영화 〈썬더 로드〉는 〈로우리스: 나쁜 영웅들〉이 2013년 나오기 전까지 가장 대표적인 부츠레그 영화였다. 로우리스에는 본듀런트가의 세 형제가 나온다. 부패한 보안관과 갱스터가 판치는 구역에서 이들은 문샤인을 유통하는 일을 하고 있다. 열정적이고 과하게 잘생긴 형제들은 이 영화에서 영웅으로 묘사되고 있다. 보통 TV에서는 문샤인을 비하하거나 조롱의 대상으로 비추기도 하지만, 〈비버리 힐빌리즈〉에서 제작자로 나오는 제드 클램펫이나 〈해저드 마을의 듀크 가족〉의 듀크 형제 같은 이들은 긍정적인 이미지로 나왔고, 듀크 시리즈에 나오는 보스 호그 같은 법 집행관은 조롱의 대상으로 나왔다. 블루그래스 음악은 애팔래치아 음악에서 시작되었기에 문샤인과도 관계가 깊다.

지역 경찰관을 추월해서 달리는 자동차는 문샤인 관련 TV 프로그램이나 영화만큼 유명한 이야기다. 경찰을 따돌리고 물건을 암시장에 내놓기 위해서 부츠레거에게 필요한 것은 노련함과 묘기 수준으로 빠른 차였다. 그래서 여러모로 나스카(전미 스톡카 레이싱 협회)는 부츠레거와 긴밀하게 연결되어 있었다. 그중에 전설적인 이야기는 1949년 나스카 경주대회의 첫 번째 우승자의 스톡카가 밀주 유통에 쓰였다는 것이다. 노스캐롤라이나주에서 첫 번째 샬로트 모터 스피드웨이 대회가 열리기 바로 1주일 전이었다. 이 차는 부츠레거 형제, 팻 찰스와 하비 찰스(두 형제는 1년 전 밀주 유통으로 유죄판결을 받아 1회 대회에 참석하지 못했다)가 만들었다. 첫 번째 우승자인 글렌 더너웨이는 200바퀴 경기에

1 1940년대 후반 미국에서 발생한 컨트리 음악의 하위 장르.

서 세 바퀴 차이로 승리를 거머쥐었다. 그러면 이 전설은 사실일까? 당시 차를 조사했던 관계자에 따르면 리어 스프링이 개조된 사실을 발견했다고 한다. 이 차는 전형적으로 부츠레거들의 기법을 사용해 고성능으로 개조되어 있었고, 차주였던 휴버트 웨스트모어랜드는 당시 아주 유명한 부츠레거였다. 결론은 당신의 몫으로 남겨두겠다.

문샤인 제조는 이제 과거의 기술이 되어버렸다. 그러나 최소 문샤이너 두 명은 아직 남아 있다. 바로 짐 톰 헤드릭과 마빈 '팝콘' 서튼이다. 작가 다니엘 S. 피어스는 이들을 가리켜 '포스트모더니즘 시대의 문샤이너'라 칭했다. 각각 1940년과 1946년에 출생한 헤드릭과 서튼(2009년 사망)은 문샤인을 밀주에서 허용 가능한, 또는 합법적인 증류주로의 변화를 일으킨 인물들이다. 현명하고 푸근한 인상의 이들이 가진 전반적인 문샤인 지식을 생각해보면 이번 챕터를 쓰고 있는 우리가 살짝 부끄러워지기도 한다. 헤드릭은 79세의 나이에도 여전히 증류를 하면서 관련된 이야기를 다른 사람들과 공유한다. 또한 슈거랜드 디스틸링 컴퍼니의 젊은 증류업자들과 협업하며 자신의 모든 기술을 전수하고 있다. '팝콘' 서튼 역시 타고난 스토리텔러면서 전문적인 문샤이너다. (2012년 사망한 윌리 클레이 콜 같은 다른 전 문샤이너들 역시 합법적인 제조 방식으로 방향을 틀었다. 그림 20.2 참고) 헤드릭과 서튼은 또한 놀랄 정도로 독실한 기독교인이다. 하루는 서튼에게 일요일에 사진 촬영이 가능한지 묻자 그는 "당연히 안 됩니다. 이런 세상에! 일요일은 무조건 교회에 가야 합니다"라고 답했다고 한다. 이 둘은 또한 '문샤이너'로 크게 히트 친 디스커버리채널 프로그램에 출연했다는 공통점이 있다. 당신이 문샤인에 대해 조금이라도 관심이 있다면 몇 편 정도 보기를 강력히 추천한다. 대부분의 리얼리티 프로그램에서도 어느 정도 짜여진 각본이 있기 마련이다. 그러나 이 둘은 별다른 대본 없이

그림 20.2 합법적인 문샤인들

도 독창성과 현명함을 적절히 보여주었다. 헤드릭과 서튼은 자신들이 마지막 문샤이너라는 사실을 알고 이를 적절하게 활용해서 돈을 벌어들였다. 둘은 항상 멜빵바지를 입고 있었는데, 이것만으로도 정말 고전적인 멋짐이 풍겨 나오는 듯했다.

당신이 증류하는 방법을 알고자 이 책을 골랐다면 사과의 말을 전하고 싶다. 집에서 증류하는 것은 불법이다. 적어도 현재까지는 말이다. 최고의 문샤이너들은 기본적인 장비를 썼지만, 광범위한 기술적 지식이 있었다. 그래서 꾸준히 사업을 이어갈 수 있었고 고객 역시 안심하고 마실 수 있었다. 즉, 훌륭한 문샤이너는 훌륭한 화학자이기도 했다는 말이다. 이들은 마실 수 있는 제품을 생산하기도 했지만, 자신과 다른 사람들이 죽지 않도록 안전한 방법을 찾기도 했다. 왜냐하면 증류기는 매우 위험한 장치기 때문이다. 불이 잘 붙는 알코올을 다루는 작업에는 항상 위험이 따랐으며, 폭발이라도 일어나면 바로 화재로 이어질 수 있었다. 당신이 증류기에서 막 나온 이 무해해 보이는 투명한 액체 속에 무엇이 들어 있는지 정확히 모른다면, 앞에서 설명했듯이 여기에는 에탄올과 독성이 있는 메탄올이 함께 들어 있다는 사실을 기억해 두자. 극소량이라도 눈이 멀 수 있고 많이 마시면 치명적인 결과를 가져올 수 있는 물질이다. 그러니 문샤인이라도 제조는 반드시 전문가에게 맡겨야 한다. 다행히 이런 전문가들이 제조한 상품 일부는 적법한 절차를 받아 시장에 나와 있다. 이 중에서도 숙성하지 않은 화이트 위스키는 현재 새롭게 사람들의 눈길을 끌고 있으며, 다른 일부 제품은 문샤인이라고 광고하고 있다. 문샤인의 새로운 르네상스를 즐겨보자.

21

다양한 선택의 가능성…

이안 태터샐

우리는 레바논에 훌륭한 와인이 있다는 사실을 잘 알고 있다. 그러니 훌륭한 포도 증류주 역시 있지 않겠는가? 우리 앞에 있는 이 술은 단순해 보이는 유리병과 돌려서 여는 뚜껑으로 구성되어 있지만, 빛이 병을 통과하면서 다이아몬드처럼 반짝이는 모습이 인상적이다. 천천히 잔에 따라보면 특유의, 그러나 과하지 않은 아니스 씨 향이 곧바로 코를 간지럽히고 향나무와 훈연 향의 캐러웨이가 은은하게 그 뒤를 따른다. 한 모금 마시자 향들은 입술에 달라붙고 50%라는 높은 도수에도 불구하고 부드럽게 입안을 적셔준다. 그리고 서서히 따뜻함을 느끼지만 타는 듯한 느낌은 아니다. 오히려 훈연 향의 아니스 풍미가 오랫동안 입안에 머문다. 얼음 잔에 부어보면 색이 탁해지지만, 살짝 절제된 알코올의 맛을 더 부드럽게 만들어주는 동시에 아니스 향을 더 두드러지게 한다. 이런 변화는 이 증류주에 관련된 이상하지만 멋진 사실을 보여주는 듯하다. 이 술은 겨울 버전과 여름 버전으로 마실 수 있다.

놀랄 만큼 다양한 종류의 증류주에 관한 책을 써본 사람이라면 피할 수 없는 문제에 봉착하게 된다. 자신이 가장 좋아하는 증류주('슈타르카'라는 술을 들어본 적이 있는가?)가 왜 빠졌냐고 불평을 하는 사람들을 만나게 된다는 점이다. 그리고 이 책 역시 이 상황에서 예외가 아니다. 세상에는 이 책에서 충분히 언급할 법한 증류주들이 많지만, 여전히 주목을 못 받은 것들이 있다는 사실은 인정한다. 그래서 이번 장에서는 간단하게나마 이런 종류를 다루려고 한다. 그리고 독자들도 나가서 우리가 다루지 않은 술들에 대해 직접 찾아보는 시도를 해보라고 권하고 싶다. 방법은 간단하다. 주류 가게나 마트에 갔을 때 처음 들어보는 술에 관심을 가져보는 것이다. 사람마다 입맛과 취향이 다르기에 유명하지 않아도 몇 년간 꾸준히 생산되는 제품은 정말 많다. 당신이 마음대로 한 가지를 고르더라도 최소한 그 증류주는 당신에게 놀라운 문화적 다양성을 이야기해줄 것이다. 이런 게 인간의 특권이자 영광 아니겠는가? 이 술이 어디–거의 모든 곳–에서 만들어졌든 증류주 자체와 그 술을 마시는 방식은 원산지의 생활방식과 전통을 잘 보여준다. 증류주를 생산하고 마시는 행위가 금지된 일부 나라에서조차 사람들은 증류주를 즐기고 있다. 정말 즐거웠던 기억 중 하나가 북예멘의 고위 정부 관료와 함께 사나에 있는 주류 밀매점에 몰래 갔던 일이다. (주인은 스카치라고 내왔지만 아라크였던 것 같다.)

세계에 흩어져 있는 훌륭하지만, 아직 유명하지 않은 술들을 알려면 어떻게 시작해야 할까? 먼저 일본의 사케처럼 유명하면서 독한 술은 제쳐두자. 식전주로 많이 마시는 술 정도의 도수면 적당하고 증류주의 규정에 딱 맞는 제품일 필요는 없다. 앞에서 잠깐 언급했던 식민지 지역의 브랜디나 스칸디나비아 전통을 느낄 수 있는 캐러웨이 -또는 딜 씨앗- 맛의 아쿠아비트(데니시 감멜 덴스크 같은 완전히 변형된 술들은 여기에서 제외했다. 이 술은 확실히 쓴맛이 강하다) 정도면 괜찮은 선택이 될 것이다. 이번 챕터에서는 증류주를 다음 세 가지로 분류해서 소개해보고자 한다. 1) 15장에서 소개한 오드비를 제외한 다른 과일 베이스 증류주, 2) 지중해 동부 지역의 포도 기반 아라크, 3) 동부와 남부에 있는 아시아의 다양한 증류주, 그중에서도 현재 세계적으로 관심을 끌고 있는 한국의 소주와 일본의 쇼추. 증류주는 혼합주에도 흔하게 쓰이기 때문에 칵테일에서 많이 언급되는 식전주나 비터스가 포함될 수도 있다.

오드비라 칭할 수 있는 규정 밖에 있는 과일 증류주부터 시작해보자. 가장 유명한 제품은 아마도 중유럽과 동유럽에서 발견할 수 있을 것이다. 주로 '슬리보비츠아(slivovitz)'라 불리는 이 증류주는 그 역사가 매우 깊다. 이 술은 당이 풍부한 댐선 자두로 만들며 도수는 보통 40%가 넘는다. 제2차 세계대전 발발 이전에는 폴란드의 아시케나지인들이 주로 마셨다. 헝가리와 국경을 맞댄 크로아티아 북부에는 '슬라본스카 슬리보비카(slavonska šljivovica)'라는 증류주가 있는데 이 술은 전통적으로 테라코타 주전자에 비스트리카 자두와 약간의 재료를 넣고 1차 증류를 해서 만든다. 만드는 방식은 이렇다. 먼저 자두 핵을 꺼내고 과육을 나무 용기에 넣어 몇 주간 발효시킨다. 그리고 끓여서 증류액을 얻는다. 현재는 150L 정도 되는 작은 구리 포트 스틸을 주로 사용한다. 정부에 이 제품에 대한 승인을 받으려면 반드시 슬라보니아 오크 배럴에서 숙성(정해진 기한 없음)을 거쳐야 한다. 숙성이 끝나면 황금빛 술이 완성된다. 숙성 외에도 '맛이 부드러워야 하고 진한 향과 긴 마무리'가 있는 제품이어야 한다는 규정이 있다. 우리가 마셔본 제품은 정말 이런 특징을 지닌 훌륭한 증류주였다. 이 술은 살짝 차갑게 해서 마시며, 이 지역의 특별한 행사에서 절대 빠져서는 안 되는 매력적인 술이다.

헝가리의 북쪽 국경 지역 사람들은 적어도 1332년부터 증류를 해왔다고 한다. 이곳에서 가장 유명한 증류주는 '팔랑카(pálinka)'라고 통칭해서 부르는 과일 브랜디다. 제품에 이 이름을 붙이기 위해서 특별히 법적으로 정해진 과일은 없다. 사투마레주와 베케시 지역은 자두 증류주에 자체 명칭을 붙인다. 다른 여섯 지역은 비슷한 명칭을 쓰며, 지역마다 특정한 과일(가령 케치케메트와 공크는 살구를, 우이페헤르토는 신 체리를 씀)을 넣는다. 당신 주변에는 이런 특정 지역의 증류주를 취급하는 주류판매점이 많지 않을 것이다. 그러니 헝가리 여행을 계획한다면 일정표를 채울 멋진 계획이 될 것이다. 이 술을 구입할 때는 우선 팔랑카라는 명칭이 생(말리지 않음)과일–농축액이나 과육이 포함될 수 있음–로 만든 매시를 헝가리에서 발효하고 증류한 음료라는 의미만 담고 있다는 점을 알아두길 바란다. 물론 숙성 중에 말린 과일을 넣어서 풍미를 더하기도 한다. 전통 팔랑카는 포트 스틸로 두 번 증류해서 만들지만, 요즘에는 칼럼 스틸로 먼저 증류한 후 강철이나 뽕나무 탱크에 넣고 우려서 만든 저가 제품도 시장에 많다. 또한 슬로바키아 제품인 '팔렝카(pálenka)'와 혼돈하지 않도록 하자. 팔렝카는 모든 과일을 재료로 쓸 수 있다. 그리고 '팔랑카' 중에는 오스트리아 일부 지역에서 합법적으로 생산되고 있는 제품도 있다.

당신은 동네 주류판매점 안을 둘러보다가 '라키자(rakija)'라는 이름의 병을 발견하게 될지도 모른다. 이것은 발칸 반도와 인근 지역에서 생산된 과일 증류주를 일컫는 포괄적인 용어다. 크로아티아의 슬라본스카 슬리보비카에도 이 단어가 붙어 있을지도 모른다. 광범위한 땅을 가진 국가들은 이곳에서 자라는 풍성한 과일(때로는 견과류로, 특히 호두)로 열심히 증류를 해왔다. 증류에 썼던 과일의 종류만 해도 사과, 모과, 오디, 복숭아 등 정말 다양하다. 그래서 제품에 적힌 용어도 너무 다양해서 헷갈릴 정도다. 예를 들어, 루마니아의 경우 '라키우(rachiu)'는 서양배, 살구, 사과로 만든 증류주를 일컫는 용어지만, 자두로 만들면 '투이카(ţuică)'라 부른다. 이름이 어떻든 이런 제품을 보게 된다면 한번 맛보기를 추천한다. 이 제품들은 오래전부터 증류를 하고 판매를 했던 증류업자가 만들었으니 그 맛은 정말 훌륭할 것이다.

이번에는 발칸 반도의 남쪽에 있는 그리스로 가보자. 이곳도 독자적인 증류 전통을 가지고 있다. 논란의 여지는 많지만, 그 기원이 고대까지 내려가기도 한다. 또한 그리스는 이슬람의 영향으로 증류를 통제받았던 동쪽 국가와도 이어져 있어, 증류의 용어와 스타일에서 이런 부분을 함께 엿볼 수 있다. 그리스에서 가장 유명한 증류주는 우조(ouzo)다. 현재는 뉴트럴 스피릿에 다양한 식물을 넣어 풍미를 내는 식으로 제조한다. 식물은 주로 아니스를 쓰며, 여기에 펜넬, 고수, 카더멈, 시나몬, 생강, 육두구를 적절히 배합해서 더한다. 주로 아니스를 넣어 맛을 내는 프랑스의 파스티스처럼 우조 역시 물에 희석하면 탁해지는 것으로 유명하다. 그 이유는 아니스 속 테르펜 성분이 도수가 30% 이상인 용액에서 녹기(그래서 눈으로 확인할 수 없다) 때문이다. 평소 하듯이 이 술에 물을 섞으면, 도수가 낮아지고 녹아 있던 테르펜이 빠져나오면서 유백색으로 변한다. (아니스를 넣는 다른 증류주가 이렇게 변하지 않는다면 공정 과정에서 미리 테르펜을 안정화시켰기 때문일 것이다.) 당신이 그리스에서 식사를 한다면 전채 요리가 나오기 전에 우조 한 잔을 마시고 나중에 디저트와 함께 메탁사(metaxa)를 마시게 될 것이다. 이 술은 사모스섬에서 온 달달한 뮈스카 와인에 다양한 식물 첨가제를 넣고 만든 포도 브랜디다.

하지만 그리스의 증류주 탐험을 이 두 가지로만 한정하지 말자. 다른 와인 생산 국가들처럼 그리스도 와인을 만들고 남은 찌꺼기로 증류주를 만든다. 때로는 퍼미스에 무화과를 넣고 발효시키기도 한다. '치포우로(tsipouro)'는 (보통) 숙성하지 않은 증류주며, 퍼미스로 두 번 증류한다. 적어도 14세기부터 그리스 포트 스틸로 만들었다고 한다. 보통 풍미를 위해 아니스를 넣지만 그렇지 않을 경우 놀랄 만큼 부드럽고 순도 높은 증류주가 되어 식전주나 식후주로 제격이다. 전통적으로 샷 글라스로 마시지만 훌륭한 치포우로는 향이 넓게 퍼질 수 있도록 입구가 넓은 튤립형 잔에 담아 마신다. 그리스의 큰 섬인 크레타섬에는 치포우로의 친척뻘 되는 '치쿠디아(tsikoudia)'가 있다. 이 술은 한 번만 증류한다. 여기에 약간의 꿀을 첨가해서 만들면 '라코멜로(rakomelo)', 또는 줄여서 '라키(raki)'가 된다. 이 이름을 통해 라코멜로가 발칸 반도의 '라키아스'와 레반트의 '아라크(포도를 재료로 하고 아니스로 맛을 냄)'와 관계가 있음을 추측해볼 수 있다.

이번에는 그리스의 오랜 라이벌인 튀르키예를 살펴보자. 튀르키예는 동쪽과 서쪽 국가를 잇는 중요한 위치에 있다. 이곳에서도 치포우로와 비슷한 베이스에 아니스를 넣어 증류주를 만드는데, 생포도가 아닌 말린 포도(건포도)를 쓰는 경우도 있다. 19세기에 오스만 제국에서는 코란에 적힌 말씀에도 불구하고 라키가 광범위(주로 집안에서)하게 제조되었다. 그리고 알바니아인과 그리스인이 운영하는 특별한 선술집인 '메이하네'라는 곳에서 사람들은 라키를 즐겼다. 19세기 말이 되자 튀르키예 사람들은 와인보다 라키를 더 많이 마셨고, 튀르키예공화국을 세운 무스타파 케말 아타튜르크도 이 술을 하루에 0.5L 마셨다고 한다.

레반트의 '아라크(arak)'를 인도네시아 아락(arrack)과 혼동하지 말자. 아락은 사탕수수로 만든 술이며 7장 첫 부분에서 잠깐 언급했다. 현재는 수많은 이름으로 바뀌어서 사용하지만 '아라크'라는 용어는 아마도 우리가 증류주를 부를 때 썼던 가장 오래된 이름일 것이다. 그리고 어느 순간부터 일부 지역에서는 증류주를 일반적으로 부르는 용어가 되었을 것이다. 지중해 동쪽 끝에서 생산되고 소비되었던 아라크는 발효한 퍼미스로 만든 흰색 증류주다. 튀르키예의 라키와 그리스의 우조의 친척쯤 되는 아라크에도 아니스(때로는 대추, 무화과, 다른 과일을 쓰기도 함)를 넣는다. 다른 유사점은 물이나 얼음을 넣으면 탁해지는 것과 전채 요리가 나오기 전에 마시는 부분이다. 아라크의 도수는 최소 40%며 높은 제품은 63% 이상(126프루프)인 것도 있어서, 이렇게 물/얼음과 음식을 함께 먹는 것이 매우 현명한 행동이라 할 수 있다. 잔에 따를 때는 얼음이 있는 잔에 아라크를 부었다. 그 이유는 얼음을 뒤에 넣으면 술의 차가운 표면에 보기 싫은 기름층이 생겼기 때문이다. 아니스에서 나온 이 기름은 응고되어 얼음 주위로 떠다닌다. 역사적으로는 법으로 금지시킨 적도 있고 이슬람 전통의 영향도 있긴 하지만 아라크는 현재까지 레반트에서 광범위하게 제조(포트 스틸이나 칼럼 스틸로)되고 있다. 그 외에도 아프리카 북쪽 지역과 남쪽으로는 수단에 이르는 곳에서도 이 술을 만들고 있다. 여기서는 '아라구이(araqui)'라 부른다.

이번에는 남쪽과 동쪽으로 이동해보자. 여기에서 소개할 매우 독특한 증류주는 '페니(feni)'며, 인도의 포르투갈 지배를 받았던 고아에서만 만들던 술이다. 힌두교의 엄격한 교리 안에서도 고아는 전통적으로 알코올에 대해 훨씬 자유로운 태도를 보였으며 놀랄 만큼 다디단 럼을 생산했다. 많은 증류주 중 가장 독특함을 보인 술이 페니였으며, 최근 이 분야에 권위 있는 사람들이 페니를 '전통 양조주'로 인정했다. 전통적인 페니는 캐슈 애플의 과육으로 증류한다. 캐슈 나무에 달린 캐슈너트를 따고 나면 버려졌던 캐슈 애플을 이용해 술을 만든 것이다. 예전에는 발로 과일을 으깬 후 그 위에 무거운 것을 올려서 즙을 최대한 많이 짜냈다. 그리고 이 즙을 흙으로 빚은 용기에 넣은 후 땅속에 두고 1주일 정도 발효시켰다. 증류는 '바하디(bhatti)'라는 흙 냄비에서 했지만, 현재는 구리를 더 많이 사용한다. 하지만 찬물을 붓고 증류액을 받는 수집통의 경우 아직도 토기를 선호한다고 한다.

페니는 증류를 세 번 거치는데 1차 증류 후 얻은 증류액은 '우락(urrack)'이라 부르고 도수가 15%다. 여기에 생즙을 추가하고 2차 증류를 한다. 그리고 우락을 더 추가해 3차 증류를 한다. 최종 도수는 43~45%다. [때로는 2차 증류만 마친 술을 '카줄로(cazulo)'라 해서 싼값에 시장에 내놓기도 한다. 이때의 도수는 40~42%다.] 페니는 많은 수의 독립적인 소규모 증류업자가 생산하고 알맞은 병에 직접 담아 지역 시장에서 판매까지 한다. 그래서 맛과 질이 천차만별이며 상업적으로 제작되는 제품은 극소수다. 캐슈 나무는 16세기 포르투갈인이 고아로 가져왔다. 그래서 어쩔 수 없이 고아의 증류에 대한 기원에는 불명확한 부분이 존재한다. 왜냐하면 '페니'라는 용어 자체는 야자주 기반 증류주에서 유래했기 때문이다. 이 술은 고아의 남부 지방에서 만들어지는데 페니와 증류 방식이 매우 비슷하다. 그리고 이 술은 포르투갈인이 지배하기 전부터 생산되었을 것으로(또는 아닐 수도 있다) 추측하고 있다.

더 동쪽으로 가보자. 동아시아 국가에도 증류주 애호가들이 흥미로워할 만한 술이 정말 많다. 우리는 17장에서 중국인이 사랑하는 백주를, 3장에서 일본의 술 문화를 잠깐 다루었지만 한국에서 널리 사랑받는 '소주'를 소개하는 것을 깜빡했다. 소주는 원래 보리나 밀, 전통 쌀을 포함한 다양한 곡류로 만들지만, 현재는 감자, 타피오카 뿌리, 고구마로 만들기도 한다. 게다가 현대적인 소주는 도수 역시 17~53%로 매우 다양하다. 소주란 이름 자체는 '불로 증류시켜 만든 술' 정도의 의미 외에는 없으며, 증류 기술은 13세기 몽골의 침략으로 간접적으로 전해졌다. 하지만 몽골이 페르시아를 침략했을 때 이 기술을 배워서 전해준 것인지, 아니면 자체적으로 발명한 것인지는 확실히 알 수 없다. 어쨌든 이렇게 기술이 넘어오면서 개경을 중심으로 초기 한국 증류소들이 세워졌다. (일반적으로 무맛) 소주를 아직도 '아락주'라 부르는 사람들이 있다.

전통적으로 곡물을 베이스로 하는 소주는 청주를 증류해서 만든다. 증류기는 두 단계로 되어 있는데 가열 용기 위쪽에는 파이프가 연결되어 있어 응축액이 이곳을 통과해 수집통에 모인다. 이 장치를 이용하면 35% 도수의 술이 만들어진다. 1965년 이전까지 35%가 평균 도수였지만 쌀이 부족해진 정부가 이 규정을 수정했다. 이후 고구마나 타피오카 뿌리를 베이스로 해 칼럼 스틸에 넣어 뉴트럴 스피릿을 만들었고 희석해서 30%를 맞추었다. 또한 이후부터 여러 가지 첨가제나 감미료를 넣기도 했다. 1999년에 쌀 사용 금지조치가 풀렸고 유명 브랜드 회사에서는 다시 포트 스틸 형태로 돌아갔다. 그러나 중간에서 가격이 싼 소주는 칼럼 스틸을 사용해 희석하는 방식을 그대로 유지했다. 2015년 이후 과일 맛 소주가 출시되었고 특히 젊은 층에서 주목을 받았으며, 그 자체로 새로운 범주를 형성했다. 소주는 세계 시장에서도 놀라운 성과를 거두고 있다. 보드카보다 살짝 점성이 있으면서 단맛이 감도는 풍미를 내세우면서 말이다. 현재 소주는 80개국 이상으로 수출되고 있으며, 2013년에는 세계의 베스트셀링 증류주로서 보드카를 앞서기도 했다.

한국의 술자리 예절은 놀랄 정도로 사회의 계급을 그대로 보여주고 있다. 계급이 낮은 (또는 나이가 적은) 사람이 연장자(그러나 손님일 경우 연장자가 술을 먼저 따라준다)에게 술을 따르며, 술병은 잔을 든 사람에 대한 예의의 의미로 두 손으로 잡고 따라야 한다. 소주를 마실 때는 대부분 다른 음식과 함께하며, 홀짝이지 않고 보통 한 번에 잔을 완전히 비운다.

소주의 나라에 인접한 섬나라인 쇼추국으로 가보자. 이 술은 일본에서 500년의 역사를 가지고 있지만, 그 기원은 중국 본토에서 건너왔으리라 추측하고 있다. 베이스 재료(고구마, 보리, 쌀을 주로 쓴다)가 중국의 술과 상당히 비슷하기 때문이다. 1차 증류만 한 제품은 기본 재료의 풍미가 한껏 담겨 있어 최상급으로 여기며, 보통 희석해서 25~30%의 도수로 맞춘다. 이 술은 다양하면서 독특한 풍미가 있고 최대한 순도 높은 맛을 주려 노력한다. 일본 내에서 판매되는 쇼추 대부분은 증류를 여러 번 거쳐 저렴한 가격으로 내놓지만, 수출품은 국내 제품보다 훨씬 신뢰도 높고 좋은 품질을 뽐낸다. 그러니 당신이 이런 제품을 구매한다면 지불한 돈이 전혀 아깝지 않은 쇼추를 맛볼 수 있을 것이다. 쇼추는 보통 온더락 형식으로 마시거나 물(때로는 따뜻한 물) 또는 생과즙을 섞어 마시기도 한다. 그러나 최고의 방식은 역시 실온에서 작은 잔에 담긴 쇼추를 스트레이트로 마시는 것이다.

마지막으로 식전주(아페리티프)와 비터스에 대해 간략히 설명하고 마치도록 하자. 앞에서 우리는 세계에서 가장 유명한 정찬용 식후주(브랜디, 위스키, 그라파 등)를 다루었다. 그러나 식사 전에 마시기 좋은 증류주 베이스 음료는 제대로 소개하지 않았다. 이들은 대부분의 칵테일 파티에서 주축을 이루는 종류지만, 사실 스트레이트나 온더락으로도 많이 마신다. 식전주만으로도 책 한 권을 다 채울 수 있을 정도지만, 여기에서는 기본적인 것만 소개하려 한다.

현재 식전주로 마실 수 있는 술은 상상을 초월할 만큼 많다. 식물을 넣고 우려서 증류주를 만들던 전통이 오래된 만큼 당연한 일일지도 모른다. 알코올음료와 관련된 가장 오래된 기록을 살펴보면 식전주는 종종 허브, 베리, 또는 다른 풍미를 내는 재료와 함께 발효되었다고 한다. 이런 재료들은 알코올에 매우 잘 녹기 때문에 보통 초반에 첨가했다. 당시 사람들은 식물 재료들이 약으로서 효능이 있다고 믿었으며 실제로 그런 성분이 들어 있는 식물도 있었다. 사실 이렇게 음료에 식물을 섞는 행위는 과거 수도원에서 약을 만들던 방식에서 유래했다. 그리고 증류주(3장 참고)를 만드는 방식은 수도사에서 약제사로 넘어갔다. 모든 알코올음료를 통틀어 증류주만큼 혼합주에 어울리는 것도 없으며, 수년간 많은 애주가가 증류주에 과일이나 다른 맛을 첨가해서 이런 특징을 충분히 즐겨왔다. 특히 럼을 생산하는 식민지가 있었던 영국은 이런 혼합주에 정통하게 된다.

그러나 서유럽 프랑스에는 증류업자 마리 브리자드가 있었다. 브리자드는 1755년 처음으로 개발한 아니스 술로 큰 성공을 거두었다(심각한 병을 앓는 서부 인도 남성을 돌봐준 후 이 레시피를 얻었다고 알려진다). 당시 나온 제품은 다양한 맛이 섞인 식전주라기보다 맛이 나는 증류주에 더 가까웠지만, 어쨌든 급성장 중이었던 커피숍에서 불티나게 팔렸고 술을 마시는 사람들에게도 새로운 시각을 열어주었다. 이후 증류업자들은 치료 효과가 있다는 믿음으로 당시 흔하게 넣던 허브와 향신료에 과일을 새롭게 첨가하기 시작했고 이렇게 나온 '라타피아'[1]는 전성기를 누렸다. 바야흐로 리큐어의 시대가 도래한 것이다. 그러나 아쉽게도 브리자드의 제품이 이끈 증류주의 혁신은 1787년 프랑스 혁명으로 금방 끝나버렸다. 사실 이 시기에는 증류주뿐만 아니라 고급(이런 화려한 술은 약의 효능을 가지고 있다고 주장해봐야 소용없었다)이라 칭하는 모든 것들 역시 고개를 들지 못했다.

그러나 우리는 이게 완전한 끝이 아니라는 사실을 잘 알고 있다. 프랑스 혁명이 발발하기 직전 토리노의 증류업자 안토니오 카르파노는 와인과 증류주, 다양한 식물을 함께 섞어 만드는 기법을 이탈리아로 가져갔고, 우리가 현재 알고 있는 베르무트가 탄생했다. 1786년에 나온 그의 오리지널 혼합주에는 와인, 증류주, 쓴 허브, 향신료가 들어 있었고, 인기가 얼마나 많았는지 많은 경쟁자 역시 생겨났으며, 이에 카르파노는 빨리 새로운 버전을 내놓아야 했다. 이탈리아 '토리노' 스타일은 현재 단맛의 레드 베르무트 시장에서 선두에

---

1 ratafias: 증류주에 과실 · 꽃 따위를 담가 만든 술.

있다. 비록 토리노에서 생산되는 베르무트는 그리 많지 않지만 말이다. 프랑스에서는 옅은 색의 드라이한 맛을 지닌 베르무트가 유명하며 허벌리스트 조셉 노일리의 제품이 가장 인기 있다. 노일리는 19세기 초, 나폴레옹의 치하에서 격동의 시절일 때 리옹에서 처음 이 제품을 개발했다. 식전주로는 어떤 종류도 상관없지만, 맨하탄, 롭 로이, 마티니의 경우 베르무트의 색만으로는 칵테일의 단맛을 정확히 알 수 없다는 점만 알아두자.

현재 시장에 나와 있는 리큐어 제품과 병으로 판매하는 식전주의 종류는 놀랄 만큼 다양해서 이들을 완벽하게 표현하는 것 자체는 불가능하다고 봐야 한다. 칵테일 애호가들에게 캄파리가 없는 삶은 어떨까? 릴레는? 샤르트뢰즈는? 드램부이는? 그랑 마르니에는? 베네딕틴은? 아마로는? 페르넷-브랑카는? 이 칵테일 하나하나가 각자의 특징이 있는 멋진 술들임은 굳이 말하지 않아도 알 것이다. 하지만 당신은 순수하게 비터스만으로 채워진 잔을 들이키는 행동은 절대 하지 않을 것이다. 사실 비터스는 심한 질병을 치료하기 위해 처음 사용되었다. 우리 중에 어린 시절 쓰디쓴 약을 앞에 두고 '쓸수록 몸에 좋다'는 말을 들으며 억지로 삼켰던 기억이 없는 사람은 없을 것이다. 비터스를 개발한 사람은 19세기 뉴올리언스 약제사였던 앙투완 아메디 페이쇼다. 그래서 그의 이름을 딴 비터스도 있다. 당시 페이쇼는 이 리큐어가 모든 질병을 치료할 수 있다며 자신의 발명품을 칭찬했다고 한다. 그리고 지금도 흔히 볼 수 있는 앙고스투라 비터스는 독일의 의사였던 요한 고틀리프 벤자민 지게르트가 처음 개발했다. 당시 그는 베네수엘라의 더운 기후를 견디지 못했던 군인들에게 활력을 줄 만한 토닉을 찾고 있었다. 이런 비터스들이 모두 초기의 미션을 달성하지는 못했지만, 여전히 많은 사람이 과음한 다음 날 아침 페르넷-브랑카 한 잔이면 완전히 회복할 수 있다고 믿고 있다. (참고로 알려주자면, '해장술' 효과는 전날 과음 후 다음 날 아침에 겪는 금단증상을 술로 완화함으로써, 일시적으로 술이 깼다고 느끼는 현상이라 보면 된다.)

칵테일 재료 중에서 언뜻 보잘것없어 보이는 비터스는 사실 자신의 역할을 톡톡히 해내고 있다. 그러나 알코올 베이스에 여러 식물이 고농축된 형태라 '적으면 적을수록 좋다'라는 유명한 구절을 잘 지켜야 한다는 점 또한 기억해두자. 양만 잘 지킨다면 비터스는 칵테일에 활기를 주고 심지어는 칵테일의 특징을 한층 더 공고히 해줄지도 모른다. 마지막에 앙고스투라 2대쉬[2]를 넣지 않은 맨하탄 칵테일을 떠올려보자. 절대 지금의 명성을 누리지 못했을 것이다. 오렌지 비터스가 들어가지 않은 아도니스 칵테일은 어떤가.

2 1대쉬 당 5~6방울 정도로 생각하면 된다.

22

칵테일과 혼합주

크리스찬 맥키어난과 롭 드살레

코로나19로 인해 우리는 더 이상 사람들이 북적이는 인기 있는 바에 앉아 혼합주를 즐길 수가 없게 되었다. 하지만 적어도 직접 만들어 먹거나 파는 칵테일 음료를 시도해볼 수는 있다. 그래서 맛이 검증된 블러디 메리를 샀다. 이걸 고른 이유는 그때가 일요일 오전 11시였기도 했고, 신선한 재료가 중요한 칵테일을 만드는 것보다는 사는 게 더 나을 거라는 생각 때문이었다. 파인트 잔 두 개를 차갑게 한 후 각각 올리브와 셀러리 스틱과 일반 크기의 얼음을 넣었다. 그리고 300mL

정도 되어 보이는 캔을 꺼냈다. 라벨에는 글루텐프리, 도수 10%, 매운맛-광고에서는 한 캔에 고추 5개가 들어갔다고 한다-이라는 설명이 적혀 있었다. 우리는 바텐더처럼 신나게 흔드는 대신 캔을 땄다. 압축된 공기가 빠져나오면서 블러디 메리와 비슷한 향이 흘러나왔고, 살짝 기울여서 잔에 붓자 블러디 메리와 비슷한 액체가 채워졌다. 마셔도 좋다는 사인과 같았다. 한 모금 마셔보니 정말 매운 맛이 났지만, 심하지는 않았다. 즐겁게 마시기에 딱 좋다고 생각했다. 우리는 천천히 이 술을 음미하며 팬데믹이 끝나고 난 뒤에 올 칵테일의 미래에 대해 생각해 보았다.

혼합주에 관한 이야기를 나눌 때 가장 먼저 할 일은 혼합주와 칵테일을 구분하는 것이다. 둘 다 같은 게 아닌가? 흠, 정확하게는 아니다. '칵테일'이라는 용어가 처음 공식적으로 쓰였던 곳은 1798년 영국 신문인 〈Morning Post and Gazetteer(모닝 포스트 앤 가제티어)〉에서다. 아쉽게도 이 기사에는 제대로 된 설명 없이 단지 이 술이 '저속하게' (사람들 사이에서) '진저'로 불린다는 언급만 있을 뿐이었다. 5년 후 이 단어는 미국에서 처음으로 〈Farmer's Cabinet(파머스 캐비닛)〉에 나타나게 된다. 〈파머스 캐비닛〉은 뉴햄프셔의 애머스트에서 발간되는 신문이다. 하지만 이번에도 관련된 설명은 없었고 여기서 언급했던 음료는 심지어 알코올음료가 아니었을 수도 있다. 하지만 얼마 지나지 않아 우리는 허드슨과 뉴욕 주민들을 위해 뉴스나 좋은 이야기를 에세이와 칼럼 형식으로 전하는 주간지인 〈Balance and Columbian Repository(밸런스 앤 콜롬비안 리파지토리)〉에서 귀중한 자료를 얻을 수 있었다. 1806년 5월 13일자 신문에서 한 독자가 '칵테일이 무엇인가요?'라고 질문했고 기자 해리 크로스웰은 다음과 같은 모범적인 답변을 내놓았다.

> 요점만 말하자면, (편집장 아래에서는) 그 어떠한 기사도 내지 않는 게 좋겠지만 적어도 나는 호기심 많은 우리 독자의 질문에는 기꺼이 답하고 싶다. 칵테일은 심신을 자극하는 리큐어다. 종류에 상관없이 증류주와 물, 설탕, 비터스를 섞어서 만들며, 저급한 단어로 '비터스 슬링'[1]이라 부르기도 한다. 이 술은 선거용 음료에 적합하다고 생각한다. 약한 마음을 더 강하게, 그리고 단호하게 만들어주면서도 머릿속을 살짝 헤집어놓기도 하니 말이다. 또한 민주당 후보에게 아주 유용한 술이 될 것이다. 이 술 한잔을 다 받아들일 정도라면 어떠한 것도 다 받아들일 수 있지 않겠는가?

'밸런스'지는 연방주의자 간행물이다. 그러니 경쟁자인 민주당-공화당을 공격할 기회를 무시하기에는 신문사로서 너무 아깝지 않았을까 하는 생각이다. 상황이 어찌 되었든 크로스웰은 칵테일을 증류주, 물, 설탕, 비터스가 섞인 혼합물이라고 정의했다. 그렇다면 스크루드라이버는 혼합주가 확실하지만 칵테일은 아니라는 말이 된다. 그리고 칵테일이 등장하기도 훨씬 전부터 존재했던 슬링은 비터스가 들어가지 않으니 칵테일과 다르다고 할 수 있다. 그래, 맞다. '비터스를 넣지 않는 싱가포르 슬링은 칵테일이 아닌 건가?'라고 당신은 물어보고 싶을 것이다. 여기서 우리가 할 수 있는 답변이라고는 '언어는 변한다'밖에 없다.

크로스웰은 미국에서 처음으로 '칵테일'이라는 단어를 활자에 옮겼지만,

---

1 슬링(sling)은 독일어의 '삼키다'에서 온 단어.

이때의 단어는 확실히 과거의 의미를 담고 있다. 칵테일이라는 이름의 난해하면서도 다소 신비로운 기원에 대해서는 헨리 루이스 멩켄을 포함해 여러 저명한 학자들이 연구했다. 멩켄은 『The American Language(미국어)』와 에세이 『How to Drink Like a Gentleman(신사답게 술을 마시는 법)』을 집필한 유머 넘치는 미국인 작가다. 그에 따르면 칵테일이라는 단어의 유래는 최소한 일곱 가지가 넘는다고 한다. 그중 몇 가지만 나열하자면, 첫 번째는 술통(캐스크) 아랫부분에 있는 수도꼭지를 '칵'이라 부르고, 통 밑에 남은 술을 '테일'이라 불렀던 데서 유래했다는 설이다. 두 번째는 뉴올리언스에서 팔던 알코올음료인 '코케티에'를 줄여서 발음한 '칵테이'에서 유래했다는 설이다. 세 번째는 미국 독립전쟁 당시 여관주인인 벳시 플래너건이 닭을 도난당한 이야기와 관련되어 있다. 네 번째는 뉴욕주 루이스턴의 여관에 있는 바에서 일했던 캐서린 허슬러와 관련이 있다. 허슬러는 수탉의 꽁지 깃털로 '진 혼합주'를 섞은 후 장식용으로 위에 올려 두었다고 한다. 다섯 번째는 이 단어가 멕시코에서 유래했다는 설이다. 이곳에는 '콜라 데 갈로(수탉의 꼬리, 즉 칵테일)'라 부르는 식물의 뿌리로 장식된 음료가 있었다. 아니면 아스테카 여왕의 이름을 땄다는 설도 있다. 이렇게 유래가 다양하지만, 무엇이 진실인지는 알 수 없다.

우리는 과학자로서 칵테일 학자 데이비드 본드리치가 제시한 답변에 솔깃하지 않을 수 없었다. 그는 '칵테일'이라는 단어의 어원까지 파헤치며 철저히 연구했고 마침내 하나의 가설을 내놓았다. 칵테일에 장식된 모양과, 특정 방식으로 자극받아서 서 있는 말총이 유사점을 보인다는 것이다. 꽤 최근까지 말 매매상은 노쇠한 말(그리고 개)을 젊은 말처럼 보이게 하는 속임수를 썼다고 하며 이를 '진저링' 또는 '피깅', '칵테일링'이라 불렀다. 방식은 늙은 말의 항문에 생강을 조금 바르는 것이었고, 잠시 후면 말꼬리가 마치 수탉의 꼬리처럼 바짝 섰다고 한다. 이렇게 꼬리가 선 말(과 개)은 젊다는 인식을 준다. 그러니 칵테일링은 팔 시기를 놓친 말들을 높은 가격으로 판매하는 데 아주 좋은 전략이라는 사실을 증명하는 셈이다. 멩켄은 『미국어』에서 이런 관행에 대해 다음과 같이 설명했다.

> 이런 의미의 칵테일이 영국에서 큰 인기를 얻고 있던 당시 미국에는 칵테일 바가 거의 없었기에 우리는 그 유래를 그대로 믿을 수밖에 없었다. 그래서 우리는 칵테일이 마치 당신이 꼬리를 치켜드는 것처럼 힘을 주는 간단한 음료라고 생각했다. 만약 당신이 도그쇼에 참석했는데 함께 참가한 강아지가 움직일 때를 제외하고는 꼬리를 말고 있다면 사진기사는 당신에게 강아지의 꼬리를 올려달라고 요구할 것이다…. 그러니 내가 현재의 칵테일을 한 단어로 표현한다면 '페퍼-어퍼(원기를 북돋는 약)'라고 부르고 싶다.

그가 칵테일을 페퍼-어퍼(pepper-upper)라고 지은 연유 중에는 어쩌면 페퍼, 즉 후추가 말에게 썼던 생강 대체재로 쓰였던 점이 함께 포함된 것이 아닌가 하는 추측을 해본다.

우리는 이런 칵테일의 유래에 관해 이야기를 나누던 도중 래리 데이비드가 나오는 〈커브 유어 엔수지애즘〉의 한 에피소드가 떠올랐다. 여기서 주인공들이 콥샐러드가 시카고의 드레이크 호텔에 근무하던 클리프 콥(래리의 친구)의 할아버지가 발명한 것인지, 아니면 할리우드의 브라운 더비 레스토랑에 근무하는 셰프 밥 콥이 발명했는지에 대한 논쟁을 벌이는 장면이 있다. 두 번째 주장에서 나오는 밥 콥 역시 콥샐러드와 너무 이름을 맞춘 것 같아 지어낸 것 같지만 그는 이 샐러드를 발명한 사람이 맞다. 브라운 더비 레스토랑이 실제로는 뉴욕의 올버니에 있다는 점만 빼면 말이다. 중요한 것은 만약 당신이 전설적인 것의 기원에 대해 정확하게 정의를 내리려고 한다면, 그 정의가 옳을 수도 있지만 동시에 틀릴 수도 있다는 사실을 염두에 두어야 한다는 것이다. 그러니 우리 역시 본드리치의 주장이 진실이라고 확신할 수 없다. 그러나 여기에 가장 큰 무게를 두고 그의 의견을 지지하는 바다.

18세기 영국 술집에서는 혼합주가 엄청나게 팔리고 있었다. 이 음료는 혼합주가 맞지만 1806년 〈밸런스 앤 콜롬비안 리파지토리〉 신문에서 정의한 칵테일은 아니다. 칵테일을 만들 때는 독한 증류주와 비터스를 넣어야 한다고 되어 있으니, 와인에 쓴 약용 허브를 넣던 영국의 풍습(최소 이집트 왕조 이전 시대부터 이어진 오래된 관습이다) 역시 칵테일과는 차이가 있다고 봐야 한다. 그러니 결론적으로 증류주 베이스의 칵테일을 개발한 이들은 대서양을 횡단해서 건너간 영국인들의 후손일 가능성이 더 클 듯하다. 비터스의 경우, 크로스웰이 언급했던 종류는 정확히 무엇인지 현재로서는 알 수 없다. 하지만 1824년 앙고스투라 비터스는 베네수엘라에서 개발되었고, 1830년에는 페이쇼드 비터스가 만들어졌다. 현재는 모두 인기 있는 브랜드다. 최초로 칵테일을 제조한 사람이 정확히 누구인지는 알 수 없지만, 비터스에 대한 가장 오래된 기록은 남아 있다. 뉴올리언스의 약제사 앙투완 아메디 페이쇼드가 비터스를 만들었고 관련 기록을 남겼는데 바로 사제락 레시피다. (이 레시피는 19세기 중반에 조금 바뀌었는데, 필록세라 전염병이 포도나무에 퍼지면서 증류주를 코냑에서 호밀 위스키로 바꾸었다고 한다.)

1806년 이후의 칵테일 역사에는 몇 개의 전설적인 이름이 포함된다. 그러나 그중에서도 19세기 중반에 굉장히 다채로운 활동을 했던 제레미아 '제리' 토머스를 뛰어넘는 자는 없다. 롱아일랜드 태생인 토머스는 금을 캐기 위해 캘리포니아로 향했고, 그 후 미국 전역에 여러 개의 칵테일 바를 운영했다. 그는 과장되고 화려한 묘기로 단골들을 깜짝 놀라게 만들면서도 칵테일 제조에 대한 전문지식을 열정적으로 보여주기도 했다. 화려한 칵테일 셰이커가 발명되기 전에도 토머스는 칵테일 용기를 이리저리 던지면서 혼합하는 기술을 현란하게 구사했다. 그의 시그니처 음료는 블루 블레이저로, 한 손에는 불을 붙인 위스키 잔을, 다른 손에는 나머지 재료가 담긴 잔을 들고 불을 이리저리 옮기면서 음료를 섞는 묘기를 보여주었다. 또한 전문 바텐더들이 지켰던 침묵의 법칙을 깬 사람도 토마스다. 그는 『How to Mix Drinks; The Bon-Vivant's Companion(칵테일 만드는 법, 본비반트의 동반자)』라는 책을 내

민트 줄렙

(바에서 쓰는 큰 유리잔 사용)

1큰술 입자가 고운 흰설탕

2½큰술 물, 설탕을 넣고 스푼으로 잘 젓기

잎이 달린 생 민트 가지를 3~4개 준비해 설탕물에 넣고, 민트의 풍미가 스며들 때까지 으깬다. 코냑을 와인 잔으로 1½만큼 넣는다. 잔 얼음을 유리잔에 가득 채운다. 민트를 꺼내서 가지는 아래로, 잎은 위로 향하게 해서 얼음 사이에 끼워 넣어 꽃다발처럼 보이게 장식한다. 베리와 얇게 썬 오렌지 조각을 준비해 먹음직스럽게 보이도록 장식한다. 자메이카 럼 몇 방울을 더하고 흰설탕을 위에 살짝 뿌린다. 마지막으로 빨대를 살짝 꺾어서 꽂은 후 마무리한다. 황제에게 바쳐도 손색없을 줄렙이 완성되었다.

그림 22.1 제리 토머스의 1862년 민트 줄렙 레시피

서 자신의 지식을 사람들과 공유했다. 1862년 출간된 이 책은 '바텐딩의 바이블'로 칭송받았으며 개정판[마지막은 1887년 토머스 사후에 나온 개정판으로 『Jerry Thomas' BarTender's Guide(제리 토머스의 바텐더 가이드)』라는 제목이며, 지금도 서점에서 구입할 수 있다]도 여러 번 나왔다. 책에 나와 있는 레시피 대부분이 따라 하기 정말 어렵지만, 이 책은 놀라울 정도로 큰 파급력을 보였다. (우리에게는 다행스럽게도 그림 22.1에 있는 민트 줄렙 레시피는 다른 것과 다르게 매우 간단하게 나와 있고 현대식 줄렙과도 매우 비슷해서 이해하기 쉬웠다.) 이 책 앞부분에는 현대 과일 혼합 음료의 선구자인 펀치 관련 레시피만 100가지 정도가 나와 있다. 대부분이 영국에서 온 방식이며 미국 칵테일이 시작된 적합한 지점이라 할 수 있겠다.

혼합주의 역사에 나오는 또 다른 신성한 이름이 있는데, 바로 토머스보다 조금 앞선 시대 인물인 프레데릭 튜더(1783~1864년)다. 그는 혼합주를 만드는 사람은 아니었지만, 증류주 애호가들에게 큰 도움을 주었다. 튜더는 얼음을 톱밥 속에 보관해서 녹지 않게 운반하는 방법을 생각해낸 사람이다. 이 '아이스킹'의 똑똑한 혁신이 없었다면 미국의 바는 지금 어떤 모습을 하고 있을까? 저널리스트인 안나 아치볼드는 토머스와 아이스 킹 외에도 여덟 바텐더를 더해서 명예의 전당을 만들었다(그림 22.2 참고). 이 표에는 열대 혼합주의 선구자인 돈 더 비치 콤버와 트레이더 빅도 포함되어 있고 전통 스타일 바텐더들도 같이 나와 있다. 예를 들면, 20세기 초에 런던의 사보이 호텔 대표 바텐더로 활약한 에이다 콜먼과 일류 바텐더였던 '칵테일 빌' 부스비가 나와 있다. 부스비는 다작한 작가기도 한데, 1906년 샌프란시스코 지진으로 많은 책이 소실되기도 했다. 몇 년간 이런 혼합주 계 거물들은 꾸준히 자신의 예술을 이어가면서 책이나 강의, 시연 등을 통해 사람들에게 전문지식을 나누기도 했다.

칵테일 문화는 금주법 시행 당시 꽃을 피웠다가 20세기 후반에 들어서부

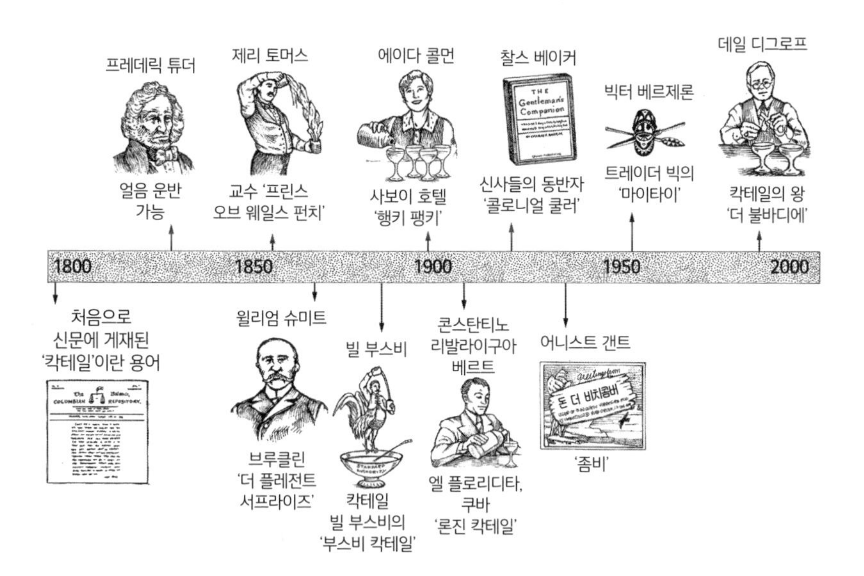

그림 22.2 명예의 전당에 오른 바텐더 연대표. 각 인물 위에는 바텐더의 이름이, 아래에는 별명이나 배경 등이 적혀 있다. 또한 바텐더를 대표하는 칵테일 이름이 포함된 것도 있다.

터 서서히 시들었다. 여기에는 두 가지 원인이 있는데, 첫째는 파티를 즐기던 많은 사람이 술보다는 약을 선호하면서 독특한 마약 문화가 생겨났기 때문이다. 그리고 두 번째는 신선한 재료를 가지고 상상력을 동원해 만들던 칵테일을 즐기던 문화가 선 제조 후 병에 담겨 파는 혼합주를 더 선호하는 식으로 바뀌었기 때문이다. 그러나 다행스럽게도 이런 트렌드는 종착지가 아니었다. 아치볼드가 이끄는 단체의 가장 젊은 회원은 뉴욕에 있는 이벤트 홀 중 하나인 레인보우룸의 바를 운영하면서 현대식 믹솔로지스트로 큰 명성을 얻고 있다. 또한 1990년 데일 디그로프는 전통적인 칵테일 문화가 부활하는 데 선도적인 역할을 했는데, 그는 재료와 바텐딩 기술 모두에 높은 기준을 요구했다. 그의 다양한 활동은 새로운 세대의 바텐더들에게 큰 영향을 주었다.

지금까지 우리가 소개한 칵테일과 혼합주 바텐더는 20장에서 다루었던 문샤이너처럼 직관적인 화학자이기도 했고 지금도 그러하다. 그리고 이들은 또한 직관적인 신경생리학자이기도 하다. 그 이유는 맛, 특히 냄새(8장 참고)의 체계에 관련해서 거의 본능적인 감각을 지니고 있기 때문이다. 비터스가 에탄올과 물을 만나 어떤 식으로 반응하는지는 절대 사소한 부분이 아니다. 또한 현대식 혼합주에서 과일 맛이 어떤 식으로 나는지, 심지어 옛날식 펀치가 어떤 식으로 사람들의 감각을 깨웠는지 역시 매우 중요한 부분이다. 이를 잘 이해하려면 약간의 과학적인 설명이 도움이 될 것이다.

에탄올에 물이 섞이면 재미있는 현상이 벌어진다. 어떤 일이, 그리고 왜 벌어지는지를 이해하려면 우리는 앞에서 만났던 에탄올 분자에게 다시 한번 되돌아가야 한다. 에탄올 분자에는 각각 끝부분이 둘 있는데, 한쪽은 소수성이라 최대한 물과 멀어지려 하고 다른 한쪽은 물이나 다른 에탄올 같은 여러 분자와 반응하려고 한다. 만약 알코올음료의 도수가 15% 이하라면 에탄올은 물에 녹으려는 성질을 띤다. 에탄올이 물에서 희석되면 음료 속 향은 빠져나와 '음료의 헤드 스페이스'라는 곳으로 들어간다. 반대로 도수가 57% 이상이라면 물 분자들 간의 결합이 약해져 물이 에탄올에 용해된다. 도수가 높은 술에 있는 향 분자들은 이때 표면 아래에 갇히게 되는데, 그 이유는 에탄올 분자들이 표면으로 올라가 서로 결합하면서 막과 비슷한 형태를 만들기 때문이다. 그래서 증류주 대부분의 '스위트 스팟', 즉 향을 잘 느낄 수 있는 도수는 15~57% 사이이다. 또한 이 범위 내에서 에탄올 분자들은 모여 '미셀(micelles)'이라는 작은 공 모양 구조를 형성한다. 그리고 소수성을 띠는 분자 끝부분들이 모두 미셀의 중심으로 파고드는 독특한 행동을 한다. 그리고 반대쪽 끝은 미셀 바깥쪽을 향해 있으면서 그 주변을 떠다니던 에탄올 분자, 냄새 분자, 그 외 다른 분자들과 반응할 수도 있다(그림 22.3 참고). 얼마나 많은 향 분자들이 헤드 스페이스로 갈 수 있느냐는 에탄올의 함량으로 결정되며, 이곳은 당신이 코를 가까이 댔을 때 냄새를 맡을 수 있는 공간이다.

이런 현상은 믹솔로지스트에게 아주 흥미로운 상황을 만들어준다. 당신은 도수가 적당한 술을 마시면서 특유의 향을 마음껏 즐기는 걸 좋아하는가? 아니면 높은 도수로 자신을 한계치까지 몰면서 비터스나 다른 첨가물이 당신의 혀를 자극해주는 걸 즐기는가? 그러나 이 중간을 즐기는 방법도 있다. 잔을 휘젓거나 살짝 흔들어 마시면 된다. 이렇게 하면 표면에 몰려 있던 에탄올 분자들이 다른 물질들과 함께 섞이고 이때 향 분자들이 표면으로 올라가고 일부는 밖으로도 빠져나오게 된다. 또 다른 장점도 있다. 보통 에탄올 분자들

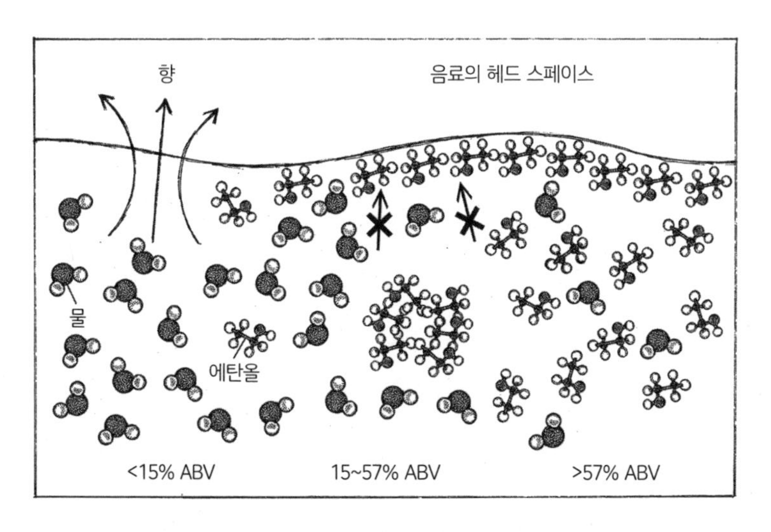

그림 22.3 향이 어떤 식으로 그리고 왜 증류주에서 빠져나가는지를 보여주는 다이어그램. 동시에 혼합주를 마실 때까지 향이 어떻게 용액 속에 그대로 남아 있는지도 나타내고 있다.

은 표면에 몰려 있는 경향이 있어 칵테일의 도수는 아래쪽보다 표면이 더 높다. 그래서 흔들지 않고 마시면 점차 알코올이 옅어지는 느낌이 들 수 있다. 애주가들이 싫어하는 현상이 아닐 수 없다. 물론 흔든 후 시간이 지나면 에탄올 분자들은 다시 표면에 모여들겠지만, 그 사이 향 분자들이 표면 밖으로 나와서 헤드 스페이스에 모이게 되어 더 진한 향을 느낄 수 있을 것이다.

이번에는 신경생리학이 나올 차례다. 당신의 미각이 냄새 분자와 비슷한 방식으로 맛 분자를 인식한다는 사실을 기억하는가? 이는 간단한 실험이면 금방 이해할 수 있다. 먼저 과일 맛 젤리빈이나 사탕, 또는 당신이 지금 바에 있다면 칵테일에 들어 있는 체리를 준비하자. 냄새를 전혀 맡을 수 없도록 코를 단단히 막고 준비한 음식을 입에 넣고 한두 번 정도 씹어보자. 그러면 맛 분자들이 당신의 미뢰를 건드리면서 약간의 과일 맛을 느낄 수 있을 것이다. 자, 이번에는 코에서 손을 떼고 다시 씹어보자. 그러면 더 진한 맛을 느낄 수 있을 것이다. 심지어는 아까와 다른 맛이 느껴질 수도 있다. 이를 '역류성 비강 후각' 또는 '입안 후각'이라 부르는데, 감각을 기반으로 한 현상이며, 맛을 연구하는 과학자들이 미각의 이중적인 본성을 이해하기 위해 많이 연구하는 분야이기도 하다.

맛 연구 과학자들은 실험을 하나 진행했다. 술을 삼킬 때와 입에 머금었다 뱉을 때 나타나는 차이를 비교해서 삼켰을 때의 처리 과정을 보고 미각에는 어떤 영향을 주는지 알아보고자 했다. 향 분자가 헤드 스페이스로 들어가고, 이를 인지하며, 삼켰을 때 처리되는 전반적인 과정을 잘 이해하기 위해 고급 기술 하나가 추가되었다. 여기에 사용된 양성자 전달 반응 질량 분석기는 향이 비강으로 들어가는 장면을 포착하는 데 유용하게 쓰였다. 이렇게 얻은 결과를 '시간 감각법'을 사용해 얻은 결과와 비교해보았다. 시간 감각법은 피실험자의 감각에만 의존해서 냄새와 맛을 평가하는 방식인데, 피실험자는 전문적으로 특정 향과 맛을 감지하도록 훈련받은 사람들이므로 이 방식 또한 정확도가 높다. 이 두 방법을 사용해서 살펴본 결과 음료를 삼키는 것은 입에만 머금고 뱉는 것보다 복잡한 맛을 더 많이 인식한다는 사실을 알 수 있었다. 그리고 이는 알코올음료를 전문적으로 시음하는 사람들에게 경종을 울리는 사실이기도 했다. 하루에도 수십 가지의 술을 맛봐야 하는 전문 시음자는 술을 삼키는 대신 입에 머금었다 뱉어야 한다. 그러나 우리 같은 일반인들의 경우에는 최대한 많은 풍미를 느끼기 위해서 술을 삼키는 게 옳다.

또 다른 흥미로운 연구가 있다. '헤드 스페이스 고체 단계의 미세 추출법'과 기체 크로마토그래피-질량분석법을 사용해 헤드 스페이스의 향과 이를 구성하는 분자 구조를 측정한 것이다. 연구자들은 망고-보드카 칵테일에 이 기계를 사용해보았고 얼핏 단순해 보이는 혼합주의 헤드 스페이스에서 매우 복잡하게 들어찬 분자들을 찾아냈다. 여기에는 최소 36가지 휘발성 성분들(8가지 에탄올, 10가지 테르펜, 8가지 다른 분자들)이 있었다. 과학자들은 가장 진한 향을 가진 리모넨과 헤드 스페이스에 있는 분자 중 농도가 짙은 녀석들을 위주로 쌍을 이루어준 후 나타난 결과를 비교·분석했다. 그 결과 이들의 분자 구조(모든 쌍에 한쪽은 무조건 리모넨이다)와 비율에 따라 향의 감각을 높이는 능력이 달라진다는 사실이 밝혀졌다. 그래서 구조가 비슷하거나 비율이 같은 분자의 경우, 서로 시너지 작용을 할 확률이 월등히 높았다.

우리가 이런 설명을 하는 이유는 소비자의 미각과 후각을 최고로 만족시킬 수 있는 혼합주를 만드는 것이 보기와 달리 얼마나 복잡하고 어려운 과정을 거치는지 어느 정도는 알려주고 싶었기 때문이다. 정말 간단해 보이는 망고와 보드카의 혼합주에도 30가지가 넘는 성분들이 있다. 그리고 8장에서 설명했듯이 우리가 음료의 모든 풍미를 느끼기 위해서는 미각과 후각 체계 역시 이 모든 것을 잘 처리해야 한다. 그러면 이제 이와 연관해서 마지막 주제로 넘어가보자.

지금은 가상현실이 큰 인기를 끌고 있다. 이에 일부 과학자들 역시 가상 칵테일이라는 영역, 줄여서 '복테일(vocktail)'을 한번 탐험해보기로 했다. 이 장치는 엄밀히 말해 가상현실이라기보다는 증강현실을 경험하게 해준다고 봐야 한다. 복테일과 가장 비슷한 게임을 굳이 찾자면 '시즌 트래블러'라고 할 수 있겠다. 이 게임은 디지털 방식으로 진행되며 게임을 하는 사람은 사계절의 풍경을 느낄 수 있다. 독특한 점은 화면이나 소리뿐만 아니라 바람과 냄새, 온도 변화까지 느낄 수 있다는 것이다. 복테일은 그림 22.4에 있는 그림의 잔을 이용해 시음자가 복잡한 맛의 음료를 마시는 것 같은 느낌을 주는 장치다. 발명가는 디지털 방식을 이용해 여러 감각을 자극해서 칵테일의 풍미를 느껴보는 증강현실을 만들어보고 싶었다고 한다. 다시 말해 이 장치는 디지털을 이용해 미각, 후각, 시각을 자극하고 상호반응을 일으켜서 마치 칵테일을 마시는 듯한 감각을 준다는 말이다.

복테일은 칵테일 잔과 매우 비슷하게 생겼고 긴 목 아랫부분에 주요 장치가 탑재되어 있다. 시음자는 복테일이 만들어내는 맛과 향을 '느끼'고 LED는 음료의 색을 만든다. 유리잔에서 나오는 전기자극은 혀의 미뢰를 자극해서 맛을 느끼도록 하고 작은 튜브를 통해 향이 흘러나온다. 매우 놀라운 이야기겠지만 실제로 잘 작동한다고 한다. 이 기계의 발명은 미각, 후각, 시각의 복합작용 방식에 대한 이해도를 높이는 역할을 했다. 복테일은 또한 블루투스로 연결이 가능해 다른 곳에 있는 술을 느껴볼 수도 있다. 비교 실험에서는 복테일이 특정한 맛뿐만 아니라, 맛과 향이 섞인 것까지 정확하게 재현해냈다고

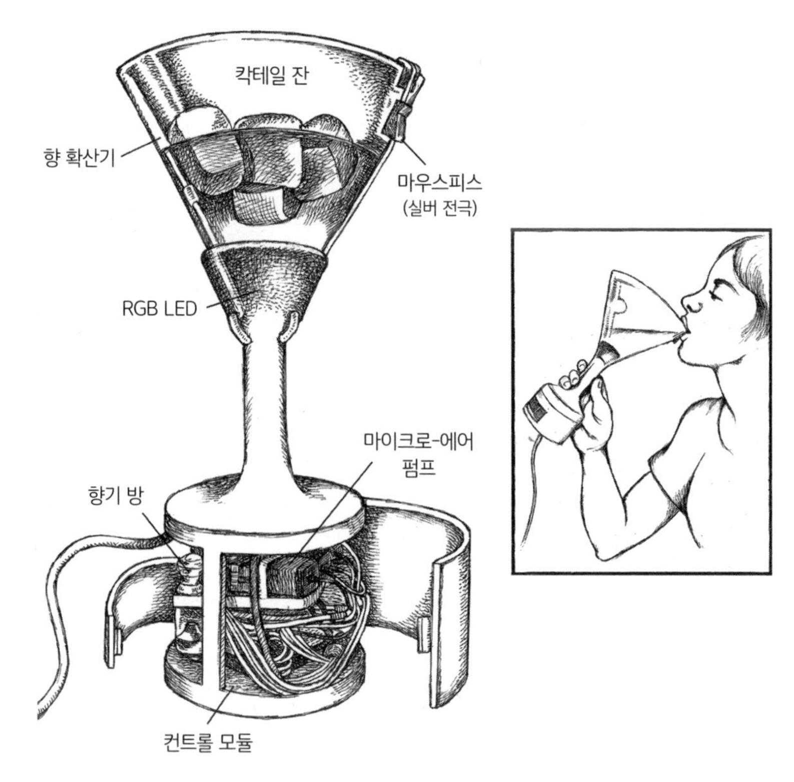

그림 22.4 복테일의 구조와 사용법

한다.

자, 그러면 지금 우리가 바에 가면 이 장치(참고로 제로 칼로리면 더 좋을 것 같다)를 볼 수 있을까? 아직은 아니라고 알려주고 싶다. 복테일은 단맛, 짠맛, 신맛에 대해 시각, 후각, 미각이 어떤 식으로 상호반응하는지 알아보기 위해 발명된 것이라 아직 상품화할 생각이 없어 보인다. 하지만 우리는 언젠가 메뉴에 있는 칵테일을 완벽하게 흉내 낸 장치를 만들 수 있는 기술이 나오리라 생각한다. 그러면 분명 바에서도 쉽게 만나볼 수 있지 않을까? 그런데 문제가 있다. 알코올이 인체에 주는 영향에는 증강현실로 재현하기에 훨씬 복잡한 감각이 얽혀 있다는 것이다. 우아한 유리잔에 담긴 시원한 알코올을 마시면서 액체가 입술에서 목으로 넘어갈 때 느껴지는 감각을 이길 장치가 과연 나올까? 지금으로서는 무알코올 칵테일을 즐기는 고객이라면 이 무거우면서 투박한 복테일 장치에 눈독을 들이고 있을지도 모르지만, 우리의 혼합주와 칵테일은 증강현실로부터 안전할 것이다. 새로운 세대의 믹솔로지스트들이 활동과 미각 경험의 영역을 넓히려 꾸준히 노력하고 있으므로, 우리는 가상 모스크바 뮬은 절대 나오지 않으리라 확신한다.

마지막으로 우리는 현대의 믹솔로지가 나오는 데 큰 발판이 된 X세대 믹솔로지스트의 노력을 살펴보도록 하자. 한동안 혼합주와 고전적인 믹솔로지는 다소 고루한 콘셉트로 여기는 분위기가 이어졌다. 그러나 새로운 세대에서는 혼합주의 역할이 다시 변하고 있다. 200년 역사의 믹솔로지 문화에서 가장 최고의 시기를 이끈 인물은 제리 토머스고, '미국 믹솔로지의 아버지'라는 명성을 얻었다. 그는 피즈, 펀치, 사워, 앞에서 소개한 민트 줄렙뿐만 아니라, 톰 콜린스와 마르티네즈 레시피를 처음 문서로 남긴 사람이기도 하다. 참고로 마르티네즈는 칵테일 중에서도 가장 유명한 종류 중 하나인 마티니(이 부분에 대해서는 논란이 여전히 뜨겁다)의 조상으로 보는 혼합주다. 그의 업적은 책이 다가 아니라 패션과 생활방식 역시 남달랐으니, 유행을 선도하는 사람이라 해도 과언이 아니었을 것이다. 토머스는 베스트, 회중시계, 슬리브 가터[2], 그 외 멋진 패션 소품으로 자신만의 드레스코드를 창조했고, 이후 수백 곳의 칵테

2 셔츠 따위의 소매 길이를 조절하기 위해 사용하는 띠.

일 바에서 하나의 유니폼이 되기도 했다. 그가 민스트럴 쇼[3]의 매니저로 일하던 당시는 굉장히 힘든 시간이었겠지만, 이를 계기로 화려한 불꽃 쇼의 감각을 키워 토머스의 시그니처 '블루 블레이저' 쇼를 펼쳤다. 그리고 고객들은 예술과도 같은 퍼포먼스를 보며 짜릿했을 것이다.

토머스의 쇼맨십은 전설적인 명성을 얻는 데 가장 큰 기여를 했고 대중문화의 역사를 통해서도 그의 이야기는 꾸준히 전해졌다. 이런 '플레어 바텐딩'은 1988년 영화 〈칵테일〉에서도 살짝 엿볼 수 있다. 신참 바텐더 역을 맡은 톰 크루즈(브라이언 플래너건)와 선배 바텐더 브라이언 브라운(더그 코울린)은 뉴욕 어퍼이스트사이드에 있는 여러 칵테일 바에서 수많은 단골의 눈을 현혹시킨다. 손님들은 이들이 셰이커와 술병을 돌리고 던지고 뒤집는 묘기를 볼 수만 있다면 주문한 음료가 언제 나와도 크게 신경 쓰지 않을 정도다. 이 두 바텐더는 심지어 내용물의 양을 제대로 측정하지 않고 마구잡이로 섞어 칵테일을 만들기도 한다. 이 영화의 질을 논하자면 실망스럽다고 평가할 수 있지만, 세계적으로 큰 히트를 했고 그 영향력은 미국에서 믹솔로지가 대중문화의 큰 줄기를 차지할 수 있게 해준 것은 분명했다. 영화에서 두 바텐더가 칵테일을 만드는 장면에 어떤 종류를 만드는지 알 수 없는 경우가 대부분이지만, 딱 한 가지 눈에 띄는 칵테일이 바로 레드 아이이다. 이 술은 전날 '플레어 바텐딩'을 열정적으로 펼친 바텐더들이 원기를 회복하려고 만들었던 해장술이다. 우리는 이 술의 효능에 대해서는 말할 수 없으니, 이걸 마시고 속이 불편하다면 이 영화의 ost인 비치 보이스의 '코코모'를 들으면서 구토를 유발해보자.

플레어 바텐딩에는 목적(쇼맨십)이 있는 반면, 밀레니얼 세대와 Z세대들의

3 백인이 흑인으로 분장하고 흑인 음악을 하는 공연.

취향과 생각은 여기에서 더 다양한 형태로 발전하도록 만들었다. 그리고 그 과정에서 믹솔로지는 그 자체로 예술이 되었다. 현대의 믹솔로지스트는 현실성과 창의성 사이에서 많은 시간을 보낸다. 흥미롭지만 나쁜 조합이거나 지나치게 비싼 술은 혼합주의 목적을 망쳐버린다. 아방가르드는 매력적이고 파격적으로 보일 수 있지만 지속 가능하지는 않다. 현재 마스터 단계 믹솔로지 수업에서는 혼합주의 역사와 실용성 모두에 초점을 맞추면서 어떻게 하면 진부한 음료를 개선할지에 집중하고 있다. 여기에서 우리는 믹솔로지의 차이를 느낄 수 있다. 초기에 사람들은 믹솔로지와 바텐딩이 다르다고 생각하지 않아 믹솔로지스트를 '바텐더'로 혼동해 부르기도 했다. 바텐더는 믹솔로지스트가 하는 방식으로 음료를 혼합하거나 고객에게 접근하지 않는다. 바텐더는 바를 운영하거나 손님을 관리하는 등, 더 현실적인 부분에 관여하는 반면, 믹솔로지스트는 기본적으로 이런 일에는 전혀 관심이 없다. 대신 이들은 칵테일의 역사를 알고 시간이 흐르면서 혼합주가 어떤 식으로 발전했는지를 알고 있다. 그리고 믹솔로지스트는 이런 발전에 기여하려 노력한다는 점이 큰 차이다. 바텐더는 칵테일을 정확하면서 효율적으로 만드는 방법을 알아야 하는 반면, 칵테일의 역사를 알고 있는 믹솔로지스트는 이 혼합주를 어떻게 하면 상상력을 가미해서 재탄생시킬지를 연구한다. 그리고 바텐더가 쉽게 구하고 사용할 수 있는 재료와 도구를 쓰는 반면, 믹솔로지스트는 현재에 거의 사용하지 않는 역사적인, 또는 독특한 재료로 실험을 한다. 이 둘의 차이는 창의성에 있다. 믹솔로지스트가 음료를 혼합하는 예술가라면 바텐더는 기술자인 것이다.

현재까지 믹솔로지스트는 활발히 활동했고 앞으로도 번창할 것이다. 그러나 코로나19로 인해 사회규범이 바뀌었기 때문에 미래의 혼합주와 믹솔로지가 어떻게 바뀔지는 알 수 없다. 이 팬데믹이 지난 후에 닥칠 끔찍한 경제 침체 속에서 많은 술집은 어떤 식으로 대처할 것인가? 디스럽티브 크래프트 스피리츠 회사의 이사 필립 더프는 이들이 다시 기본으로 돌아갈 것이라 말한다.

> 심플한 음료로 다시 돌아갈 것입니다. 현재 운영 중인 바들은 생존을 위해 필사적입니다. 포장이나 배달, 심지어 주차장에 임시 가판대를 설치해서 남아 있는 재고를 팔아치우고 있습니다. 그러다 보니 다양한 재료로 실험해오던 믹솔로지는 현재 제자리를 찾지 못하고 있습니다. 이전에 코스모폴리탄을 굳이 팔 필요성을 느끼지 않아 따로 크랜베리를 구비해두지 않은 칵테일 바는 현재 스트로베리 마르가리타, 또는 간단하게 만들면서 마진이 많이 남고 대중들이 찾는 음료를 만들어 팔고 있는 실정입니다.

증류주 산업이 이런 분위기를 잘 적응할지는 두고 봐야 한다. 더프는 사람들이 이제 캔에 들어 있는 칵테일을 더 즐길 것이고 주류판매점에서도 이런 제품을 더 많이 취급할 것이라 말한다. 2020년, 팬데믹 기간 동안 바 출입이 금지되고 독창적이면서 완벽하게 맛의 균형을 이룬 당신만의 수제 칵테일 역시 즐기지 못하게 되면서, 사람들은 집에서 바로 따서 마실 수 있으면서 품질도 좋은 제품을 선택했다. 더프는 코로나19와 술집의 폐점으로 인해 다음과 같은 현상이 나타났다고 말한다.

> 집에서 즐기는 믹솔로지가 생겨났고 앞으로도 이런 추세는 계속될 것입니다. 미국의 금주법 시행 이후로 사람들의 활력소가 되어준 칵테일은 이런 환경 내에서 다시 성장할 것입니다. 활동에 제약을 받게 된 수많은 사람들이 집에

서 샤워 도우를 만들고 바나나 빵을 구웠습니다. 최소 5만 명의 사람들은 얼음을 잔뜩 얼려두고 수비드를 만들거나 일반적인 마르가리타, 맨하탄, 마티니에 더 좋은 술, 리큐어, 베르무트, 비터스, 조금 전에 말한 얼음을 넣어 업그레이드된 홈 칵테일을 만들었습니다.

칵테일을 둘러싼 이런 분위기는 사람들이 집에서 바로 마실 수 있는 맛있는 수제 칵테일이 새로운 트렌드가 될 수도 있다는 가능성을 보여주고 있다. 아직은 아니지만 이런 제품들이 정말 고급 품질만 갖출 수 있다면 캔에 들어있는 술이라는 오명은 점차 사라질지도 모른다. 이렇듯 미래에는 어떤 것이 인기를 끌지 알 수 없다. 그러나 지난 200년간 미국의 믹솔로지는 생존뿐만 아니라 번성을 누려왔으므로 우리는 미국의 독창성, 재능, 창의성이 다시 한번 발휘할 때가 올 것이라 믿는다. 얼마나 많이 사용했는지 홈바에 있는 찌그러진 셰이커를 한번 생각해보라. '플레어 바텐딩'을 한 후 칵테일 시럽으로 얼룩진 러그는 또 어떤가? 하지만 제발, 다시 가져오지는 말자.

23

증류주의 미래

'핀보스'가 들어간 진을 앞에 놓고 우리는 이 '뉴트럴한 풍미의 증류주'에서 도대체 어떤 맛이 날지 전혀 예상이 가지 않았다. 이 술은 전통에서 벗어나 급진적인 시작을 알린 첫 번째 '분자' 위스키다. 숙성된 버번의 맛을 띠는 분자들을 분석해서 각각 수집한 후, 뉴트럴 그레인 스피릿에 첨가해서 숙성한 위스키의 맛을 재현한 제품이라 할 수 있다. 우리는 이 제품을 발명한 사람이 많은 비용과 많은 노동력이 필요한 배럴 숙성에서 지름길을 만들어내고 싶어 한 그 마음을 충분히 이해할 수 있다. 단지 이 미래 지향적인 제품의 맛이 어떨지가 궁금할 뿐이다. 곧 이 제품은 긍정적인 방향으로 우리를 놀라게 했다. 프로레슬러처럼 길쭉한 몸과 짧고 단단해 보이는 목은, 이 위스키가 강렬하고 심지어 거친 맛을 줄 거라는 인상을 풍겼다. 그러나 옅은 황금빛 짚 색을 띤 이 액체는 잔에 따라보니 향기로운 향을 풍기면서 공격적이기는커녕 놀랍도록 얌전했다. 이런 절제된 느낌은 입안에서도 이어졌다. 바닐라와 훈연 향이 뚜렷하게 느껴지면서도 오렌지 껍질과 시나몬 향이 은은하게 흘러나왔다. 43%라는 높은 도수에도 약간의 뜨거운 느낌 외에는 마무리도 부드러웠다. 개인적으로는 좀 더 진하고 깊은 맛을 선호하긴 하지만 어쨌든 우리는 이 혁신적인 증류주 개발자가 이 술을 바로 시장에 내놓을 수 있는 수준이라 말했던 이유를 알 것 같았다.

수많은 증류주가 천년, 또는 백년의 시간을 지나왔다. 지금 당신이 좋아하는 종류가 무엇이든 간에 당신이 마시는 증류주는 천년 전 연금술사가 자신의 손끝에 묻어 있는 증류액을 핥던 그 맛보다 훨씬 뛰어날 것이다. 아니면 광란의 1920년대 당시 담배 연기로 가득한 무허가 술집에서 젊은이들이 삼켰던 그 독한 술보다 품질이 월등히 뛰어날 테다. 우리는 포스트 밀레니얼 세대가 독한 증류주에서 돌아서고 있다는 이야기를 많이 듣는다. 그러니 우리는 증류주가 현재 어디쯤 있는지에 대해서 한번 생각해봐야 한다. 최근의 통계에 따르면 우리는 질 좋고 다양한 술이 존재하는 황금기에 있다고 한다. 팬데믹 이전의 예측에서는 미국 증류주 시장이 매해 6% 성장해 2022년 말에는 580억 달러라는 천문학적인 수익에 달할 것이라 했다. 팬데믹으로 인해 바 출입이 금지된 와중에도 알코올 판매는 전혀 감소하지 않고 있다. 물론 이 팬데믹 이전의 예측이 장기적으로 얼마나 갈지는 알 수 없다. 그 누구도 이런 현상을 이전에는 겪어보지 못했기 때문이다. 대대적인 락다운이 풀린 이후의 술집이 어떤 식으로 변할지도 전혀 예상할 수 없다. 그러나 적어도 과거에 경기 침체가 있었던 시기를 살펴보면 증류주는 언제나 이때 높은 판매량을 보였다. 2007~2008년 금융위기를 예로 들면, 증류주 판매량-수익량-은 판매 속도가 다소 느려졌을지언정 더 증가했다. 이런 현상은 충분히 예상 가능한 부분이다. 알코올은 어려운 시기에 좋은 위안제가 되어주니 말이다. 심지어 프리미엄 브랜드 증류주-적어도 샷 가격은-도 힘든 시기에 우리의 사기를 올려줄 다른 사치품에 비해 가격이 상대적으로 저렴한 편이다.

현재의 트렌드가 적어도 가까운 미래까지는 계속 이어질지를 궁금해하는 이유가 있다. 팬데믹 이전에 증류주 수익이 증가했던 원인은 판매량이 올라갔다기보다 소비자들이 더 비싼 슈퍼 프리미엄 또는 울트라 프리미엄 제품을 더 자주 찾았기 때문이다. 2012년부터 2020년까지 8년간을 예로 들면 고급 증류주의 시장 '가치'는 꾸준히 상승했다. 그렇다고 현재의 약해진 경제 상황에서 소비자들이 알코올 섭취량을 줄이지 않는 대신 이런 값비싼 제품 소비를 줄일 것이라 예상하기에도 리스크가 큰 편이다. 이 외에도 최근 정치적 상황이 촉발한 무역 전쟁 역시 시장의 예측을 흔들고 있다. 이미 타격을 받고 있는 곳은 위스키 산업이다. 가장 뚜렷하게 나타난 상황은 2018년에 유럽연합, 캐나다, 멕시코, 중국에서 미국 버번 제품에 보복 관세를 붙였던 일이다. 이 나라들은 모두 많은 고객을 보유한 중요한 시장이다. 2019년 2월, 〈뉴욕타임스〉지를 장식한 헤드라인 기사는 '트럼프 대통령의 무역 전쟁은 미국 위스키 산업을 위기에 빠트리다'였다. 이 기사의 내용을 보면 미국 위스키가 세계적으로 높은 수요를 보이는 상황에서 무역 전쟁이 수출을 막고 있다는 사실을 분명히 알 수 있다. 또한 기사는 이런 불균형적인 현상은 미국의 소규모 증류소의 발전에도 좋지 않은 영향을 준다고 강조한다. 낮이 지나면 밤이 오듯이 미국도 스카치 위스키와 아이리시 위스키에 관세를 붙였다. 이는 가까운 미래에 블렌디드 증류주를 수출할 계획으로 생산을 하고 있고, 이미 몇 년 전부터 제품을 배럴에 숙성하던 스카치 위스키와 아이리시 위스키 증류업자의 계획을 무너트리는 행위였다. 이런 불필요한 도발로 인해 2019년 미국 증류주 수출량은 세계적으로 19%나 떨어졌다. 같은 해 국내 판매량은 5.3% 증가했지만, 시장이 전체적으로 편향되어 있어 예측할 수 없게 되었고, 이는 특히 몇 년간 배럴 숙성을 해야 하는 버번과 다른 증류주 생산업체에게는 어려운 상황을 만들고 있다. 포스트 코로나 시대에는 이런 탈세계화 추세가 지속될 것으로 보인다. 이로 인해 세계적으로도 술집에서 선택 가능한 증류주의 종류 역시 감소할 것이다. 이런 현상이 벌어진다면 위기에서 살아남은 수제 증류업자가 가장 취약한 위치에 서게 될 것이다. 2020년 4월, 미국 수제 증류주 협회 설문 조사에 따르면, 조사에 응한 증류소의 2/3가 팬데믹 상황이 좋아지지 않는다면 폐업을 고려한다는 답변을 내렸다.

그렇게 좋은 소식은 아니다. 이런 정치적, 유행병적, 경제적 요인이 증류주 시장에 장기적으로 어떤 영향을 줄지는 시간이 지난 후에 알게 될 것이다. 그러나 소비자의 입장에서 증류주는 통계학의 일부가 아닌 미학적이고 미각적인 부분에 관여하는 존재다. 이런 관점에서는 훨씬 긍정적인 뉴스를 들을 수 있다. 최근 몇 년간 국내에서 일어난 가장 큰 발전이라면 증류주 관련 규제가 많이 완화된 점을 꼽을 수 있다. 이전에 걸려 있던 제약들이 많이 풀리면서 수제 증류소가 전성기를 누리는 중이다. 그래서 소규모 증류소가 대기업으로 편입되는 트렌드 속에서도 개인이 만드는 제품의 다양성 또한 함께 꽃을 피우고 그 어느 때보다 창의성 넘치는 제품이 출시되고 있다. 이제는 어디서든 장인이 만든 위스키, 진, 보드카를 만나볼 기회가 몇 배로 많아진 것이다. 비록 아직은 소규모로 생산되는 제품들의 가격이 그렇게 합리적으로 생성되지 않고 있지만, 소비자들은 수많은 선택권을 가지게 되었다. 2015년 이후로 미국 수제 증류주 시장은 매년 19% 정도씩 확장하고 있다. 그리고 이와 매우 비슷한 현상이 해외에서도 벌어지고 있다. 예를 들어, 영국에서 생산되는 진은 2010년 이후 10년 동안 일곱 배 정도 증가했다. 소규모 증류소에서는 대기업보다 더 모험적이면서 실험적인 제품을 만든다. 대기업의 1순위는 소비자들이 예상 가능한 제품을 만드는 것이기 때문이다. 수제 증류업자들이 그 틈새를 비집고 들어간 결과, 소비자들은 놀랄 만큼 다양한 선택을 할 수 있게 되었다. 사실상 거의 모든 범주의 증류주에서 말이다. 그러나 곧 이 풍부한 창의성은 시장의 거친 현실에 부딪히게 될 것이다. 우리는 다음 10년간 수많은 합병이 일어날 것이며, 한때 유망하다 생각되었던 제품이 사라질 것이라 예상한다. 이미 소규모 회사와 합병해 새 이름과 디자인으로 제품을 만들어내고 있는 대형 증류 회사도 있다. 그러나 아직까지는 혁신적인 소규모 제조업자가 없는 미래의 증류 산업은 상상하기 어렵다.

소비자의 취향은 곧 혁신을 부른다. 현재로서는 밀레니얼 세대가 시장 형성에서 가장 큰 영향력을 쥐고 있는 듯하며, 알코올음료 소비에서 이미 기대 이상의 영향력을 발휘하고 있다. 이들은 알코올을 마시는 전체 인구의 29%지만, 알코올음료 구매율은 32%를 차지하고 있다. 이 세대의 선호도는 맥주와(조금 더 적지만) 와인에서 증류주로 옮겨가고 있다. 밀레니얼 세대는 2000년에

29%였던 증류주의 시장 점유율을 2016년 36%까지 끌어 올렸다. 증류주 종류 중에서는 위스키, 브랜디(코냑 포함), 테킬라(특히 레포사도)가 진, 럼, 심지어는 보드카(그런데도 계속해서 압도적인 지배력을 가지고 있다)보다도 가장 높은 시장 점유율을 보인다. 세계적으로는 한국의 소주 같은 이국적인 증류주 역시 시장을 재편하고 있다.

이런 차별적 성장의 배경에는 술집이나 식당으로 '나가서 마시는' 것보다 집 '안에서 마시는' 추세가 증가한 것이 있다. 그리고 계속 확장되고 있는 서비스업과 인터넷 시대의 사회적인 분위기는 결국 음료의 포장 분야에도 영향을 미칠 것이다. 사실 이미 더 작고 휴대하기 좋은 크기의 병에 담긴 알코올 음료 시장은 빠르게 성장하고 있다(2016~2017년, 50mL 병 판매는 18% 증가했지만, 100mL는 11%밖에 증가하지 않았다). 보드카 생산업체는 포장의 방식이 매우 큰 요인으로 자리 잡게 될 것임을 처음으로 알아본 사람들이다. 그러나 대체로 증류업계에서는 아직 맥주나 와인업계만큼 캔 포장에 적극적이지 않다. 시도를 한다면 우선 칵테일 형태로 시작할 수 있을 것이다. 이 분야는 품질만 보장된다면 미래가 밝다고 본다. 또한 과거에 성공했던 1인분의 '미니어처' 병 또한 순도 높은 증류주에 하나의 길을 제시할지도 모른다.

미래의 병들은 무엇으로 만들어질지 아직 예측할 수 없지만, 전통 방식의 유리병에서 벗어나려는 뚜렷한 움직임은 지금도 일어나고 있다. 2020년 7월 증류업계의 큰손 디아지오는 대표적인 위스키, 조니 워커 용기를 지속 가능한 재료인 나무(펄프)로 만든 용기로 완전히 바꿀 것이라 발표했다. 매년 증류주나 음료를 담는 유리병의 수는 엄청나고 심지어는 재활용이 되지 않는 플라스틱 용기에 담기도 한다. 육지와 바다 환경이 플라스틱으로 오염(환경 오염의 반작용으로 인간이 미세플라스틱으로 오염되고 있는 상황 역시)되고 있는 상황을 걱정하는 소비자가 늘어나고 있는 현재, 용기를 바꾸는 이런 움직임이 큰 트렌드의 시작점이 되기를 바란다. 디아지오는 현재 파일럿 라이트라는 의류회사와 파트너십을 맺고 나무로 만든 병을 생산하고 있다. 펩시코와 유닐레버에서도 같은 방식의 용기를 쓰고 있다. 덴마크 양조회사 칼스버그 또한 가까운 미래에 종이 용기로 대체할 것을 약속했으니 정말 반가운 소식이다.

우리는 현재 밀레니얼 세대가 모든 알코올음료에서 서서히 등을 돌리고 있는 경향을 무시하기에는 눈에 띄기에 여기서 언급하고 넘어가기로 했다. 한때 음료 시장은 알코올과 무알코올 분야로 확연히 나뉘어 있었고, 알코올음료는 '성인'의 상징으로 여겨졌다. 가정에서도 성인들은 술을 마셨고 심지어 할머니도 가끔 셰리 한 잔을 즐겼다. 그러나 현재 이 경계선은 흐려졌고 이 틈을 강력한 웰빙 음료 산업이 비집고 들어왔다. 이들은 섬세하면서 상상력 넘치는 다양한 음료나 이국적인 독특한 음료를 내놓았다. 이들은 밀레니얼 세대 중에서도 건강에 관심이 많고 알코올 문제를 겪는 부모를 둔 사람들이 특히 이 제품에 관심이 많다는 사실을 알게 되었다. 이런 상황에서 알코올음료 제조업자 역시 반격을 가했고 그중에서 가장 성공한 이들은 양조업자다. 이들은 수많은 무알코올 또는 도수가 낮은 맥주를 출시했고, 최근 이 제품들의 맛은 더 개선되어 많은 소비자를 끌어모으고 있다. 그러나 증류업계에서 낮은 도수는 그렇게 쉽게 채택할 수 있는 전략이 아니다(비록 도수가 낮은 소주가 세계적으로 인기를 얻고 있고 최근에는 선 제조 칵테일 역시 서서히 주목받고 있다). 하지만 이 접근방식을 살짝만 틀어서 무알코올 '증류주'를 개발한 곳도 있다. 이 제품은 오리지널 알코올의 맛을 흉내 내고 있다.

가장 대표적인 회사는 영국의 시들립이다. 현재는 증류업계의 거물 디아지오와 공동경영을 하고 있다. (이 회사는 이미 무알코올 분야에 대대적으로 투자를 해온 곳이다.) 8장에서 설명했듯이, 알코올은 미각과 후각에 엄청난 영향을 준다. 그래서 시들립은 여러 가지 식물을 첨가한 '진'을 만들었다. 기존에 들어가던 주니퍼를 빼고 알코올을 마시는 듯한 느낌을 주는 식물들을 대신 넣은 것이다. 그리고 증류액을 추출하는 단계에서는 뉴트럴 스피릿을 썼다가 나중에 다시 증류해서 알코올을 날린다. 이 제품은 일부 인플루언서들 사이에서 유명해졌고 디아지오의 지원 덕분에 현재는 세 가지 버전(더 늘릴 계획이다)으로 광범위하게 유통되고 있다. 마시는 방법은 스트레이트가 일반적이지만 온더락도 괜찮다. 맛은 '황홀하다'부터 '형편없다'까지, 세 가지 모두 평가는 각양각색이다. (우리는 부정적인 쪽이다.) 그러나 재능 넘치는 바텐더의 손에 들어가면 어떤 종류를 넣든 흥미로운 맛의 목테일[1]로 만들어줄 것이다. 영국의 생산업자인 스리 스피릿은 다른 접근법을 시도했다. 입안의 조직이 아닌 뇌와 마음에 효과를 주는 쪽에 목적을 두고 식물을 혼합한 것이다. 그러나 결과적으로 효과는 미미했다. 시카고의 리추어 위스키 어터너티브라는 회사는 특히 위스키의 복잡한 '맛과 뜨거운 느낌'을 알코올 없이 전달하겠다는 약속하에 제품을 출시했고, 라벨에는 첨가된 식물의 이름이 나열되어 있다. 라벨에는 '칵테일에 가장 많이 사용되는'이라는 설명도 있으니 칵테일에 넣는 게 더 좋을 듯싶다. 안에 들어 있는 '캡시쿰과 그린 페퍼콘'은 확실히 타는 듯한 감각을 주지만 일반적인 증류주에서 기대하는 그런 느낌과는 다르다.

요점은 시중에 나온 어떤 제품도 알코올이 입안 가득 안겨주는 느낌을 완

1 mocktail: 비알코올 청량음료. 가짜라는 의미의 목(mock)과 칵테일의 합성어다.

전히 재현하지 못했다는 사실이다. 사람의 마음이나 감정을 바꾸는 물질은 에탄올 외에도 있겠지만, 현재로서는 적당히 마신 알코올에서 느낄 수 있는 기분 좋은 따뜻함을 대체할 음료는 없다. 그러나 무알코올 증류주의 기술은 이제 시작 단계니, 독창성 넘치는 인간이 결국 어디까지 도달할 수 있는지는 누구도 알 수 없다. 무알코올, 제로 칼로리(사실 이건 그렇게 중요하지 않다)인 '복테일'은 상용화된 건 아니지만 어쨌든 발명되지 않았는가(22장 참고).

대체 알코올에 대한 정확한 미래가 무엇이든 간에 예측 가능한 부분은 전문가들에게 맡겨두면 될 듯하다. 우리의 오래되고 친숙한 알코올음료는 금방 사라지지는 않을 것이니 너무 걱정하지 말자. 현재 전통 증류주 중에서 가장 위태로운 위치에 있는 술은 그라파다. 오랫동안 이 술을 좋아했던 소비자들이 이제는 나이가 많이 들었으니 나중에는 그라파 애호가의 수가 더 줄어들 것이다. 반면 젊은 이탈리아인의 취향은 수많은 종류의 술 사이에 다양하게 퍼져 있다. 그러나 그라파 애호가들은 이런 트렌드가 그라파 자체의 문제가 아니므로, 일시적인 현상일 뿐이라고 긍정적으로 생각하고 있다. 또한 머지않아 그라파에도 혁신의 바람은 불어올 것이다. 특정 포도를 사용해서 고급 시장을 겨냥하거나, 장인이 만든 명성 있는 제품(18장 참고)으로 말이다.

심지어 곡물 분야에서도 변화가 나타나고 있다. 수제 곡물 증류업자는 현재 원료를 대량으로 사들여서 쓰지만, 품질이 좋은 특정 재료로 만든 우수한 제품에서 경제적 보상을 받게 되면서 이쪽으로 방향을 트는 곳도 많아지고 있다. 전반적으로 증류주의 인기는 절대 식지 않을 것이다. (1920년대의 베스터브 진조차 술꾼들을 금주시키지 못했는데 무엇이 가능하겠냐마는) 그리고 이런 분위기 속에서 밀레니얼 세대는 증류주 시장의 새로운 고객이 되었다. 이들은 고급 증류주에 관심이 많고, 특히 환경적으로 지속 가능한 방식으로 만든 제품이라면 더 환영한다.

세계에서 두 번째로 큰 와인·증류주 회사, 페르노리카는 유엔의 목표에 발맞추어 향후 몇십 년간 '지속가능성과 책임'이라는 새 프로그램을 이행하겠다는 의사를 공식적으로 밝혔다. 여기에는 네 가지 목표가 있는데, 그중에서 첫째로 꼽히는 것이 '테루아 지키기'다. 우리가 앞에서 언급했듯이 증류주의 재료가 되는 식물들을 둘러싼 테루아(주로 와인 제조업자가 쓰는 용어)의 질은 점차 떨어지고 있다. 그 이유는 생산업자들이 동일한, 그리고 예측 가능한 농작물을 얻기 위해 이곳의 생물다양성을 해치기 때문이다. 이에 페르노리카는 생산지에 대한 책임을 명백히 인정해 지역 생태계를 보호하는 몇 가지 파일럿 프로젝트를 제시했다. 그리고 동시에 재료의 품질 역시 그대로 유지할 것을 약속했다. 우리가 주목해야 할 또 다른 분야는 '생산의 순환'이다. 이 용어는 포장재와 물 재활용, 탄소 발자국 감소를 내포하고 있다. 페르노리카는 근로자 성비 균형 맞추기, 변하는 미래에 적응할 수 있도록 근로자 훈련 제공하기, 판매시점 정보 관리 시스템(POS)을 통해 인력 낭비 줄이기 등의 전략을 도입해, 근로자의 가치에 더 신경 쓰기로 약속했다. 이런 다양한 계획 중에 흥미로운 것 하나만 소개하자면, 버리는 라임 껍질로 농축액을 만들어 바에서 라임 사용을 줄이도록 하는 계획이다. 마지막으로 페르노리카는 '책임감 있는 주인'을 언급하며, 특히 젊은 층의 알코올 남용을 막도록 적극적으로 노력하겠다고 다짐했다. 이런 페르노리카의 리더십은 변하는 사회의 우선순위에 적극적으로 반응하면서 유능하고 상식적인 기업이 되고자 하는 모습을 엿볼 수 있었다. 이런 활동은 기업에도 훌륭한 홍보가 되겠지만, 궁극적으로 건강한 환경이 받쳐주는 건강한 사회 속에서만 모두가 번성할 수 있다는 사실을 기업이 깊게 인지했다는 것을 보여주는 단면이기도 하다.

이런 노력을 하는 증류소는 페르노리카뿐만이 아니다. 스카치 위스키 협회 역시 101곳의 몰트·곡물 증류소에 산업 환경 전략의 회원이 되도록 요청했다. 여기에 등록된 회원들은 물과 포장재 사용을 줄이고 2020년까지 재생 가능한 에너지 사용률을 20%까지 늘리는 목표에 참여해야 한다. 증류소가 이 목표를 이루기 위해 할 수 있는 일에는 공정 과정에서 나온 '찌꺼기'(사용된 곡물)를 연료(때로는 이걸로 메탄가스를 만들기도 한다)로 사용하는 것이 포함된다. 카리브해나 다른 곳에 있는 럼 생산업체가 사탕수수를 으깬 후 남은 찌꺼기를 태워 전기를 생산해내는 것과 거의 같은 방식이다. 스웨덴 맥미라 증류소도 와인 제조업자의 방식을 이용해 연료 효율을 도모했다. 이곳에서는 생산 단계마다 재료를 옮길 때 중력을 이용하고 이 과정에서 나오는 열을 모아서 연료로 사용한다. 그 외에 멕시코에서도 블루 아가베 단일 경작(11장 참고)으로 인한 환경 파괴를 줄이는 운동이 한창 진행 중이다.

그러나 아무리 환경을 생각한다고 해도 전통적이긴 하지만 노동집약적인 방식을 써가면서까지 증류주를 만들어야만 할까? 전통 방식을 쓰면 시간이 많이 소요되며, 특히 숙성 과정에서는 오랜 시간 자본이 묶이게 된다. 그러니 분명 이런 비효율성을 해결할 방법이 있을 것이다. 샌프란시스코의 엔들리스 웨스트는 '분자 증류주' 생산업체다. 우리가 앞에서 언급했듯이 화학은 분자의 관점에서 음료의 특징을 설명한다. 예를 들면, 화학적인 관점에서는 전형적인 버번의 맛을 담당하는 분자의 종류가 대략 30종이라고 말해줄 수 있다.

엔들리스 웨스트의 화학자와 요리 관련 과학자는 글리프 위스키를 만들기 위해 먼저 목표한 위스키의 가장 핵심적인 부분인 맛과 향, 마우스필에 관련된 분자 '구성'을 먼저 분석했다. 어떤 분자들이 여기에 영향을 주는지를 확인한 후 자연에서 또는 효모에서 따로 수집했고 실험실에서 미리 정한 비율로 이 다양한 분자들을 혼합했다. 그리고 이 결과물을 일반적인 뉴트럴 그레인 스피릿에 넣어 섞은 후 병입하고 바로 유통시켰다. 글리프는 배럴 숙성이 필요 없었다.

'하룻밤 만에 완성된'이라는 문구로 자랑스럽게 홍보하며, '최고급 숙성 위스키'와 같다는 이 '생화학적 위스키'에서는, 제조업자의 말에 따르면 은은한 바닐라 향이 나고 입안에서는 나무, 향신료, 약간의 블랙 프루트의 맛이 느껴지며 진하면서 흙 향의 여운이 남는다고 한다. 우리가 이 챕터 첫 부분에서 말했듯, 그라파를 마셨을 때의 느낌과 꽤 비슷한 설명이라 할 수 있다. 이 술에 대한 평가는 매우 다르긴 하지만 우리는 이 '위스키'를 만든 사람들이 꽤 훌륭한 일을 해냈다고 생각한다. 아직 완전하게 현실화시키지는 못했지만 분명 중요한 잠재성을 보여주었으니 말이다. 그리고 엔들리스 웨스트 직원들은 가장 힘든 도전을 처음으로 해냈다는 점을 기억해야 한다. 증류주는 뉴트럴한 상태에서 멀어질수록 이를 구성하는 화학물질 역시 복잡해지기 때문에 이런 형태를 복제하기란 여간 어려운 게 아니다. 게다가 화학적으로 미국식 숙성 위스키는 다른 어떤 종류보다 복잡하다.

인간만큼 사회적인 동물은 없으며 최근 몇 년 동안 증류주 생산업자는 이 사실을 더 절실히 깨달았다. 과거에 사람들이 흔히 생각했던 아메리칸 위스

키를 마시는 술꾼들의 전형적인 이미지가 있다. 주크박스에서 우울한 컨트리 음악이 흘러나오는 어두침침하고 지저분한 바에, 혼자 앉아 조용히 술잔만 비우고 있는 남성의 모습이다. 그러나 이제는 달라졌다. 현재 증류주는 사회 음료로 홍보되고 있다. 유명 잡지에는 다양한 연령, 특히 젊고 우아한 모델이 비싸면서 명성 있는 증류주를 마시는 모습이 담긴 광고가 실려 있다.

당신도 다른 열정적인 증류주 애호가들과 함께 멀리는 스코틀랜드와 태즈메이니아로 위스키 여행을 떠나볼 수 있을 것이다. 이곳에서 수많은 종류의 술을 맛보고 비교해보면서 주변의 아름다운 자연경관도 함께 즐길 수 있다. 만약 당신이 그렇게 활동적이지 않은 편이라면 증류주 애호가들의 지역 모임에 참여해보는 것도 좋다. 여기에는 증류주 잔의 모양과 크기에 대한 지식이 해박한 사람, 물을 첨가해서 증류주를 적절하게 희석(사실 물 한 방울만으로도 독한 증류주가 바로 부드러워지기도 한다. 아마도 소수성 분자가 표면에 흩어지면서 이런 효과를 만드는 듯하다)하는 법을 잘 아는 사람들이 있을지도 모른다. 아니면 친구들과 거실에 앉아 당신이 가장 좋아하는 증류주를 따서 마시는 것도 좋다. 물론 가끔은 혼자 술잔을 기울이는 것도 기분이 꽤 좋지만 대체로 증류주는 종류가 위스키든, 우조든, 브랜디든 상관없이 누구와 함께하느냐가 더 중요하다. 증류주에는 사람들을 불러 모으는 힘이 있다. 물론 비슷한 장점을 가진 증류주에 대해서나 선호하는 칵테일에 대해 논쟁을 하려는 건 아닐 것이다. 어쨌든 동료를 끌어모으는 이 마법 같은 음료는 종류를 가늠할 수 없는 칵테일이든 스트레이트든, 온더락에 약간의 소다를 넣고 한 모금씩 음미하든 결국 가장 매력적인 술일 것이다. 개인의 취향은 변할 수 있고 유행도 바뀐다. 그러나 이 음료가 미래에도 살아남을 힘을 충분히 지닌 것을 그 누구도 의심하지 않는 것은, 바로 이런 사회성이라는 본성에서 온 것일 테다.

참고 자료

증류주를 좀 더 문학적이고 실용적인 방식으로 접근하고자 하는 독자라면 챕터별로, 그리고 증류주별로 정리해둔 아래 참고 목록을 살펴보길 바란다. 이 자료(온라인 포함)에는 우리가 본문에서 인용했던 부분 역시 포함되어 있다. 단지 온라인의 경우 정보가 정말 방대하지만, 정확성이 확실히 보장되지 않을 수 있다는 사실도 염두에 두길 바란다.

현재 당신이 정확히 어떤 부분에 관심이 있는지 확신이 서지 않는다면? 블루(Blue)(2004), 키플(Kiple)과 오넬라스(Ornelas)(2000), 로저스(Rogers)(2014)가 펴낸 책을 먼저 읽어보자. 증류주에 관한 일반적인 내용을 잘 담고 있는 훌륭한 책들이다. 아니면 사이먼 디포드(Simon Difford)가 운영하는 홈페이지에 방문해 보는 것도 괜찮다. 다양한 증류주와 칵테일을 하나씩 배우기에 정말 유용한 곳이다. 그 외에 <Whisky Advocate>라는 잡지도 있다. 제목처럼 위스키만 다루는 데 그치지 않고 현재 소비자와 증류주 간의 생생한 분위기도 함께 전하고 있다.

Blue, Anthony Dias. 2004. *The Complete Book of Spirits: A Guide to Their History, Production, and Enjoyment.* New York: William Morrow.
Difford, Simon. "Difford's Guide for Discerning Drinkers." https://www.diffordsguide.com.
Kiple, Kenneth F., and Kriemhild C. Ornelas. 2000. *Cambridge World History of Food,* 2 vols. Cambridge, UK: Cambridge University Press.
Rogers, Adam. 2014. *Proof: The Science of Booze.* New York: Houghton Mifflin Harcourt.

CHAPTER 1. 우리가 증류주를 마시는 이유

Carrigan, M. A., O. Uryasev, C. B. Frye, B. L. Eckman, C. R. Myers, T. D. Hurley, and S. A. Benner. 2015. "Hominids Adapted to Metabolize Ethanol Long before Human-Directed Fermentation." *Proceedings of the National Academy of Sciences USA* 112 (2): 458–463.
Dietrich, L., E. Goetting-Martin, J. Herzog, P. Schmitt-Kopplin, et al. 2020. "Investigating the Function of the Pre-Pottery Neolithic Stone Troughs from Göbekli Tepe—An Integrated Approach." *Journal of Archaeological Science: Reports* 34, part A, 102618. doi.org/10.1016/j.jasrep.2020.102618.
Dietrich, Oliver, Manfred Heun, Jens Notroff, Klaus Schmidt, and Martin Zarnkow. 2012.

"The Role of Cult and Feasting in the Emergence of Neolithic Communities: New Evidence from Göbekli Tepe, Southeastern Turkey." *Antiquity* 86: 674–695.

Dudley, Robert. 2014. *The Drunken Monkey: Why We Drink and Abuse Alcohol.* Berkeley: University of California Press.

Hockings, Kimberley J., and Robin Dunbar, eds. 2019. *Alcohol and Humans: A Long and Social Affair.* Oxford, UK: Oxford University Press.

Hockings, Kimberley J., Nicola Bryson-Morrison, Susana Carvalho, Michiko Fujisawa, Tatyana Humle, William C. McGrew, Miho Nakamura, Gaku Ohashi, Yumi Yamanashi, Gen Yamakoshi, and Tetsuro Matsuzawa. 2015. "Tools to Tipple: Ethanol Ingestion by Wild Chimpanzees Using Leaf-Sponges." *Royal Society Open Science* 2: 150150.

McGovern, Patrick E. 2009. *Uncorking the Past: The Quest for Wine, Beer and Other Alcoholic Beverages.* Berkeley: University of California Press.

McGovern, Patrick E. 2019. "Uncorking the Past: Alcoholic Fermentation as Humankind's First Biotechnology." Pp. 81–92 in Kimberley J. Hockings and Robin Dunbar, eds., *Alcohol and Humans: A Long and Social Affair.* Oxford, UK: Oxford University Press.

Thomsen, Ruth, and Anja Zschoke. 2016. "Do Chimpanzees Like Alcohol?" *International Journal of Psychological Research* 9: 70–75.

CHAPTER 2. 증류의 역사 간단히 살펴보기

Fairley, Thomas. 1907. "The Early History of Distillation." *Journal of the Institute of Brewing* 13 (6): 559–582.

Górak, Andrzej, and Eva Sorensen, eds. 2014. *Distillation: Fundamentals and Principles.* Amsterdam: Elsevier.

Hornsey, Ian. 2020. *A History of Distillation.* London: Royal Society of Chemistry.

Kockmann, Norbert. 2014. "History of Distillation." Pp. 1–43 in Andrzej Górak and Eva Sorensen, eds., *Distillation: Fundamentals and Principles.* Amsterdam: Elsevier.

McGovern, Patrick E. 2019. "Alcoholic Beverages as the Universal Medicine before Synthetics." Pp. 111–127 in *Chemistry's Role in Food Production and Sustainability: Past and Present.* Washington, DC: American Chemical Society.

McGovern, Patrick E., Fabien H. Toro, Gretchen R. Hall, et al. 2019. "Pre-Hispanic Distillation? A Biomolecular Archaeological Investigation." *Open Access Journal of Archaeology and Anthropology* 1 (2). doi: 10.33552/OAJAA.2019.01.000509.

Rasmussen, S. C. 2019. "From Aqua Vitae to E85: The History of Ethanol as a Fuel." *Substantia* 3 (2), suppl. 1: 43–55. doi: 10.13128/Sub-stantia-270.

Schreiner, Oswald. 1901. *History of the Art of Distillation and of Distilling Apparatus,* vol. 6. Milwaukee, WI: Pharmaceutical Review Publishing.

Webster, E. W. 1923. *Meteorologica.* Vol. 3 of *The Works of Aristotle Translated into English,* ed. W. D. Ross. Oxford, UK: Clarendon Press.

CHAPTER 3. 증류주, 역사, 그리고 문화

Gately, Iain. 2008. *Drink: A Cultural History of Alcohol.* New York: Gotham Books.

Huang, H. T. 2000. *Biology and Biological Technology.* Part 5 of J. Needham: *Science and Civilization in China,* vol. 6. Cambridge, MA: Harvard University Press.

McGovern, Patrick E. 2017. *Ancient Brews Rediscovered and Re-Created.* New York: W.W. Norton. See esp. "What Next? A Cocktail from the New World, Anyone?," pp. 237–257.

McGovern, Patrick E., Fabien H. Toro, Gretchen R. Hall, et al. 2019. "Pre-Hispanic Distillation? A Biomolecular Archaeological Investigation." *Open Access Journal of Archaeology and Anthropology* 1 (2). doi: 10.33552/OAJAA.2019.01.000509.

Pierini, Marco. 2018. "The Origins of Alcoholic Distillation in the West: The Medical School of Salerno." Gotrum.com. http://www.gotrum.com/topics/marco-pierini.

Standage, Tom. 2005. *A History of the World in Six Glasses.* New York: Walker Publishing.

CHAPTER 4. 재료

Biver, N., D. Bockelée-Morvan, R. Moreno, J. Crovisier, et al. 2015. "Ethyl Alcohol and Sugar in Comet C/2014 Q2." *Science Advances* 1 (9). doi: 10.1126/sciadv.1500863.

Charnley, S. B., M. E. Kress, A. G. G. M. Tielens, and T. J. Millar. 1995. "Interstellar Alcohols." *Astrophysical Journal* 448: 232–239.

Gottlieb, C. A., J. A. Ball, E. W. Gottlieb, and D. F. Dickinson. 1979. "Interstellar Methyl Alcohol." *Astrophysical Journal* 227: 422–432.

Kupferschmidt, Kai. 2014. "The Dangerous Professor." *Science* 343: 478–481.

Pomeranz, David. 2019. "The Inventor of Hangover-Free Synthetic Alcohol Has Already Tried It (and Hopes You Can Soon)." https://www.foodandwine.com/news/hangover-free-alcohol-alcarelle.

Qian, Qingli, Meng Cui, Jingjing Zhang, Junfeng Xiang, Jinliang Song, Guanying Yang, and Buxing Han. 2018. "Synthesis of Ethanol via a Reaction of Dimethyl Ether with CO_2 and H_2." *Green Chemistry* 20: 206–213.

Smith, David T. 2015. "The Fuss over Water." *Distiller Magazine,* July 2015. https://distilling.com/distillermagazine/the-fuss-over-water.

Wang, Chengtao, Jian Zhang, Gangqiang Qin, Liang Wang, Erik Zuidema, Qi Yang, Shanshan Dang, et al. 2020. "Direct Conversion of Syngas to Ethanol within Zeolite Crystals." *Chem* 6: 646–657.

CHAPTER 5. 증류

DeSalle, Rob, and Ian Tattersall. 2012. *The Brain: Big Bangs, Behaviors, and Beliefs.* New Haven: Yale University Press.

DeSalle, Rob, and Ian Tattersall. 2019. *A Natural History of Beer.* New Haven: Yale University Press.

Górak, Andrzej, and Eva Sorensen. 2014. *Distillation: Fundamentals and Principles.* New York: Academic Press.

Hornsey, Ian. 2020. *A History of Distillation.* London: Royal Society of Chemistry.

Lane, Nick. 2003. *Oxygen: The Molecule That Made the World.* New York: Oxford University Press.

Moore, John T. 2011. *Chemistry for Dummies.* Hoboken, NJ: John Wiley & Sons.

Tattersall, Ian, and Rob DeSalle. 2015. *A Natural History of Wine.* New Haven: Yale University Press.

Winter, Arthur. 2005. *Organic Chemistry for Dummies.* New York: John Wiley & Sons.

CHAPTER 6. 숙성, 할까? 말까?

BBC Scotland. 2018. "Third of Rare Scotch Whiskies Tested Found to Be Fake." https://www.bbc.com/news/uk-scotland-scotland-business-46566703.

Canas, Sara. 2017. "Phenolic Composition and Related Properties of Aged Wine Spirits: Influence of Barrel Characteristics: A Review." *Beverages* 3: 55. doi: 10.3390/beverages3040055.

Chatonnet, Pascal, and Denis Dubourdieu. 1998. "Comparative Study of the Characteristics of American White Oak (*Quercus alba*) and European Oak (*Quercus petraea* and *Q. robur*) for Production of Barrels Used in Barrel Aging of Wines." *American Journal of Enology and Viticulture* 49: 79–85.

De Rosso, Mirko, Davide Cancian, Annarita Panighel, Antonio Dalla Vedova, and Riccardo Flamini. 2009. "Chemical Compounds Released from Five Different Woods Used to Make Barrels for Aging Wines and Spirits: Volatile Compounds and Polyphenols." *Wood Science and Technology* 43: 375–385. doi.org/10.1007/s00226-008-0211-8.

Goode, Jamie. 2014. *The Science of Wine: From Vine to Glass,* 2nd ed., chap. 12. Berkeley: University of California Press.

CHAPTER 7. 증류주 트리

Fellows, Peter. 1992. *Small-Scale Food Processing.* London: Intermediate Technology Publications.

Goloboff, Pablo A., James S. Farris, and Kevin C. Nixon. 2008. "TNT, a Free Program for Phylogenetic Analysis." *Cladistics* 24 (5): 774–786.

"Know Your Whiskey." OldFashionedTraveler.com. http://oldfashionedtraveler.com/know-your-whiskey.

Li, Zheng, and Kenneth S. Suslick. 2018. "A Hand-Held Optoelectronic Nose for the Identification of Liquors." *ACS Sensors* 3 (17): 121–127.

Needham, Joseph P., with the collaboration of Ho Ping-Yü, and Lu Gwei-jin. 1970. *Science and Civilisation in China,* ed. Nathan Sivin, vol. 5, pt. 4: *Spagyrical Discovery and Invention: Apparatus, Theories, and Gifts.* Cambridge, UK: Cambridge University Press.

Rassiccia, Chris. "Whiskey Infographic," RassicciaCreative.com. http://www.rassiccia creative.com/tree.html.

Swofford, David L. 1993. "PAUP: Phylogenetic Analysis Using Parsimony." *Mac Version 3.1.1.* (Computer program and manual.)

CHAPTER 8. 증류주와 당신의 감각

Abernathy, Kenneth, L. Judson Chandler, and John J. Woodward. 2010. "Alcohol and the Prefrontal Cortex." *International Review of Neurobiology* 91: 289–320.

Abrahão, Karina P., Armando G. Salinas, and David M. Lovinger. 2017. "Alcohol and the Brain: Neuronal Molecular Targets, Synapses, and Circuits." *Neuron* 96 (6): 1223–1238.

Bloch, Natasha I. 2016. "The Evolution of Opsins and Color Vision: Connecting Genotype to a Complex Phenotype." *Acta Biológica Colombiana* 21: 481–494.

Bojar, Daniel. 2018. "The Spirit Within: The Effect of Ethanol on Drink Perception." https://medium.com/@daniel_24692/the-spirit-within-the-effect-of-ethanol-on-drink-perception-a4694c12322e.

Jeleń, Henryk H., Małgorzata Majcher, and Artur Szwengiel. 2019. "Key Odorants in Peated Malt Whisky and Its Differentiation from Other Whisky Types Using Profiling of Flavor and Volatile Compounds." *LWT-Food Science and Technology* 107: 56–63.

Lindsey, B. 2020. "Bottle Typing/Diagnostic Shapes." https://sha.org/bottle/liquor.htm #Bottle%20Typing%20Organization%20and%20Structure%20block.

Lumpkin, Ellen A., Kara L. Marshall, and Aislyn M. Nelson. 2010. "The Cell Biology of Touch." *Journal of Cell Biology* 191 (2): 237–248.

Plutowska, Beata, and Waldemar Wardencki. 2008. "Application of Gas Chromatography—Olfactometry (GC-O) in Analysis and Quality Assessment of Alcoholic Beverages—A Review." *Food Chemistry* 107 (1): 449–463.

Science Buddies. 2012. "Super-Tasting Science: Find Out If You're a 'Supertaster'!" *Scientific American,* December 27. https://www.scientificamerican.com/article/super-tasting-science-find-out-if-youre-a-supertaster.

CHAPTER 9. 브랜디

Asher, Gerald. 2012. "Armagnac: The Spirit of d'Artagnan." In Asher, *A Carafe of Red.* Berkeley: University of California Press.

Cullen, L. M. 1998. *The Brandy Trade under the Ancien Régime: Regional Specialisation in the Charente.* Cambridge, UK: Cambridge University Press.
Faith, Nicholas. 2016. *Cognac: The Story of the World's Greatest Brandy.* Oxford, UK: Infinite Ideas.
Girard, Eudes. 2016. "Le cognac: Entre identité nationale et produit de la mondialisation." *Cybergeo: European Journal of Geography.* http://journals.openedition.org/cybergeo/27595.
Smart, Josephine. 2004. "Globalization and Modernity: A Case Study of Cognac Consumption in Hong Kong." *Anthropologica* 46(2): 219–229.

CHAPTER 10. 보드카

Herlihy, Patricia. 2012. *Vodka: A Global History.* London: Reaktion Books.
Himelstein, Linda. 2009. *The King of Vodka: The Story of Pyotr Smirnov and the Upheaval of an Empire.* New York: HarperCollins.
Hu, Naiping, Daniel Wu, Kelly Cross, Sergey Burikov, Tatiana Dolenko, Svetlana Patsaeva, and Dale W. Schaefer. 2010. "Structurability: A Collective Measure of Structural Differences in Vodkas." *Journal of Agricultural and Food Chemistry* 58: 7394–7402.
Matus, Victorino. 2014. *Vodka: How a Colorless, Odorless, Flavorless Spirit Conquered America.* Guilford, CT: Lyons Press.
Rohsenow, Damaris J., Jonathan Howland, J. T. Arnedt, Alissa B. Almeida, and Jacey Greece. 2009. "Intoxication with Bourbon versus Vodka: Effects on Hangover, Sleep, and Next-Day Neurocognitive Performance in Young Adults." *Alcoholism Clinical and Experimental Research* 34 (3): 509–518.
Shiltsev, Vladimir. 2019. "Dmitri Mendeleev and the Science of Vodka." *Physics Today,* August 22. doi: 10.1063/pt.6.4.20190822a.

CHAPTER 11. 테킬라(와 메스칼)

Chadwick, Ian. 2021. "Tequila: In Search of the Blue Agave." IanChadwick.com. http://www.ianchadwick.com/tequila.
Martineau, Chantal. 2015. *How the Gringos Stole Tequila.* Chicago: Chicago Review Press.
Menuez, Douglas. 2005. *Heaven, Earth, Tequila: Un viaje del corazon de Mexico.* San Diego: Waterside.
Ruy-Sánchez, Alberto, and Margarita de Orellana, eds. 2004. *Tequila.* Washington, DC: Smithsonian Books.
Tequila Regulatory Council. 2021. https://www.crt.org.mx/index.php/en.
Valenzuela-Zapata, Ana, and Gary Paul Nabhan. 2003. *¡Tequila! A Natural and Cultural History.* Tucson: University of Arizona Press.

CHAPTER 12. 위스키

Broom, Dave. 2014. *The World Atlas of Whisky,* 2nd ed. London: Mitchell Beazley.
Greene, Heather. 2014. *Whisk(e)y Distilled.* New York: Avery.
Murray, Jim. 1997. *Jim Murray's Complete Book of Whisky.* London: Carlton Books.
Owens, Bill, and Alan Dikty. 2009. *The Art of Distilling Whiskey and Other Spirits.* Beverly, MA: Quarry Books.

CHAPTER 13. 진(과 게네베르)

Anderson, Paul Bunyan. 1939. "Bernard Mandeville on Gin." *Publications of the Modern Language Associations of America* 54 (3): 775–784.
Broom, Dave. 2015. *Gin: The Manual.* London: Mitchell Beazley.
"Budget Blow Will Mean Price Hikes for Wine." 2018. WSTA.co.uk, October 23. https://www.wsta.co.uk/archives/press-release/budget-blow-will-mean-price-hikes-for-wine.
Stewart, Amy. 2913. *The Drunken Botanist.* New York: Algonquin.
Van Schoonenberghe, Eric. 1999. "Genever (Gin): A Spirit Full of History, Science, and Technology." *Sartonia* 12: 93–147.

CHAPTER 14. 럼(과 카사사)

Broom, Dave. 2017. *Rum: The Manual.* London: Mitchell Beazley.
Curtis, Wayne. 2018. *And a Bottle of Rum, Revised and Updated: A History of the World in Ten Cocktails.* New York: Broadway Books.
Minnick, Fred. 2017. *Rum Curious: The Indispensable Guide to the World's Spirit.* Beverly, MA: Voyageur Press.
Moldenhauer, Giovanna. 2018. *The Spirit of Rum: History, Anecdotes, Trends, and Cocktails.* Milan: White Star Publishers.
Smith, F. H. 2005. *Caribbean Rum: A Social and Economic History.* Gainesville: University Press of Florida.

CHAPTER 15. 오드비

Apple, R. W., Jr. 1998. "Eau de Vie: Fruit's Essence Captured in a Bottle." *New York Times,* April 1. https://www.nytimes.com/1998/04/01/dining/eau-de-vie-fruit-s-essence-captured-in-a-bottle.html.
Asimov, Eric. 2007. "An Orchard in a Bottle, at 80 Proof." *New York Times,* August 15. https://www.nytimes.com/2007/08/15/dining/15pour.html.

“Hans Reisetbauer: Austrian Superstar of Craft Distilling.” 2021. https://www.flaviar.com/blog/hans-reisetbauer-eau-de-vie-from-austria.

CHAPTER 16. 슈냅스(와 코른)

Prial, Frank. 1985. “Schnapps, the Cordial Spirit.” *New York Times,* October 27. https://www.nytimes.com/1985/10/27/magazine/schnapps-the-cordial-spirit.html.

Weisstuch, Lisa. 2019. “Following a Trail of Schnapps through Germany’s Storied Black Forest.” *Washington Post,* October 25. https://www.washingtonpost.com/lifestyle/travel/following-a-trail-of-schnapps-through-germanys-storied-black-forest/2019/10/24/1fb62076-f030-11e9-89eb-ec56cd414732_story.html.

Well, Lev. 2016. *800 Schnapps-based Cocktails.* Scotts Valley, CA: Create Space Publishing.

CHAPTER 17. 백주(바이주)

Huang, H. T. 2000. *Biology and Biological Technology.* Part 5 of J. Needham, *Science and Civilization in China,* vol. 6. Cambridge, MA: Harvard University Press.

Kupfer, Peter. 2019. *Bernsteinglanz und Perlen des Schwarzen Drachen: Die Geschichte der chinesischen Weinkultur.* Deutsche Ostasienstudien 26. Großheirath, Germany: Ostasien Verlag.

McGovern, Patrick E., Fabien H. Toro, Gretchen R. Hall, et al. 2019. “Pre-Hispanic Distillation? A Biomolecular Archaeological Investigation.” *Open Access Journal of Archaeology and Anthropology* 1 (2). doi: 10.33552/OAJAA.2019.01.000509.

Sandhaus, Derek. 2015. *The Essential Guide to Chinese Spirits.* Melbourne: Viking Australia.

Sandhaus, Derek. 2019. *Drunk in China: Baijiu and the World’s Oldest Drinking Culture.* Lincoln, NE: Potomac Books.

CHAPTER 18. 그라파

Behrendt, Axel, Bibiana Behrendt, and Bode A. Schieren. 2000. *Grappa: A Guide to the Best.* New York: Abbeville Press.

Boudin, Ove. 2007. *Grappa: Italy Bottled.* Partille, Sweden: Pianoforte.

Lo Russo, Giuseppe. 2008. *Il piacere della grappa.* Florence: Giunti.

Musumarra, Domenico. 2005. *La grappa Veneta: Uomini, alambicchi e sapori dell’antica terra dei Dogi.* Perugia: Alieno.

Owens, Bill, Alan Dikty, and Andrew Faulkner. 2019. *The Art of Distilling, Revised and Expanded: An Enthusiast’s Guide to the Artisan Distilling of Whiskey, Vodka, Gin, and Other Potent Potables.* Beverly, MA: Quarto.

Pillon, Cesare, and Giuseppe Vaccarini. 2017. *Il grande libro della grappa.* Milan: Hoepli.

CHAPTER 19. 오루호(와 피스코)

"All about Pisco." 2021. Museo del Pisco. http://museodelpisco.org.
Orujo from Galicia (official page, in Spanish). 2021. http://www.orujodegalicia.org.

CHAPTER 20. 문샤인

Hogeland, William. 2010. *The Whiskey Rebellion: George Washington, Alexander Hamilton, and the Frontier Rebels Who Challenged America's Newfound Sovereignty.* New York: Simon and Schuster.

Lippard, Cameron D., and Bruce E. Stewart. 2019. *Modern Moonshine: The Revival of White Whiskey in the Twenty-First Century.* Morgantown: West Virginia University Press.

Okrent, Daniel. 2010. *Last Call: The Rise and Fall of Prohibition.* New York: Simon & Schuster.

"Taxation of Alcoholic Beverages." 1941. CQ Researcher Archives. https://library.cqpress.com/cqresearcher/document.php?id=cqresrre1941022800.

CHAPTER 21. 다양한 선택의 가능성…

Blue, Anthony Dias. 2004. *The Complete Book of Spirits; A Guide to Their History, Production, and Enjoyment.* New York: William Morrow.

McGovern, Patrick E. 2019. "Alcoholic Beverages as the Universal Medicine before Synthetics." Pp. 111–127 in M. V. Orna, G. Eggleston, and A. F. Bopp, eds., *Chemistry's Role in Food Production and Sustainability: Past and Present.* Washington, DC: American Chemical Society.

Miller, Norman. 2013. "Soju: The Most Popular Booze in the World." *Guardian,* December 2. http://www.theguardian.comlifeandstyle/wordofmouth/2023.dec/02/soju-popular-booze-world-south-korea.

Tapper, Josh. 2014. "Slivovitz: A Plum (Brandy) Choice." *Moment* (March–April). https://momentmag.com/slivovitz-plum-brandy-choice.

CHAPTER 22. 칵테일과 혼합주

Archibald, Anna. 2021. "The Nine Most Important Bartenders in History." Liquor.com. https://www.liquor.com/slideshows/9-most-important-bartenders-in-history.

Aznar, M, M. Tsachaki, R. S. T. Linforth, V. Ferreira, and A. J. Taylor. 2004. "Headspace Analysis of Volatile Organic Compounds from Ethanolic Systems by Direct APCI-MS." *International Journal of Mass Spectrometry* 239 (1): 17–25.

Brown, Derek. 2018. *Spirits, Sugar, Water, Bitters: How the Cocktail Conquered the World.* New York: Rizzoli.

Buehler, Emily. 2015. "In the Spirits of Science." *American Scientist* 103 (4): 298.

Cipiciani, A., G. Onori, and G. Savelli. 1988. "Structural Properties of Water-Ethanol Mixtures: A Correlation with the Formation of Micellar Aggregates." *Chemical Physics Letters* 143 (5): 505–509. doi.org/10.1016/0009-2614(88)87404-9.

Déléris, I., A. Saint-Eve, Y. Guo, et al. 2011. "Impact of Swallowing on the Dynamics of Aroma Release and Perception during the Consumption of Alcoholic Beverages." *Chemical Senses* 36 (8): 701–713. doi.org/10.1093/chemse/bjr038.

Luneke, Aaron C., Tavis J. Glassman, Joseph A. Dake, Amy J. Thompson, Alexis A. Blavos, and Aaron J. Diehr. 2019. "College Students' Consumption of Alcohol Mixed with Energy Drinks." *Journal of Alcohol & Drug Education* 63 (2): 59–95.

Mencken, H. L. 1919. *The American Language.* New York: Alfred Knopf.

Niu, Yunwei, Pinpin Wang, Qing Xiao, Zuobing Xiao, Haifang Mao, and Jun Zhang. 2020. "Characterization of Odor-Active Volatiles and Odor Contribution Based on Binary Interaction Effects in Mango and Vodka Cocktail." *Molecules* 25 (5): 1083.

Qian, Michael C., Paul Hughes, and Keith Cadwallader. 2019. "Overview of Distilled Spirits." Pp. 125–144 in Brian Guthrie et al., eds., *Sex, Smoke, and Spirits: The Role of Chemistry.* Washington, DC: American Chemical Society.

Ranasinghe, Nimesha, Thi Ngoc Tram Nguyen, Yan Liangkun, Lien-Ya Lin, David Tolley, and Ellen Yi-Luen Do. 2017. "Vocktail: A Virtual Cocktail for Pairing Digital Taste, Smell, and Color Sensations." Pp. 1139–1147 in *Proceedings of the 25th ACM International Conference on Multimedia.* New York: Association for Computing Machinery.

Thomas, Jerry. 2016, reprint. *Jerry Thomas' Bartenders Guide: How to Mix All Kinds of Plain and Fancy Drinks.* New York: Courier Dover.

Wondrich, David. 2016. "Ancient Mystery Revealed! The Real History (Maybe) of How the Cocktail Got Its Name." *Saveur,* January 14. https://www.saveur.com/how-the-cocktail-got-its-name.

CHAPTER 23. 증류주의 미래

Rappeport, Alan. 2019. "Trump's Trade War Leaves American Whiskey on the Rocks." *New York Times,* February 12. https://www.nytimes.com/2019/02/12/us/politics/china-tariffs-american-spirits.html.

도움 주신 분들

미구엘 A. 아세베도(Miguel A. Acevedo), 미국 플로리다대학교 야생생물생태보전과.

세르지오 알메시아(Sergio Almécija), 미국 자연사 박물관.

안젤리카 시브라이언-자라밀로(Angélica Cibrián-Jaramillo), 멕시코 국립 신베스타브 연구소 (CINVESTAV).

팀 더켓(Tim Duckett), 호주 하트우드 몰트 위스키(Heartwood Malt Whisky).

조슈아 D. 엥겔하르트(Joshua D. Englehardt), 멕시코 고고학 연구소(Centro de Estudios Arqueologicos).

미켈레 피노(Michele Fino), 이탈리아 미식학대학교.

미켈레 폰테프란체스코(Michele Fontefrancesco), 이탈리아 미식학대학교.

아메리카 미네르바 델가도 레무스(América Minerva Delgado Lemus), 멕시코 농림품 지역 통합 관리 위원회.

파스칼린 레펠티어(Pascaline Lepeltier), 미국 라신 뉴욕 레스토랑.

크리스찬 맥키어난(Christian McKiernan), 미국 뉴욕.

마크 노렐(Mark Norell), 미국 자연사 박물관.

수잔 퍼킨스(Susan Perkins), 미국 뉴욕시티칼리지 과학부.

베른트 쉬어워터(Bernd Schierwater), 독일 하노버 수의과대학교 동물생태학과 세포생물학 연구소.

이그나시오 토레스-가르시아(Ignacio Torres-García), 멕시코국립자치대학교 국립고등교육학부 환경융합교육 연구소.

알렉스 드 보흐트(Alex de Voogt), 미국 드류대학교.

데이비드 예이츠(David Yeates), 호주 캔버라.